高等学校“十二五”精品规划教材

电 工 学

主　编　陈春玲
副主编　丁文彦　胡　博　姜凤利　张　宁
主　审　朴在林

内 容 提 要

本书是高等学校“十二五”精品规划教材之一。主要有电路、电子和电气设备三部分，其内容包括：直流电路、单相交流电路、三相交流电路、变压器、电动机、电气控制线路、供电与安全用电、基本半导体器件、基本放大电路和集成运算放大器、直流电源、逻辑代数基础、门电路和组合逻辑电路、触发器及时序逻辑电路等。

本书可作为高等农业、林业、水利水电院校或其他院校非电专业的教材，也可供电气工程技术人员参考和自学。

图书在版编目（CIP）数据

电工学 / 陈春玲主编. -- 北京 : 中国水利水电出版社, 2011.2
高等学校“十二五”精品规划教材
ISBN 978-7-5084-8415-0

Ⅰ. ①电… Ⅱ. ①陈… Ⅲ. ①电工学－高等学校－教材 Ⅳ. ①TM1

中国版本图书馆CIP数据核字(2011)第022812号

书　名	高等学校“十二五”精品规划教材 **电工学**
作　者	主编　陈春玲
出版发行	中国水利水电出版社 （北京市海淀区玉渊潭南路1号D座　100038） 网址：www.waterpub.com.cn E-mail：sales@waterpub.com.cn 电话：（010）68367658（发行部）
经　售	北京科水图书销售中心（零售） 电话：（010）88383994、63202643、68545874 全国各地新华书店和相关出版物销售网点
排　版	中国水利水电出版社微机排版中心
印　刷	北京市北中印刷厂
规　格	184mm×260mm　16开本　17.5印张　415千字
版　次	2011年2月第1版　2013年4月第2次印刷
印　数	3001—5000册
定　价	**35.00**元

前 言

《电工学》是高等学校“十二五”精品规划教材之一。该书的基本内容符合高等学校精品课规划教材研究会审定的《电工学》教学大纲，适用于高等农业、林业、水利水电院校或其他院校的非电专业教材以及电气工程技术人员参考和自学。

在本教材编写过程中，作者总结和吸收了各院校教学和教学改革的有益经验，注重理论的系统性和实用性，删除了以往不适合的内容，增加了新的知识和对一些问题的分析思路以及解题方法，使之更适合组织教学和学生自学。书中例题、习题丰富，图形、符号均采用最新国家标准。书后附有全书绝大部分课后练习题的答案。本书参考学时为50～90学时。

参加本书编写的单位有：沈阳农业大学、河北农业大学、西北农林科技大学、华南农业大学等院校以及相关电力工程实践部门。

本书编写人员：陈春玲、丁文彦、胡博、姜凤利、王俊、黄蕊、周玉宏、张宁、杨秀丽。全书由朴在林教授主审。

由于作者水平和时间有限，书中疏漏和不足之处在所难免，恳请读者批评指正。

作者

2013年4月

目　录

第一章 直流电路

电路是电工技术和电子技术的基础。学好电路，特别是掌握电路的分析方法，为后面所要学习的电子电路、电机电路及电气控制、电气测量打下坚实的基础。本章主要介绍电路模型、电压和电流参考方向的概念、基尔霍夫电流电压定律以及各种电路的分析和计算方法等。

第一节 电路及基本物理量

一、电路模型

电路是电流流通的路径，是为某种需要由若干电气元件按一定方式组合起来的整体，主要用来实现能量的传输和转换或实现信号的传递和处理。

电路的结构形式，按所实现的任务不同而多种多样，但无论是哪种电路，均离不开电源、负载和必要的中间环节这三个最基本的组成部分。电源是提供电能的设备，如发电机、电池、信号源等；负载就是指用电设备，如电灯、电动机、空调和冰箱等；中间环节是用作电源与负载相连接的，通常是一些连接导线、开关、接触器等辅助设备。

在对实际电路进行分析时，需要在一定条件下将实际元器件以理想化形式表示，即将电路中元器件看作理想元件，所组成的电路称为电路模型，简称为电路，这是对实际电路电磁性质的科学抽象和概括。在今后学习中，所接触的电阻元件、电感元件、电容元件和电源元件等，若没有特殊说明，均表示为理想元件，分别由相应的参数来描述，用规定的图形符号来表示。

二、电流和电压的参考方向

当元器件中有了电流通过，其流动方向总是从高电位一端流向低电位的一端，这是电流流动的实际方向；或者当知道了电流流动的实际方向，也能判别出元器件两端的电位高低。然而，当分析较为复杂的电路时，往往很难知道电流的实际流动方向，特别是交流电路，由于电流的实际流动方向随时间变化，其实际流动方向难以在电路中标注。因此引入“参考方向”的概念，参考方向又称正方向，它是分析和计算电路的基础。

电流的实际方向是指正电荷运动的方向或负电荷运动的反方向。电流的参考方向是指在分析与计算电路时，任意假定某一个电流的方向。当所假定的电流方向与实际方向一致时，则电流为正值（$I>0$）；当所假定的电流方向与实际方向相反时，则电流为负值（$I<0$）。由此可见参考电流的值是个代数量，有正负之分，只有其参考方向被假定后，电流的值正负才有意义。

电流的参考方向用箭头标注，也可用双下标表示。如 I_{ab}表示电流的参考方向是由 a

点流向 b 点。

电压在分析电路时也有方向性，电压的正方向规定为从高电位端指向低电位端，即电位降低的方向。电压的参考方向和电流的参考方向一样，也是任意指定的。在分析电路时，假定某一方向是电位降低的方向，如所假定的电压方向与实际方向一致时，则电压为正值（$U>0$）；电压参考方向与实际方向相反时，则电压为负值（$U<0$）。因此，参考电压的值也是个代数量，有正负之分，同样只有参考方向被假定后，电压的值正负才有意义。

电压的参考方向可以用“＋”、“－”极性表示外，还可以用双下标表示，如：a、b 两点间的电压 U_{ab}，它的参考方向是由 a 指向 b，即 a 点的参考极性为“＋”，b 点的参考极性为“－”；若参考方向选为由 b 指向 a，则为 U_{ba}，且 $U_{ba}=-U_{ab}$。

在电路图中所标注的电流、电压方向，通常均为参考方向，它们的值为正还是为负，与所假定的参考方向有关，如图 1－1 和图 1－2 所示。

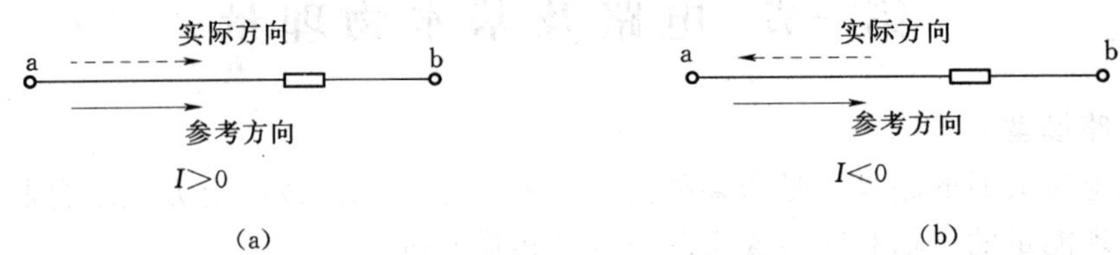

图 1－1　电流的参考方向与正负值

图 1－2　电压的参考方向与正负值

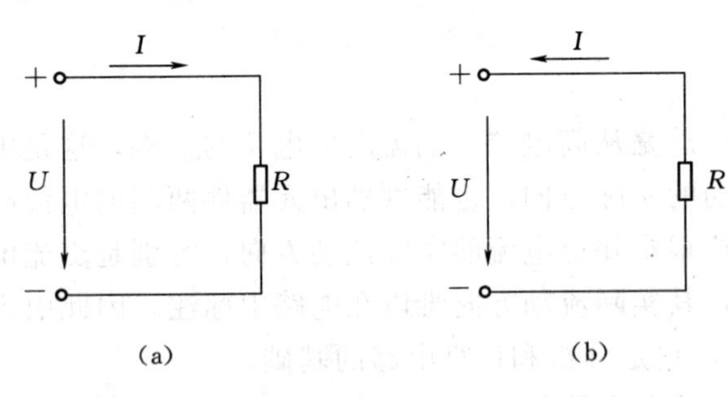

图 1－3　参考方向的一致性

(a) 关联参考方向；(b) 非关联参考方向

此外，由于电流的参考方向和电压的参考方向的标注均具有任意性，所以在计算电路时有必要规定二者的参考方向要取得一致，即电流的参考方向是从电压的“＋”极性端流入，从“－”极性端流出，并称此时二者参考方向是关联的（或称负载惯例），否则就是非关联的。在电路的分析与计算中，非关联参考方向时就需将其中一个物理量加负号。以电阻为例，关联参考方向时，$U=IR$ 或 $I=\dfrac{U}{R}$，而非关联参考方向时，$U=-IR$ 或 $I=-\dfrac{U}{R}$，如图 1－3 所示。

【例 1－1】　求图 1－4 中所示电路的电流 I。

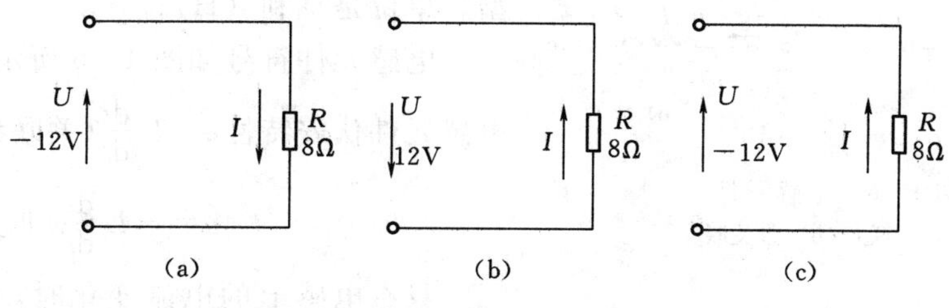

图 1-4　例 1-1 电路

解　在图 1-4（a）中，U、I 为非关联正方向

$$I=-\frac{U}{R}=-\frac{-12}{8}=1.5(\text{A})$$

注意公式的正负号与电路物理量本身的正负值不要相混淆。

在图 1-4（b）中，U、I 为非关联正方向

$$I=-\frac{U}{R}=-\frac{12}{8}=-1.5\ (\text{A})$$

在图 1-4（c）中，U、I 为关联正方向

$$I=\frac{U}{R}=\frac{-12}{8}=-1.5\ (\text{A})$$

三、电阻、电感和电容

1. 电阻元件

线性电阻（linear resistance）元件的电压与电流的关系（伏安特性）是一条过原点的直线，否则称为非线性电阻（nonlinear resistance）。

线性电阻　　$R=\frac{u}{i}$

线性电阻符号如图 1-5 所示。

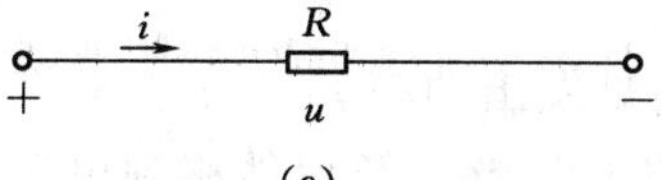

(a)

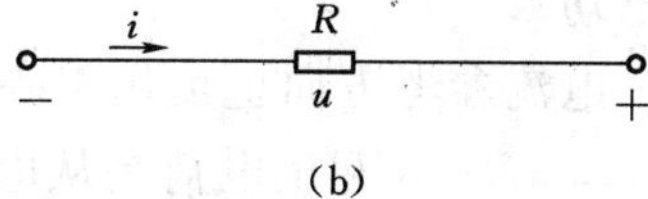

(b)

图 1-5　电阻元件

(a) 关联；(b) 非关联

线性电阻伏安特性　　$u=Ri$（关联参考方向）

$u=-Ri$（非关联参考方向）

电阻的倒数称为电导（conductance），也是一个常用物理量，用 G 表示，单位为西门子（S）。电导与电阻的关系为

$$G=\frac{1}{R}$$

2. 电感元件

电感（inductance）元件是一种能够贮存磁场能量的元件，是实际电感器的理想化模

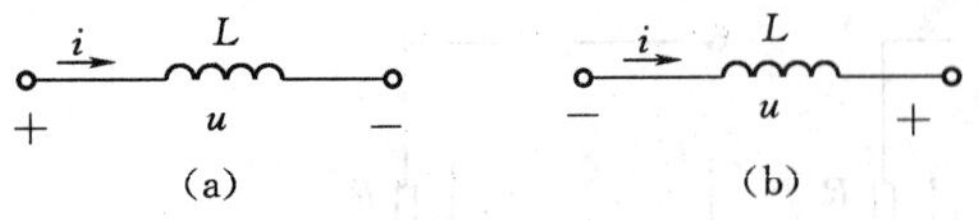

型，单位是亨利（H）。

电感元件符号如图 1－6 所示。

图 1－6 电感元件

（a）关联；（b）非关联

电感元件伏安特性 $u=L\dfrac{di}{dt}$（关联参考方向）

$$u=-L\frac{di}{dt}\text{（非关联参考方向）}$$

只有电感上的电流变化时，电感两端才有电压。在直流电路中，电感上即使有电流通过，但 $u=0$，相当于短路。

电感元件存储能量

$$W=\frac{1}{2}Li^2$$

3. 电容元件

电容（capacitance）元件是一种能够贮存电场能量的元件，是实际电容器的理想化模型，单位是法拉（F）。

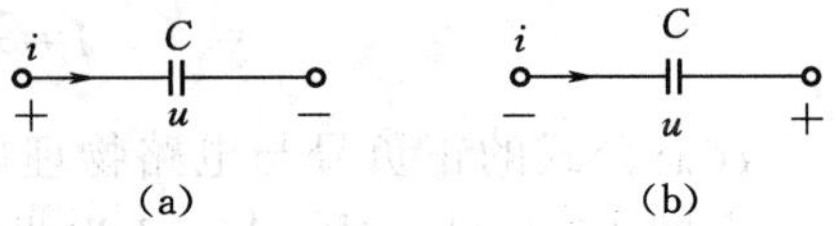

图 1－7 电容元件

（a）关联；（b）非关联

电容元件符号如图 1－7 所示。

电容元件伏安特性 $i=C\dfrac{du}{dt}$（关联参考方向）

$$i=-C\frac{du}{dt}\text{（非关联参考方向）}$$

只有电容上的电压变化时，电容两端才有电流。在直流电路中，电容上即使有电压，但 $i=0$，相当于开路，即电容具有隔直作用。

电容元件存储能量

$$W=\frac{1}{2}Cu^2$$

四、电功率

电压、电流参考方向也可用于确定元件是吸收还是发出功率。

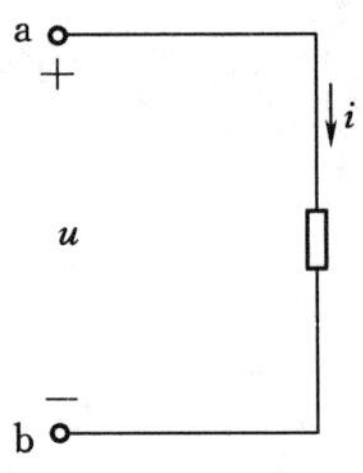

图 1－8 电功率

正电荷是从电路元件的电压“＋”极，经元件移到电压“－”极，是电场力对电荷做功的结果，这是元件吸收能量。相反地，正电荷是从电路元件的电压“－”极经元件移到电压“＋”极，元件向外发出能量。电路元件吸收或发出能量对时间的变化率就是电功率，有时简称为功率。

图 1－8 中的方框为电路的一部分，如果通过它的电流是 i，它两端的电压是 u，设二者的参考方向是关联的。根据电压的定义可知，当正电荷 dq 由 a 点移到 b 点时，这部分电路吸收的能量为

$$\mathrm{d}w=u\mathrm{d}q$$

又因 $\mathrm{d}q=i\mathrm{d}t$

故 $\mathrm{d}w=ui\mathrm{d}t$

这是这部分电路在时间 dt 内所吸收的电能。

在单位时间内这部分电路的电功率，用字母 p 表示，可得

$$p=\frac{\mathrm{d}w}{\mathrm{d}t}=ui \tag{1-1}$$

在国际单位制中，电功率的单位是瓦特，简称瓦（W）。

式（1－1）中，p 是电路吸收的功率。即在关联参考方向下，$p=ui$，当 $p>0$ 时表示这部分电路吸收（消耗）功率，$p<0$ 时则表示这部分电路发出（供给）功率。若电压和电流在非关联参考方向下，$p=-ui$，当 $p>0$ 时表示发出（供给）功率，$p<0$ 时表示吸收（消耗）功率。

第二节　电压源与电流源及其等效变换

一个电源可以用两种不同的电路模型来表示。用电压形式表示的称为电压源，用电流形式表示的称为电流源，两种形式是可以相互转化的。

一、理想电压源（恒压源）

理想电压源是一个二端元件，其输出电压恒定不变，含义是指其输出电压为给定数值或为给定的时间函数，分别代表直流电压源和交流电压源。其端电压 U_s 由电源本身确定，而与流过恒压源的电流无关，也与外接电路无关，但其输出电流 I 及输出功率则由外电路决定。交流电压源在下章学习，本节学习直流电压源。其图形符号如图 1－9（a）所示。元件的 U、I 关系称为伏安特性或外特性，表示 U—I 关系的图形称为伏安特性曲线。直流电压源的伏安特性如图 1－9（b）所示。例如，当电源设备对外电路提供电能时，若它本身的功率损耗可以忽略不计时，就可近似认为该电源为理想电源，它的特性可抽象为理想电源元件。

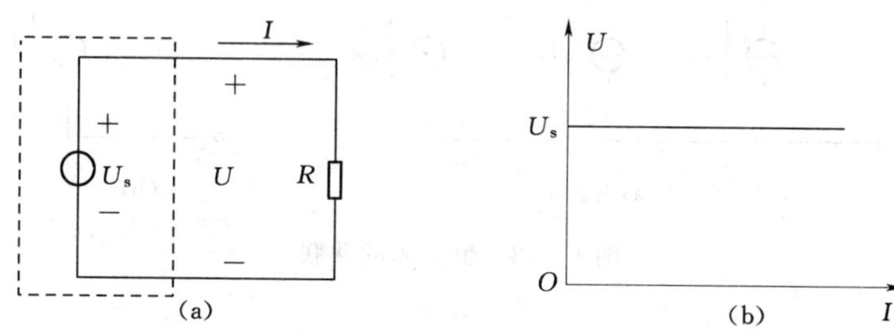

图 1－9　理想电压源及其伏安特性

二、理想电流源（恒流源）

理想电流源也是一个二端元件，其输出电流恒定不变，含义是指其输出电流为给定数值或为给定的时间函数，即分别代表直流电流源和交流电流源。其电流 I_s 由电源本身确定，而与电源两端的电压无关，也与外接电路无关，但它的端电压及功率由其所连接的外电路决定。直流电流源图形符号和伏安特性曲线如图 1－10 所示。

三、理想电源的串并联

当多个恒压源串联向外电路提供电能时，可用一个恒压源等效代替，如图 1－11 所示。等效恒压源的电压 U_s 等于各串联恒压源电压的代数和，即

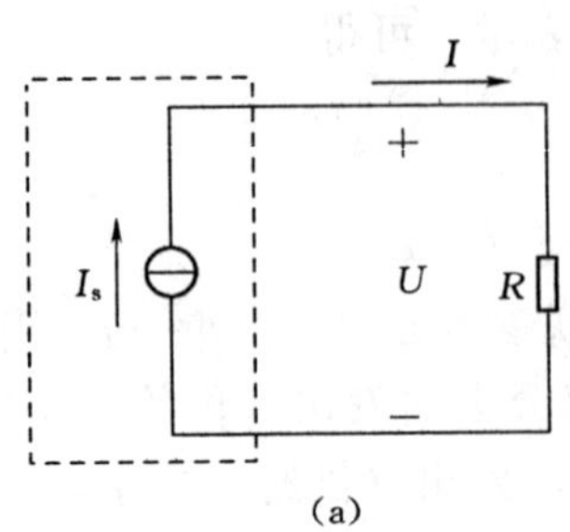

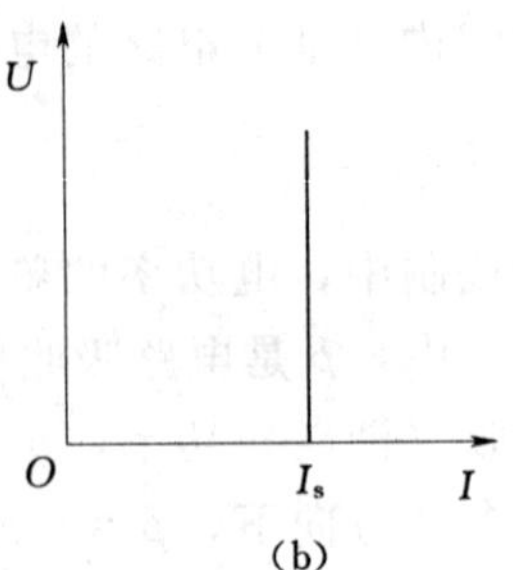

图 1-10　理想电流源及其伏安特性

$$U_s = U_{s1} + U_{s2} + \cdots + U_{sn}$$

与等效恒压源电压 U_s 的参考方向相反的各恒压源的电压应取负值。

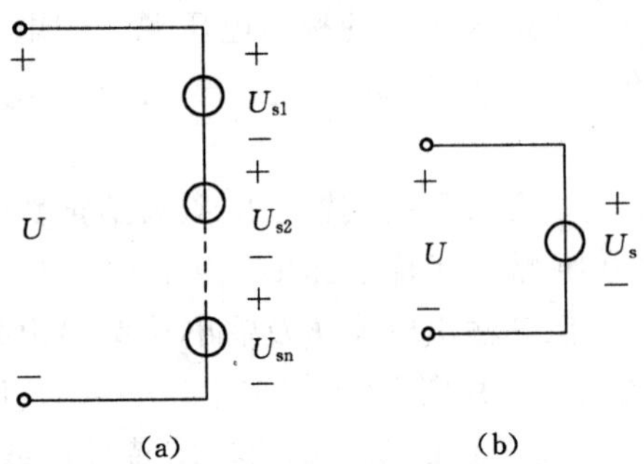

图 1-11　恒压源的串联

当多个电流源并联时，亦可用一个恒流源来等效替代，如图 1-12 所示。等效恒流源的电流 I_s 等于各并联恒流源的代数和，即

$$I_s = I_{s1} + I_{s2} + \cdots + I_{sn}$$

与等效恒流源 I_s 的参考方向相反的各并联恒流源的电流应取负值。

以上两种等效是对电源以外的电路等效变换，即电源向外电路提供的电压和电流不变，对电源的内部并不等效。

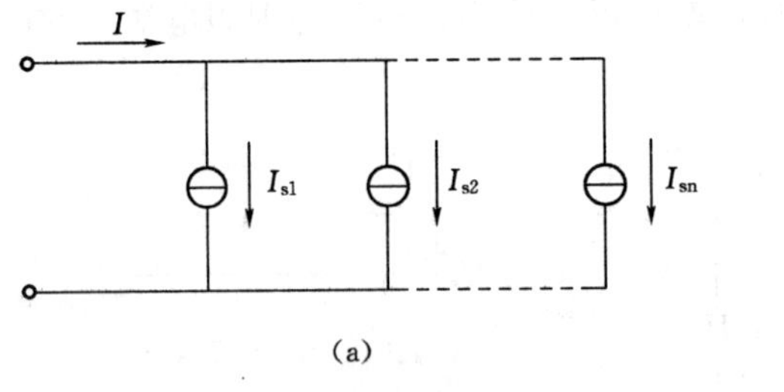

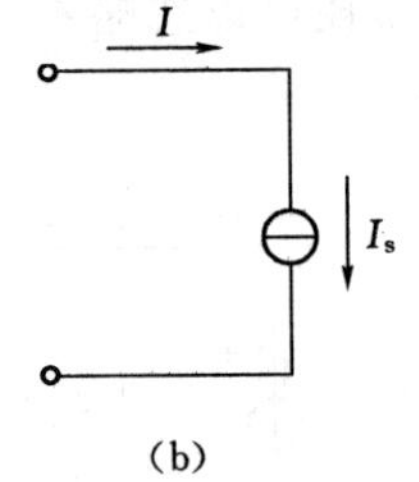

图 1-12　恒流源的并联

应该注意：

(1)只有电压相等的恒压源才允许并联；只有电流相等的恒流源才允许串联。

(2)一个恒压源与若干电路元件并联，对外仍等效为一个恒压源，即与恒压源并联的元件在等效过程中视为开路。这是因为无论恒压源外部并联多少元件，都不会影响其端电压的大小。

(3)一个恒流源与若干个电路元件串联，对外仍等效为一个恒流源，即与恒流源串联的元件在等效过程中视为短路。因为无论与恒流源串联多少元件，都不会改变其输出电流的大小。

四、电压源电路与电流源电路的等效变换

任何一个电源设备，如电池或发电机都能输出恒定电压，但其内部又存在一定的损耗时，所以应该用一个恒压源和一个电阻串联的电路来表示这个电源，该电路称电压源电路，电路如图 1-13(a)所示。U 为电源端电压，I 是输出电流，U_s 是恒压源电压，R_0 是电源内阻。它们之间的关系，根据基尔霍夫电压定律确定电路方程式 $U=U_s-IR_0$，伏安特性曲线如图 1-13(c)所示。

如果一个电源（如光电池）能提供恒定电流，但其内损耗又不能忽略时，可用一个恒流源和一个电阻的并联电路来表示，这个电路称电流源电路。电路如图 1-13(b)所示。I_s 为恒流源。根据 KCL 定律确定电路方程式 $I=I_s-\frac{U}{R_0}$，伏安特性曲线也如图 1-13(c)所示。

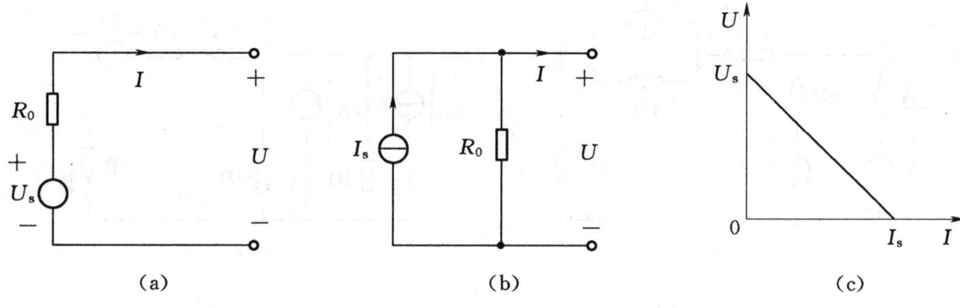

图 1-13　电源的等效变换

实际电源可以模拟为恒压源 U_s 和内阻 R_0 串联的形式，也可模拟为恒流源 I_s 和内阻 R_0 并联的形式。如果是同一个实际电源，那么这两种形式所反映的外特性是相同的，所以这两种形式之间必然可以对外电路等效变换，等效条件为：$U_s=I_sR_0$，$I_s=\frac{U_s}{R_0}$，且两种电源模型的内阻相等，只是连接方式不同。

等效变换时应注意的问题：

(1)等效变换时恒流源的电流流出端应与恒压源的正极端相对应。

(2)恒压源与恒流源之间不存在等效变换关系，只有电压源电路与电流源电路之间才能等效变换。

(3)等效变换是对外电路等效时成立，对电源内部是不等效的，例如当外电路开路时电压源模型中是无电流的，而电流源模型中仍有内部电流。

【例 1-2】　求图 1-14(a)中的端电压 $U_{ab}=$？

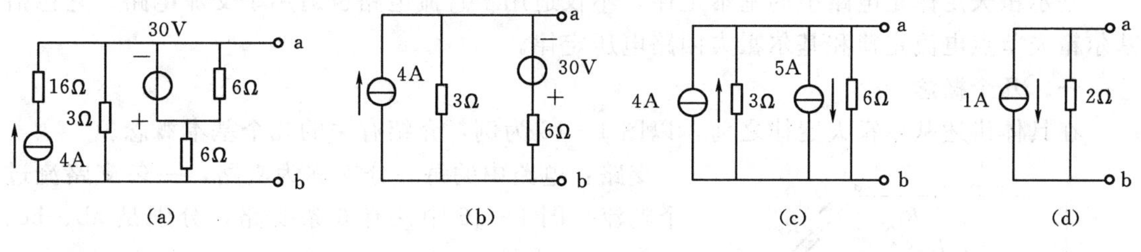

图 1-14　例 1-2 电路

解　从电源模型分析，与恒压源串联的电阻以及与恒流源并联的电阻才相当于电源的内阻。在图中与 30V 恒压源并联的 6Ω 电阻并非它的内阻。因为这个并联电阻的大小以及存在与否，并不影响其本身的端电压，其值恒为 30V，因此这个电阻可以去掉。

同样，16Ω 这个电阻也可以去掉，这样图 1－14(a)可以等效为图 1－14(b)。再将 30V 的恒压源与 6Ω 电阻串联视作电压源并且等效变换成电流源，得到图 1－14(c)，其中激励电流 $I_{s1}=30/6=5(\text{A})$。合并恒流源，并将并联电阻化为等效电阻，得到图 1－14(d)，所以

$$U_{ab}=-(1\times 2)=-2(\text{V})$$

【例 1－3】 试用电压源电路与电流源电路等效变换的方法计算图 1－15 (a) 中 2Ω 电阻的电流 I。

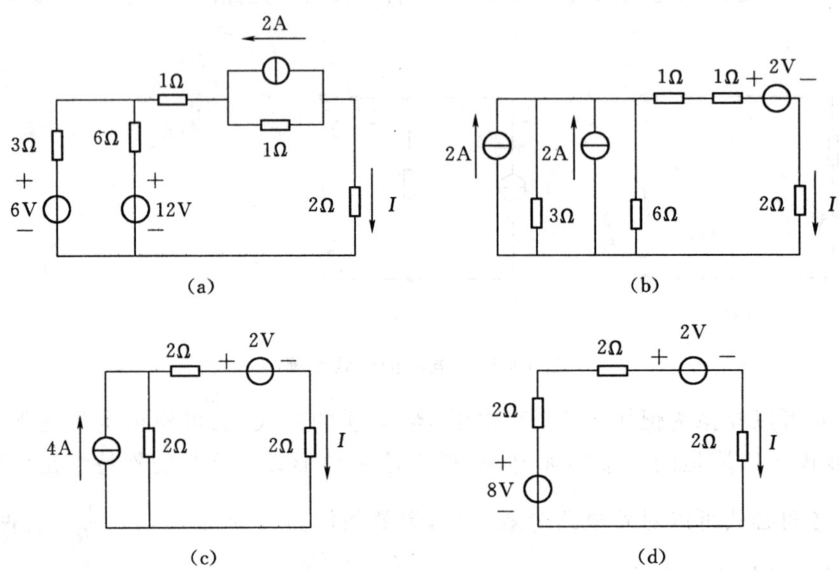

图 1－15　例 1－3 电路

解　将原电路通过几次等效变换后变为图 1－15 (d) 电路，由此可得

$$I=\frac{8-2}{2+2+2}=1(\text{A})$$

第三节　基尔霍夫定律及支路电流法

基尔霍夫定律是电路中的基本定律，不仅适用于直流电路也适用于交流电路。它包括基尔霍夫节点电流定律和基尔霍夫回路电压定律。

一、几个概念

在具体讲述基尔霍夫定律之前，以图 1－16 为例，介绍有关的几个基本概念。

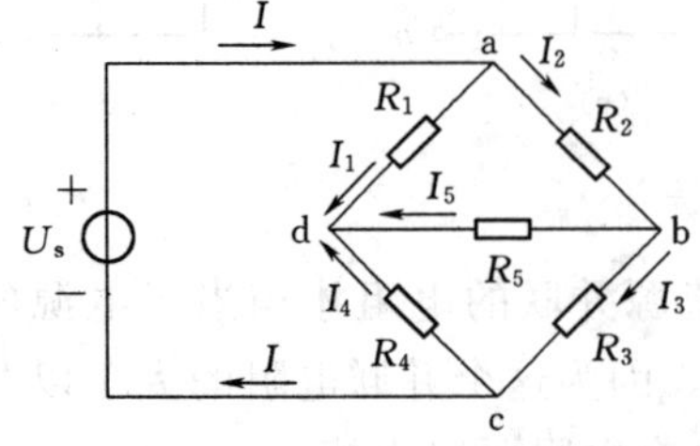

图 1－16　电路图例

支路：电路中的每一分支称为支路，一条支路流过一个电流。图 1－16 中共有 6 条支路，分别是 ab、bc、cd、da、ca、bd。

节点：电路中 3 条或 3 条以上支路的连接点称为节点。图 1－16 中共有 4 个节点，分别是节点 a、节点 b、节点 c 和节点 d。

回路：电路中的任一闭合路径称为回路。图 1－16

中共有 7 个回路，分别是 abda、dbcd、adca、abdca、adbca、abcda、abca。

网孔：电路中无其他支路穿过的回路称为网孔。图 1－16 中共有 3 个网孔，分别是 abda、dbcb、adca。

二、基尔霍夫电流定律

基尔霍夫电流定律（KCL)：对于电路中的任一节点，在任一瞬间流入（或流出）该节点电流的代数和为零。可以选择电流流入时为正，流出时为负；也可以设流出时为正，流入时为负。电流的这一性质也称为电流连续性原理，是电荷守恒的体现。KCL 用公式表示为

$$\sum I=0 \qquad (1-2)$$

式（1－2）称为节点的电流方程。由此也可将 KCL 理解为流入某节点的电流之和等于流出该节点的电流之和。

下面以图 1－16 电路中的节点 a、b 为例，假设电流流入为正，流出为负，列出节点的电流方程。

对于节点 a 有

$$I-I_2-I_1=0 \text{ 或 } I_2+I_1=I$$

对于节点 b 有

$$I_2-I_3-I_5=0 \text{ 或 } I_2=I_3+I_5$$

KCL 不仅适用于电路中的任一节点，也可推广到包围部分电路的任一闭合面（因为可将任一闭合面缩为一个节点)。可以证明流入或流出任一闭合面电流的代数和为零。图 1－17 中，当考虑虚线所围的闭合面时，应有

$$I_a-I_b-I_c=0$$

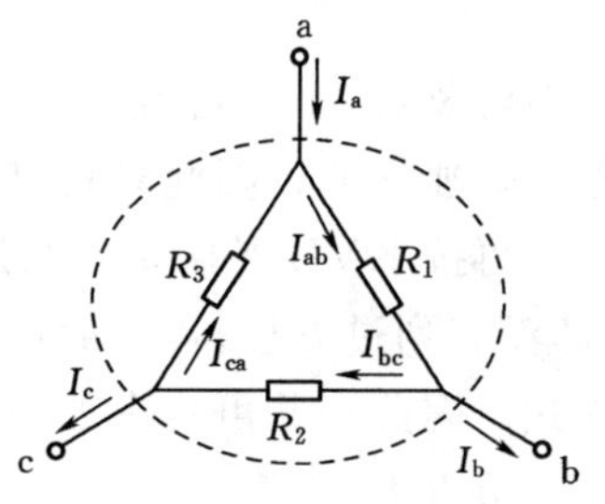

图 1－17　电路的闭合面

三、基尔霍夫电压定律

基尔霍夫电压定律（KVL)：对于电路中的任一回路，在任一瞬间沿该回路任意绕行方向，则组成该回路的各段支路上的元件电压的代数和为零。可任意选择顺时针或逆时针作为回路绕行方向，各元件电压的正、负与绕行方向有关。一般规定当元件的电压的方向与所选的回路绕行方向一致时为正，反之为负。KVL 用公式表示为

$$\sum U=0 \qquad (1-3)$$

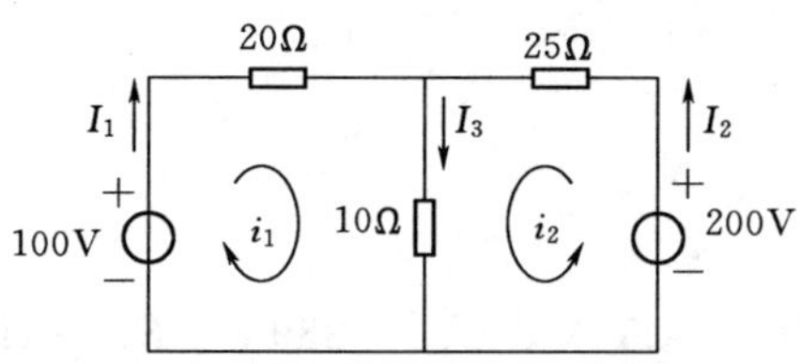

图 1－18　电路图例

式（1－3）称为回路的电压方程。下面以图 1－18电路为例，列出相应回路的电压方程。注意当选择了某一个回路时，在回路内画一个环绕箭头，表示选择的回路的绕行方向。图 1－18 中，在两个网孔中分别选择了顺时针和逆时针的绕行方向。

对于回路 1，电压的数值方程为

$$20I_1+10I_3-100=0$$

对于回路 2，电压的数值方程为

$$25I_2+10I_3-200=0$$

上式也可写为 $25I_2+10I_3=200$

其意义为，在直流电路里KVL又可以表述为回路中电阻的电压之和（代数和）等于回路中的电压源电压之和（代数和），写成公式即

$$\sum RI=\sum U_s$$

注意此时等号右侧的 U_s 的方向与所选的回路绕行方向相反时为正，反之为负。

应用KVL时，首先要标出电路各元件电流、电压的参考方向。列电压方程时，一般约定电阻的电流方向和电压方向一致。

KVL不仅适用于闭合电路，也可推广到结构不闭合的回路。

四、支路电流法

支路电流法是求解电路最基本的方法。这种方法是以支路电流为未知量，直接应用KCL和KVL分别对各节点和各回路列出所需要的方程组，然后联立求解出各支路的未知电流。

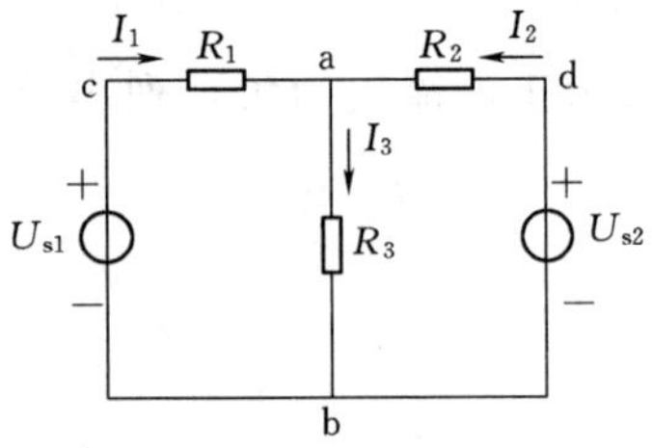

图1-19 电路图例（支路电流法）

现以图1-19所示电路为例，说明支路电流法的求解过程。

该电路中有三条支路（$b=3$），两个节点（$n=2$），有三个回路（$i=3$）。首先在电路图中选取各支路电流的参考方向和回路绕行方向。因为有三条支路则有三个未知电流，需要列出三个独立方程才能得到唯一解。应用KCL分别对节点a、b列出的节点电流方程实际上是相同的，即a、b节点中只有一个节点电流方程是独立的，因此对具有 n 个节点的电路，只能列出 $n-1$ 个独立的KCL方程。

再按KVL列独立的回路电压方程，每个方程式中至少要包含一条未曾使用的支路（即没有列过方程），一般选择网孔作为独立回路。在图1-19中只有两个独立回路电压方程式，因此一共可列出如下三个独立的方程式：

节点b $\qquad -I_1-I_2+I_3=0$

abca回路 $\qquad I_3R_3+I_1R_1=Us_1$

adba回路 $\qquad -I_2R_2-I_3R_3=-Us_2$

上式称为支路电流方程式，联立求解，便可求得支路电流 I_1、I_2 和 I_3，由支路电流就可求出相应元件的电压和功率。

应用支路电流法求解电路的步骤可归纳如下：

（1）假定各支路电流的参考方向。

（2）用KCL列出（$n-1$）个节点电流方程。

（3）用KVL列出 $b-(n-1)$ 独立回路方程。

（4）联立各方程，求出各支路的未知电流。

【例1-4】 在图1-19所示电路中，已知 $U_{s1}=250\text{V}$，$U_{s2}=239\text{V}$，$R_1=1\Omega$，$R_2=0.5\Omega$，$R_3=30\Omega$，试求各支路电流，并进行验算。

解 将已知数据代入前述方程组得

$$I_1+I_2-I_3=0$$

$$I_1+30I_3=250$$

$$0.5I_2+30I_3=239$$

联立求解得：$I_1=10\text{A}$，$I_2=-2\text{A}$，$I_3=8\text{A}$。

验算：对未选用的回路应用 KVL 验证，沿 cadbc 回路

$$\sum U=U_1-U_2=250-239=11(\text{V})$$

$$\sum IR=I_1R_1-I_2R_2=10\times1-(-2)\times0.5=11(\text{V})$$

方程平衡，计算无误。也可以用功率平衡关系验证，请读者自行验证。

第四节　节 点 电 压 法

节点电压法和支路电流法一样，也是求解复杂电路的普遍方法。对于支路多而节点少的电路来说，节点电压法比支路电流法优越。目前，节点电压法在网络的计算机辅助分析中得到了广泛的应用。

节点电压是电路中任意一个节点与参考节点（可任意指定）之间的电压。节点电压法的基本思想是以节点电压为未知量，应用基尔霍夫电压定律找出各支路电流与节点电压的关系，并用节点电压表示各节点的基尔霍夫电流定律方程，然后解方程求出节点电压，再计算各支路电流。

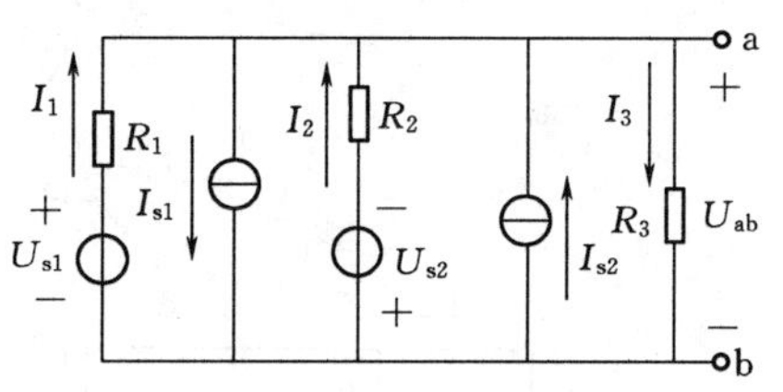

图 1-20　电路图例（节点电压法）

如图 1-20 电路，只有 2 个节点，而有 5 条支路，支路数比节点数大很多，这样的电路用节点电压法分析更简单。以节点 b 为电位参考点，节点 a 和 b 间的电压 U_{ab} 称为节点电压，在图中其参考方向由上指向下。

现推导只有两个节点的节点电压的计算公式。

由 KCL 得　　$I_1+I_2-I_3-I_{s1}+I_{s2}=0$

各支路的电流可应用 KVL 电压定律得

$$I_1=\frac{U_{s1}-U_{ab}}{R_1}$$

$$I_2=\frac{-U_{s2}-U_{ab}}{R_2}$$

$$I_3=\frac{U_{ab}}{R_3}$$

将以上关系代入 KCL 关系式，可得

$$U_{ab}=\frac{\frac{U_{s1}}{R_1}-\frac{U_{s2}}{R_2}-I_{s1}+I_{s2}}{\frac{1}{R_1}+\frac{1}{R_2}+\frac{1}{R_3}}$$

所以两个节点的节点电压的通式为

$$U_{ab}=\frac{\sum\frac{U_s}{R}+\sum I_s}{\sum\frac{1}{R}}\tag{1-4}$$

式（1-4）中分母为所有支路电阻的倒数和，总为正；分子为各电流源对节点的注入电流之和，正负号规定：电压源 U_s 的参考方向与节点电压 U_{ab} 的参考方向相同时取正号，反之取负号；电流源 I_s 流入节点时取正号，反之取负号。

值得注意的是，与电流源串联的电阻不参加计算。

【例 1-5】 已知如图 1-21 所示电路参数为 $U_{s1}=30V$，$I_{s1}=2mA$，$R_1=6k\Omega$，$R_2=1k\Omega$，$R_3=3k\Omega$，试用节点电压法求出各未知支路的电流 I_1、I_2、I_3。

解

$$U_{cd}=\frac{\frac{U_{s1}}{R_1}-I_{s1}}{\frac{1}{R_1}+\frac{1}{R_2}+\frac{1}{R_3}}=\frac{\frac{30}{6}-2}{\frac{1}{6}+1+\frac{1}{3}}=2(V)$$

求出 U_{cd} 后得各支路电流

$$I_1=\frac{U_{s1}-U_{cd}}{R_1}=\frac{30-2}{6}=4.67(mA)$$

$$I_2=\frac{U_{cd}}{R_2}=\frac{2}{1}=2(mA)$$

$$I_3=\frac{U_{cd}}{R_3}=\frac{2}{3}=0.67(mA)$$

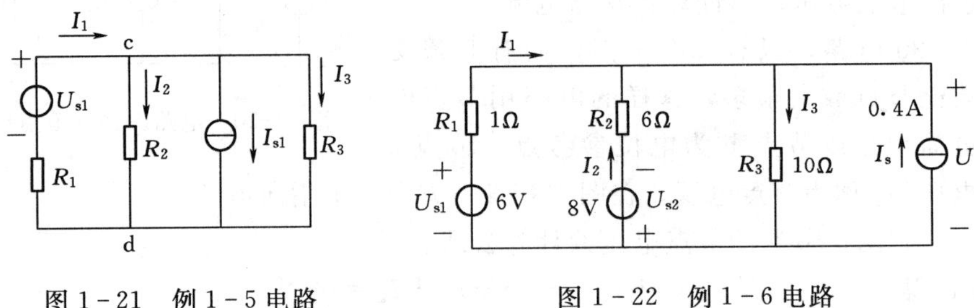

图 1-21 例 1-5 电路　　图 1-22 例 1-6 电路

【例 1-6】 用节点电压法求图 1-22 电路各支路电流 I_1、I_2、I_3。

解 由节点电压法的公式得

$$U=\frac{\frac{U_{s1}}{R_1}-\frac{U_{s2}}{R_2}+I_s}{\frac{1}{R_1}+\frac{1}{R_2}+\frac{1}{R_3}}=\frac{\frac{6}{1}-\frac{8}{6}+0.4}{\frac{1}{1}+\frac{1}{6}+\frac{1}{10}}=4\ (V)$$

$$I_1=\frac{U_{s1}-U}{R_1}=\frac{6-4}{1}=2\ (A)$$

$$I_2=\frac{-U_{s2}-U}{R_2}=\frac{-8-4}{6}=-2\ (A)$$

$$I_3=\frac{U}{R_3}=\frac{4}{10}=0.4\ (A)$$

第五节 叠加定理

叠加定理是线性电路中一个重要定理，它反映出线性电路中各电源作用的独立性原理。下面以电路为例说明其应用。

观察图 1-23（a）所示的电路，该电路含有一个电压源和一个电流源，现要求解出 I_2。

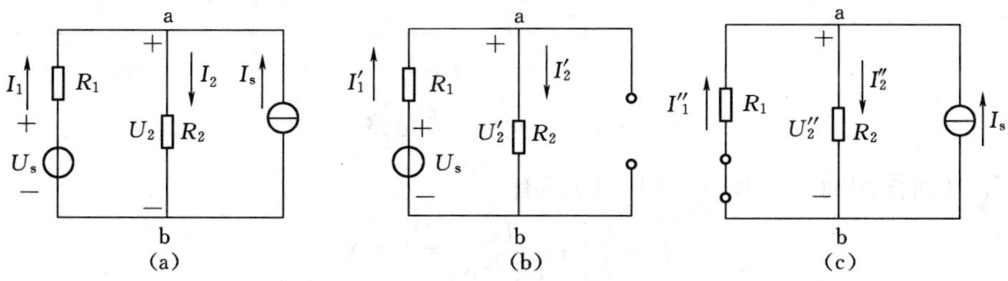

图 1-23　电路图例（叠加原理）

根据 KCL 和 KVL，不难得出

$$I_1 = I_2 - I_s$$

$$U_s = I_1 R_1 + I_2 R_2$$

联立方程求解可得

$$I_2 = \frac{U_s}{R_1 + R_2} + \frac{R_1}{R_1 + R_2} I_s$$

从上式可以看出，I_2 含两个分量，即

$$I_2 = I_2' + I_2''$$

式中，$I_2' = \frac{U_s}{R_1 + R_2}$为电压源 U_s 单独作用于电路时（此时电流源不作用，处于开路状态）在 R_2 支路上产生的电流，如图 1-23（b）所示。而 $I_2'' = \frac{R_1}{R_1 + R_2} I_s$，则为电流源 I_s 单独作用时（此时电压源不作用，处于短路状态）在 R_2 支路上产生的电流，如图 1-23（c）所示。也就是说，R_2 支路中的电流为各电源单独作用时在该支路上产生的电流的代数和。

叠加定理：在线性电路中，任一支路中的电流（或两点间的电压）等于各个电源单独作用时在该支路中所产生的电流（或两点间产生的电压）的代数和。

应用叠加定理时要注意以下几点：

（1）叠加定理仅适合于线性电路，不适合非线性电路。

（2）各电源单独作用时电路的连接以及电路中所有电阻和受控源都不予更动。所谓电压源不起作用就是将其电压置零，即该电压源被短路。所谓电流源不起作用，就是将其电流置零，即该电流源开路。

（3）叠加时要注意电流和电压的参考方向，各分量的参考方向与原待求量方向一致时取正，反之取负。

（4）由于电压或电流是功率的二次函数，所以不能用叠加定理来计算功率。

【例 1-7】 图 1-24（a）所示电路中，已知电压源 $U_s = 100\text{V}$，电流源电流 $I_s = 1\text{A}$，各电阻 $R_2 = R_3 = R_4 = 50\Omega$，求两电源各自发出的功率。

解　要计算两电源各自发出的功率，必须求出电流 I_1 和端电压 U。这里用叠加定理来计算。

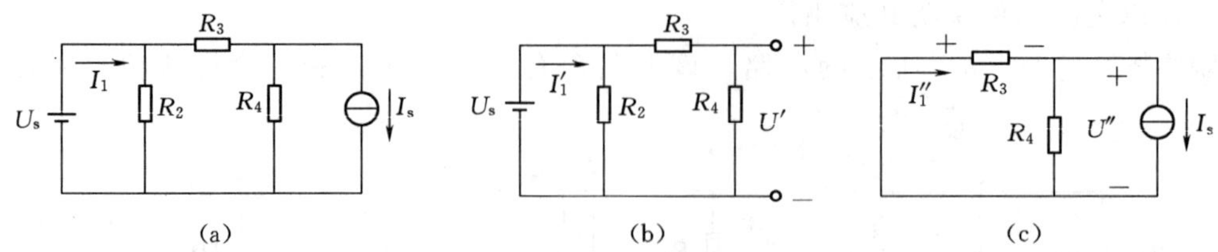

图 1-24 例 1-7 电路

当 U_s 单独作用时，见图 1-24（b），有

$$I_1'=\frac{U_s}{R_2}+\frac{U_s}{R_3+R_4}=3\ (\text{A})$$

$$U'=\frac{U_s}{R_3+R_4}R_4=50\ (\text{V})$$

当 I_s 单独作用时，见图 1-24（c），有

$$I_1''=I_s\frac{R_4}{R_3+R_4}=0.5\ (\text{A})$$

$$U''=-I_1''R_3=-0.5\times50=-25\ (\text{V})$$

所以

$$I_1=I_1'+I_1''=3.5\ (\text{A})$$

$$U=U'+U''=25\ (\text{V})$$

$$P_{su}=-U_sI_1=-100\times3.5=-350\ (\text{W})（发出功率）$$

$$P_{IS}=UI_s=25\times1=25\ (\text{W})（消耗功率）$$

第六节　等效电源定理

对复杂电路进行分析和计算中，有时仅要求求出某一支路中的电压或电流，此时应用等效电源定理会更方便。

一、二端网络

如图 1-25（a）所示电路，若求 R_L 所在支路的电流 I 时，可以把这条支路看作外电路，而其余部分（图中点划线框部分）就成为一个具有两个出线端、内含电源的电路，这种电路称为有源二端网络（或一端口网络）。通常就画成图 1-25（b）的形式。

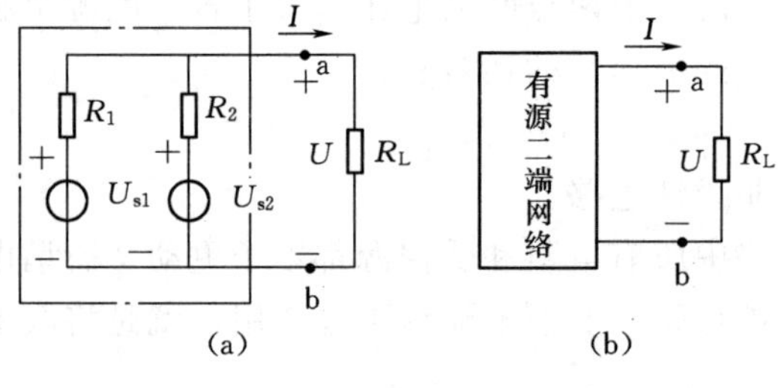

图 1-25 有源二端网络

如果二端网络是由线性元件、电压源、电流源组成，则称之为有源线性二端网络。本书仅讨论线性二端网路。

若网络中不含电源，如图 1-26（a）中点划线框部分，称之为无源二端网络，常画成图 1-26（b）的形式。无源二端网络的等效电阻可根据电阻的串并联关系求出。图 1-26（a）中点划线框部分的等效电阻为

$$R_0=(R_4+R_5)\,/\!/\,R_3$$

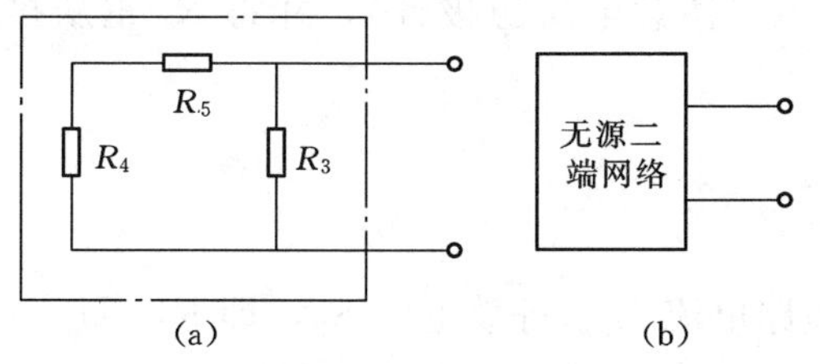

图 1-26 无源二端网络

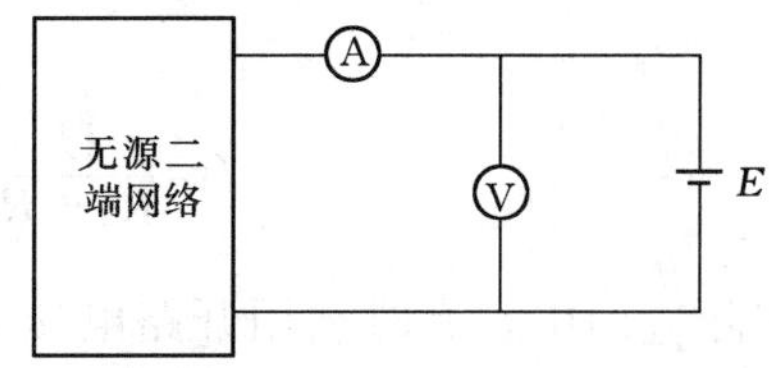

图 1-27 无源二端网络等效电阻的实验测定

无源二端网络的等效电阻也可用实验法测定，其测定方法如图 1-27 所示。方法是在两个端子之间接一电源，电压为 U，如测出电流为 I，则其等效电阻为

$$R_0=\frac{U}{I}$$

有源二端网络无论其内部结构复杂还是简单，对于外电路来说，它的作用就是提供电能，即可以等效于一个电源。

二、戴维南定理

戴维南定理：任何一个线性有源二端网络，对外电路来说可用一个电压源与内阻串联的电压源电路来等效，其电压源的电压等于该有源二端网络的开路 U_{oc}，内阻 R_0 等于所有电源置零时（电压源短路，电流源开路）所得到的无源二端网络的等效电阻（或者说无源二端网络的输入电阻）。这个电压源 U_{oc}与内阻 R_0 串联的电路称之为有源二端网络的戴维南等效电路，如图 1-28 所示。

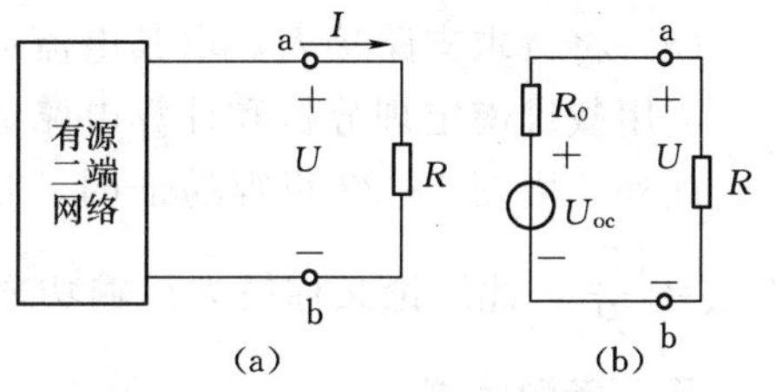

图 1-28 戴维南定理

戴维南定理可以用叠加定理来证明。

【例 1-8】 已知电路如图 1-29（a）所示，$U_{s1}=20\text{V}$，$U_{s2}=10\text{V}$，$I_s=2\text{A}$，$R_1=10\Omega$，$R_2=R_3=5\Omega$，试用戴维南定理求 R_3 支路中的电流 I。

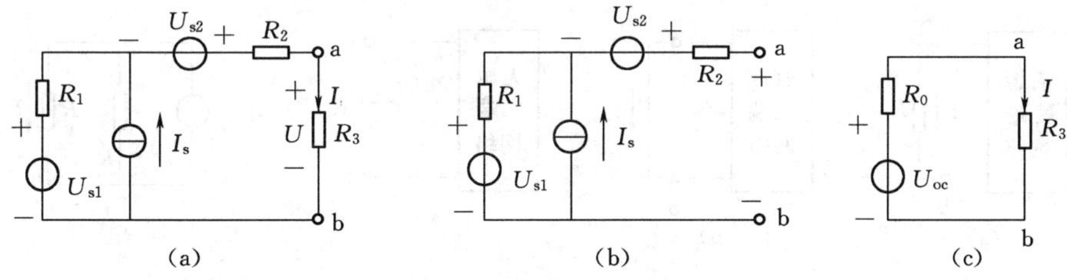

图 1-29 例 1-8 电路

解 （1）将 R_3 支路从电路中拿掉，使其左边电路成为有源二端网络。

（2）计算 a、b 端子间的开路电压 U_{oc}，见图 1-29（b）

$$U_{oc}=U_{s1}+U_{s2}+I_sR_1=20+10+2\times10=50\ (\text{V})$$

（3）将图 1-29（b）有源二端网络变为无源二端网络，求入端等效电阻，则有

$$R_0=R_1+R_2=15\Omega$$

（4）构成戴维南等效电路，见图 1－29（c）（注意电压源极性），并将 R_3 重新接入可得

$$I=\frac{U_s}{R_0+R_3}=\frac{50}{15+5}=2.5\ (\text{A})$$

在实际应用中，有时利用开路电压 U_{oc} 和短路电流 I_{sc} 求等效电阻 R_0，即 $R_0=U_{oc}/I_{sc}$，也称开路短路法，如图 1－30 所示。

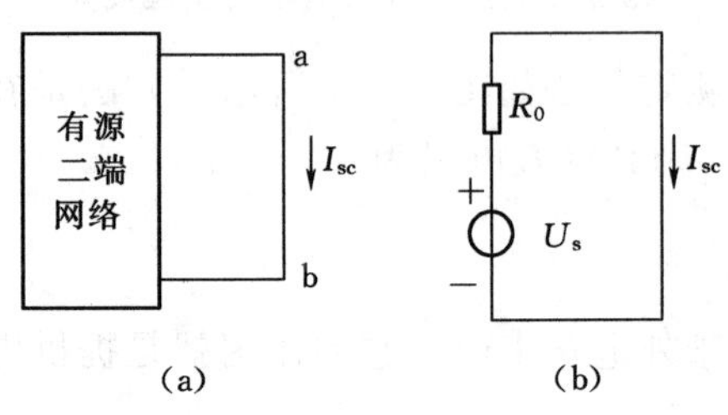

图 1－30　开路短路法求等效电阻

应用戴维南定理求解电路步骤归纳如下：

（1）断开待求支路，使其余部分成为有源二端网络。

（2）求出有源二端网络的开路电压 U_{oc}，作为等效电路的电压源电压。

（3）变有源二端网络为无源二端网络，求出无源二端网络的等效电阻 R_0。

（4）将 U_{oc} 与 R_0 相串联的电路（戴维南等效电路）组成等效电压源。

（5）将待求支路接入，求其电流或电压。

应用戴维南定理分析和计算电路的关键是正确求解开路电压和等效内阻。

此外，由图 1－28 很容易证明，当 $R=R_0$ 时，R 能够获得最大功率，且其最大功率 $P_{L\max}=\frac{U_{oc}^2}{4R_0}$，此结论又称最大传输功率定理。

三、诺顿定理

诺顿定理：任何一个线性有源二端网络可以等效为一个电流源 I_s 与一个内阻 R_0 的并联电路。其中 I_s 的值等于有源二端网络的短路电流，其并联电阻 R_0 等于有源二端网络变成无源二端网络后的等效电阻。我们把电流源 I_s 与内阻 R_0 并联后的组合电路称为诺顿等效电路，如图 1－31 所示。

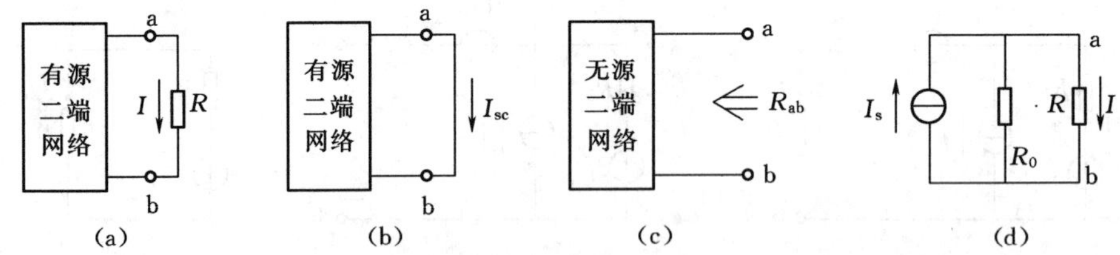

图 1－31　诺顿定理

戴维南等效电压源与诺顿等效电流源之间也可以进行等效变换。

【例 1－9】 试用诺顿定理求图 1－32（a）所示电路中的 U。

解　（1）将 3Ω 电阻支路短接，如图 1－32（b）。

（2）求 I_{sc}。在图 1－32（b）中，左右两电路均为独立电路，可单独计算。

$$I_1=\frac{24}{6}=4(\text{A})(\text{沿 abca 回路})$$

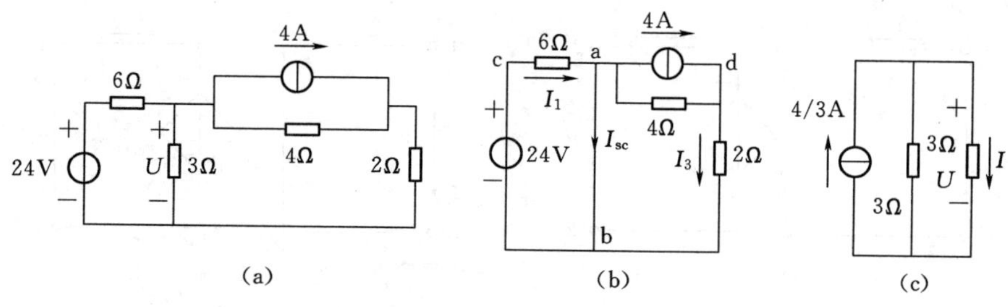

图 1-32　例 1-9 图

$$I_3=\frac{4}{4+2}\times 4=\frac{16}{6}(\text{A})(\text{沿 adba 回路})$$

在节点 a，应用 KCL 得

$$I_{sc}=I_1-I_3=4-\frac{16}{6}=\frac{4}{3}\ (\text{A})$$

(3)
$$R_{ab}=6\,/\!/\,(4+2)=3\ (\Omega)$$

(4) 将诺顿等效电路与待求支路相接，见图 1-32 (c)，得到 3Ω 电阻支路的电流为 $\frac{2}{3}$A，则电压 $U=\frac{2}{3}\times 3=2(\text{V})$。

第七节　受　控　源

在电路理论中，除电压源、电流源这样的独立电源外，还会遇到受控源。受控电压源的电压和受控电流源的电流都不是给定值或给定的时间函数，而是受电路中某支路的电流或电压控制，因此受控源又称为非独立电源。

例如，电子管输出的交变电压受输入交变电压所控制，晶体管集电极电流受基极电流所控制，这类电路器件可以用受控电源来描述其工作性能。

根据控制量是电压还是电流，受控的是电压源还是电流源，受控源可分四种：电压控制电压源（VCVS）、电流控制电压源（CCVS）、电压控制电流源（VCCS）、电流控制电流源（CCCS）。它们的图形符号分别如图 1-33 (a)、(b)、(c)、(d) 所示。图中的菱形符号表示受控电压源或受控电流源，参考方向的表示方法与独立电源相同，μ、g_m、γ_m、β 称为控制系数。当这些参数为常数时，被控量与控制量成正比，这种受控源称为线性受控源。

图 1-33 中，把受控源表示成具有两对端钮的电路模型，其中受控电压源或受控电流源接于一端，而另一对端钮之间或开路、或短路，控制量即为开路电压或短路电流。这样做有时会带来方便，所以可以把受控源看作是一种具有两对端钮的元件，但在有些情况下不一定要专门标出控制量所处的端钮。

必须指出，受控源与独立电源不同，独立电源在电路中起着"激励"的作用，因为有了它才能在电路中产生电流和电压；而受控源不同，它的电压或电流受电路中其他电压或电流控制，当这些控制电压或电流为零时，受控源的电压或电流也就为零。因此，它不过

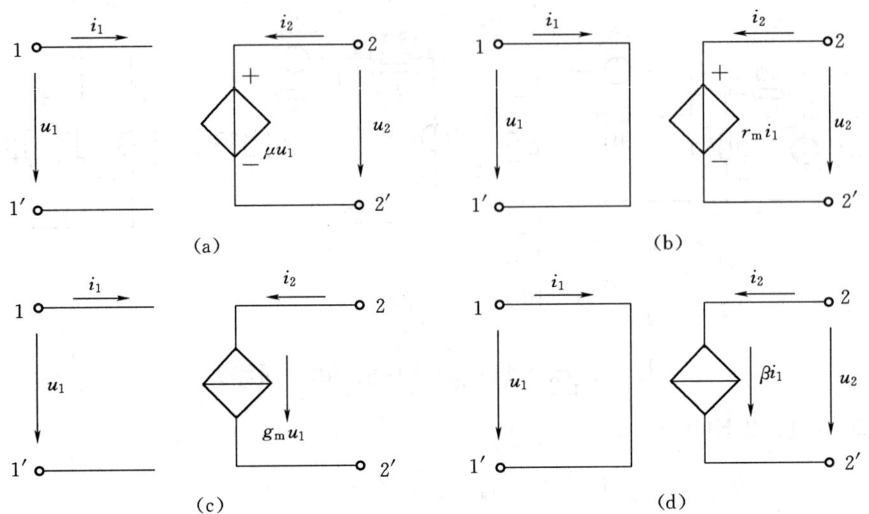

图 1-33 受控源

(a) VCVS；(b) CCVS；(c) VCCS；(d) CCCS

用来反映电路中某处电压或电流能控制另一处的电压和电流这一现象而已，它本身不能起“激励”作用。

在分析具有电子管、晶体管或者场效应管等电路时，受控源的概念会经常用到。

小　结

直流电路是电工技术、电子技术和电气技术的理论基础。

(1) 掌握电路的基本概念，认识各物理量及参考方向，为分析电路打好基础。

(2) 分析电路还应掌握电路的基本定律：电路元件的欧姆定律；基尔霍夫节点电流定律和回路电压定律。

(3) 分析电路的方法有几种。一般来说，支路电流法和节点电压法适用于同时计算某一电路各支路电流、电压问题。若只求电路中某一支路电流、电压的问题，往往采用戴维南定理及电源的等效变换。

(4) 掌握受控源的原理，为学习三极管微变等效电路打下基础。

习　题

1-1 图 1-34 中，(a) $u>0$，$i<0$ (b) $u<0$，$i>0$，分别说明元件是发出功率还是吸收功率。

图 1-34 习题 1-1 图

1-2　图 1-35 所示，根据设定的 u 和 i 的参考方向，写出各元件 u 和 i 的约束方程。

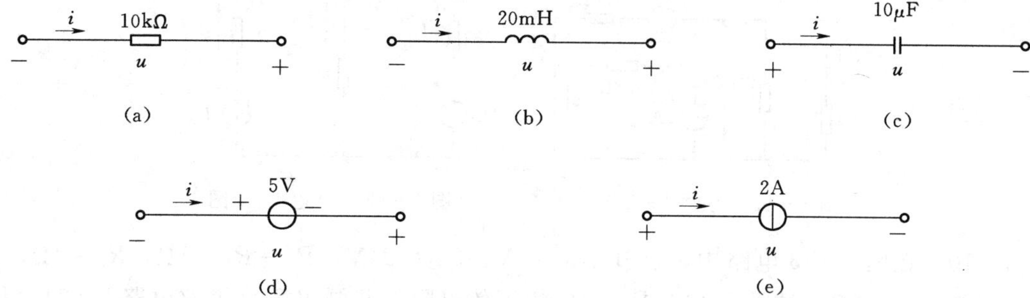

图 1-35　习题 1-2 图

1-3　图 1-36 所示，四个方框分别代表电源或负载元件，电流及电压的参考方向已在图中标出，已知 $I=-2\text{A}$，$U_1=3\text{V}$，$U_2=8\text{V}$，$U_3=-2\text{V}$，$U_4=7\text{V}$。

（1）标出各元件电压、电流的实际方向。

（2）哪些方框是电源？哪些方框是负载？

（3）各负载消耗功率是多少？并验证电源发出的功率和负载消耗的功率是否平衡。

1-4　已知电路结构和参数如图 1-37 所示，求 I_3、U_{12}。

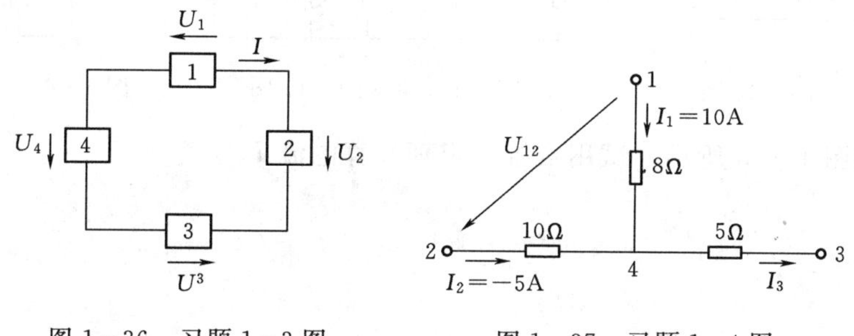

图 1-36　习题 1-3 图　　图 1-37　习题 1-4 图

1-5　求图 1-38 所示电路 U_{ab}。

1-6　图 1-39 所示电路，若使 $I=0$，求 R。

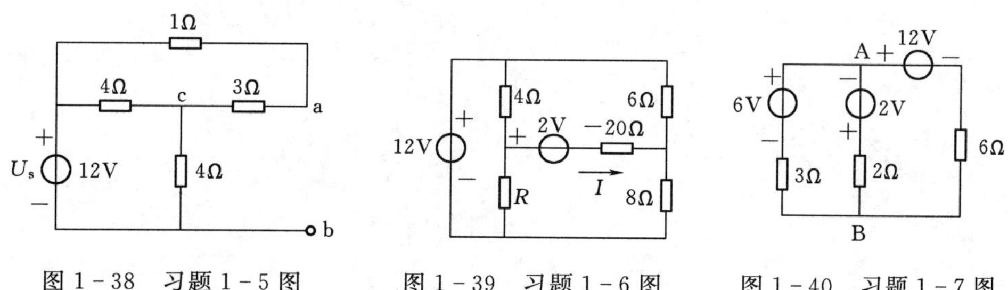

图 1-38　习题 1-5 图　　图 1-39　习题 1-6 图　　图 1-40　习题 1-7 图

1-7　用电源等效变换的方法计算图 1-40 中电压 U_{AB}。

1-8　用电源等效变换的方法计算图 1-41 中电路 I。

1-9　图 1-42 所示电路中，已知 $U_{s1}=24\text{V}$，$U_{s2}=12\text{V}$，$R_1=0.5\Omega$，$R_2=1.5\Omega$，$R_3=1.5\Omega$。分别应用支路电流法和节点电压法求各支路电流。

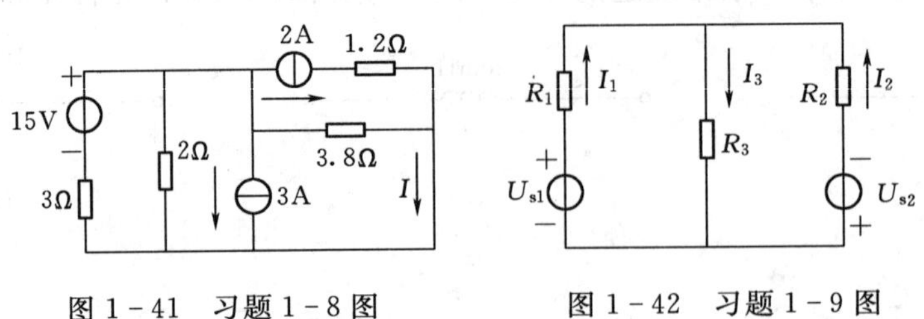

图 1-41　习题 1-8 图　　　　图 1-42　习题 1-9 图

1-10　在图 1-43 电路中，已知 $U_{s1}=6\text{V}$，$U_{s2}=24\text{V}$，$R_1=R_3=1\Omega$，$R_2=4\Omega$，$R_4=R_5=3\Omega$，$R_6=6\Omega$，试求：(1) $R_3\sim R_6$ 的等效电阻，并画出简化等效电路。(2) 用节点电压法求 U_{ab} 及电流 I_3。

1-11　分别应用叠加定理和戴维南定理求解图 1-44 电路中的 I 和 U，已知 $I_s=3.125\text{A}$，$U_s=120\text{V}$，$R_1=10\Omega$，$R_2=40\Omega$，$R_3=36\Omega$，$R_4=R_5=60\Omega$。

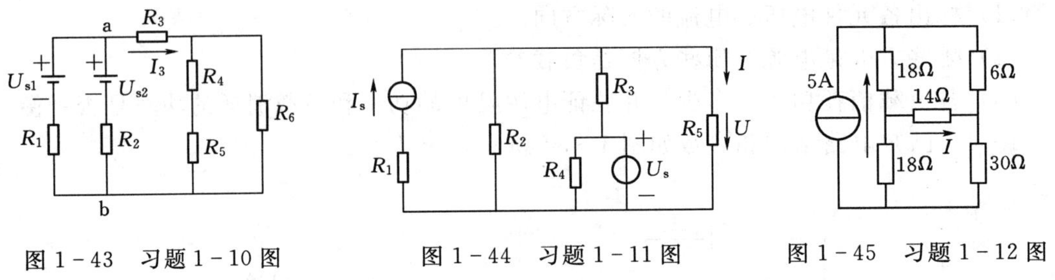

图 1-43　习题 1-10 图　　　　图 1-44　习题 1-11 图　　　　图 1-45　习题 1-12 图

1-12　如图 1-45 所示，试用戴维南定理计算电流 I。

第二章　单 相 交 流 电 路

单相交流电路是交流电路中一种最简单的情况，在现代生产和生活中有着极为广泛的应用。所以本章是《电工学》课程的重要内容之一。本章重点是讨论正弦交流电路的基本概念、基本定律及基本分析计算方法。

第一节　正弦交流电的基本概念

一、正弦量的三要素

正弦交流电，就是电路中的电压、电流、电动势等物理量的大小和方向均随时间按正弦规律变化，这些物理量称为正弦量，其一般数学表达式（瞬时值）为

$$i = I_m \sin(\omega t + \psi_i) \tag{2-1}$$

$$u = U_m \sin(\omega t + \psi_u) \tag{2-2}$$

$$e = E_m \sin(\omega t + \psi_e) \tag{2-3}$$

根据上式，可以作出相应的正弦量的波形图。图 2－1 就是某正弦交流电流的波形图。

因为正弦量的实际方向随时间的变化而变化，在这种情况下，规定它的正方向就更为必要，只有这样，才能用一个具体的表达式来反映出正弦量在任何时刻的大小和实际方向。通常的方法是，在电路图中假设一个正方向，并用箭头标出，如图 2－2 所示。该正方向代表电流正半周的方向，电流为正值，在负半周时，由于正方向与实际方向相反，电流为负值。

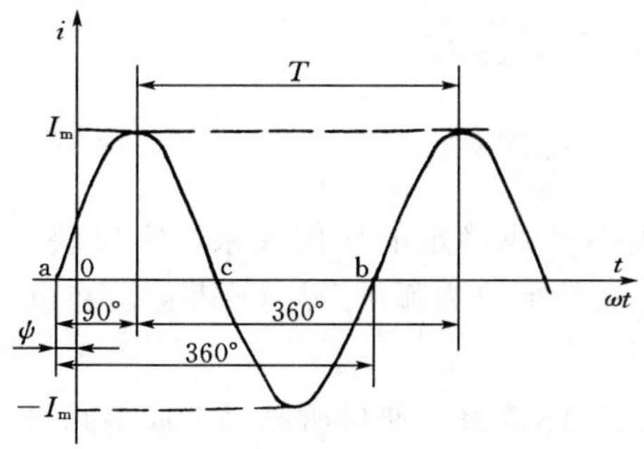

图 2－1　正弦交流电流波形图

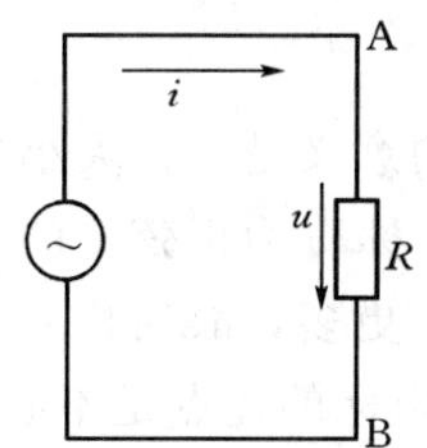

图 2－2　正弦交流电的正方向

从图 2－1 可见，在规定的正方向下，正弦交流电流从 $0 \longrightarrow I_m \longrightarrow 0 \longrightarrow -I_m \longrightarrow 0$，正负交替，往复不已。

在式（2－1）中，I_m、ω、ψ 均为常数。在整个变化过程中，正弦量可能到达的最大

瞬时值，称为正弦量的最大值（幅值），又称振幅，规定用带下标 m 的大写字母 I_m、U_m、E_m 来表示。

对于正弦量来说，最大值是一个确定的数值，它反映出正弦量可能变化的范围。如正弦电流将在 $+I_m \sim -I_m$ 之间按正弦规律变化。

为了符合数学中正弦函数的有关习惯，常以正弦量由负向正过零的点作为一周的起点（称正弦量的零点）。这个起点对应于 $\omega t+\psi=0$ 的瞬间，见图 2-1 中的 a 点。而 $\omega t+\psi=2\pi$，对应于正弦量变化一周而至另一周变化的起点。当 $\omega t+\psi=\pi$，则说明正弦电流处于半周的"位置"上。角度 $\omega t+\psi$ 说明了在 t 时刻正弦量处于周期变化中的"位置"，或者说它表示出周期量的变化进程。因为随着 t 的增长，$\omega t+\psi$ 发生连续变化，i 也要随之变化。称 $\omega t+\psi$ 为相位角。

当相位角变化 2π 时，正好对应于正弦量变化一周，即图 2-1 的波形图从 a 点进展到 b 点，那么就有

$$[\omega(t+T)+\psi]-(\omega t+\psi)=2\pi$$

$$\omega=\frac{2\pi}{T} \tag{2-4}$$

式（2-4）中 T 为完成一个循环变化所需要的时间，称为周期。T 的法定计量单位为秒（s）。周期的倒数，即电流在单位时间内循环变化的次数，称为频率，用 f 来表示，即

$$f=\frac{1}{T} \tag{2-5}$$

频率的法定计量单位为赫兹(Hz)，简称赫。

$$1\text{MHz}=10^3\text{kHz}=10^6\text{Hz}$$

在各种不同的技术要求范围内使用各种不同的频率。通常以 200kHz 为界划分高频和低频。语音信号的频率范围为 10Hz～20kHz，这个范围的频率称为音频。我国规定的工业用电频率为 50Hz（周期为 0.02s），简称工频。

根据式（2-5）

$$\omega=\frac{2\pi}{T}=2\pi f \tag{2-6a}$$

又因为

$$\omega=\frac{\mathrm{d}(\omega t+\psi)}{\mathrm{d}t} \tag{2-6b}$$

所以知 ω 的意义是：在大小上它与频率 f 成确定的比例关系，它反映出相位角随时间变化的速率。称 ω 为正弦量的角频率，它的单位为弧度/秒（rad/s）。在电路分析中，ω 出现的机会比 f 更多，故俗称 ω 为频率。

以 ωt 为横坐标的优点是不必考虑 ω 的具体数值，使得所画出的波形具有通用性。

正弦量中的 ψ，是 $t=0$ 时的相位角，即正弦量在初始时刻的相位角，称为初相位角，简称初相。相位（$\omega t+\psi$）和初相，严格来讲，都应该用弧度单位计量。在工程上，一般用角度表示，有时也有 ωt 用弧度，ψ 却以角度表示，这种情况在正弦电路分析中经常可见。

需要指出的是正弦量的计时起点和正弦量的零点是两个不同的概念。

当 $t=0$，取为计时起点，又称时间起点，如图 2-1 中的 0 点。时间起点的选择是任意的（但只能选择一点）。

正弦量的零点是指正弦量由负变正与横轴的交点。如图 2-1 中的 a 点和 b 点，而 c 点并非正弦量的零点。在一个周期内；只有一个正弦量的零点。正弦量的零点，不能任意选定。图 2-1 正弦量的零点（a 点）与时间起点（0 点）是两个不同的点，而图 2-3 则是两者恰好重合的特殊情况。

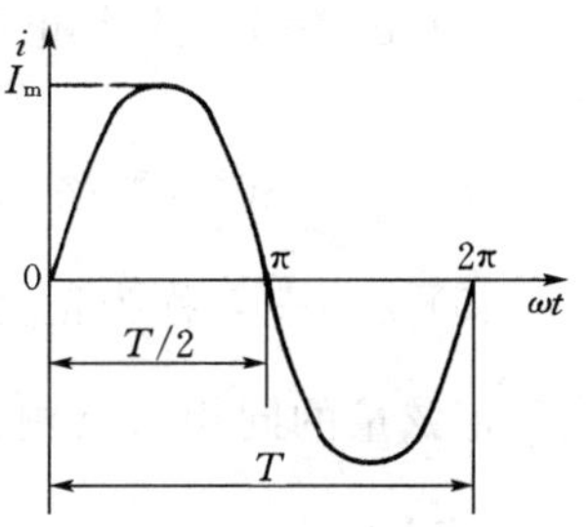

图 2-3　正弦量的起点

明确了计时起点和正弦量的零点以后，再来理解初相 ψ 的正负值就容易多了。

若正弦量零点（指最靠近计时起点）在计时起点左边，则初相为正，$\psi>0$；反之，若正弦量零点在计时起点右边，则初相为负，$\psi<0$。（注：ψ 的取值要小于 π。）

正弦交流电的幅值、频率和初相，称为正弦量的三要素。由这三要素，可以唯一地确定一个正弦量；反过来，要完整地描述一个正弦量，必须知道其三要素。

二、同频率正弦量的相位差

在正弦交流电路的分析中，常常会出现多个同频率的正弦量，为了正确区别它们，除了研究它们的数值关系外，还必须考虑它们之间的差别，这是一个十分有意义的问题。图 2-4 所示为两个幅值和频率均相同的正弦电压，由于初相不同，很明显地看到，它们的状态在任何时刻都是不一样的，即

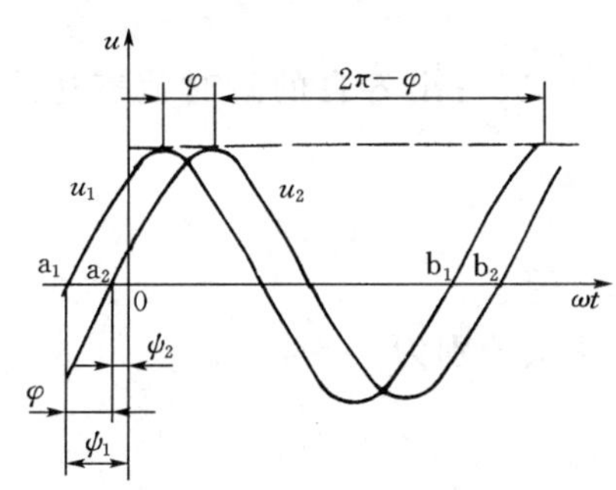

图 2-4　正弦量的相位差

$$u_1 = U_m \sin(\omega t + \psi_1)$$

$$u_2 = U_m \sin(\omega t + \psi_2)$$

因为初相不同，相位就不一样。即（$\omega t+\psi_1$）≠（$\omega t+\psi_2$）。也就是说，在同一时刻，这两个正弦量的变化进程是不同的。

对于两个同频率的正弦量，它们的相位之差称为相位差。

上述两个正弦量的相位差为

$$(\omega t + \psi_1) - (\omega t + \psi_2) = \psi_1 - \psi_2 \tag{2-7}$$

上式说明，它们的相位差与时间无关，与计时起点无关，恒等于两者的初相位差值。相位差角常用 φ 表示，则电压 u_1 与 u_2 之间的相位差为

$$\varphi_{12} = \psi_1 - \psi_2 = -\varphi_{21} \tag{2-8}$$

需要强调指出的是：同频率的正弦量之间的相位差是一个常数，不同频率的正弦量之间的相位差是没有意义的（此时相位差是时间的函数），这是因为在一周内变化速率不一样。

式（2-7）中的两个正弦量之间的相位差关系不外乎以下几种情形：

（1）$\varphi_{12}>0$，即 $\psi_1>\psi_2$，称 u_1 超前于 u_2（或 u_2 滞后于 u_1）。在波形图上常用达到最

大值的时间先后作为判断超前、滞后的依据。

(2) $\varphi_{12}<0$，即 $\psi_1<\psi_2$，称 u_1 滞后于 u_2（或 u_2 超前于 u_1）。

(3) $\varphi_{12}=0$，两个正弦量同时达到最大值，同时过零，变化状态完全相同，称为同相。

(4) $\varphi=180°$（严格说 $|\varphi|=180°$），两个正弦量的瞬时值完全相反，称为反相。

(5) $\varphi=\frac{\pi}{2}$，称为正交。

正弦量的同相与反相分别如图 2－5 所示。

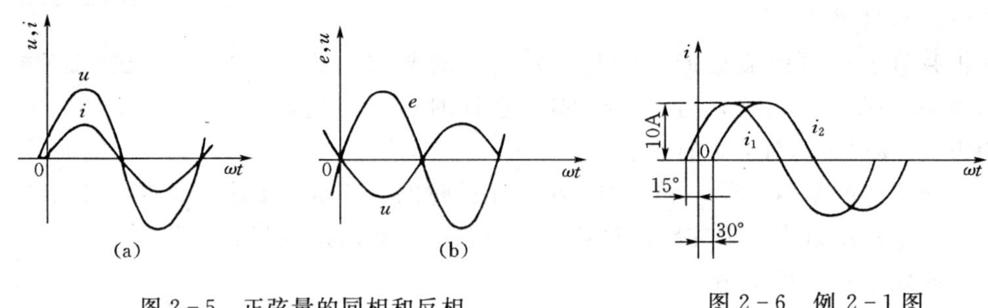

图 2－5 正弦量的同相和反相

(a) 同相；(b) 反相

图 2－6 例 2－1 图

【例 2－1】 两正弦交流电流的波形如图 2－6 所示，试写出各自的瞬时值表达式，并求出它们之间的相位差。

解

$$I_{m1}=I_{m2}=10\text{A}$$

$$\psi_1=15°,\quad \psi_2=-30°$$

若设电流 i_1 及 i_2 的角频率为 ω，则它们的瞬时值表达式分别为

$$i_1=10\sin(\omega t+15°)$$

$$i_2=10\sin(\omega t-30°)$$

相位差为

$$\varphi=\psi_1-\psi_2=15°-(-30°)=45°(i_1\text{ 超前于 }i_2 45°)$$

三、正弦量的有效值

正弦量的最大值在某种意义上虽然可以反映正弦交流电的大小，但只能说明其变化范围；而瞬时值只能作逐点的描述。从作功的观点来看，它不能反映出交流电的整体效果(平均效果)。因此，在电工技术中常用交流电的有效值来计量交流电的大小。正弦量的有效值在数值上等于与该交流电平均作功能力等效的直流电的数值，下面以电流为例，说明正弦量有效值的定义。

当直流电流 I 流过电阻 R 时，在时间 T 内消耗的电能为

$$W_1=I^2RT$$

而交流电流流过电阻 R 时，该电流在时间 T 内所消耗的电能为

$$W_i=\int_0^T i^2R\,\mathrm{d}t=R\int_0^T i^2\,\mathrm{d}t$$

上述两电能值相等，就认为在时间 T 内，交流电流 i 与直流电流 I 的效果是相同的，即

$$I=\sqrt{\frac{1}{T}\int_0^T i^2\,dt} \qquad (2-9)$$

这个直流电流 I 的数值就称为交流电流的有效值，又称均方根值。有关有效值的定义，也适用于非正弦周期性的电压、电流和电动势。

对于正弦交流电流来说，设其瞬时表达式为

$$i=I_m\sin(\omega t+\psi)$$

则其有效值为

$$I=\sqrt{\frac{1}{T}\int_0^T i^2\,dt}$$

$$=\sqrt{\frac{1}{T}\int_0^T I_m^2\sin^2(\omega t+\psi)\,dt}=\frac{I_m}{\sqrt{2}}$$

同理可得

$$U=\frac{U_m}{\sqrt{2}},E=\frac{E_m}{\sqrt{2}}$$

在电工领域中，一般说到正弦量的数值以及常用的仪表指示值，无特殊说明时都是指有效值。用不带下标 m 的字母来表示有效值，如 I、U、E 等。在形式上，它们与直流电的表示符号相同，但务必区分它们的意义，不要搞混。

【例 2-2】 已知正弦电流 $i=31.1\sin\left(1570t+\frac{\pi}{3}\right)A$ 。试求：（1）频率、周期；（2）有效值；（3）当 $t=\frac{1}{10}$s 时的瞬时值。

解 （1）ω=1570rad/s，则

$$f=\frac{\omega}{2\pi}=\frac{1570}{2\times3.14}=250\ (\text{Hz})$$

$$T=\frac{1}{f}=\frac{1}{250}=0.004\text{s}=4\ (\text{ms})$$

（2）

$$I=\frac{I_m}{\sqrt{2}}=\frac{31.1}{\sqrt{2}}=22\ (\text{A})$$

（3）当 $t=\frac{1}{10}$s 时

$$i=31.1\sin\left(1570\times\frac{1}{10}+\frac{\pi}{3}\right)$$

$$=31.1\sin\left(50\pi+\frac{\pi}{3}\right)=27\ (\text{A})$$

第二节 正弦量的表示方法

为了简化电路的分析运算，行之有效的方法是采用相量表示法。因为在同频率的正弦交流电路中，正弦量实际只有两个要素，一是最大值，二是初相角。这使人们自然会想到复数中有关模值和幅角的概念，正弦量的相量表示法的基础，正是基于正弦函数与复数函数的映射关系。

一、复数的概念及运算

复数是由实数和虚数的代数和构成。如 $\dot{A}=a+jb$ ，其中 a 为复数 $\dot{A}$ 的实部，记为

Re$[\dot{A}]$；b 为复数 $\dot{A}$ 的虚部，记为Im $[\dot{A}]$，$j=\sqrt{-1}$是虚数单位（由于在电气工程中，字母 i 已代表电流，故改用j)。

复数也可用几何的方法来表示，在直角坐标系中可按一定的比例，用横坐标来表示实部，用纵坐标来表示复数的虚部。而坐标系所在的平面称为复平面。因而复数 $\dot{A}$ 就可以用横坐标为 a，纵坐标为 b 的复平面上的点来表示，见图 2-7 所示。从图中可见，任一复数对应着复平面上的唯一的一个点，而复平面上的任一点也唯一地确定一个复数，见图 2-8。

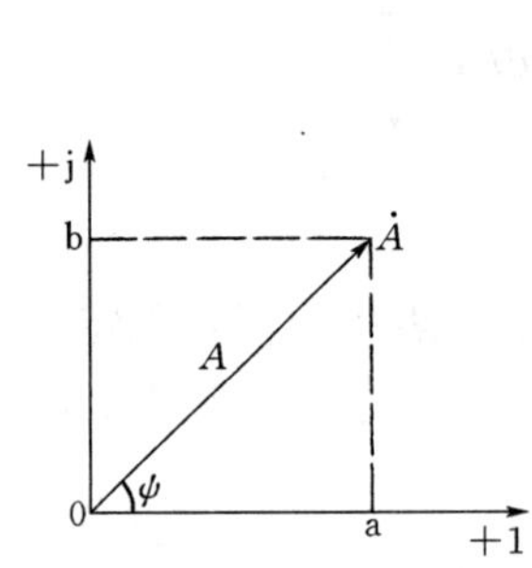

图 2-7　在复平面上有向线段的表示

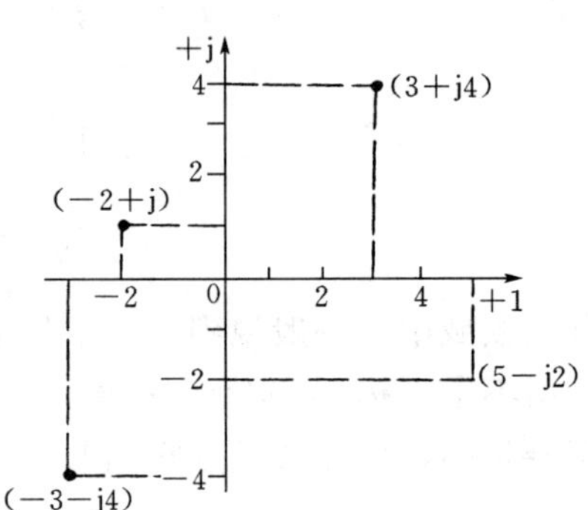

图 2-8　用复平面上的点表示复数

复数形如 $\dot{A}=a+jb$ 称为复数的代数式（或直角坐标式）。如将图 2-7 中有向线段$\overrightarrow{OA}$的长度记作 A，称为复数 $\dot{A}$ 的模，模总为正值。模与实轴的正方向之间的夹角记作 ψ，称为复数 $\dot{A}$ 的幅角。复数的代数式中

$$a = A\cos\psi$$

$$b = A\sin\psi$$

复数的代数式即可用三角函数式表示为

$$\dot{A} = a + jb = A(\cos\psi + j\sin\psi)$$

根据欧拉公式

$$e^{j\psi} = \cos\psi + j\sin\psi$$

则

$$\dot{A} = Ae^{j\psi}$$

上式称为复数 $\dot{A}$ 的指数形式，其中

$$A = \sqrt{a^2 + b^2}$$

$$\psi = \text{arctg}\,\frac{b}{a} \qquad (2-10)$$

依据复数的指数式和式（2-10），复数 $\dot{A}$ 又可表示为 $\dot{A}=A\underline{/\psi}$，也就是用复平面上 A 点的极坐标表示，称为复数 $\dot{A}$ 的极坐标式。

复数的几种表达式是可以互相变换的，只要知道其中一种形式，就可根据需要变换为其他形式，即

$$\dot{A} = a + \mathrm{j}b = A(\cos\psi + \mathrm{j}\sin\psi)$$
$$= A\mathrm{e}^{\mathrm{j}\psi} = A \angle \psi$$

【例 2-3】 把下列复数化为极坐标形式和指数形式：

（1）4＋j3；（2）－1＋j；（3）6－j8；（4）－4－j3；（5）－j。

解（1）因为
$$A = \sqrt{4^2 + 3^2} = 5$$
$$\psi = \mathrm{arctg}\,\frac{3}{4} = 36.9^\circ$$

所以
$$\dot{A} = 5\cos(36.9^\circ) + \mathrm{j}5\sin(36.9^\circ) = 5\mathrm{e}^{\mathrm{j}36.9^\circ} = 5\angle 36.9^\circ$$

（2）因为
$$A = \sqrt{(-1)^2 + 1^2} = \sqrt{2}$$
$$\psi = \mathrm{arctg}\,\frac{1}{-1} = \frac{3}{4}\pi \text{（}\psi\text{在第 Ⅱ 象限）}$$

所以
$$\dot{A} = \sqrt{2}\mathrm{e}^{\mathrm{j}135^\circ} = \sqrt{2}\angle 135^\circ$$

（3）因为
$$A = \sqrt{6^2 + (-8)^2} = 10$$
$$\psi = \mathrm{arctg}\,\frac{-8}{6} = -53.1^\circ$$

所以
$$\dot{A} = 10\mathrm{e}^{\mathrm{j}(-53.1^\circ)} = 10\angle -53.1^\circ$$

（4）因为
$$A = \sqrt{(-4)^2 + (-3)^2} = 5$$
$$\psi = \mathrm{arctg}\,\frac{-3}{-4} = -143.1^\circ \text{（}\psi\text{在第 Ⅲ 象限）}$$

所以
$$\dot{A} = 5\mathrm{e}^{\mathrm{j}(-143.10^\circ)} = 5\angle -143.1^\circ$$

（5）因为
$$A = \sqrt{0 + (-1)^2} = 1$$
$$\psi = \mathrm{arctg}\,\frac{-1}{0} = -90^\circ$$

所以
$$\dot{A} = \cos(-90^\circ) + \mathrm{j}\sin(-90^\circ) = \mathrm{e}^{-\mathrm{j}90^\circ} = 1\angle -90^\circ$$

【例 2-4】 将下列复数化成代数形式：（1）$\dot{A}=18\mathrm{e}^{\mathrm{j}45^\circ}$；（2）$\dot{A}=22\sqrt{2}\angle -150^\circ$。

解（1）
$$\dot{A} = 18\cos45^\circ + 18\mathrm{j}\sin45^\circ$$
$$= 18\times\frac{\sqrt{2}}{2} + 18\times\mathrm{j}\,\frac{\sqrt{2}}{2}$$
$$= 9\sqrt{2} + \mathrm{j}9\sqrt{2}$$

（2）
$$\dot{A} = 22\sqrt{2}\angle -150^\circ$$
$$= 22\sqrt{2}\,[\cos(-150^\circ) + \mathrm{j}\sin(-150^\circ)]$$
$$= 22\sqrt{2}\left(-\frac{\sqrt{3}}{2} - \mathrm{j}\,\frac{1}{2}\right)$$
$$= 11\sqrt{2}\,(-\sqrt{3} - \mathrm{j}1)$$

复数的四则运算和实数的四则运算基本相同，需要注意的是以下一些法则和定义：

（1）复数的加减运算　需将其表达式写成代数式，运算时将实部与实部相加减、虚部与虚部相加减。如

$$\dot{A}_1 = a_1 + \mathrm{j}b_1,\quad \dot{A}_2 = a_2 + \mathrm{j}b_2$$

$$\begin{aligned}\dot{A}_1 \pm \dot{A}_2 &= (a_1 + \mathrm{j}b_1) \pm (a_2 + \mathrm{j}b_2)\\ &= (a_1 \pm a_2) + \mathrm{j}(b_1 \pm b_2)\end{aligned}$$

（2）复数的乘除运算　需将其表达式化成指数式或极坐标形式，相乘时，模值相乘，幅角相加，相除时，模值相除、幅角相减。如

$$\dot{A}_1 = A_1 \mathrm{e}^{\mathrm{j}\psi_1},\dot{A}_2 = A_2 \mathrm{e}^{\mathrm{j}\psi_2}$$

$$\begin{aligned}\dot{A}_1\dot{A}_2 &= A_1A_2\mathrm{e}^{\mathrm{j}(\psi_1+\psi_2)}\\ &= A_1A_2 \angle \psi_1 + \psi_2\end{aligned}$$

$$\frac{\dot{A}_1}{\dot{A}_2} = \frac{A_1}{A_2}\mathrm{e}^{\mathrm{j}(\psi_1-\psi_2)} = \frac{A_1}{A_2} \angle \psi_1 - \psi_2$$

下面考虑复数乘除时的特例：

1）在上面讨论中，若 $\dot{A}_2 = \mathrm{j} = 1 \angle 90^\circ$ 时，则

$$\dot{A}_1\dot{A}_2 = \mathrm{j}\dot{A}_1 = A_1\mathrm{e}^{\mathrm{j}(\psi_1+90^\circ)} = A_1 \angle \psi_1 + 90^\circ$$

$$\frac{\dot{A}_1}{\dot{A}_2} = \frac{\dot{A}_1}{\mathrm{j}} = A_1\mathrm{e}^{\mathrm{j}(\psi_1-90^\circ)} = A_1 \angle \psi_1 - 90^\circ$$

可见，某复数乘以 j，就等于把该复数在复平面上逆时针旋转 $\frac{\pi}{2}$；而当复数乘以（−j），或者说除以 j，等于把该复数顺时针旋转 $\frac{\pi}{2}$。

2）当两个复数共轭时，即 $\dot{A} = a + \mathrm{j}b = A\mathrm{e}^{\mathrm{j}\psi}$，其共轭复数为

$$\overset{*}{A} = a - \mathrm{j}b = A\mathrm{e}^{-\mathrm{j}\psi}$$

两者的乘积为

$$\begin{aligned}\dot{A}\overset{*}{A} &= (a + \mathrm{j}b)(a - \mathrm{j}b)\\ &= a^2 - (\mathrm{j}b)^2 = a^2 + b^2\end{aligned}$$

可见共轭复数的乘积为一实数。这是共轭复数的一个重要性质。

二、正弦量的相量表示

从上面讨论可知，任何一个复数只要知道模和幅角就可被确定。在正弦交流电路中，各电物理量均是同频率的正弦量，而正弦量正是由它们的最大值（或其有效值）和初相来确定的。从这个意义上，我们找到了正弦量与复数之间存在的一一对应的映射关系。即正弦量可以用复数来表示，正弦量的运算可以借助于复数的运算进行。

为了与一般的复数区别，把表示正弦量的复数称为相量。把以正弦量的幅值为模的复数称为最大值相量，如 $\dot{I}_\mathrm{m}$、$\dot{U}_\mathrm{m}$、$\dot{E}_\mathrm{m}$。把以正弦量的有效值为模的复数称为有效值相量，

简称相量，如 $\dot{I}$、$\dot{U}$、$\dot{E}$。最大值相量等于有效值相量乘以$\sqrt{2}$。一般所说的相量即指有效值相量。

下面从两个方面来进一步理解正弦量相量表示的若干意义。

由欧拉公式

$$\dot{A} = A\mathrm{e}^{\mathrm{j}\psi} = A(\cos\psi + \mathrm{j}\sin\psi)$$

则

$$\begin{aligned} U_{\mathrm{m}}\mathrm{e}^{\mathrm{j}(\omega t+\psi_u)} &= U_{\mathrm{m}}\angle\omega t + \psi_{\mathrm{u}} \\ &= \sqrt{2}U\angle\omega t + \psi_{\mathrm{u}} \\ &= \sqrt{2}U\cos(\omega t + \psi_u) + \mathrm{j}\sqrt{2}U\sin(\omega t + \psi_{\mathrm{u}}) \end{aligned}$$

从这里可看出，这个复数的虚部就是正弦交流电压的瞬时表达式，即

$$u = \mathrm{Im}[U_{\mathrm{m}}\mathrm{e}^{\mathrm{j}(\omega t+\psi_{\mathrm{u}})}]$$

复数能与正弦量相对应，所以复数就可以用来表示正弦量。

复数 $\dot{A}$ 可以用一条由坐标原点到该点的有向线段来表示，长度为 A，与实轴正方向之间的夹角为 ψ。而 $\mathrm{e}^{\mathrm{j}\omega t}$ 则是模值等于 1 而幅角随时间变化的复数。如图 2-9 所示。

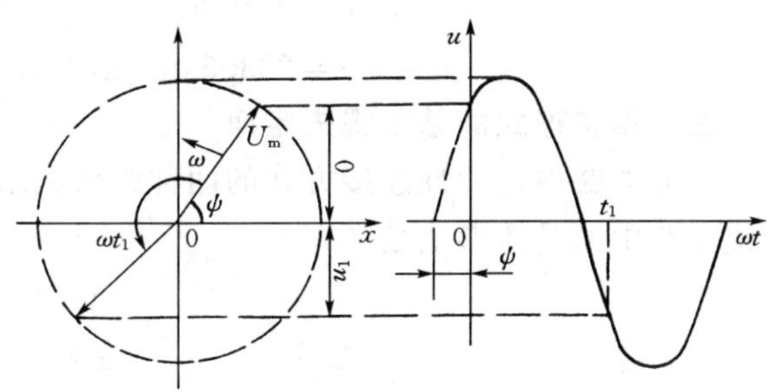

图 2-9　用正弦波形和旋转有向线段表示正弦量

综上所述，正弦量用复数表示就成为相量。正弦量的相量规定用大写字母上面加一圆点表示。需要注意的是没有圆点，只写字母，仅表示有效值；加上圆点后，就成为相量，它既代表有效值，又含有初相角。因此要考虑正弦量的相位关系时，务必使用带圆点的相量形式，这样交流电路中复杂的分析、运算关系，可以借助于相量的运算（即复数的运算）进行。在以后的讨论中，一般采用相量形式。相量同正弦量仅有对应关系。有效值对应于模值，初相对应于幅角。

但相量并不等于正弦量，要注意两者间的根本区别。正弦量是时间的实函数，具有明确的物理意义，相量则是一种复数形式。正弦量的相量形式仅是分析交流电路中各电量关系的一种符号，或者说正弦量与相量之间存在一种数学变换。在进行正弦量运算时，首先应把正弦量用复数表示变成相量，然后根据复数运算（相量运算）所得的相量结果，再反过来求正弦量。

【例 2-5】　已知 $i_1(t)=10\sin(314t-30°)$ A，$i_2(t)=-8\sin(314t+60°)$ A，$i_3(t)=5\cos(314t+30°)$ A，试用相量表示法表示各正弦电流，并作出相量图。

解

$$\dot{I}_1 = \frac{10}{\sqrt{2}}\angle -30°\mathrm{A}$$

$$\dot{I}_2 = \frac{8}{\sqrt{2}}\angle 60° + 180° = \frac{8}{\sqrt{2}}\angle -120° \ (\mathrm{A})$$

$$\dot{I}_3 = \frac{5}{\sqrt{2}}\angle 30° + 90° = \frac{5}{\sqrt{2}}\angle 120° \ (\mathrm{A})$$

在复平面上作出其相量图如图 2-10 所示。规定：相量与实轴的正方向之间的夹角为初相角，该相量逆时针旋转时夹角为正，顺时旋转时夹角为负。

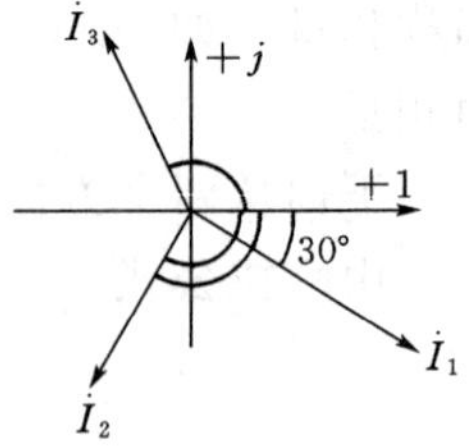

图 2-10 例 2-5 图

【例 2-6】 已知 $u_1=311\sin 314t\text{V}$，$u_2=100\sqrt{2}\sin(314t+60°)\text{V}$，试用相量法求两正弦量之和。

解

$$\dot{U}_1=\frac{311}{\sqrt{2}}\angle 0°$$

$$\dot{U}_2=\frac{100\sqrt{2}}{\sqrt{2}}\angle 60°$$

$$\begin{aligned}\dot{U}&=\dot{U}_1+\dot{U}_2=220\angle 0°+100\angle 60°\\&=220+100(\cos 60°+\text{j}\sin 60°)\\&=220+100\left(\frac{1}{2}+\text{j}\frac{\sqrt{3}}{2}\right)\\&=270+\text{j}50\sqrt{3}=283.5\angle 17.8°\end{aligned}$$

则

$$\begin{aligned}u&=u_1+u_2\\&=283.5\sqrt{2}\sin(314t+17.8°)\ (\text{V})\end{aligned}$$

三、相量形式的基尔霍夫定律

直流电路中，元件连接方式的两种约束关系，即 KCL 和 KVL。这两个定律，在正弦交流电路中的具体形式是

$$\sum i=0$$

$$\sum u=0$$

如果用相量形式来表示,可得

$$\sum \dot{I}=0 \tag{2-11}$$

$$\sum \dot{U}=0 \tag{2-12}$$

式（2-11）和式（2-12）说明：在正弦交流电路中，任一节点处各电流的相量和等于零，任一回路中各电压的相量和等于零。这就是相量形式的基尔霍夫定律。需要注意的是，这是相量的代数和，而不是数值的代数和。

第三节 单一参数的交流电路

通常实际器件中的电阻、电感和电容参数会不同程度地同时对电路产生影响，但这种影响往往有主次之分。当电路或元器件中仅有一个参数对电路起主要作用，而其他两个参数的影响可以忽略不计时，就可以把这种元件看作只具有一种参数的理想元件，与之相应的电路称为单一参数的电路，下面分别讨论。

一、电阻电路

1. 电压、电流关系

图 2-11 (a) 所示为一电阻元件的交流电路，由于元件为线性元件，故电路中电压

和电流在图示正方向下服从欧姆定律，即

$$u = iR$$

为了分析方便，假设电流 i 的初相等于零，则

$$i = I_m \sin\omega t$$

并以此为参考相量，故

$$u = iR = I_m R\sin\omega t = U_m \sin\omega t \tag{2-13}$$

式(2-13)说明，电阻元件上的电压也按正弦规律变化，它的最大值与电流的最大值成正比，频率和初相角均与电流相同，其波形见图 2-11(c)。

对于正弦交流电路中的电阻电路（又称纯电阻电路），一般结论为：

（1）电压、电流均为同频率的正弦量。

（2）电压与电流初相相同，即两者同相。

（3）电压与电流的有效值成正比，即

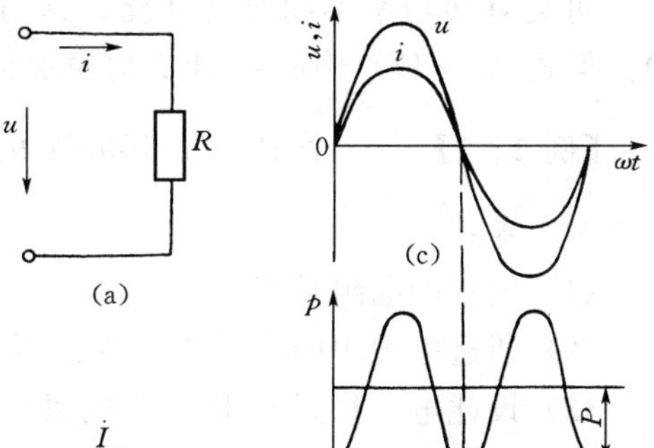

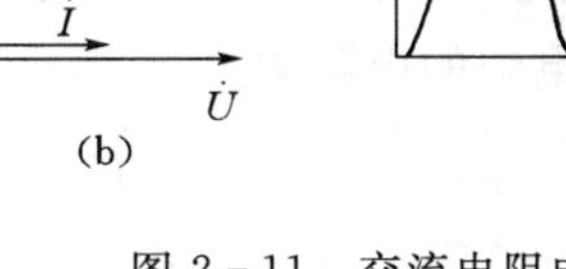

图 2-11 交流电阻电路

(a) 电路图；(b) 电压、电流；(c) 电压、电流波形图；(d) 功率波形图

$$U_m = I_m R$$

$$U = IR$$

上述结论，可用相量形式表示为

$$\dot{U} = \dot{I}R \tag{2-14}$$

式（2-14）实质是电阻元件欧姆定律的相量形式，电压、电流的相量图见图 2-11（b）。

2. 功率关系

在任一瞬间，电压的瞬时值 u 与电流瞬时值 i 的乘积，称为瞬时功率，用小写字母 p 来表示，即

$$p = p_R = ui = \sqrt{2}U\sqrt{2}I\sin^2\omega t = UI(1-\cos2\omega t) \tag{2-15}$$

由式（2-15）可知，瞬时功率由两部分组成，第一部分是常量 UI，第二部分是幅值为 UI，并以角频率为 2ω 随时间而变化的交变量 $UI\cos2\omega t$。p 随时间而变化的波形见图2-11（d）。

在电阻交流电路中，由于 u 与 i 是同相位的，所以瞬时功率总是正的，这表明具有电阻元件的交流电路总是从电源取用电能，它在一个周期内取用的电能为

$$W = \int_0^T p\mathrm{d}t \tag{2-16}$$

这相当于在图 2-11（d）中，功率波形与横轴所包围的那块面积。

通常衡量元件消耗的功率，可取瞬时功率在一个周期内的平均值，称为平均功率或有功功率，用大写字母 P 来表示。那么在电阻元件上消耗的平均功率为

$$P = \frac{1}{T}\int_0^T p\mathrm{d}t = \frac{1}{T}\int_0^T UI(1-\cos2\omega t)\mathrm{d}t = UI = I^2R = \frac{U^2}{R} \tag{2-17}$$

可见有功功率不随时间变化，这与直流电路中计算电阻元件的功率在形式上是一样的。但式（2－17）中的U和I均表示正弦电压、电流的有效值。

【例 2－7】 一个220V、1000W的电炉接在电源电压为$u=311\sin\left(314t+\frac{\pi}{6}\right)$V的电路中，求：

（1）电炉的电阻是多少？

（2）通过电炉中的电流为多少？写出瞬时表达式。

（3）设此电炉每天使用2h，问每月（按30d计算）消耗电能多少kW·h？

解（1）电炉的电阻为

$$U=\frac{U_m}{\sqrt{2}}=\frac{311}{\sqrt{2}}=220\ (\text{V})$$

故
$$R=\frac{U^2}{P}=\frac{220^2}{1000}=48.4\ (\Omega)$$

（2）通过电炉的电流为

$$\dot{I}=\frac{220\angle\frac{\pi}{6}}{48.4}=4.55\angle\frac{\pi}{6}\ (\text{A})$$

故
$$i=6.43\sin\left(314t+\frac{\pi}{6}\right)\ (\text{A})$$

（3）
$$W=Pt=1000\times 2\times 30=60\ (\text{kW}\cdot\text{h})$$

二、电感电路

1. 电压、电流关系

线性电感元件中的自感电动势为

$$e=-L\frac{\mathrm{d}i}{\mathrm{d}t}$$

在仅有电感元件（纯电感）的交流电路中，通入交流电流为

$$i=I_m\sin\omega t$$

电路中电压u、电流i和电动势的正方向如图2－12（a）所示。

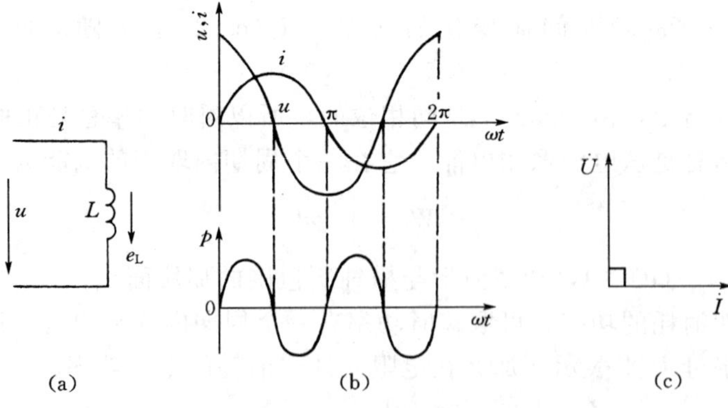

图2－12 交流电感电路

（a）电路图；（b）波形图；（c）相量图

根据 KVL

$$u=-e_{\mathrm{L}}=L\frac{\mathrm{d}i}{\mathrm{d}t} \tag{2-18}$$

将 i 代入

$$u=L\frac{\mathrm{d}I_{\mathrm{m}}\sin\omega t}{\mathrm{d}t}=I_{\mathrm{m}}\omega L\cos\omega t$$

$$=U_{\mathrm{m}}\sin\left(\omega t+\frac{\pi}{2}\right) \tag{2-19}$$

式(2-18)是在电压、电流为关联正方向下得出的,若非关联正方向,则 $u=-L\frac{\mathrm{d}i}{\mathrm{d}t}$。

式（2-19）说明，电感电压也是正弦量，且与电流同频率，但在相位上电压超前于电流 90°，在大小关系上

$$U_{\mathrm{m}}=I_{\mathrm{m}}\omega L\text{，}\quad U=\omega LI$$

由上式可知，当 ω 一定时，电感两端的电压有效值正比于电流。当 $\omega=0$ 时，电感电压恒为零，即电感元件在直流电路中相当于短路。当 ω 趋于∞时，电感元件的作用相当于开路元件。

由上述讨论，可得出关于电感元件的一般结论：

（1）电感元件中的电压和电流均为同频率的正弦量。

（2）电感元件中的电压超前于电流 90°，波形见图 2-12（b）。

（3）电压与电流的有效值关系为

$$I=\frac{U}{\omega L}$$

令

$$X_{\mathrm{L}}=\omega L=2\pi fL$$

则

$$I=\frac{U}{X_{\mathrm{L}}} \tag{2-20}$$

从式（2-20）可知，电压一定时，X_{L} 愈大，电流愈小。可见 X_{L} 具有阻碍电流的性质，所以称 X_{L} 为电感电抗，简称感抗。

当 ω 的单位用弧度/秒（rad/s），L 的单位用亨利(H)(简称亨)时，X_{L} 的单位为欧姆(Ω)(简称欧)。

感抗 X_{L} 与电感 L、频率 f 成正比，这是因为线圈的电感愈大，或通过线圈的电流频率愈高，则线圈中的自感电动势也就愈大。由于自感电动势对电流起阻碍作用，该作用通过 X_{L} 来体现。

若用相量形式来表示，则

$$\dot{U}=\mathrm{j}X_{\mathrm{L}}\dot{I} \tag{2-21}$$

或

$$\dot{I}=-\mathrm{j}\frac{\dot{U}}{X_{\mathrm{L}}} \tag{2-22}$$

电感电路的相量图见图 2-12（c）。式（2-21）中的 $\mathrm{j}X_{\mathrm{L}}$ 可视为电感参数的复数形式，该式说明了电压电流的有效值之比等于感抗，同时也说明了电压超前于电流 90°的相位关系。

需要注意的是：$\frac{u}{i}\neq X_{\mathrm{L}}$，因为 u 与 i 的瞬时值关系并非线性关系，而是导数关系。

$\dot{U} \neq \dot{I} X_L$，因为 $\dot{U}$ 与 $\dot{I}$ 并非同相，而是电压超前于电流 90°。

2. 功率关系

电感交流电路中的瞬时功率关系为

$$p = ui = I_m \sin\omega t U_m \sin\left(\omega t + \frac{\pi}{2}\right)$$
$$= U_m I_m \cos\omega t \sin\omega t$$
$$= \frac{U_m I_m}{2} \sin 2\omega t = UI \sin 2\omega t \qquad (2-23)$$

可见，电感电路中的瞬时功率是幅值为 UI 的两倍于电流、电压频率的正弦函数，其波形见图 2-12（b）。电感电路中的瞬时功率正负交替变化的原因，是因为电感线圈是一个储能元件，当电流增长时，线圈中磁场能量增长$\left(\text{磁场能量的表达式为 } W_L = \frac{1}{2} L i^2\right)$，它从电源取用能量，其功率为正。当电流减小时，线圈中磁场能量也减小，由于电路中没有耗能元件，磁场释放的能量全部回送给电源，故 p 为负。也就是说虽然电路中有电压，也有电流，但从一周的整体效果上来看，它既不消耗电能，也不输出电能。这一点可以从平均功率得到验证。

$$P = \frac{1}{T}\int_0^T p \mathrm{d}t = \frac{1}{T}\int_0^T UI \sin 2\omega t \mathrm{d}t = 0$$

上式说明，在电感元件的交流电路中，没有任何能量消耗，只有电源与电感元件之间的能量交换，其能量交换的规模用无功功率 Q 来衡量，它的大小等于瞬时功率的幅值，即

$$Q = UI = I^2 X_L \qquad (2-24)$$

无功功率的计量单位为乏（var）或千乏（kvar）。

需要注意的是，无功功率并非无用功率，例如后面要讨论的变压器、交流电机等电气设备需要依靠磁场传递能量，而其中电感性负载与电能之间的能量互换规模就得用无功功率来描述。

【例 2-8】 今有一电感量 $L=0.1$H 的线圈，线圈电阻甚小，可以忽略不计。现将其接在 220V、50Hz 的正弦交流电源上，试求：

（1）通过线圈中的电流。

（2）线圈吸收的瞬时功率、有功功率、无功功率和最大磁场能量。

（3）若电源电压不变，将频率变成 1000Hz，重新计算线圈中的电流。

解（1）
$$X_L = \omega L = 2\pi f L = 2\pi \times 50 \times 0.1 = 31.4\ (\Omega)$$
$$I = \frac{U}{X_L} = \frac{220}{31.4} = 7\ (\text{A})$$

设电源电压为参考相量，且电压电流为关联正方向，则

$$\dot{I} = 7\angle -90^\circ$$

所以
$$i = 7\sqrt{2}\sin(314t - 90^\circ)\ (\text{A})$$

（2）电感线圈中的瞬时功率为

$$p_L = ui = UI\sin 2\omega t = 220 \times 7 \times \sin 628\,t$$
$$= 1540\sin 628t \text{ (W)}$$
$$P = \frac{1}{T}\int_0^{2\pi} UI\sin 2\omega t\,dt = 0$$
$$Q = 220 \times 7 = 1540 \text{ (var)}$$
$$W_{Lm} = \frac{1}{2}LI_m^2 = \frac{1}{2} \times 0.10 \times (7\sqrt{2})^2 = 0.10 \times 49 = 4.9 \text{ (J)}$$

(3) 当 $f = 1000\text{Hz}$ 时，则

$$\omega L = 2\pi f L = 628\ \Omega$$
$$I = \frac{220}{628} = 0.35 \text{ (A)}$$
$$i = 0.35\sqrt{2}\sin(6280t - 90°) \text{ (A)}$$

可见同一个电感线圈，对低频限流作用较小，而对高频限流作用较大。

三、电容电路

1. 电压、电流关系

线性电容元件在图 2-13（a）所示关联正方向的条件下

$$i_C = C\frac{du_C}{dt}$$

假定 $u_C = U_m \sin\omega t$ ，则

$$i = C\frac{du_C}{dt} = C\frac{dU_m\sin\omega t}{dt} = U_m\omega C\cos\omega t$$
$$= U_m\omega C\sin\left(\omega t + \frac{\pi}{2}\right) \tag{2-25}$$

式(2-25)说明，电容两端加上正弦交流电压后，电容中的电流也是同频率的正弦量，但在相位上电流超前于电压 90°，或者说电压落后于电流 90°，对应的电压、电流波形见图2-13(b)。

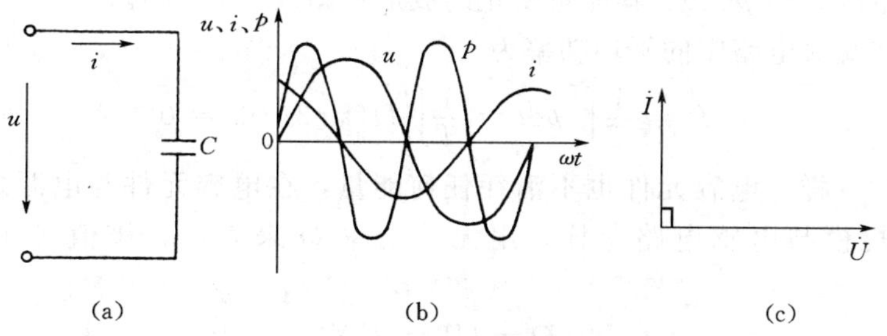

图 2-13　交流电容电路

(a) 电路图；(b) 波形图；(c) 相量图

根据式（2-25），令

$$I_m = U_m\omega C$$

或
$$I = U\omega C$$

当电容元件加上直流电压时（$\omega=0$），电容电流恒为零，相当于开路元件，也就是说电容元件有隔断直流电的作用。当电容元件上施加一定频率的交流电压时，由于电压的变

化，电容极板上的电荷也发生增减，电荷的增减使得电容中有交变的电流流过，ω 愈高，电容极板上的电荷变化也就越快，电流也就越大，当 ω 趋于∞时，电容元件可用短路元件来替代。

据此可得出关于电容元件上电压、电流关系的一般结论：

（1）电容元件两端的电压及流过电容中的电流均为同频率的正弦量。

（2）电容元件上电压滞后于电流 90°的相位角。

（3）电压与电流的有效值关系为

$$I=\frac{U}{X_C},\quad X_C=\frac{1}{\omega C}$$

X_C 称为容抗，它反比于通过电容元件的电流的频率和电容元件电容量。当 ω 的单位用弧度/秒（rad/s），电容 C 的单位用法拉（F）（简称法）时，X_L 的单位用欧姆（Ω）。

电容元件上电压电流关系的相量形式为

$$\dot{I}=\mathrm{j}\,\frac{1}{X_C}\dot{U} \tag{2-26}$$

或

$$\dot{U}=-\mathrm{j}X_C\dot{I}$$

相量图如图 2-13（c）所示。

式（2-26）中$-\mathrm{j}X_C$ 可以看作电容参数的复数形式。

2. 功率关系

电容元件交流电路的瞬时功率为

$$p=ui=U_m\sin\omega t I_m\sin\left(\omega t+\frac{\pi}{2}\right)=U_m I_m\sin\omega t\cos\omega t=UI\sin2\omega t$$

可见电容元件中的瞬时功率是幅值为 UI、以 2ω 为角频率随时间而变化的交变量。这是因为电容是一个储能元件，当电容电压增高时，电容中的电场能量 $\left(W_C=\frac{1}{2}Cu^2\right)$ 将增加；它将从电源取用电能，则 $p>0$；当电容电压降低时，电容中的电场能量减小，而将剩余的能量回送给电源，则 $p<0$。其能量变化的波形见图 2-13（b）。

电容元件在交流电路中的平均功率为

$$P=\frac{1}{T}\int_0^T p\mathrm{d}t=\frac{1}{T}\int_0^T UI\sin2\omega t\,\mathrm{d}t=0$$

与电感元件一样，电容元件也不消耗任何能量，在电容元件与电源之间只有能量变换，其互换的规模与电感电路一样，用无功功率 Q 来表示，该值等于瞬时功率的幅值，即

$$Q=UI=I^2X_C$$

【例 2-9】 一只容量为 15μF 的电容器，将其接在有效值为 220V、50Hz 的正弦电压上，试求：

（1）电容中流过的电流。

（2）电容吸收的瞬时功率、有功功率、无功功率和最大电场能量。

（3）当电源电压不变，将频率变为 1000Hz 时，重求电容中的电流。

解（1）

$$X_C=\frac{1}{\omega C}=\frac{1}{314\times15\times10^{-6}}=212\,(\Omega)$$

$$I=\frac{U}{X_C}=\frac{220}{212}=1.03\ (\text{A})$$

以电压为参考相量

$$i=1.03\sqrt{2}\sin(314t+90^\circ)\ \text{A}$$

(2) $$p=ui=UI\sin 2\omega t=220\times 1.03\sin 628t=226.6\sin 628t\ (\text{W})$$

$$P=0$$

$$Q_C=UI=220\times 1.03=226.6\ (\text{var})$$

$$W_{Cm}=\frac{1}{2}CU_m^2=CU^2$$

$$=15\times 10^{-6}\times 220^2=0.726\ (\text{J})$$

(3) $$f=1000\ \text{Hz}$$

$$X_C=\frac{1}{\omega C}=\frac{1}{2\pi\times 1000\times 15\times 10^{-6}}=10.6\ (\Omega)$$

$$I=\frac{220}{10.6}=20.75\ (\text{A})$$

所以 $$i=20.75\sqrt{2}\sin(6280t+90^\circ)\ \text{A}$$

可见，当电压一定时，频率升高，容抗就变小，电流增大。

电阻、电容、电感在正弦交流电路中的作用和性质见表 2-1。

表 2-1　R、L 和 C 元件在正弦交流电路中的作用和性质

电路元件		电阻 R	电感 L	电容 C
物理性质		由电磁能转变成热能的特征	表明磁场存在的特征	表明电场存在的特征
特征方程		$u_R=iR$	$u_L=L\frac{di}{dt}$	$i_C=C\frac{du_C}{dt}$
电压电流关系	数量关系	$U_R=IR$	$U_L=IX_L$、$X_L=2\pi fL$	$U_C=IX_C$，$X_C=\frac{1}{2\pi fC}$
	相位关系	$\dot{I}$ 与 $\dot{U}_R$ 同相	$\dot{U}_L$ 超前于 $\dot{I}$ $\frac{\pi}{2}$	$\dot{U}_C$ 滞后于 $\dot{I}$ $\frac{\pi}{2}$
电压电流关系	相量图	$\dot{I}_R$ $\dot{U}_R$	$\dot{U}_L$ $\dot{I}_L$	$\dot{I}_C$ $\dot{U}_C$
功率关系	有功功率	$P=U_RI=I^2R=\frac{U_R^2}{R}$	0	0
	无功功率	0	$Q_L=I^2X_L$	$Q_C=I^2X_C$
能量转换特点		R 为耗能元件 将消耗的电能转换成热能	L 为储能（磁场）元件，对电源只有能量交换，不消耗功率	C 为储能（电场）元件，对电源只作能量交换，不消耗功率
在不同电源频率作用下的特点		一般可以说 R 与频率无关	$X_L=\omega L$ 与频率成正比。有“直流无阻、高频难通”的特性	$X_C=\frac{1}{\omega C}$ 与频率成反比，有“隔断直流、传递交流短路高频”的特性

第四节　RLC 串联交流电路

在实际电路中，经常需要将几个理想元件相互串联作为电路模型。本节将在单一参数交流电路的基础上，进一步讨论 RLC 串联交流电路中各电量之间的相量关系以及分析方法。

一、广义欧姆定律、复阻抗

在图 2 - 14 中，由上节所述可知

$$\dot{U}_R = \dot{I}R$$

$$\dot{U}_L = \dot{I}jX_L$$

$$\dot{U}_C = \dot{I}(-jX_C)$$

根据基尔霍夫电压定律的相量形式，即式（2 - 12)，得

$$\dot{U} = \dot{U}_R + \dot{U}_L + \dot{U}_C = \dot{I}R + \dot{I}jX_L + \dot{I}(-jX_C)$$

$$= \dot{I}[R + j(X_L - X_C)] = \dot{I}(R + jX) = \dot{I}Z \qquad (2-27)$$

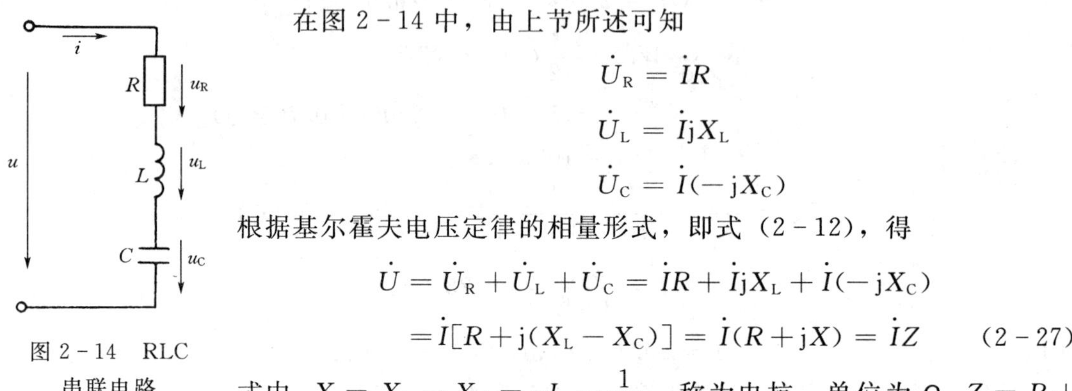

图 2 - 14　RLC 串联电路

式中，$X = X_L - X_C = \omega L - \dfrac{1}{\omega C}$，称为电抗，单位为 Ω。$Z = R + j(X_L - X_C) = R + jX$，称为电路的复阻抗，单位为 Ω。它的实部为所研究电路的电阻，虚部为电路的电抗。

从式（2 - 27）可见，复阻抗 Z 只是联系电压相量和电流相量的复参数，而其本身并不是表示正弦量，也不是相量，所以采用不加点的符号以示区别。

式（2 - 27）中 $\dot{U} = \dot{I}Z$ 的形式与欧姆定律的形式很相像，它反映了交流电路中电压相量与电流相量之间的关系，故称为广义的欧姆定律。

电路中的 R、L、C 可以看作三个阻抗元件相互串联。$Z_1 = R$、$Z_2 = jX_L$、$Z_3 = -jX_C$，而 Z 可以看作串联电路的等效复阻抗，$Z = Z_1 + Z_2 + Z_3 = \sum R + j\sum X$，式中 R 为等效电阻，X 为等效电抗，若感抗取正号，则容抗取负号。

二、各电物理量之间的关系

在 RLC 串联电路中，如果以电流为参考相量（$\dot{I} = I\angle 0^\circ$），则各电物理量之间的相量关系如图2 - 15（a）所示。图中，$\dot{U}_R$、$(\dot{U}_L + \dot{U}_C)$ 和 $\dot{U}$ 正好组成一个直角三角形。这一三角形称为电压三角形，如图 2 - 15（b）所示。根据几何关系，可得

$$U = \sqrt{U_R^2 + (U_L - U_C)^2} = \sqrt{U_R^2 + U_X^2}$$

$$= \sqrt{(IR)^2 + (IX_L - IX_C)^2} = I\sqrt{R^2 + X^2} = I\,|Z| \qquad (2-28)$$

式中，$|Z|$ 为复阻抗 Z 的模值，称为阻抗模，$Z = |Z|\angle\varphi$ 即电路的阻抗，单位为 Ω。若将电压三角形各边同除以电流 I 时，可得阻抗三角形，见图 2 - 15（b)。若进一步分析 RLC 串联交流电路中的功率关系可知，因耗能元件只有电阻，$P = IU_R = I^2R$，根据电压三角形，可得

$$P = I^2R = UI\cos\varphi$$

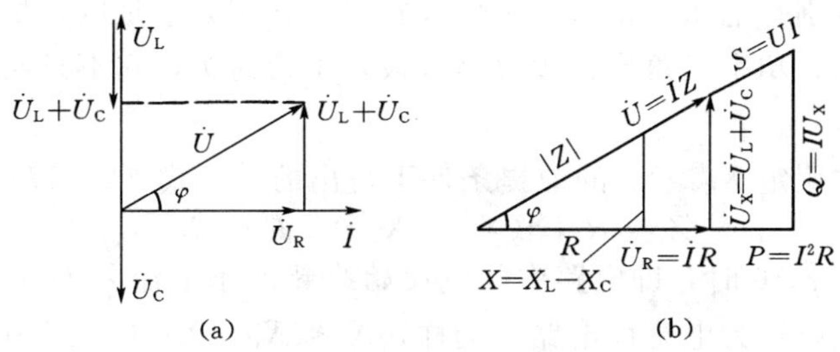

图 2-15　RLC 串联电路中各量的关系

(a) RLC 串联电路相量图；(b) 阻抗、电压、功率三角形

电感元件与电容元件只存在无功功率 Q，其中 $Q_L=I^2X_L, Q_C=I^2X_C$，考虑到 $\dot{U}_L$ 与 $\dot{U}_C$ 方向相反，得到

$$Q=(U_L-U_C)I=I^2(X_L-X_C)=UI\sin\varphi$$

若将电压三角形每条边扩大 I 倍，则得

$$P=UI\cos\varphi,\quad Q=UI\sin\varphi$$

根据直角三角形勾、股、弦关系，斜边反映的是 UI，那么它到底代表什么意义呢？

在交流电路中，UI 在一般情况下并非有功功率，而是视在功率 S，即

$$S=UI=I^2|Z|$$

许多交流电气设备，如交流发电机、变压器的容量就是以额定电压和额定电流的乘积，即用所谓的额定视在功率来表示的，记作

$$S_N=I_NU_N$$

视在功率的单位是伏安（VA）或千伏安（kVA）。

这样 S、P、Q 也组成一个三角形，称为功率三角形，如图 2-15（b）所示。

在串联交流电路的分析和计算中，借助于电压、阻抗和功率三角形，可以十分直观地看出各电压、阻抗及功率之间的关系。

从这三个三角形中，不难得出电源电压 $\dot{U}$ 与电流 $\dot{I}$ 之间的相位差角，即

$$\varphi=\arctan\frac{U_L-U_C}{U_R}=\arctan\frac{X_L-X_C}{R}=\arctan\frac{Q}{P}$$

φ 称为复阻抗的幅角或称为电路的阻抗角，它仅决定于电路参数和频率，与电压、电流无关。同时从三角形中还可看到

$$U_R=U\cos\varphi \tag{2-29}$$

$$U_X=U\sin\varphi$$

$$R=|Z|\cos\varphi,\quad X=|Z|\sin\varphi \tag{2-30}$$

$$P=S\cos\varphi,\quad Q=S\sin\varphi \tag{2-31}$$

$$S=\sqrt{P^2+Q^2}$$

上述表达式在今后经常会用到。

从式（2-31）分析，电压与电流有效值的乘积还需乘上一个系数 $\cos\varphi$ 后才是电路中的有功功率，这个系数称为功率因数。

需要注意的是：电压三角形、阻抗三角形、功率三角形虽是相似三角形，但各自代表

的意义有着原则的区别。电压三角形各边代表相量，它实质上是以相量图的形式来表示正弦量。而阻抗三角形、功率三角形各边只是线段，不带箭头，它不是相量，它反映出电路中的数值关系。

上述讨论都是在假定 $X_L>X_C$ 的前提条件下得出的。在式（2－27）中

$$Z=R+j(X_L-X_C)=R+jX$$

当 $X_L>X_C$、$X>0$、$\varphi>0$ 时，即电路中的电压始终超前于电流 φ（$0<\varphi<90°$）角度，电抗呈电感性，这类电路称为电感性电路。同样，$X_L<X_C$，$X<0$，$\varphi<0$，则称为电容性电路。当 $X_L=X_C$ 时，$X=0$、$\varphi=0$，电路呈电阻性，这是 RLC 串联电路中的特殊情况，见第七节。

【例 2－10】 一个电容器与线圈串联组成的电路中，外接电源电压为 $u=100\sin5000t$ V。电容器的电容量 $C=10\mu F$，线圈的电阻 $R=30\Omega$，电感 $L=12mH$。求电路中电流及各元件两端电压的瞬时表达式，并作出相量图。

解 由给出的条件，首先建立相量模型如图 2－16（a）所示。

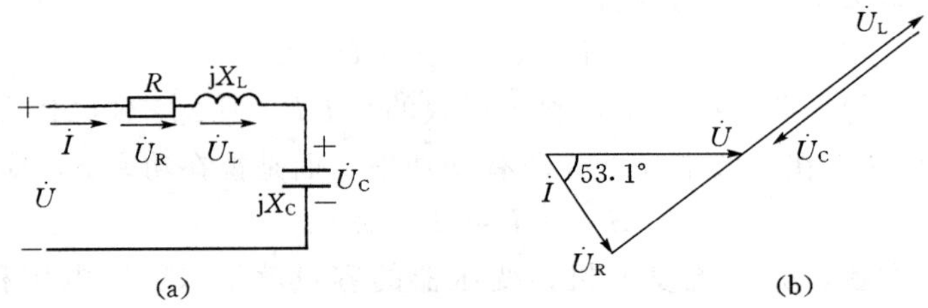

图 2－16 例 2－10 图

（1）已知

$$\dot{U}=\frac{100\angle 0°}{\sqrt{2}}\text{ V}$$

$$X_L=\omega L=5000\times12\times10^{-3}=60\ (\Omega)$$

$$X_C=\frac{1}{\omega C}=\frac{1}{5000\times10\times10^{-6}}=20\ (\Omega)$$

（2）由相量模型得

$$Z=R+j(X_L-X_C)=30+j(60-20)=30+j40=50\angle 53.1°\ (\Omega)$$

$$\dot{I}=\frac{\dot{U}}{Z}=\frac{100\angle 0°}{\sqrt{2}50\angle 53.1°}=\sqrt{2}\angle -53.1°\ (A)$$

$$\dot{U}_R=\dot{I}R=30\sqrt{2}\angle -53.1°\ (V)$$

$$\dot{U}_L=\dot{I}j\omega L=\sqrt{2}\angle -53.1°\times j60=60\sqrt{2}\angle 36.9°(V)$$

$$\dot{U}_C=\dot{I}\left(-j\frac{1}{\omega C}\right)=20\sqrt{2}\angle -143.1°(V)$$

（3）

$$i=2\sin(5000t-53.1°)\text{ A}$$

$$u_R=60\sin(5000t-53.1°)\text{ V}$$

$$u_L=120\sin(5000t+36.9°)\text{ V}$$

$$u_C=40\sin(5000t-143.1°)\text{ V}$$

从计算结果可以知道

$$U \neq U_L + U_R + U_C$$

（4）作出相量图，如图 2－16（b）所示。

【例 2－11】 电路如图 2－17 所示，已知 $U_1 = 100\sqrt{2}$V，试求：

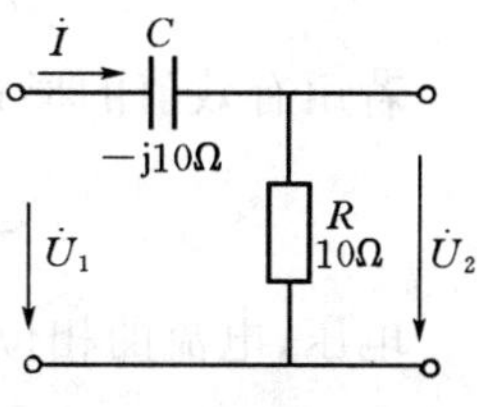

图 2－17 例 2－11 图

（1）电压 u_1 与 i 之间的相位差。

（2）电路的有功功率、无功功率、视在功率。

（3）若 u_1 的频率升高时，输出电压 u_2 与 u_1 之间的相位差是增大还是减少？

解（1）
$$Z = R - \mathrm{j}\frac{1}{\omega C}$$

$$= 10 - \mathrm{j}10 = 10\sqrt{2}\angle -45^\circ$$

即 u_1 与 i 之间的相位差为－45°，也就是说电路为电容性电路中，电压滞后于电流 45°。

（2）
$$\dot{I} = \frac{\dot{U}_1}{Z} = \frac{100\sqrt{2}\angle 0^\circ}{10\sqrt{2}\angle -45^\circ} = 10\angle 45^\circ$$

所以
$$P = U_1 I\cos\varphi = 100\sqrt{2} \times 10 \times \cos(-45^\circ) = 1000\ (\mathrm{W})$$

或
$$P = I^2 R = 10^2 \times 10 = 1000\ (\mathrm{W})$$

$$Q = U_1 I\sin\varphi = U_1 I\sin(-45^\circ) = -1000\ (\mathrm{var})$$

$$S = U_1 I = 1000\sqrt{2}\ (\mathrm{VA})$$

（3）当 u_1 的频率升高时，电压与电流之间的相位差为

$$\varphi = \arctan\frac{1}{\omega CR}$$

ω 增大时，φ 角减小，而电阻元件上电压 u_2 与电流 i 同相，所以当 u_1 频率升高时，u_1 与 u_2 之间的相位差要减小。

第五节 RLC 并联交流电路

一、RLC 并联交流电路的相量分析

图 2－18 中，R、L 和 C 组成并联电路，由于输入电压同时加在三个元件组成的三条支路上，所以选电压为参考相量，即 $\dot{U} = U\angle 0^\circ$。

各支路电流为

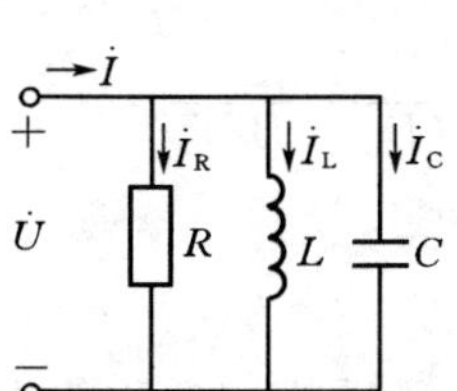

图 2－18 RLC 并联电路

$$\dot{I}_R = \frac{\dot{U}}{R}, \dot{I}_L = \frac{\dot{U}}{\mathrm{j}X_L} = -\mathrm{j}\frac{\dot{U}}{X_L}$$

$$\dot{I}_C = \frac{\dot{U}}{-\mathrm{j}X_C} = \mathrm{j}\frac{\dot{U}}{X_C}$$

根据基尔霍夫电流定律，有

$$\dot{I}=\dot{I}_R+\dot{I}_L+\dot{I}_C=\frac{\dot{U}}{R}-j\frac{\dot{U}}{X_L}+j\frac{\dot{U}}{X_C}$$

$$=\dot{U}\left[\frac{1}{R}-j\left(\frac{1}{X_L}-\frac{1}{X_C}\right)\right] \tag{2-32}$$

若用有效值的形式来表示，则

$$I=\sqrt{I_R^2+(I_L-I_C)^2}=U\sqrt{\left(\frac{1}{R}\right)^2+\left(\frac{1}{X_L}-\frac{1}{X_C}\right)^2} \tag{2-33}$$

电压、电流的相位差角为

$$\varphi=\text{arctg}\,\frac{I_L-I_C}{I_R}=\text{arctg}\,\frac{\frac{1}{X_L}-\frac{1}{X_C}}{\frac{1}{R}} \tag{2-34}$$

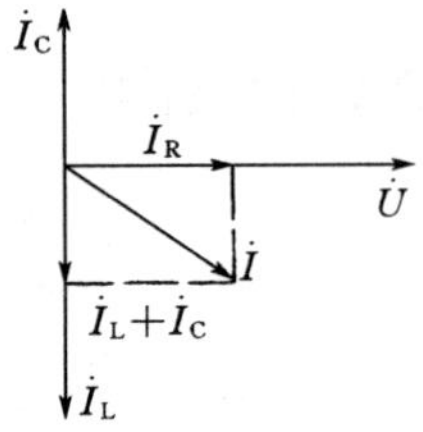

从式（2-34）可知，当$\frac{1}{X_L}>\frac{1}{X_C}$，$\varphi>0$，电压超前于电流，电路呈感性；当$\frac{1}{X_L}<\frac{1}{X_C}$，$\varphi<0$，电压滞后于电流，电路呈电容性；当$\frac{1}{X_L}=\frac{1}{X_C}$，$\varphi=0$，总电压与总电流同相。这一问题将在第七节讨论。RLC并联电路的相量图见图2-19。

图2-19 RLC并联电路的相量图

二、复导纳

仿照直流电路中电导$\left(G=\frac{1}{R}\right)$的关系，设

$$G=\frac{1}{R}$$

$$B_L=\frac{1}{X_L}=\frac{1}{\omega L}$$

$$B_C=\frac{1}{X_C}=\omega C$$

$$B=B_L-B_C$$

则式(2-32)可写为

$$\dot{I}=\dot{U}[G-j(B_L-B_C)]$$

对照式(2-28)，令

$$Y=G-j(B_L-B_C)$$

则有

$$\dot{I}=Y\dot{U} \tag{2-35}$$

$$|Y|=\sqrt{G^2+B^2}=\sqrt{\left(\frac{1}{R}\right)^2+\left(\frac{1}{X_L}-\frac{1}{X_C}\right)^2}=\sqrt{G^2+(B_L-B_C)^2}$$

$$\varphi=\arctan\frac{B_L-B_C}{G}=\arctan\frac{B}{G}$$

式（2-35）也称广义的欧姆定律，Y称为复导纳，$|Y|$称为导纳模，G称为电导，B_L称为感纳，B_C称为容纳，B称为电纳。它们的单位为西门子，简称西（S）。

【例 2-12】 已知图 2-20（a）中，$U=15\text{V}$，$R=5\Omega$，$X_L=5\Omega$，$X_C=3\Omega$，求各支路电流及总电流并作相量图。

解 以电压为参考相量，则

$$\dot{U}=15\angle 0^\circ$$

$$\dot{I}_R=\dot{U}G=\dot{U}\left(\frac{1}{R}\right)=15\times\frac{1}{5}=3(\text{A})$$

$$\dot{I}_L=\dot{U}Y_L=\dot{U}(-\text{j}B_L)=\dot{U}\left(-\text{j}\frac{1}{X_L}\right)=15\times\left(-\text{j}\frac{1}{5}\right)$$

$$=-\text{j}3=3\angle -90^\circ\ (\text{A})$$

$$\dot{I}_C=\dot{U}Y_C=\dot{U}(\text{j}B_C)=\dot{U}\left(\text{j}\frac{1}{X_C}\right)=15\left(\text{j}\frac{1}{3}\right)$$

$$=\text{j}5=5\angle 90^\circ(\text{A})$$

$$\dot{I}=\dot{U}Y=\dot{U}(Y_R+Y_L+Y_C)=\dot{U}\left(\frac{1}{5}-\text{j}\frac{1}{5}+\text{j}\frac{1}{3}\right)$$

$$=15\angle 0^\circ\left(\frac{1}{5}+\text{j}\frac{2}{15}\right)=3.61\angle 33.7^\circ(\text{A})$$

各支路电流及总电流相量图见图 2-20（b）。

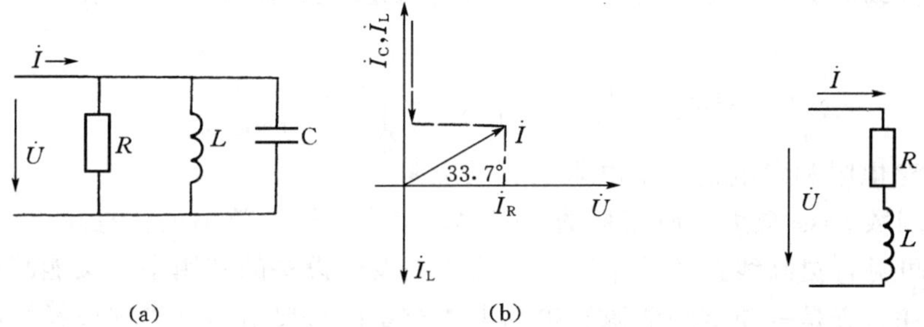

图 2-20 例 2-12 图

图 2-21 用电设备的电路模型

三、电感性电路功率因数的提高

在第四节中，曾指出在交流电路中的有功功率并非是视在功率，而应该是视在功率乘上一个系数（即功率因数），即

$$P=UI\cos\varphi \tag{2-36}$$

功率因数仅取决于电路（负载）的参数。对电阻性负载来说，由于电压、电流同相，其功率因数为 1。除此之外，功率因数 $\cos\varphi<1$。

在生产实际中，用电设备大多属于电感性负载，其电路模型见图 2-21。电阻 R 表示耗能负载（有功负载），电感 L 表示有能量转换的无功负载，它不耗能，仅是建立磁场。

在这类电感性负载中，如电动机、电磁开关、感应炉、日光灯等，它们的功率因数比较低，如交流异步电动机在轻载运行时，功率因数为 0.2～0.3，在额定负载运行时，功率因数也只在 0.8 左右。负载的功率因数太低，会出现两个方面的问题：一是使发电设备的容量不能充分利用，二是输电线路效率降低。

发电机（或变压器）有一定的额定容量，如 $S_N=U_NI_N$，可提供的有功功率为 P

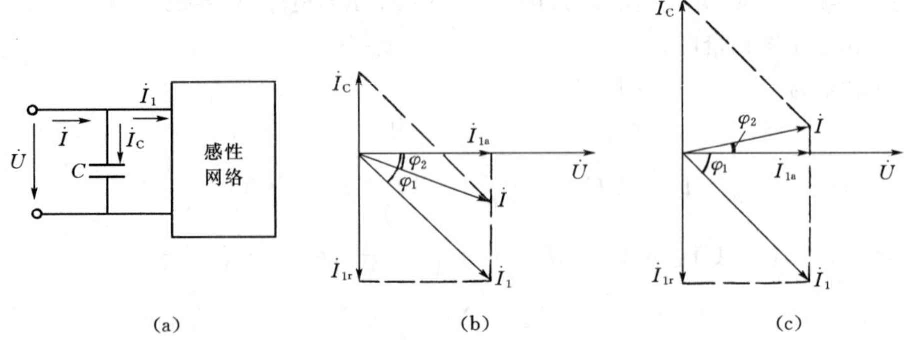

图 2-22　电容器与感性负载并联以提高功率因数

$=UI\cos\varphi$，负载的功率因数 $\cos\varphi$ 愈高，发电机可提供的有功功率愈大，容量就可以得到充分利用。如果 $\cos\varphi$ 很低，发电机发出的有功功率就很小，其容量就不能充分发挥。对于 1000kV·A 的发电机，当 $\cos\varphi=0.9$ 时，能发出 900kW 的有功功率；而当 $\cos\varphi=0.6$ 时，则只能发出 600kW 的有功功率。

从式（2-36）可见，当发电机的输出电压和有功功率一定时，$I=\dfrac{P}{U\cos\varphi}$，即发电机通过输电线路向负载提供的电流 I 与功率因数 $\cos\varphi$ 成反比，而发电机绕组和线路上的功率损耗为

$$\Delta P = I^2 R_L = \left(\frac{P}{U\cos\varphi}\right)^2 R_L = \left(\frac{P^2}{U^2}R_L\right)\frac{1}{\cos^2\varphi}$$

式中　R_L——线路电阻和发电机绕组电阻的等效电阻。

显然，功率因数 $\cos\varphi$ 愈大，所损耗的功率也就愈小，输电效率也就愈高。

从上述讨论可见，提高线路的功率因数既能提高发电设备的利用率，又能减少电能在输送过程中的损耗。它是一项节约能源和提高电能质量的重要措施，对国民经济的发展有着极为重要的作用。

故此，电业部门规定：对于功率因数低于 0.7 的用户，不予供电；新通或新建的电力用户的功率因数不应低于 0.9；对于功率因数不合要求的用户将增收无功功率电费。

提高功率因数的常用办法是在电感性负载的两端并联电容器，其电路图如图 2-22（a）所示，这种电容器称为补偿电容。并联电容 C 以后，电路就构成 RLC 并联电路，其有关相量关系不再重述。用并联电容器提高功率因数的基本原理可以简单叙述如下：

并联电路的相量图如图 2-22（b）所示。并联电容器之前，感性网络中的电流 $\dot{I}_1$（也是线路上的电流）落后于电压 $\dot{U}$ 一个角度 φ_1。如果将电容器并入感性网络后，线路上的电流不再是 $\dot{I}_1$，而是由感性网络电流 $\dot{I}_1$ 与电容器电流 $\dot{I}_C$ 的相量和，即 $\dot{I}=\dot{I}_1+\dot{I}_C$。从相量图看出，线路电流减小了，电源电压与线路电流间的相位差也减小到 φ_2，从而使功率因数得到提高。

如果电容器的值选择适当，可使 $\varphi=0$，则 $\cos\varphi=1$。但这里也要注意另外一种情况，当电容器的值选择不合适，而使 $X_C=\dfrac{1}{\omega C}$ 过小时，就可能使电容器支路电流 I_C 较大，如

图2－22（c)所示，此时线路电流会超前于电压，如果 I_C 过大，φ_2 角可能大于 φ_1 角。

同时还要注意以下几点：

(1)并联电容器后,原来感性负载端电压不变,功率因数不变。因此不影响它的正常工作。

(2) 电容器本身不消耗功率。

(3) 并联电容器提高功率因数，是指提高电源或电网的功率因数，不是指提高某感性负载的功率因数。由相量图 2－22（b）可见

$$I_C = I_1\sin\varphi_1 - I\sin\varphi_2 = \left(\frac{P}{U\cos\varphi_1}\right)\sin\varphi_1 - \left(\frac{P}{U\cos\varphi_2}\right)\sin\varphi_2$$

$$= \frac{P}{U}(\tan\varphi_1 - \tan\varphi_2) = \frac{Q_C}{U} \tag{2-37}$$

式中 Q_C——电容无功功率。

由于 $$I_C = \frac{U}{X_C} = U\omega C$$

故有 $$U\omega C = \frac{P}{U}(\tan\varphi_1 - \tan\varphi_2)$$

$$C = \frac{P}{\omega U^2}(\tan\varphi_1 - \tan\varphi_2) = \frac{Q_C}{\omega U^2} \tag{2-38}$$

【例 2－13】 有一台异步电动机，额定功率为 3kW，额定工作电压为 220V，频率为 50Hz，$\cos\varphi$ 为 0.6，现要将功率因数提高到 0.9，问需要补偿的无功功率 Q 为多少？应并联的电容容量为多少？

解 从推导式（2－37）过程中不难得到

$$Q_C = P(\tan\varphi_1 - \tan\varphi_2)$$

由于 $\cos\varphi_1 = 0.6, \varphi_1 = 53.13°; \cos\varphi_2 = 0.9, \varphi_2 = 25.84°$,则

$$\tan\varphi_1 = \tan 53.13° = 1.33$$

$$\tan\varphi_2 = \tan 25.84° = 0.48$$

$$Q_C = P(\tan\varphi_1 - \tan\varphi_2) = 3000 \times (1.33 - 0.48) = 2550\ (\text{var})$$

$$C = \frac{P}{U^2\omega}(\tan\varphi_1 - \text{tg}\varphi_2) = \frac{3000}{220^2 \times 2\pi \times 50}(1.33 - 0.48) \approx 168\ (\mu\text{F})$$

【例 2－14】 两台用电设备并联接于 220V、50Hz 的交流电源上，一个设备吸取电流 12A，其功率因数为 0.8（超前），另一台设备吸取电流 8A，功率因数为 0.75（滞后），试求电路中总电流及功率。

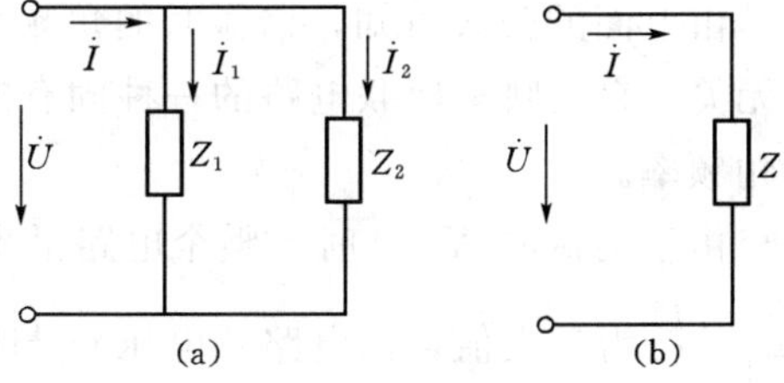

图 2－23 例 2－14 图

解 作出相量模型如图 2－23 所示。设 $\dot{U} = 220\angle 0°$，且已知

$$\cos\varphi_1 = 0.8,\quad \varphi_1 = 36.9°$$

$$\cos\varphi_2 = 0.75,\quad \varphi_2 = 41.4°$$

$$\dot{I}_1 = 12\angle 36.9°,\quad \dot{I}_2 = 8\angle -41.4°$$

则 $$\dot{I} = \dot{I}_1 + \dot{I}_2 = 12\angle 36.9° + 8\angle -41.4° = 12(0.8 + \text{j}0.6) + 8(0.75 - \text{j}0.66)$$

$$= 15.6 + \text{j}1.92 = 15.7\angle 7°$$

$$P = UI\cos\varphi = 220 \times 15.7 \times \cos 7° = 3428.2\ (\text{W})$$

第六节 电路中的谐振

谐振电路在无线电和电工技术中有着广泛的应用。在电力系统中由于发生谐振时有可能损坏设备，又必须设法避免这一现象的发生。所以，分析研究谐振现象有着十分重要的实际意义。

通常采用的谐振电路有三种，即串联谐振电路和并联谐振电路以及耦合谐振电路。本章着重介绍前面两种谐振电路。无论是哪种谐振电路，当 $\dot{U}$，$\dot{I}$ 同相，即网络在某一频率下呈现纯电阻性时，电路的这种工作状态成为谐振。

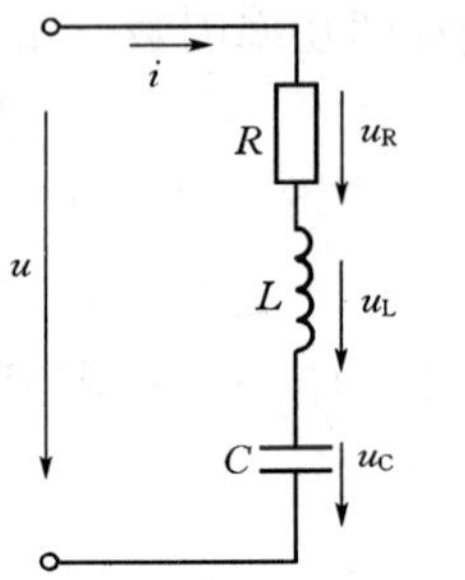

图 2-24 串联谐振电路

一、串联电路的谐振

图 2-24 所示 RLC 串联电路，在正弦交流电压作用下，该电路的复阻抗为

$$Z(j\omega) = R + j\omega L + \frac{1}{j\omega C} = R + j(X_L - X_C) = |Z|\angle\varphi$$

当 $X_L = X_C$，即等效电抗 $X=0$ 时，整个电路呈现纯电阻性，此时，电压 $\dot{U}$ 与 $\dot{I}$ 同相，发生串联谐振。电路发生谐振的角频率及频率称为谐振角频率和谐振频率，分别用 ω_0 和 f_0 表示。由于谐振时 $X_L = X_C$，即 $\omega_0 L = \frac{1}{\omega_0 C}$，所以谐振角频率为

$$\omega_0 = \frac{1}{\sqrt{LC}} \tag{2-39}$$

由于 $\omega_0 = 2\pi f_0$，所以谐振频率 $f_0 = \frac{1}{2\pi\sqrt{LC}}$。其中 L 的单位为亨利（H）；C 的单位为法拉（F）；f_0 的单位为赫兹（Hz），即周/s；ω_0 的单位为弧度/秒（rad/s）。

由上面的公式可知，谐振时的角频率和频率仅仅由电路的 L、C 参数决定，而与电阻 R 无关，它反映了串联电路的一种固有的性质，所以 f_0 和 ω_0 常称为电路的固有频率和固有角频率。

由于谐振时 $X=0$ 时，整个电路呈现纯电阻性，此时，阻抗的模为最小值，电流 $I_0 = \frac{U}{|Z|} = \frac{U}{R}$ 为最大值，而电路总电压 $\dot{U}$ 与电流 $\dot{I}$ 同相位。且各元件电压分别为

$$\dot{U}_{R0} = R\dot{I}_0 = R\frac{\dot{U}}{R} = \dot{U}$$

$$\dot{U}_{L0} = j\omega_0 L\dot{I}_0 = j\omega_0 L\frac{\dot{U}}{R} = j\frac{\omega_0 L}{R}\dot{U} = jQ\dot{U}$$

$$\dot{U}_{C0} = -j\frac{1}{\omega_0 C}\dot{I}_0 = -j\frac{1}{\omega_0 C}\frac{\dot{U}}{R} = -j\frac{1}{\omega_0 CR}\dot{U} = -jQ\dot{U}$$

$$Q=\frac{X_L}{R}=\frac{\omega_0 L}{R}=\frac{X_C}{R}=\frac{1}{\omega_0 CR}=\frac{1}{R}\sqrt{\frac{L}{C}} \tag{2-40}$$

谐振时串联电路的相量图如图 2-25 所示。Q 称为谐振回路的品质因数，是一个无量纲的量。虽然谐振时 $U_X=0$ 但是 $U_{L0}=U_{C0}=QU$，通常电路的 Q 值在 40～200 之间。因此，谐振时电感元件上的电压 U_{L0} 和电容元件 U_{C0} 都大于电源电压 U，甚至是 U 的几十至几百倍，故串联谐振又称为电压谐振。在无线电通信方面正是利用这一特点，使微弱信号输入到串联谐振回路后在 L 和 C 上可以获得一个比输入信号大许多倍的输出电压，已达到选择所需要的通信信号的目的。但在电力系统中，由于电源本身电压较高，而元件的耐压有限，在设计某些电路时，一定要适当选择其参数，避免产生谐振，已保证某些电气设备的安全运行。

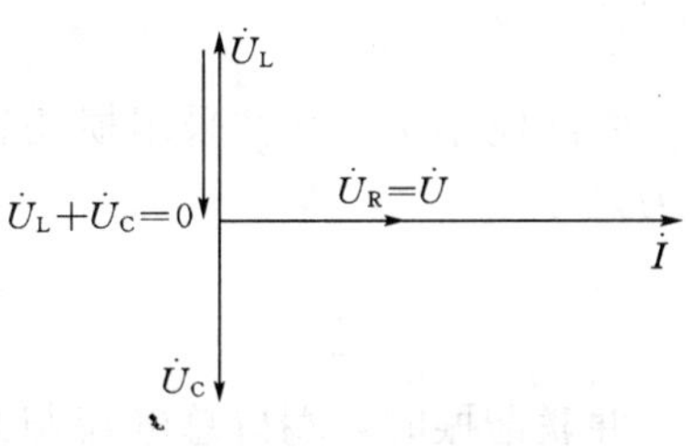

图 2-25　串联谐振相量图

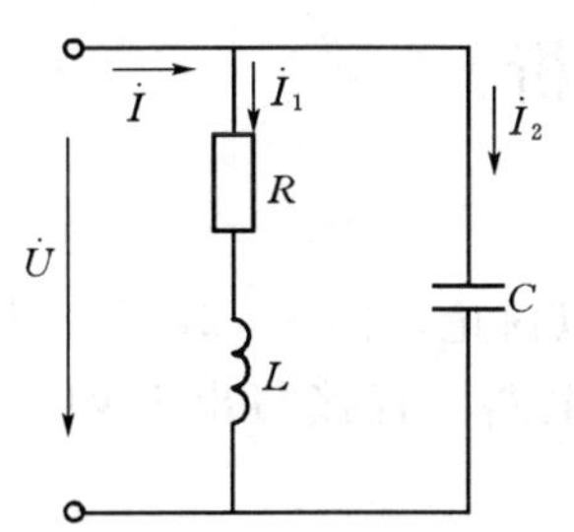

图 2-26　并联谐振电路

使 RLC 电路实现串联谐振的方法有两种：一是当电源信号的频率一定时，调整电路中电容 C 或电感 L 的参数；二是当电感 L 和电容 C 的参数一定时，调节电源信号的频率 f，使其等于电路的谐振频率 f_0。

二、并联电路的谐振

在 RLC 并联电路中，当电路总电压 $\dot{U}$ 与电流 $\dot{I}$ 同相位，即端口 $\cos\varphi=1$ 时，称为并联谐振。

并联谐振的结构形式很多，我们只选择比较典型的常用电路为例，对并联谐振的条件、特征和用途做一简要说明。

图 2-26 为所讨论的并联电路。其各支路电流为

$$\dot{I}_1=\frac{\dot{U}}{R+jX_L}=\dot{U}\left(\frac{R}{R^2+X_L^2}-j\,\frac{X_L}{R^2+X_L^2}\right)$$

$$\dot{I}_2=\frac{\dot{U}}{-jX_C}=j\,\frac{\dot{U}}{X_C}$$

总电流　$$\dot{I}=\dot{I}_1+\dot{I}_2=\dot{U}\left[\frac{R}{R^2+X_L^2}-j\left(\frac{X_L}{R^2+X_L^2}-\frac{1}{X_C}\right)\right]$$

当电路发生谐振时，总电压和电流应同相位的条件是 $\dot{I}$ 的无功分量电流必须等于零，即

$$\frac{X_L}{R^2+X_L^2}-\frac{1}{X_C}=0$$

把 $X_L=\omega_0 L, X_C=\frac{1}{\omega_0 C}$代入上式并整理得

$$\frac{\omega_0 L}{R^2+(\omega_0 L)^2}=\omega_0 C$$

解出并联谐振的角频率：

$$\omega_0=\frac{1}{\sqrt{LC}}\sqrt{1-\frac{CR^2}{L}}$$

实际应用中，往往采用损耗较小的谐振回路，及电感线圈的电阻 R 很小，故可近似认为

$$\omega_0\approx\frac{1}{\sqrt{LC}} \tag{2-41}$$

并联谐振时，端口总电流与总电压同相，且总电流只有有功电流分量，故电流值最小，电路阻抗很大且为电阻性。虽然总电流 $\dot{I}_0$ 很小，但谐振电路中存在电流 $\dot{I}_{L0}$ 和 $\dot{I}_{C0}$ 却远远大于总电流，因此并联谐振又称为电流谐振。

在电子技术和无线电技术中，常利用并联谐振具有高阻抗的特点，实现选频作用或消除干扰。

第七节　复杂正弦电路的相量分析

一、复阻抗的串联

复阻抗的串联在 RLC 串联电路已经提过，现在单独对其加以讨论。图 2－27（a）是两个复阻抗 Z_1、Z_2 串联的电路，直接写出 KVL 的相量形式

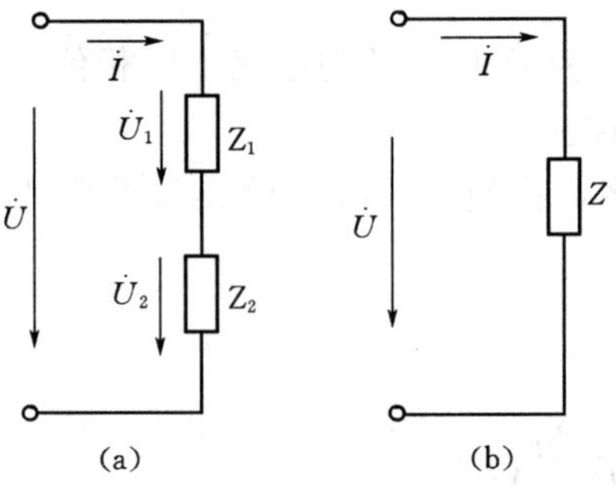

$$\dot{U}=\dot{U}_1+\dot{U}_2=\dot{I}Z_1+\dot{I}Z_2=\dot{I}(Z_1+Z_2)$$

根据等效的概念，两个串联复阻抗可以用一个等效复阻抗 Z 来表示，见图 2－27（b）。由图 2－27（b），不难得出

$$\dot{U}=\dot{I}Z$$

$$Z=Z_1+Z_2$$

图 2－27　阻抗串联电路及等效电路
（a）电路；（b）等效电路

也就是说交流串联电路中的等效复阻抗等于各个复阻抗之和。这个和，并非阻抗的模值之和，而是遵循复数运算规则，将其实部（电阻）和虚部（电抗）分别相加减而得到的。

若把这个结论推广到有 n 个复阻抗相串联的情况，则有

$$Z=\sum_{k=1}^{n}Z_k=\sum_{k=1}^{n}R_k+\mathrm{j}\sum_{k=1}^{n}X_k=|Z|\angle\varphi \tag{2-42}$$

二、复阻抗的并联

图 2－28（a）所示电路为两个阻抗 Z_1、Z_2 并联的情况，可直接对节点列 KCL 的相量形式

$$\dot{I}=\dot{I}_1+\dot{I}_2=\frac{\dot{U}}{Z_1}+\frac{\dot{U}}{Z_2}=\dot{U}\left(\frac{1}{Z_1}+\frac{1}{Z_2}\right)$$

同样，两个并联的复阻抗，也可用一个等效复阻抗 Z 来表示，如图 2－28（b）所示。从

图中可见

$$\dot{I} = \frac{\dot{U}}{Z}$$

$$\frac{1}{Z} = \frac{1}{Z_1} + \frac{1}{Z_2}$$

$$Z = \frac{Z_1 Z_2}{Z_1 + Z_2} \qquad (2-43)$$

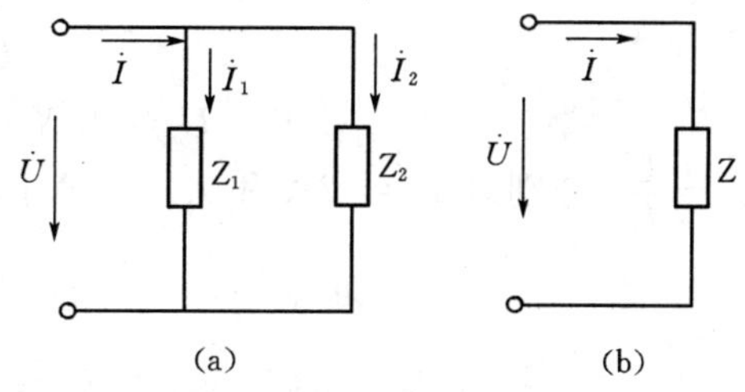

图 2-28　阻抗的并联及等效电路

(a) 电路；(b) 等效电路

式(2-43)也可用复导纳形式

$$Y = Y_1 + Y_2 \qquad (2-44)$$

即并联交流电路的等效复阻抗的倒数等于各个并联支路复阻抗的倒数之和，或者并联交流电路的等效复导纳等于各并联支路的复导纳之和。同样可将式（2-44）推广到一般情况：

$$Y = \sum_{k=1}^{n} Y_k \qquad (2-45)$$

三、复阻抗的混联

复阻抗的混联即既有复阻抗的串联又有并联，通常出现于一些复杂的交流网络中。对于这类问题，通常是用图解法、解析法和利用定律定理求解，下面分别列举实例介绍。

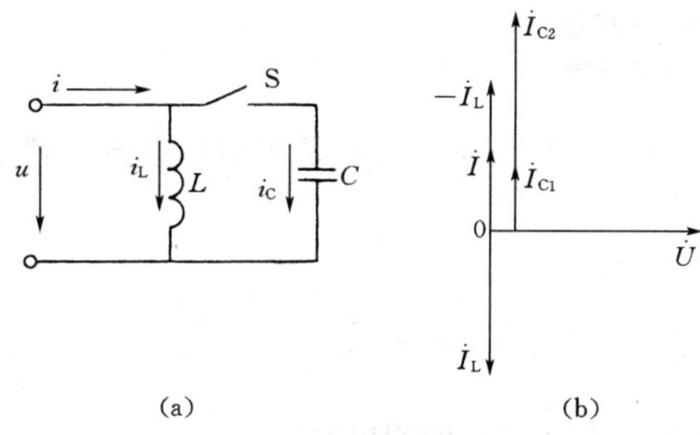

图 2-29　例 2-15 图

(a) 电路；(b) 相量图

1. 相量图法

相量图法是依据 KCL、KVL 的相量形式，将电路中各个相量画在复平面内，借助于相量图中各电量的几何关系，求出待求量。

利用相量图法求解问题的关键是要正确画出各单一元件的电压电流的相量图。一般情况下，串联电路是以电流作为参考相量，并联电路是以电压作为参考相量。

【例 2-15】 图 2-29（a）中，已知 $X_L=10\Omega$，S 闭合前电流 I_L 为 5A，将 S 闭合后，电流 I 为 3A，求容抗 X_C 为多少？

解　当 S 闭合后，电路成为一并联电路，加在支路上的电压为同一电压。欲计算 X_C，需先求 $\dot{I}_C$。为此从相量图分析，见图 2-29（b）。设 $\dot{U}$ 为参考相量，$\dot{I}_L$ 比 $\dot{U}$ 滞后 90°，大小仍与 S 闭合前一样为 5A（因为端电压未变），$\dot{I}_C$ 超前 $\dot{U}$90°，而总电流 $\dot{I}$ 为 3A，则可能有两个答案：

（1）$I_C=2$A，总电流为 $\dot{I}=\dot{I}_L+\dot{I}_C=5\angle{-90°}+2\angle{90°}=-j5+j2=-j3=3\angle{-90°}$（A）。所以 $I_C=2$A，总电流与电感电流同向。

（2）$I_C=8$A，即 $\dot{I}=\dot{I}_L+\dot{I}_C=5\angle{-90°}+8\angle{90°}=3\angle{90°}$（A）。总电流与电容电流同向。电容两端的电压为

$$\dot{U} = \dot{I}_C X_C$$

而
$$U = I_L X_L = 5 \times 10 = 50\ (\text{V})$$

$X_C = \dfrac{U}{I_C}$,分别以 $I_C = 2\text{A}$ 和 $I_C = 8\text{A}$ 代入,则可得

$$X_C = \frac{50}{2} = 25\ (\Omega)$$

$$X_C = \frac{50}{8} = 6.25\ (\Omega)$$

【例 2-16】 在图 2-30(a)中,$I_1 = I_2 = 10\text{A}$,$U = 100\text{V}$,$\dot{U}$ 与 $\dot{I}$ 同相,试求 I、R、X_C 和 X_L。

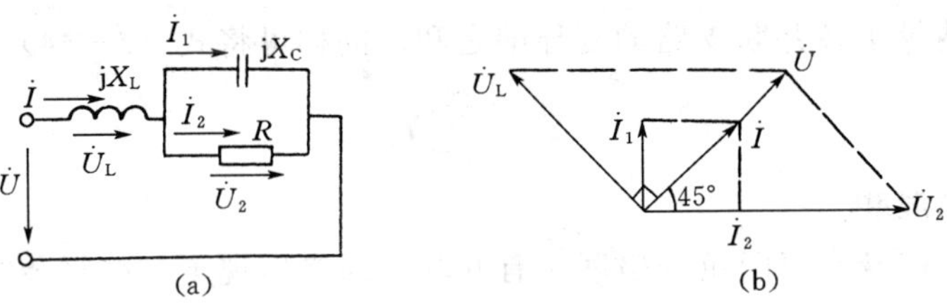

图 2-30 例 2-16 图

(a)电路;(b)相量图

解 以 $\dot{U}_2$ 为参考相量,作相量图如图 2-30(b)所示。由相量图中的电流三角形可得

$$I = \sqrt{I_1^2 + I_2^2}$$
$$= \sqrt{10^2 + 10^2} = 10\sqrt{2}\ (\text{A})$$

$$|\varphi| = \text{arctg}\,\frac{I_1}{I_2} = 45°\ (\varphi \text{是}\ \dot{U}_2\ \text{与}\ \dot{I}\ \text{之间的相位差})$$

根据给定条件,$\dot{U}$ 与 $\dot{I}$ 同相位,而 $\dot{U}_L$ 超前于 $\dot{I}$ 90°,$\dot{U}_2$ 与 $\dot{I}_2$ 同相位,从相量图中可见电压三角形为一等腰直角三角形。因此得

$$U_2 = U/\cos 45° = 141\ \text{V}$$
$$U_L = U_2 \sin 45° = 100\ \text{V}$$

$$X_L = U_L/I = 100/10\sqrt{2} = 7.07\ (\Omega)$$
$$X_C = U_2/I_1 = 141/10 = 14.1\ (\Omega)$$
$$R = U_2/I_2 = 141/10 = 14.1\ (\Omega)$$

2. 解析法

下面我们举一个利用解析法求解复阻抗混联电路的例子。

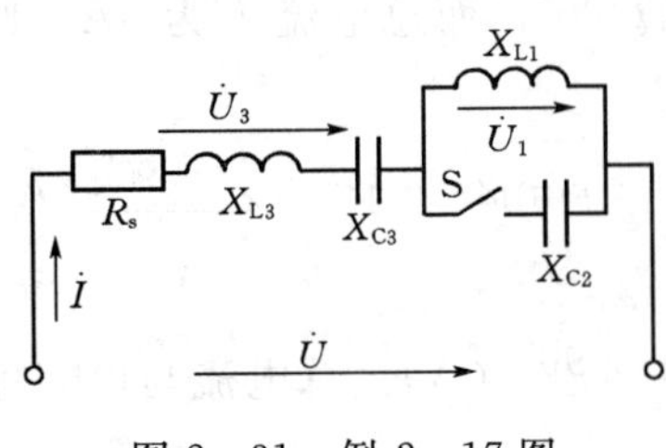

图 2-31 例 2-17 图

【例 2-17】 图 2-31 所示电路,已知电压 $U = 120\text{V}$,$X_{L1} = 20\Omega$,$X_{C2} = 20\Omega$,$R_3 = 20\Omega$,$X_{L3} = 10\Omega$,$X_{C3} = 30\Omega$。试求当开关 S 打开和闭合时电路各段的电流

和电压。

解 (1) 当S打开时，电路变成R_3、X_{L3}、X_{C3}和X_{L1}相串联。此时电路的等效复阻抗为

$$Z_3 = R_3 + j(X_{L3} + X_{L1} - X_{C3})$$
$$= 20 + j(10 + 20 - 30) = 20\ (\Omega)$$

此时电路发生串联谐振。

取已知电压$\dot{U}$为参考相量，$\dot{U}=120\angle 0^\circ$，则电路中的电流及各部分电压为

$$\dot{I} = \frac{\dot{U}}{Z} = \frac{120}{20} = 6\ (\text{A})$$

$$\dot{U}_1 = \dot{I}(jX_{L1}) = 6 \times (j20) = 120\angle 90^\circ(\text{V})$$

$$\dot{U}_3 = \dot{I}[R_3 + j(X_{L3} - X_{C3})] = 6 \times [20 + j(10 - 30)]$$
$$= 6 \times (20 - j20) = 170\angle -45^\circ(\text{V})$$

(2) 开关S闭合后，电路变成混联情况。其中X_{L1}与X_{C2}的并联等效阻抗为

$$Z_{12} = \frac{jX_{L1}(-jX_{C2})}{jX_{L1} - jX_{C2}} = \frac{j20(-j20)}{j20 - j20} = \infty$$

电路发生并联谐振。

电路的总阻抗为

$$Z = R_3 + jX_{L3} - jX_{C3} + Z_{12} = \infty$$

此时电路中的总电流$\dot{I}=0$，电压$\dot{U}_3=0$。电源电压全部作用于并联支路两端，即$\dot{U}_1=\dot{U}=120\text{V}$。故通过$X_{L1}$与$X_{C2}$两支路的电流分别为

$$\dot{I}_{L1} = \frac{\dot{U}_1}{jX_{L1}} = \frac{120}{j20} = -j6\ (\text{A})$$

$$\dot{I}_{C2} = \frac{\dot{U}_1}{-jX_{C2}} = \frac{120}{-j20} = j6\ (\text{A})$$

3. 应用定理、定律求解

线性直流电路中的基本定律、定理和计算方法，可以扩展到正弦交流电路。其区别是，在正弦交流电路中必须用电压和电流相量，电路参数不是单一的电阻，而是复阻抗（或复导纳），而电路方程式中必须用相量形式。

【例 2-18】 如图 2-32（a）所示电路，已知$\dot{U}_1=10\angle 30^\circ\text{V}$，$\dot{U}_2=10\angle 120^\circ\text{V}$，

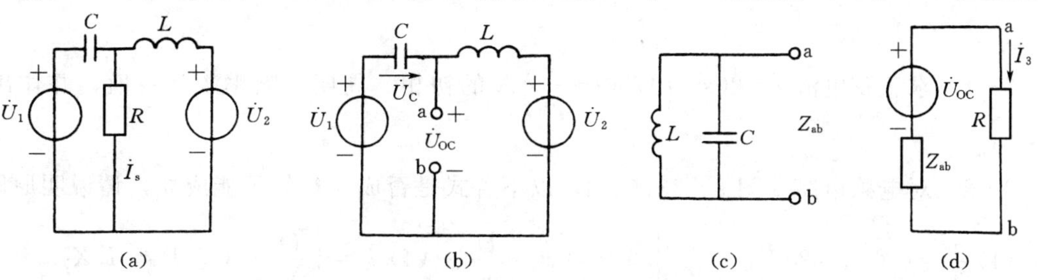

图 2-32 例 2-18 图

$\omega=1000\text{rad/s}$，$C=250\mu\text{F}$，$L=10\text{mH}$，$R=10\Omega$，试求电流 $\dot{I}_3$。

解 由于只要求出某条支路中的电流，故用戴维南定理求解比较方便。

(1) 求电路 a、b 端的开路电压 $\dot{U}_{\text{OC}}$。如图 2-32 (b) 所示，取左边假想的回路

因为 $\dot{U}_{\text{C}}=\dfrac{\dot{U}_1-\dot{U}_2}{\text{j}X_{\text{C}}-\text{j}X_{\text{C}}}(-\text{j}X_{\text{C}})$

所以
$$\dot{U}_{\text{OC}}=\dot{U}_1-\dot{U}_{\text{C}}=10\angle 30^\circ-\frac{10\angle 30^\circ-10\angle 120^\circ}{\text{j}10-\text{j}4}\times(-\text{j}4)$$
$$=17.9\angle 8.2^\circ(\text{V})$$

(2) 求 a、b 端的等效复阻抗 Z_{ab}。将有源网络变为无源网络，见图 2-32 (c)，按复阻抗的并联处理可得

$$Z_{\text{ab}}=\frac{\text{j}10(-\text{j}4)}{\text{j}10-\text{j}4}=-\text{j}6.66\ (\Omega)$$

这样可得戴维南等效电路如图 2-32(d) 所示，则由图 2-32(d) 可求出电流 $\dot{I}_3$ 为

$$\dot{I}_3=\frac{\dot{U}_{\text{OC}}}{Z_{\text{ab}}+R}=\frac{17.9\angle 8.2^\circ}{10-\text{j}6.66}$$
$$=1.49\angle 41.9^\circ(\text{A})$$

小　结

(1) 正弦交流电的三要素：幅值、频率、初相位。三要素可以唯一地确定一个正弦量；反之，要描述一个正弦量，必须知道三要素。

(2) 在 R、L、C 中通入正弦交流电，电阻的特性是电压电流同频同相；电感的特性是电压电流同频，但电压超前电流 90°；电容的特性是电压电流同频，但电流超前电压 90°，需要区别应用。

(3) 掌握 RLC 串联和并联电路的计算分析方法，特别是通过并联电容提高电感电路的功率因数。

(4) 当电路中的“感抗”和“容抗”相等时，电路发生谐振。这时电路出现纯阻性，电路中总电压和总电流同相位。

习　题

2-1 求正弦电流 $i=20\sin\left(1750t+\dfrac{\pi}{3}\right)$A 的初相、周期、频率、有效值，并作出其波形图。

2-2 对电感电路［图 2-33 (a)］，以下各式是否成立？如不能成立，请说明原因。

(1) $\dfrac{u}{i}=X_{\text{L}}$；(2) $\dot{U}_{\text{L}}=L\dfrac{\text{d}i}{\text{d}t}$；(3) $i=\dfrac{U}{\omega L}$；(4) $I=\text{j}\dfrac{\dot{U}}{X_{\text{L}}}$；(5) $P=I^2X_{\text{L}}$。

2-3 对电容电路［图 2-33 (b)］，以下等式是否正确？如有错误，请改正。

(1) $u = iX_C$；(2) $\frac{\dot{U}}{i} = -jX_C$；(3) $\dot{I} = \dot{U}\omega C$；(4) $\dot{I} = j\frac{U}{\omega C}$；(5) $P = I^2\omega C$。

2-4　已知两个正弦电压函数式为

$$u_1 = U_{1m}\cos(1000t - 60°)\ \text{V}$$
$$u_2 = U_{2m}\sin(1000t + 150°)\ \text{V}$$

当 $t = 0$ 时，有

$$u_1(0) = 5\ \text{V 和 } u_2(0) = 8\ \text{V}$$

求这两个正弦电压的最大值 U_{1m} 和 U_{2m}，有效值 U_1 和 U_2，以及它们的相位差 φ。

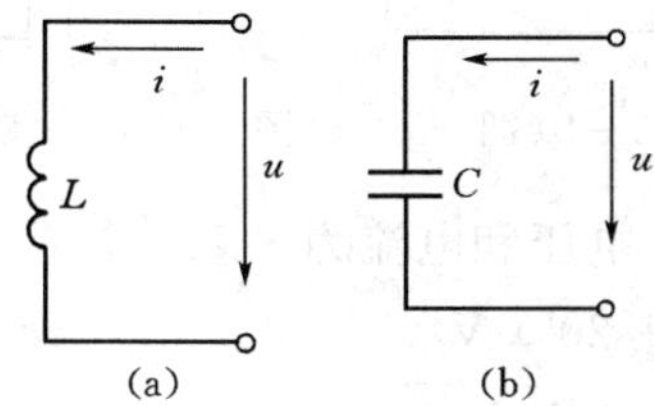

图 2-33　习题 2-2、习题 2-3 图

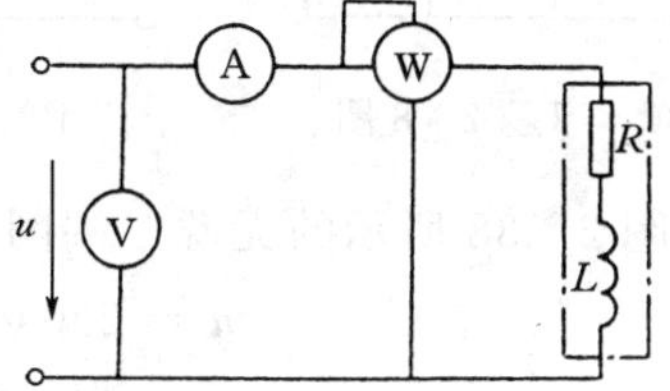

图 2-34　习题 2-5 图

2-5　图 2-34 是测定电感线圈参数的实验方法之一。若已知 f=50Hz，并由实验测得 U=120V，I=0.8A，P=20W，试求线圈的电阻 R 和电感 L 等于多少？

2-6　已知日光灯线路在 50Hz、220V 正弦电压下的电流为 0.43A，有功功率为 40W，求它的等效电阻、电感值和电路的功率因数（镇流器假定为纯电感）。

2-7　在图 2-35 所示的各电路图中，除 A_0 和 U_0 外，其余安培计和伏特计的读数在图上都已标出（都是正弦量的有效值），试求安培计 A_0 或伏特计 U_0 的读数。

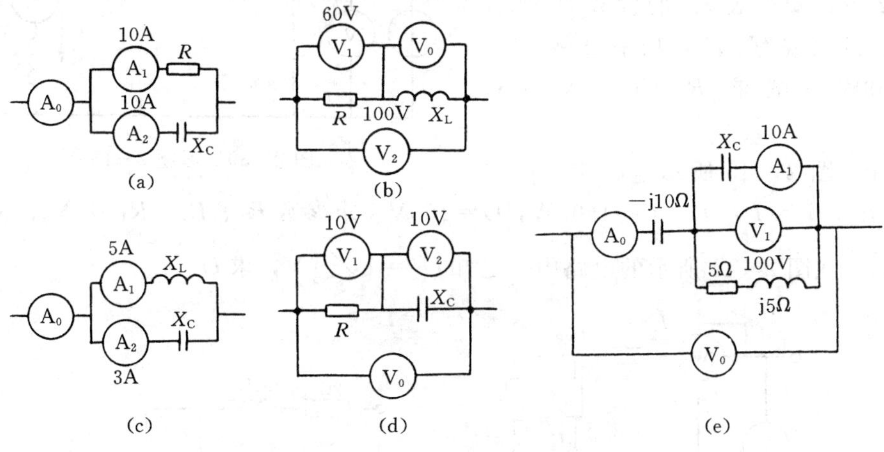

图 2-35　习题 2-7 图

2-8　已知图 2-36 所示电路由三个元件串联组成，其值 $R = X_L = X_C = 20\ \Omega$，电源电压 $u=100\sqrt{2}\times\sin628t$V，求各电压表读数，并作出相量图。

2-9　两只线圈相并联，当加上 30V 直流时，线圈的电流是 2A 和 3A，用 50V（有效值）、35Hz 供电时，相应的电流表是 1.0A 和 1.6A（都是有效值），当线圈串联跨接在 240V、50Hz 电源时，计算总电流、功率和功率因数。

2-10　在图 2-37 中，$I_1=10\text{A}$，$I_2=10\sqrt{2}\text{A}$，$U=220\text{V}$，$R=5\Omega$，$R_2=X_L$。试求 I、X_C、X_L 及 R_2。

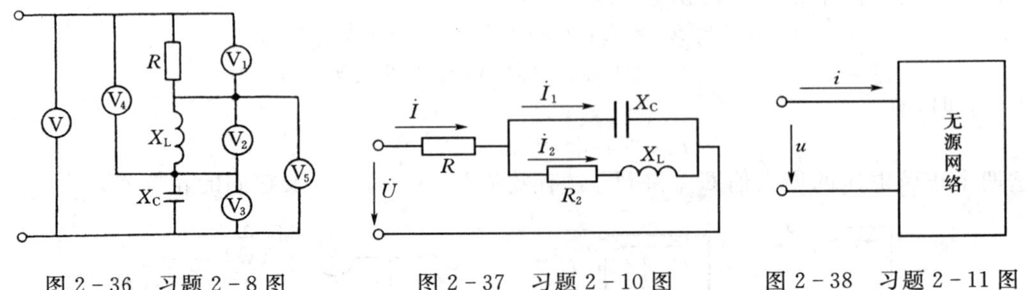

图 2-36　习题 2-8 图　　图 2-37　习题 2-10 图　　图 2-38　习题 2-11 图

2-11　图 2-38 所示的无源二端网络，输入的电压和电流为

$$u=220\sqrt{2}\sin(314t+20^\circ)\ \text{V}$$

$$i=44\sqrt{2}\sin(314t-33^\circ)\ \text{A}$$

试求此二端网络的串联等效电路，并求二端网络的功率因数，及输入的有功功率和无功功率。

2-12　接于 220V 工频电源的单相交流异步电机，其功率 $P=20\text{kW}$，功率因数 $\cos\varphi=0.7$。现欲将功率因数提高到 0.85，问应并联多大的电容，能否用串联的办法来提高功率因数，为什么？

2-13　正弦电路如图 2-39 所示，电压表 V_1 的读数为 $100\sqrt{2}\text{V}$，电压表 V 的读数为 220V，安培表 A_2 的读数为 30A，安培表 A_3 的读数为 20A，功率表 W 的读数为 1000W。试求 R、X_1、X_2、X_3 的值。

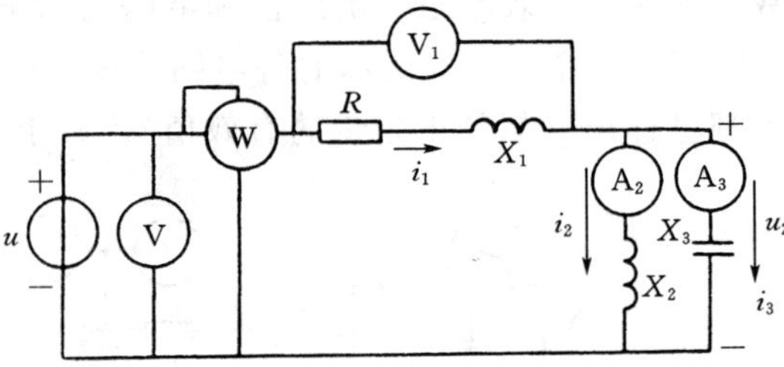

图 2-39　习题 2-13 图

2-14　图 2-40 所示电路中，已知 $R_1=R_2=R_3$，$I_1=I_2=I_3$，$P=1500\text{W}$，$U=150\text{V}$。求参数 R_1、R_2、R_3 及 X_2、X_3。

2-15　在图 2-41 所示的电路中，已知 $\dot{U}_C=1\angle 0^\circ\text{V}$，求 $\dot{U}$。

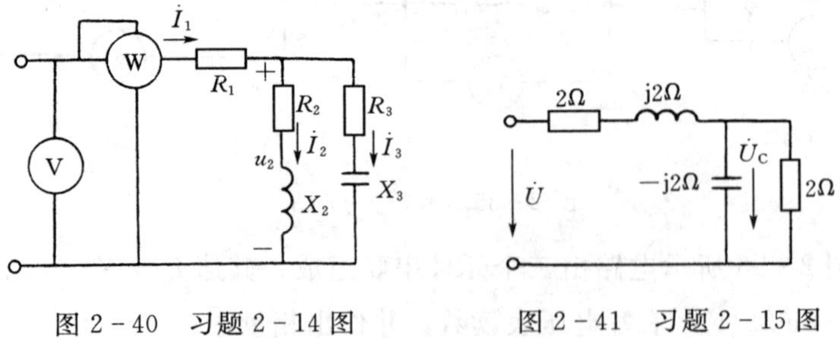

图 2-40　习题 2-14 图　　图 2-41　习题 2-15 图

第三章　三相交流电路

由于三相交流电的产生、输送、分配和使用都比较经济且能满足人们生产的需要，所以当今世界上电能的产生、输送和分配几乎都采用三相制，整个电力系统就是一个庞大的三相正弦交流电路。

本章主要介绍三相电源的特征和连接方法，对称三相电路中相电压与线电压、相电流与线电流的关系，对称三相电路与不对称三相电路以及三相电路的功率的计算方法。

第一节　三相交流电源

所谓三相制，就是三个频率相同而相位不同的电压源（或电动势）作为电源供电的体系。前面章节讨论的是由单相电源供电的体系，称为单相制，可以说，单相制是三相制的一部分。

一、对称三相电源

对称三相电源是由 3 个频率相同、幅值相等、初次相位依次相差 120° 的正弦电压源连接成星形（Y）或三角形（△）组成的电源。这 3 个电源依次称为 A 相、B 相和 C 相，它们的电压瞬时表达式及其相量分别为

$$\begin{cases} u_A=\sqrt{2}U\sin\omega t \\ u_B=\sqrt{2}U\sin(\omega t-120°) \\ u_C=\sqrt{2}U\sin(\omega t+120°) \end{cases} \tag{3-1}$$

$$\begin{cases} \dot{U}_A=U\angle 0° \\ \dot{U}_B=U\angle -120°=a^2\dot{U}_A \\ \dot{U}_C=U\angle 120°=a\dot{U}_A \end{cases} \tag{3-2}$$

式（3-1）中以 A 相电压 u_A 作为参考正弦量。$a=1\angle 120°$，它是工程中为了方便而引入的单位相量算子。

它们的波形和相量图分别为图 3-1（a）、（b）所示。

无论是从数学表达式还是从相量图分析，对称三相电压的瞬时值的代数和及相量和均等于零，即为

$$u_A+u_B+u_C=0$$

或

$$\dot{U}_A+\dot{U}_B+\dot{U}_C=0$$

这一特点可在电压波形图上对任一瞬时求和来证明，或求其相量和。

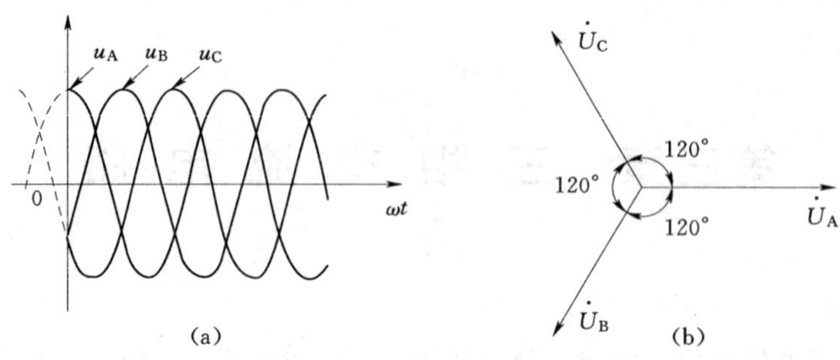

图 3-1 对称三相电源的电压波形和相量图

三相电压 u_A、u_B、u_C 的相位从超前到滞后的次序称相序，式（3-1）中相电压相位的次序为 $A\longrightarrow B\longrightarrow C$（或 $B\longrightarrow C\longrightarrow A$ 或 $C\longrightarrow A\longrightarrow B$）称为正序或顺序。在实际电路中分别用黄、绿、红三种颜色表示 A、B、C 三相。对称三相电压是由三相交流发电机提供的（我国三相系统电源频率 $f=50\text{Hz}$，入户电压为 220V，而日、美、欧洲等国家和地区为 60Hz，110V）。

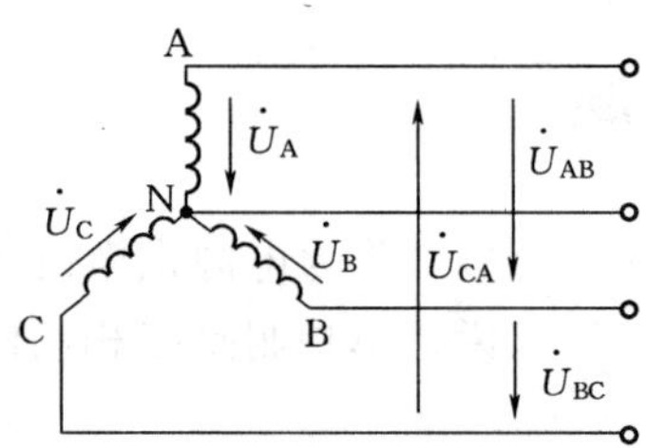

图 3-2 星形连接的三相电源

二、三相电源的星形连接和三角形连接

在三相电路中，对称三相电源一般接成星形或三角形（Y 或△接）两种方式。

1. 三相电源的星形连接

三相电源的星形连接是应用较多的三相电源连接。图 3-2 画出的即是星形连接法的三相电源。将三相发电机三个定子绕组的末端连在一起，作为公共端点 N 点（称为中性点），从中性点引出的线为中性线（旧称零线），零线常涂以白色或黑色表示。从三个相的首端 A、B、C 引出的三根线称为端线，俗称火线。端线与零线之间的电压为相电压，参考方向从端线指向中性线（从始端指向末端），分别为 $\dot{U}_A$、$\dot{U}_B$、$\dot{U}_C$（或 $\dot{U}_{AN}$，$\dot{U}_{BN}$，$\dot{U}_{CN}$），其有效值用 U_p 表示。两端线之间的电压称为线电压，分别记为 $\dot{U}_{AB}$、$\dot{U}_{BC}$、$\dot{U}_{CA}$，其有效值用 U_l 表示。

三相电源星形接法时，相电压与线电压，是不相等的。应用基尔霍夫电压定律，可以得出相电压与线电压的关系，即

$$\begin{cases}\dot{U}_{AB}=\dot{U}_A-\dot{U}_B\\ \dot{U}_{BC}=\dot{U}_B-\dot{U}_C\\ \dot{U}_{CA}=\dot{U}_C-\dot{U}_A\end{cases} \tag{3-3}$$

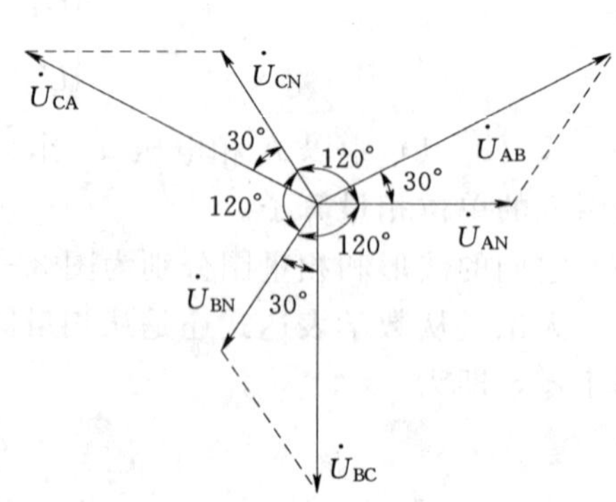

图 3-3 三相电源星形连接时线电压与相电压的相量图

若取 $\dot{U}_A$ 为参考相量，可由图 3-3 画出相电压 $\dot{U}_A$，$\dot{U}_B$，$\dot{U}_C$（或 $\dot{U}_{AN}$，$\dot{U}_{BN}$，$\dot{U}_{CN}$）和线电压 $\dot{U}_{AB}$、$\dot{U}_{BC}$、$\dot{U}_{CA}$的相量图。由相量图可以看出当相电压对称时，线电压也是对称的，线电压和相电压的关系可由相量图求出，即

$$\begin{cases}\dot{U}_{AB}=\sqrt{3}\dot{U}_A\angle 30^\circ \\ \dot{U}_{BC}=\sqrt{3}\dot{U}_B\angle 30^\circ=\dot{U}_{AB}\angle -120^\circ \\ \dot{U}_{CA}=\sqrt{3}\dot{U}_C\angle 30^\circ=\dot{U}_{AB}\angle 120^\circ\end{cases} \tag{3-4}$$

式（3－4）表明：在数值上，线电压等于相电压的$\sqrt{3}$倍，用有效值表示为：$U_l=\sqrt{3}U_p$，在相位上，线电压超前相应的相电压 30°。

我国的低压供电系统大多采用星形连接。由三条端线和一条中性线组成的供电系统称为三相四线制供电系统。这种系统可向用户提供两种电压的选择。380V 的线电压可以供给三相异步电动机和大功率的三相电热器等额定电压为 380V 的负载选用。220V 可为白炽灯、日光灯这种额定电压为 220V 的负载使用。

2. 三相电源的三角形连接

在生产实际中，发电机的三相绕组很少连接成三角形，通常接成星形。对三相变压器来讲，两种接法都有。

电源的三角形接法如图 3－4 所示。

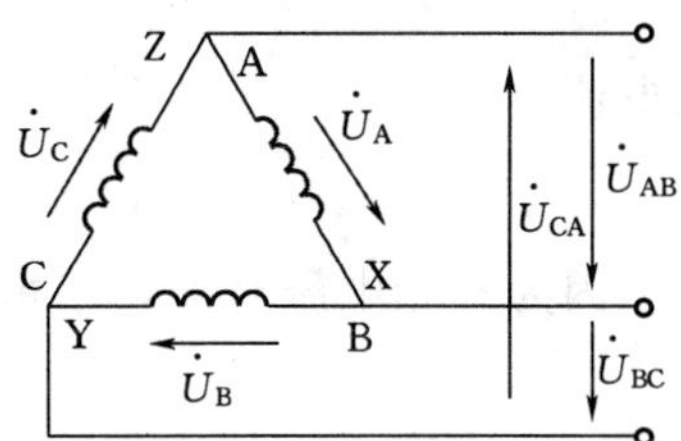

图 3－4　三角形连接的三相电源

把三相电压源依次首尾相接连成一个闭合回路，如 A 与 Z 连接、B 与 X 连接、C 与 Y 连接，再从端子 A、B、C 引出三根端线。从概念上讲，三角形连接的电源，其线电压、相电压、线电流的概念与星形连接的电源相同，但三角形电源没有中线，故只能构成三相三相制供电系统。

三角形连接的电源线电压等于相电压，即 $U_l=U_p$。

第二节　对称三相电路

应用交流电源的电器设备很多，其中一些设备需要三相电源才能工作。例如三相电机或大功率的三相电炉等，这些设备都属于三相负载。还有一些设备只需单相电源，如白炽灯、电风扇等等，它们可以接在三相电源的任一相线与中性线之间。但在实际工作中往往需要按一定方式接入三相电源上，所以将这些单相负载的总体也可看成是三相负载。

对于单相负载白炽灯，采用三相四线制供电来保证。其工作电压为 220V，而对于三相电动机采用的是三相三线制供电。

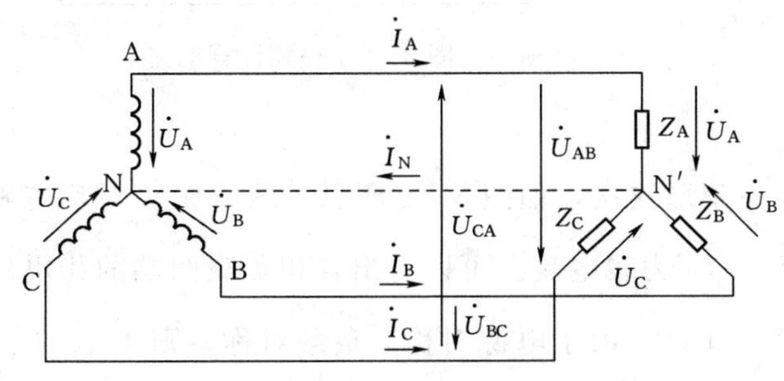

图 3－5　负载星形连接的三相电路

1. 负载星接

负载星形连接的三相电路如图 3－5 所示。从图 3－5 中可以看出三相负载的星形接法与三相电源的星形接法类似。因此负载星形连接三相对称电路的线电压 $\dot{U}_{AB}$ 是相电压 $\dot{U}_{AN}$ 的$\sqrt{3}$倍并超前 30°，其他两相也是如此。

三相负载连接于三相电源中，三条端线的电流 $\dot{I}_A$、$\dot{I}_B$、$\dot{I}_C$ 称为线电流，用 $\dot{I}_l$ 表示。每相负载上流过的电流称为相电流，用 $\dot{I}_p$ 表示。可以看出负载星形连接时相电流就是相应各相的线电流，即 $\dot{I}_l=\dot{I}_p$。

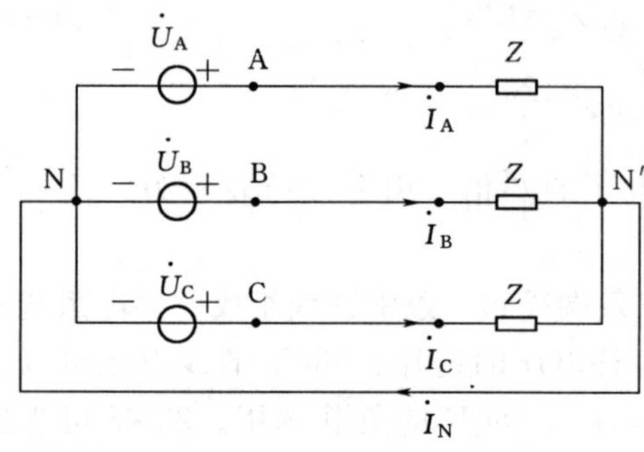

图 3-6　对称三相四线制 Y—Y 系统

其参考方向规定从电源流向负载。中线电流用 $\dot{I}_N$ 表示，其参考方向从负载中心 N′流向电源中点 N。

现在，以对称三相四线制电路为例来进行分析，如图 3-6 所示，N、N′为中性点。

根据基尔霍夫节点电流定律，可以求出中线电流

$$\dot{I}_N=\dot{I}_A+\dot{I}_B+\dot{I}_C$$

因为三相电压对称，三相负载对称，则三相电流也对称，即

$$\begin{cases}\dot{I}_A=\dfrac{\dot{U}_A}{Z}=\dfrac{U_P}{Z}\angle 0^\circ \\ \dot{I}_B=\dfrac{\dot{U}_B}{Z}=\dfrac{U_P\angle -120^\circ}{Z}=\dot{I}_A\angle -120^\circ \\ \dot{I}_C=\dfrac{\dot{U}_C}{Z}=\dfrac{U_P\angle 120^\circ}{Z}=\dot{I}_A\angle 120^\circ\end{cases} \tag{3-5}$$

则对中线电流求相量和必为零：

$$\dot{I}_N=\dot{I}_A+\dot{I}_B+\dot{I}_C=\dot{I}_A+\dot{I}_A\angle -120^\circ+\dot{I}_A\angle 120^\circ=0 \tag{3-6}$$

由于中性线电流为零，因此 $\dot{U}_{N'N}=0$，即 N、N′电位相等。说明 Y—Y 连接的对称三相电路中，中线不起作用，可以省去。因此负载星接的三相对称电路，只要求出任意一相，其他两相按对称性就能写出，这就是对称三相电路归结为一相的计算方法。

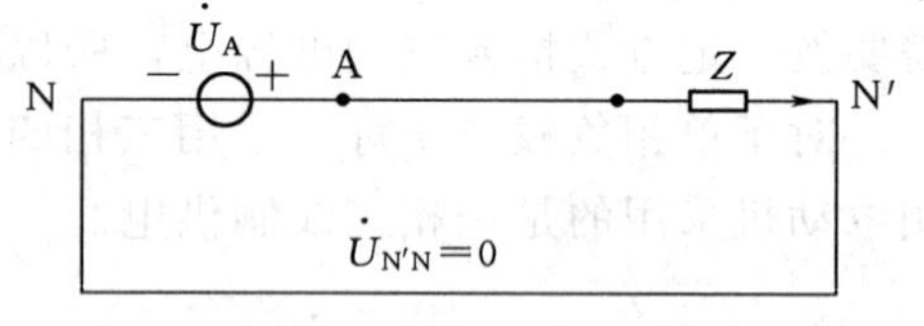

图 3-7　一相计算电路

以 A 相为例，则可画出等效电路如图 3-7 所示。

2. 负载角接

有时根据工作需要，负载需要进行三角形连接，如图 3-8 所示。图中 Z 为对称三相负载，$\dot{I}_{AB}$、$\dot{I}_{BC}$、$\dot{I}_{CA}$为相电流，$\dot{I}_A$、$\dot{I}_B$、$\dot{I}_C$ 为线电流。可以看出各相负载两端的相电压等于线电压，因此相电流可由式（3-7）计算。由于电源对称，负载对称，则 $\dot{I}_{AB}$，$\dot{I}_{BC}$，$\dot{I}_{CA}$也对称，因此也可计算一相推出另外两相，如式（3-7）所示。

$$\begin{cases} \dot{I}_{AB}=\dfrac{\dot{U}_{AB}}{Z} \\ \dot{I}_{BC}=\dfrac{\dot{U}_{BC}}{Z}=\dot{I}_{AB}\angle -120^\circ \\ \dot{I}_{CA}=\dfrac{\dot{U}_{CA}}{Z}=\dot{I}_{AB}\angle 120^\circ \end{cases} \tag{3-7}$$

根据基尔霍夫电流定律，由图 3-8 可建立相电流和线电流的关系，即

$$\begin{cases} \dot{I}_A=\dot{I}_{AB}-\dot{I}_{CA} \\ \dot{I}_B=\dot{I}_{BC}-\dot{I}_{AB} \\ \dot{I}_C=\dot{I}_{CA}-\dot{I}_{BC} \end{cases} \tag{3-8}$$

三相对称电路，相电流 $\dot{I}_{AB}$，$\dot{I}_{BC}$，$\dot{I}_{CA}$对称，那么线电流也对称。以 $\dot{I}_{AB}$为参考相量画相量图，如图 3-9 所示。

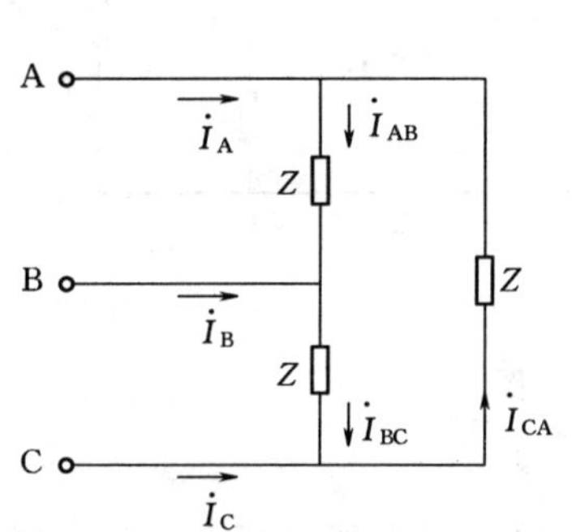

图 3-8　负载三角形连接电路

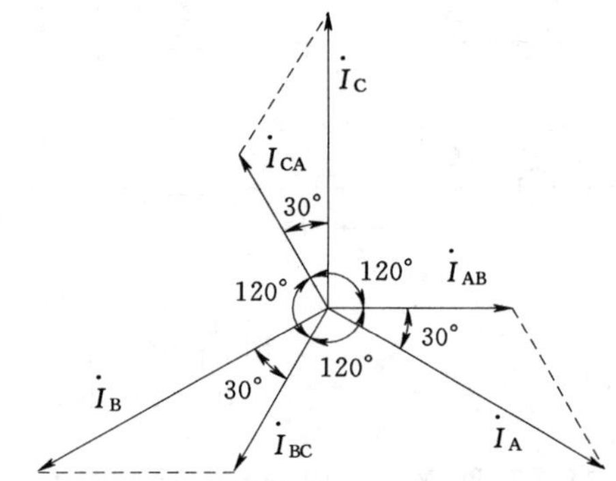

图 3-9　负载三角形接法线电流与相电流的相量关系

分析相量图可得：

$$\begin{cases} \dot{I}_A=\sqrt{3}\dot{I}_{AB}\angle -30^\circ \\ \dot{I}_B=\sqrt{3}\dot{I}_{BC}\angle -30^\circ=\dot{I}_A\angle -120^\circ \\ \dot{I}_C=\sqrt{3}\dot{I}_{CA}\angle -30^\circ=\dot{I}_A\angle 120^\circ \end{cases} \tag{3-9}$$

由式（3-9）可知，对称负载三角形连接的电路，线电流是相电流的$\sqrt{3}$倍，相位上线电流滞后相电流 30°。

对称三相电路的星形连接和三角形连接中电压与电流的相值与线值之间有如下关系：

（1）星形连接。线电压是相电压的$\sqrt{3}$倍，并且线电压超前所对应的相电压 30°，而线电流等于相电流。

（2）三角形连接。线电压等于相电压，而线电流是相电流的$\sqrt{3}$倍，并且线电流滞后所对应相电流 30°。写出表达式为：

Y 接　　　　$I_l=I_P$，　$U_l=\sqrt{3}U_P$

△接 $U_l = U_P$， $I_l = \sqrt{3} I_P$

【例 3-1】 对称负载星形连接三相电路如图 3-10（a），$u_{AB} = 380\sqrt{2}\sin(\omega t + 30°)$V，$Z = 6 + j8\Omega$，求负载中各电流相量。

解：∵

$$\dot{U}_A = \frac{\dot{U}_{AB}}{\sqrt{3}} \angle -30° = 220 \angle 0° V$$

$$\dot{I}_A = \frac{\dot{U}_A}{Z} = \frac{220 \angle 0°}{6 + j8} = 22 \angle -53.1° A$$

$$\dot{I}_B = a^2 \dot{I}_A = 22 \angle -173.1° A$$

$$\dot{I}_C = a \dot{I}_A = 22 \angle 66.9° A$$

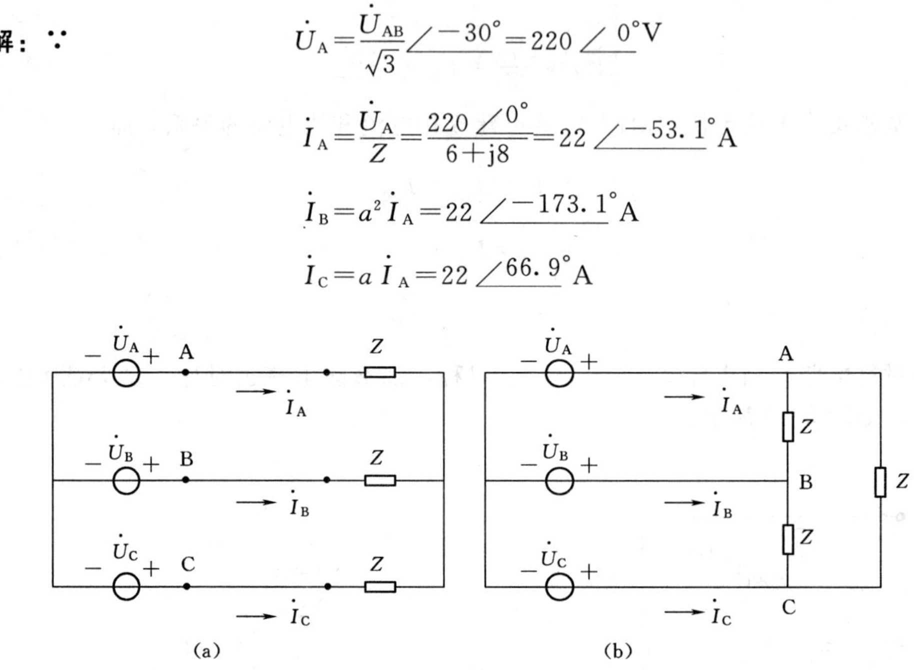

图 3-10 例 3-1、例 3-2 图
（a）例 3-1 图；（b）例 3-2 图

【例 3-2】 对称 Y—△电路中，$Z = (19.2 + j14.4)\Omega$，对称线电压 $U_{AB} = 380$V，求负载端线电压和线电流。

解：设 $\dot{U}_A = 220 \angle 0°$，则负载端线电压为

$$\begin{cases} \dot{U}_{AB} = \sqrt{3}\dot{U}_A \angle 30° = 380 \angle 30° V \\ \dot{U}_{BC} = 380 \angle -90° V \\ \dot{U}_{CA} = 380 \angle 150° V \end{cases}$$

负载相电流为

$$\begin{cases} \dot{I}_{AB} = \frac{\dot{U}_{AB}}{Z} = 15.8 \angle -6.9° A \\ \dot{I}_{BC} = a^2 \dot{I}_{AB} = 15.8 \angle -126.9° A \\ \dot{I}_{CA} = a \dot{I}_{AB} = 15.8 \angle 113.1° A \end{cases}$$

可得线电流：

$$\begin{cases}\dot{I}_A=\sqrt{3}\quad \dot{I}_{AB}\angle{-30^\circ}=27.37\angle{-36.9^\circ}\\ \dot{I}_B=\dot{I}_A\angle{-120^\circ}=27.37\angle{-156.9^\circ}\\ \dot{I}_C=\dot{I}_A\angle{120^\circ}=27.37\angle{83.1^\circ}\end{cases}$$

第三节 不对称三相电路

对称负载只是电路中一种特殊情况，而不对称负载则是电网的一般情况。例如照明电路，在设计时按对称负载布线入户的，可是每户的用电量和用电时间都有很大的随机性，甚至当电路的某相发生断路故障时都会造成三相负载的不对称。

不对称三相电路中各相负载电流、电压之间一般不存在幅值相等，相位差120°的关系，所以不能直接用上一节的方法分析计算，而应作为一般正弦电流电路分析。本节只简单地介绍由于负载不对称而引起的一些特点。

图 3-11（a）的三相四线制系统，三相电源是对称的，但负载不对称。先讨论开关 S 打开（即不接中性线）时的情况。用节点电压法，可以求得节点电压 $\dot{U}_{N'N}$ 为

$$\dot{U}_{N'N}=\frac{\dfrac{\dot{U}_A}{Z_A}+\dfrac{\dot{U}_B}{Z_B}+\dfrac{\dot{U}_C}{Z_C}}{\dfrac{1}{Z_A}+\dfrac{1}{Z_B}+\dfrac{1}{Z_C}}\neq 0\ (\text{因 } Z_A\neq Z_B\neq Z_C)$$

由于负载不对称，$\dot{U}_{N'N}\neq 0$，N'点和 N 点电位不同了。从图 3-11（b）的相量关系可以清楚看出，N′点和 N 点不重合，这一现象称为中性点位移。在电源对称的情况下，可以根据中性点位移的情况判断负载端不对称的程度。当中性点位移较大时，会造成负载端的电压严重不对称，从而可能使负载的工作不正常。另一方面，如果负载变动时，由于各相的工作相互关联，因此彼此都互有影响。

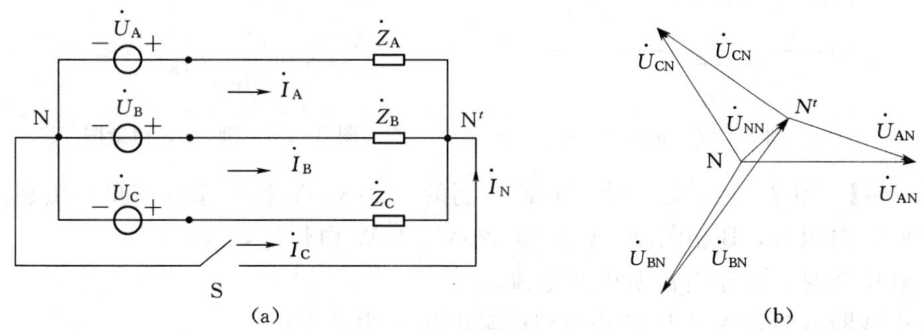

图 3-11 不对称三相电路

合上开关 S（接上中性线），如果 $Z_N\approx 0$，则可强使 $\dot{U}_{N'N}=0$，尽管电路不对称，中线可使各相保持独立，各相状态互不影响，各相可以分别计算。

由于线（相）电流的不对称，中性线电流一般不为零，即 $\dot{I}_N=\dot{I}_A+\dot{I}_B+\dot{I}_C\neq 0$。

【例 3-3】 三相四线制 220/380V 的电网接入星形连接负载，如图 3-12 所示，已知 $Z_A=4+j3\Omega$，$Z_B=5\Omega$，$Z_C=6-j8\Omega$，求各线电流及中线电流并画出相量图。

解

$$Z_a=4+j3=5\angle{-36.9^\circ}\Omega$$

$$Z_b=5\angle{0^\circ}\Omega$$

$$Z_c=6-j8=10\angle{-53.1^\circ}\Omega$$

负载星形连接 $I_l=I_p$，设 $\dot{U}_A=220\angle{0^\circ}V$

$$\dot{I}_A=\frac{\dot{U}_A}{Z_a}=\frac{220\angle{0^\circ}}{5\angle{36.9^\circ}}=44\angle{-36.9^\circ}A$$

$$\dot{I}_B=\frac{\dot{U}_B}{Z_b}=\frac{220\angle{-120^\circ}}{5\angle{0^\circ}}=44\angle{-120^\circ}A$$

$$\dot{I}_C=\frac{\dot{U}_C}{Z_c}=\frac{220\angle{120^\circ}}{5\angle{-53.1^\circ}}=22\angle{173.1^\circ}A$$

中性线电流

$$\begin{aligned}\dot{I}_N&=\dot{I}_A+\dot{I}_B+\dot{I}_C=44\angle{-36.9^\circ}+44\angle{-120^\circ}+22\angle{173.1^\circ}\\&=35.2-j26.4-22-j38.1-21.84+j2.64\\&=-8.64-j61.86=62.46\angle{-98^\circ}A\end{aligned}$$

相量图见图 3-13。

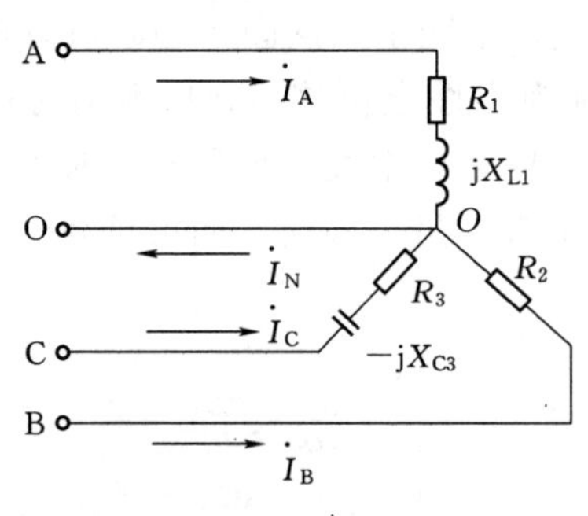

图 3-12 例 3-3 图

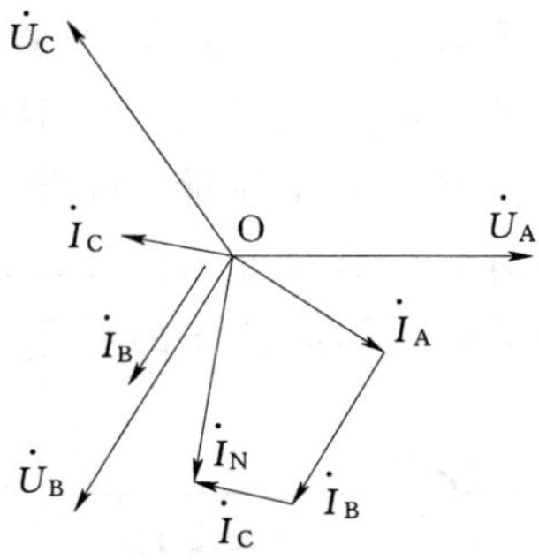

图 3-13 例 3-3 相量图

【例 3-4】 图 3-14，是一个三相四线制的 220/380V 供电系统的星形负载。A 相为 220V、100W 白炽灯，B 相断路，C 相为 220V、40W 白炽灯，求：

(1) 有中线时，各相电流及中线电流；

(2) 中线断开时，A 相与 C 相负载的端电压各为多少？

解 有中线时，中性线保证负载相电压对称，并且等于电源相电压，即

$$U_P=\frac{U_L}{\sqrt{3}}=\frac{380}{\sqrt{3}}=220\ (V)$$

各相电流（白炽灯为纯电阻负载）

$$R_A=\frac{U_P^2}{P_A}=\frac{220^2}{100}=484(\Omega)$$

$$\dot{I}_A=\frac{\dot{U}_A}{R_A}=\frac{220\angle 0^\circ}{484}=0.455\angle 0^\circ\ (A)$$

$$\dot{I}_B=0$$

$$R_C=\frac{U_P^2}{P_C}=\frac{220^2}{40}=1210\ (\Omega)$$

$$\dot{I}_C=\frac{\dot{U}_C}{R_C}=\frac{220\angle 120^\circ}{1210}=0.18\angle 120^\circ\ (A)$$

中线电流可由相量图 3－15 求出，即

$$\dot{I}_N=\dot{I}_A+\dot{I}_C=0.4\angle 23.14^\circ$$

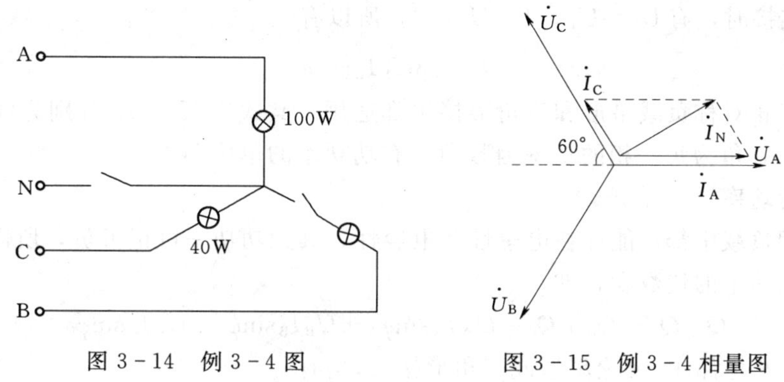

图 3－14　例 3－4 图　　　　图 3－15　例 3－4 相量图

(2) 中线断开时，由于没有中线 100W 与 40W 白炽灯串联于 A 相与 C 相之间（U_N 为灯的额定电压），100W 白炽灯的两端电压为

$$U_A=\frac{U_L}{R_A+R_C}R_A=\frac{380}{484+1210}\times 484=108.6\ (V)$$

40W 白炽灯的两端电压为

$$U_C=\frac{U_L}{R_A+R_C}R_C=\frac{380}{484+1210}\times 1210=271.4\ (V)$$

$U_A<U_N$，因此 A 相 100W 白炽灯将不能正常发光，由于 $U_C>U_N$，C 相的 40W 白炽灯将会很亮，将被烧毁，造成断路后 100W 白炽灯也将熄灭。

综上所述，不对称负载星形连接，电源与负载的中性点 $\dot{U}_{N'N}\neq 0$，中线电流不为零。三相四线制中的中性线可保证负载不对称时各相负载两端电压基本等于电源相电压，不会因负载不对称而发生变化，从而保证各相负载相互独立工作。因此，在实际线路中不允许在中性线上安装熔断器或开关等，以保证中性线的畅通。

第四节　三相电路的功率

一、有功功率

三相电路中负载消耗的功率，无论负载怎样连接，等于各相负载功率之和。即

$$P=P_A+P_B+P_C$$

负载星形连接的三相电路，总功率为

$$P=U_A I_A \cos\varphi_A+U_B I_B \cos\varphi_B+U_C I_C \cos\varphi_C$$

式中　U_A、U_B、U_C——相电压有效值；

I_A、I_B、I_C——相电流有效值；

φ_A、φ_B、φ_C——负载的阻抗角。

在对称三相电路中，各相有功功率相等，因此三相有功功率等于一相有功功率的 3 倍，即

$$P=3U_P I_P \cos\varphi$$

有功功率 P 有时还用线电压、线电流来计算。由于星形连接时，$U_P=U_L/\sqrt{3}$，$I_P=I_L$，三角形连接时，有 $U_P=U_L$，$I_P=I_L/\sqrt{3}$，所以有

$$P=\sqrt{3}U_L I_L \cos\varphi$$

上式对三相对称负载星形和三角形接法都适用。其式中 U_L、I_L 分别为线电压和线电流有效值，而 φ 角为每一相的功率因数角。有功功率的单位 W。

二、无功功率

由于每相负载中都可能存在电感性和电容性，其无功功率可正可负，所以总的无功功率为各相无功功率的代数和，即

$$Q=Q_A+Q_B+Q_C=U_A I_A \sin\varphi_A+U_B I_B \sin\varphi_B+U_C I_C \sin\varphi_C$$

在对称三相电路中,无论星形或三角形接法,均有

$$Q=3U_P I_P \sin\varphi=\sqrt{3}U_L I_L \sin\varphi$$

无功功率的单位 var。

三、视在功率

三相电路总的视在功率一般不等于每相视在功率之和，而应按下式计算，即

$$S=\sqrt{P^2+Q^2}$$

其中，$P=P_A+P_B+P_C$，$Q=Q_A+Q_B+Q_C$。

对于对称三相电路，视在功率为

$$S=\sqrt{P^2+Q^2}=\sqrt{(3U_P I_P \cos\varphi)^2+(3U_P I_P \sin\varphi)^2}=3U_P I_P=\sqrt{3}U_L I_L$$

视在功率的单位是伏安（VA）。

四、功率因数

在对称时三相电路的功率因数是

$$\cos\varphi=\frac{P}{\sqrt{3}U_L I_L}=\frac{P}{3U_P I_P}$$

【例 3-5】 有一对称负载,复阻抗为 $Z=6+j8\Omega$,接在线电压为 380V 的三相对称电源上,试分别计算负载为三角形接法和星形接法时的有功功率,无功功率和视在功率。

解(1)负载为三角形接法时：

各相复阻抗　　$|Z|=\sqrt{6^2+8^2}=10\ (\Omega)$

相电压　　$U_P=U_L=380V$

相电流 $$I_P=\frac{U_P}{|Z|}=\frac{380}{10}=38\ (A)$$

线电流 $$I_L=\sqrt{3}I_P=\sqrt{3}\times 38=66\ (A)$$

功率因数 $$\cos\varphi=\frac{R}{|Z|}=\frac{6}{10}=0.6$$

有功功率 $$P=\sqrt{3}U_L I_L\cos\varphi=\sqrt{3}\times 380\times 66\times 0.6=26030\ (W)$$

无功功率 $$Q=\sqrt{3}U_L I_L\sin\varphi=\sqrt{3}\times 380\times 66\times 0.8=34700\ (var)$$

视在功率 $$S=\sqrt{3}U_L I_L=\sqrt{3}\times 380\times 66=43300\ (VA)$$

(2) 负载为星形接法时：

负载相电压 $$U_P=\frac{U_L}{\sqrt{3}}=\frac{380}{\sqrt{3}}=220\ (V)$$

负载相电流 $$I_P=I_L=\frac{U_P}{|Z|}=\frac{220}{10}=22\ (A)$$

有功功率 $$P=3U_P I_P\cos\varphi=\sqrt{3}\times 220\times 22\times 0.6=8676\ (W)$$

无功功率 $$Q=3U_P I_P\sin\varphi=\sqrt{3}\times 220\times 22\times 0.8=11570(var)$$

视在功率 $$S=3U_P I_P=\sqrt{3}\times 220\times 22=14460\ (VA)$$

可见，在相同的电源线电压下，同一个三相负载作三角形接法时的功率是星形接法的3倍。

小　结

(1) 对称三相交流电源由3个频率相同、幅值相等、初次相位依次相差 $120°$ 的正弦电压源构成，三相电源有两种连接方式，要求掌握三相电源线电压与相电压、线电流与相电流之间的关系。

(2) 负载也有星形和角形两种连接方式，掌握对称三相电路星接和角接的特点及各相电流、线电流的计算。

(3) 掌握中性线在三相四线制电路的作用。

(4) 掌握三相电路有功功率、无功功率和视在功率的关系。

习　题

3-1 什么叫对称三相电压？欲将发电机（或三相变压器）的三相绕组联成星形，如果将绕组的X、Y、C误联成一点（中点），是否会获得对称三相相电压和线电压，为什么？

3-2 有一个三相四线制电源，试画出其对称负载星形连接和三角形连接以及照明负载供电电路示意图。

3-3 请说明三相四线制供电系统，中性线有什么作用。

3-4　三相四线制供电系统，已知电源线电压 $U_{AB}=380\times\sqrt{2}\sin(\omega t+30°)$ V，当阻抗分别是：(1) $Z_A=Z_B=Z_C=8+j6\Omega$；(2) $Z_A=Z_B=8+j6\Omega$，$Z_C=20\Omega$，忽略端线和中线阻抗，分别计算上述二组负载星形接法时的各相电流和中线电流，并画电流电压的相量图。

3-5　有一台三相交流电动机，其绕组接成星形，接在线电压为 380V 的电源上，已测得线电流 $I_L=6.01$A，三相总功率 $P=3.3$kW，试确定电动机每相绕组的参数。

3-6　现有一台三相交流电动机（按三相对称负载计）额定功率 $P_N=55$kW，额定电压为 380/220，接法 Y/△ 满载功率因数 $\cos\varphi=0.9$ 满载效率 $\eta=90.5\%$（$\eta=\frac{\text{电机输出功率}}{\text{电机输入功率}}$）。电源线电压为 380V 时，电动机绕组联成星形接法，求电动机的相电压、相电流、线电流及电源输入功率。

第四章　变　压　器

变压器是利用电磁感应原理，把某一频率的交流电压变换为同一频率的另一等级交流电压，是具有变换电压、变换电流和变换阻抗等多种功能的静止的电器，在电力系统和电子技术中有非常广泛的应用。

变压器按用途分，有电力变压器、整流变压器、电焊变压器、自耦变压器、仪用互感器、匹配变压器等；按交流相数分，有单相变压器和三相变压器；按每相的绕组个数不同，又可分为双绕组变压器、三绕组变压器以及多绕组的分裂变压器等。不同用途的变压器差别很大，它们的容量可以从几伏安级到千伏安以上，电压等级可以从几伏至数百千伏。

本章主要讨论单相变压器的工作原理、额定值和外特性，并对三相变压器和几种特殊变压器作简要的介绍。

第一节　变压器的基本结构和工作原理

一、变压器的基本结构

尽管变压器的种类很多，而且用途、电压等级和容量又各不相同，但其基本结构和基本原理是相同的。所有变压器都是由铁芯和绕组两个基本部分组成。大型变压器除铁芯和绕组外还有一些其他部件，如油箱、冷却装置、保护装置和出线装置等，如图4-1所示。一般功率较大的变压器采用芯式变压器结构，绕组包围着铁芯，以减少用铁量；功率较小的变压器采用壳式结构，铁芯包围着绕组。

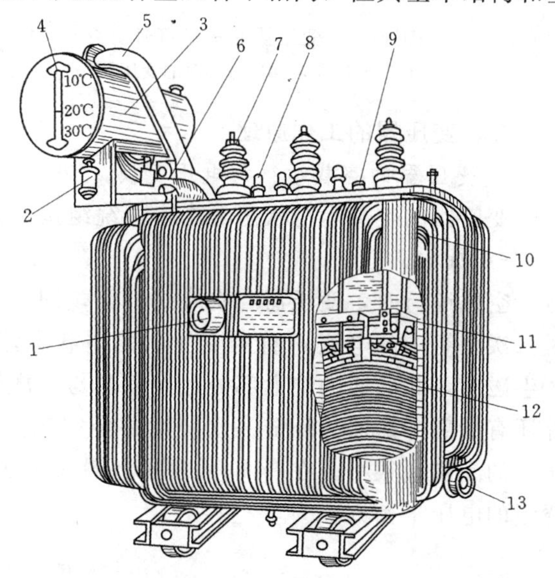

图4-1　变压器外形

1—温度计；2—吸湿器；3—储油柜；4—油表；5—安全气道；6—气体继电器；7—高压套管；8—低压套管；9—分接开关；10—油箱；11—铁芯；12—线圈；13—放油阀门

变压器铁芯的作用是构成磁路，其形式有多种，如图4-2所示。一般口字型铁芯用于功率较大的单相变压器；而EI型、F型用于功率较小的变压器；目前采用C型铁芯的变压器逐渐增多，C型铁芯用长条冷轧硅钢片沿辗轧方向卷压而成，其优点是磁导率高、铁损小。为减小涡流损耗，铁芯采用0.35～0.5mm厚的硅钢片，在硅钢片表面涂有绝缘漆并经氧化处理形成绝缘层。

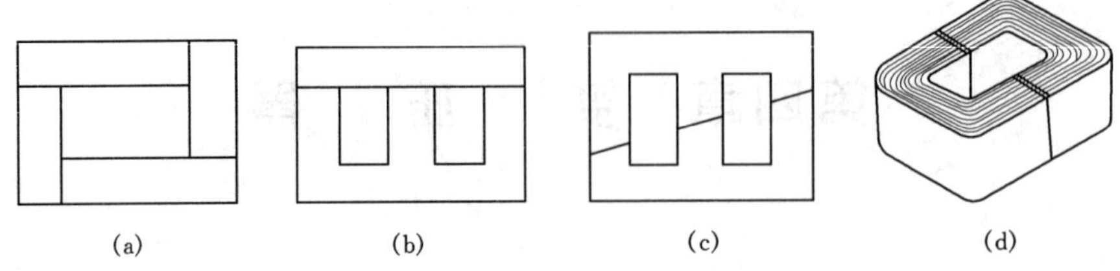

图 4－2　几种小型变压器铁芯的形式

(a) 口字型；(b) EI 型；(c) F 型；(d) C 型

绕在变压器铁芯上的线圈称为绕组，其作用是构成交流电的通路，通以励磁电流后建立磁场。绕组的形状多为圆筒形。低压绕组靠近铁芯，高压绕组同芯地套在低压绕组的外面。变压器接电源一边的绕组，称为一次绕组；接负载一边的绕组称为二次绕组。单相小功率变压器的绕组多用高强度漆包线绕制；大功率变压器的绕组可用扁铜线或铝线绕制。变压器的铁芯、一次绕组和二次绕组之间是彼此绝缘的。

变压器的电路图形符号如图 4－3 所示。

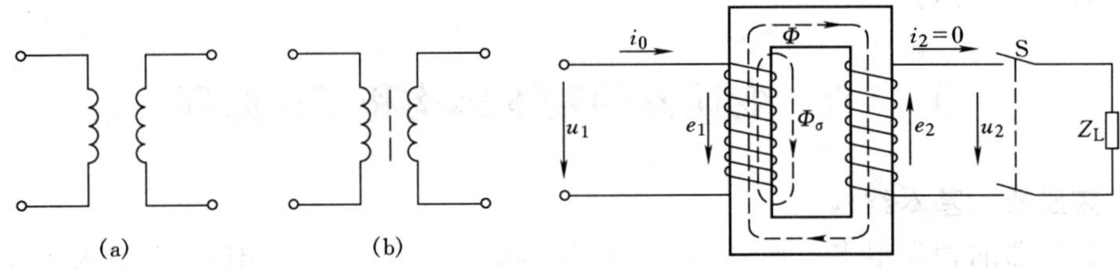

图 4－3　变压器的图形符号

(a) 铁芯变压器；(b) 有屏蔽的变压器

图 4－4　变压器的空载运行

二、变压器的工作原理

1. 变压器的空载运行和电压变换

变压器的空载运行状态是指一次绕组接交流电源、二次绕组未接负载的工作状态，如图 4－4 所示。

空载运行时，变压器二次绕组开路，即 $i_2=0$，其工作情况与交流铁芯绕组相似，此时一次绕组中的电流 i_0 称为变压器的空载电流或励磁电流。在励磁电流的作用下铁芯中产生磁通，此磁通的绝大部分通过铁芯与一次绕组和二次绕组交链，称之为主磁通 Φ。此外还有少部分磁通只环链一次绕组并经空气隙闭合，这部分磁通称为漏磁通 Φ_σ，一般变压器的漏磁通很小。在图 4－4 所示各量参考方向下，根据基尔霍夫回路电压定律，一次绕组的电压平衡方程为

$$u_1=i_0R_1+L_{\sigma 1}\frac{\mathrm{d}i_0}{\mathrm{d}t}-e_1 \tag{4-1}$$

其相量形式为

$$\dot{U}_1=\dot{I}_0R_1+j\dot{I}_0X_{\sigma 1}-\dot{E}_1 \tag{4-2}$$

式中　$\dot{U}_1$——电源电压；

$\dot{I}_0$——励磁电流；

R_1——一次绕组的等效电阻；

$L_{\sigma1}$——一次绕组的漏电感；

$X_{\sigma1}$——一次绕组的漏感抗，$X_{\sigma1}=\omega L_{\sigma1}$。

一般变压器的一次绕组的导线电阻和漏抗较小，因而一次阻抗压降（$\dot{I}_0R_1+j\dot{I}_0X_{\sigma1}$）较小，可忽略。则

$$\dot{U}_1\approx-\dot{E}_1$$

从而

$$\dot{U}_1\approx-\dot{E}_1=4.44fN_1\Phi_m \quad (4-3)$$

式中 N_1——一次绕组的匝数。

由于主磁通 Φ 同时穿过一次绕组和二次绕组，在二次绕组产生的感应电动势

$$e_2=-N_2\frac{d\Phi}{dt} \quad (4-4)$$

其有效值为

$$E_2=4.44fN_2\Phi_m \quad (4-5)$$

式中 N_2——二次绕组的匝数。

变压器的二次绕组开路时，其二次绕组的开路电压等于二次绕组的感应电动势，即 $\dot{U}_{20}=\dot{E}_2$，或 $U_{20}=E_2$，所以空载运行时

$$\frac{U_1}{U_{20}}\approx\frac{E_1}{E_2}=\frac{N_1}{N_2}=K \quad (4-6)$$

式中，K 称为变压器的电压比，简称变比，它近似等于一、二次绕组的匝数之比。变比 $K>1$ 时，即 $U_1>U_{20}$，为降压变压器；$K<1$ 时，即 $U_1<U_{20}$，为升压变压器。可见，当电源电压 U_1 一定时，只要改变变压器一、二次绕组的匝数比，就可得到不同的输出电压。因此变压器具有变换电压的作用。

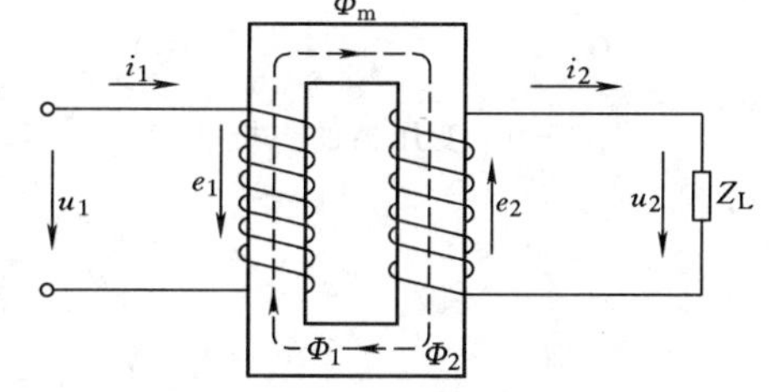

图 4-5 变压器的负载运行

2. 变压器的负载运行和电流变换

变压器一次绕组加上电源电压 u_1，二次绕组接上负载 Z_L 的工作状态如图 4-5 所示，称为变压器的负载运行状态。

二次绕组接上负载后，在二次电动势 e_2 的作用下，二次绕组中就有电流 i_2 通过，二次绕组的磁势 i_2N_2 也产生磁通，其中大部分也通过铁芯而闭合。此时，铁芯中的主磁通是由一次电流 i_1 和二次电流 i_2 共同产生的，即由一、二次绕组的磁势共同产生的合成磁通。在忽略一次绕组导线电阻的电压和漏磁引起的电压时，$U_1\approx E_1$。由此可知，在电源电压 U_1 和频率 f 不变的情况下，铁芯中主磁通的幅值在变压器空载或有负载时是近似恒定的。也就是说，负载运行时一、二次绕组的合成磁势（$i_1N_1+i_2N_2$）应该和空载时一次绕组单独作用的磁势 i_0N_1 近似相等，在图 4-5 所示的参考方向下，应有

$$i_1N_1+i_2N_2=i_0N_1$$

相量式为

$$\dot{I}_1N_1+\dot{I}_2N_2=\dot{I}_0N_1 \quad (4-7)$$

为降低变压器损耗，一般将变压器的磁通选取在一个合理的数值以减小励磁电流。通常励磁电流 I_0 仅为一次绕组额定电流 I_{1N}的 2%～10%，因此 I_0N_1 与 I_1N_1 相比，可以忽略。于是式（4－7）可写成

$$\dot{I}_1 N_1 \approx -\dot{I}_2 N_2 \tag{4-8}$$

式（4－8）表明：

（1）一、二次绕组的磁势在相位上近似相反，即二次绕组的磁势对一次绕组的磁势有去磁作用。当二次侧向负载输出功率时，变压器的二次侧电流对磁通的影响，使一次侧电流从 I_0 增大到 I_1，以抵偿二次绕组磁势对一次绕组磁势的去磁作用，从而维持主磁通恒定不变，使电源供给变压器的功率增加。

（2）一、二次绕组的电流关系为

$$\frac{I_1}{I_2} \approx \frac{N_2}{N_1} = \frac{1}{K} \tag{4-9}$$

即一、二次绕组中电流之比等于其变比 K 的倒数，这就是变压器变换电流的功能。变压器在运行时其一、二次电流是由负载大小决定的，但它们变化的比率几乎不变。

3. 变压器的阻抗变换

在某些电路中，常对负载阻抗的大小有要求，以便使负载获得较大的功率。当负载阻抗难以达到所需的匹配值时，可以用变压器进行阻抗变换。如图 4－6 所示，把阻抗为 Z_L 的负载接到变压器的二次绕组时，则

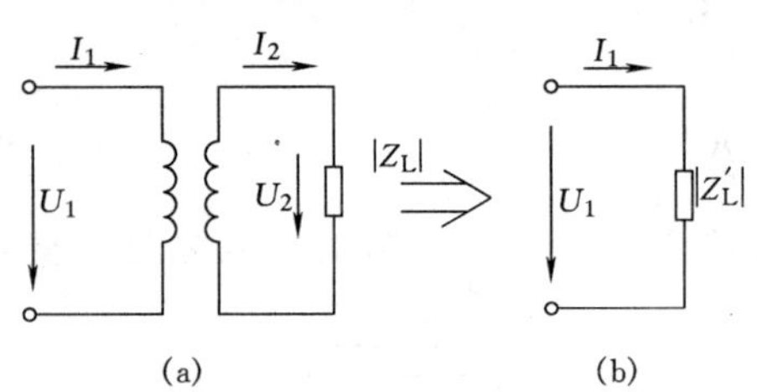

图 4－6　变压器的阻抗变换

$$|Z_L| = \frac{U_2}{I_2}$$

而对电源来讲，变压器一次侧输入端子的右侧部分可以等效成一个二端网络，如图 4－6（b）所示，它的等效阻抗为

$$|Z'_L| = \frac{U_1}{I_1} = \frac{U_2 K}{I_2/K} = K^2 \frac{U_2}{I_2}$$

即

$$|Z'_L| = K^2 |Z_L| \tag{4-10}$$

式（4－10）表明，若变压器二次负载为 Z_L 时，一次侧的等效阻抗等于实际负载阻抗的 K^2 倍。Z'_L 叫做负载阻抗 Z_L 折算到一次侧的等效阻抗。因此只要改变变压器的变比就可获得所需的阻抗匹配值，这就是变压器的阻抗变换功能。

【例 4－1】　有一台额定容量为 10 kVA、额定电压为 3300 / 220 V 的单相变压器。

（1）试计算一、二次的额定电流。

（2）接入 220 V、40W 的灯泡，满载时可接几盏灯？

（3）接入 220 V、40W、$\cos\varphi = 0.5$ 的荧光灯（每盏荧光灯配一个耗电 8W 的镇流器），满载时可接几盏？

解　（1）一次额定电流为

$$I_{1N} = \frac{S_N}{U_N} = \frac{10 \times 10^3}{3300} = 3.03\ (\text{A})$$

二次额定电流可根据 $S_N = U_{1N} I_{1N} \approx U_{2N} I_{2N}$ 求得，即

$$I_{2N} = \frac{S_N}{U_{2N}} = \frac{10 \times 10^3}{220} = 45.5 \text{ (A)}$$

(2) 灯泡额定电流为

$$I_N = \frac{P_N}{U_N} = \frac{40}{220} = 0.182 \text{ (A)}$$

满载时可接灯泡为

$$\frac{45.5}{0.182} = 250 \text{ (盏)}$$

(3) 每盏荧光灯管额定电流为

$$I_R = \frac{P_N}{U_N \cos\varphi} = \frac{48}{220 \times 0.5} \approx 0.44 \text{ (A)}$$

满载时可接荧光灯的盏数为

$$\frac{45.5}{0.44} \approx 103 \text{ (盏)}$$

【例 4-2】 变压器工作的电路如图 4-7 所示。已知信号源的电压 $U_s = 10\text{V}$、内阻 $R_0 = 1\Omega$，负载电阻 $R_L = 50\Omega$，一、二次绕组的匝数比 $\frac{N_1}{N_2} = \frac{1}{10}$。求负载上的电压 U_2。

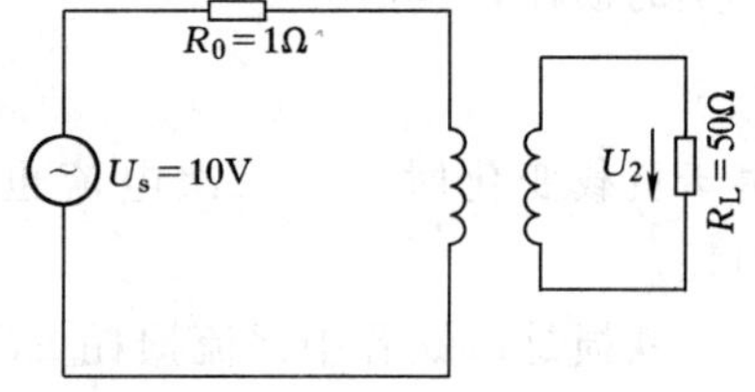

图 4-7 例 4-2 的图

解 已知

$$K = \frac{N_1}{N_2} = \frac{1}{10}, \quad R_L = 50 \text{ (}\Omega\text{)}$$

因此负载折算到一次侧的等效电阻为

$$R'_L = K^2 R_L = \left(\frac{1}{10}\right)^2 \times 50 = 0.5 \text{ (}\Omega\text{)}$$

故

$$I_1 = \frac{U_S}{R_0 + R'_L} = \frac{10}{1 + 0.5} = 6.67 \text{ (A)}$$

又

$$\frac{I_1}{I_2} = \frac{1}{K}$$

则

$$I_2 = K I_1 = \frac{1}{10} \times \frac{20}{3} = 0.67 \text{ (A)}$$

所以

$$U_2 = I_2 R_L = \frac{2}{3} \times 50 = 33.3 \text{ (V)}$$

由于变压器具有变换电压、变换电流和变换阻抗的三种功能，因而它在电力工程和电子技术中得到广泛应用。

第二节 变压器的运行特性及变压器绕组极性与测定

一、变压器的运行特性

(一) 变压器的外特性和电压调整率

变压器的外特性如图 4-8 所示。

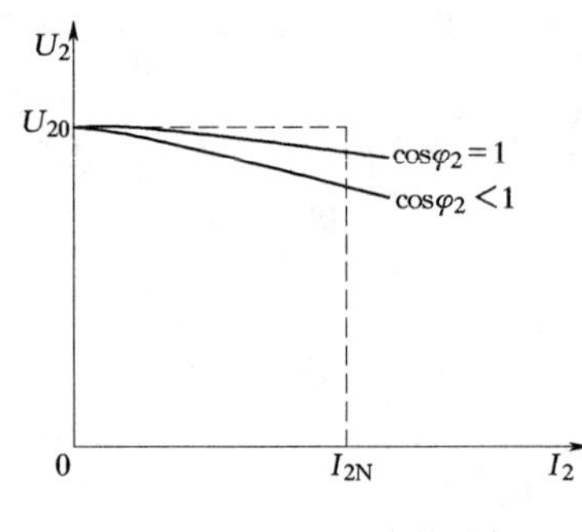

图 4-8　变压器的外特性

与空载相比，变压器二次侧接入负载后必然导致一、二次侧电流发生变化，使得一、二次侧的内阻抗压降发生变化，从而使二次侧电压随负载的增减而变化。二次电压 U_2 随二次电流 I_2 变化的特性曲线 $U_2=f(I_2)$ 称为变压器的外特性。一般情况下，外特性曲线近似一条略向下倾斜的直线，且倾斜的程度与负载的功率因数有关，对于感性负载，功率因数愈低，下倾愈烈。从空载到满载（$I_2=I_{2N}$），二次电压变化的数值与空载电压的比值称为电压调整率，即

$$\Delta U=\frac{U_{20}-U_2}{U_{20}}\times100\% \tag{4-11}$$

电力变压器的电压调整率一般为 2%～3%。

（二）变压器的损耗和效率

1. 变压器的损耗

变压器的损耗有铜损和铁损两种。铜损是一、二次绕组中流过电流时，在绕组电阻上产生的损耗，其值为

$$\Delta P_{Cu}=I_1^2R_1+I_2^2R_2 \tag{4-12}$$

由于负载变化时一、二次电流也变化，铜损也要发生相应变化，因此铜损又称为可变损耗。

铁损是由铁芯中涡流损耗 ΔP_e 和磁滞损耗 ΔP_h 两部分构成，即

$$\Delta P_{Fe}=\Delta P_e+\Delta P_h \tag{4-13}$$

对某一固定变压器当电源电压及其频率不变时，变压器主磁通及其交变的速率在空载和负载时也基本不变，从而铁损也基本不变，所以铁损又称不变损耗。

2. 变压器的效率

变压器在运行时有损耗，因此变压器的输出功率总小于输入功率。变压器的效率是指输出功率 P_2 与输入功率 P_1 比值的百分数，即

$$\eta=\frac{P_2}{P_1}\times100\%=\frac{P_2}{P_2+\Delta P_{Cu}+\Delta P_{Fe}}\times100\% \tag{4-14}$$

一般在满载的 80%左右时，变压器的效率最高，大型电力变压器的效率可高达 98%～99%。

二、变压器绕组极性与其测定

（一）绕组的极性与正确连接

在使用变压器或者其他有磁耦合的互感绕组时，要注意绕组的正确连接，如图 4-9 所示的电源变压器一次侧有两个绕组端子为 1、2 和 3、4（一次绕组未画出），如果每个绕组的额定电压是 110V，当电源电压为 220V 时，两个绕组应当串联后才能接到电源上。正确的接线应如图 4-9（a）所示，端子 2 与 3 相连接，1、4 接电源，则瞬时电流从端子 1 流入，从端子 4 流出，这时两绕组中产生的磁通方向一致，这是正确的连接方式。

如果按图 4-9（b）接线，即端子 1 与 3 相连接，2、4 接电源，显然两绕组产生的磁

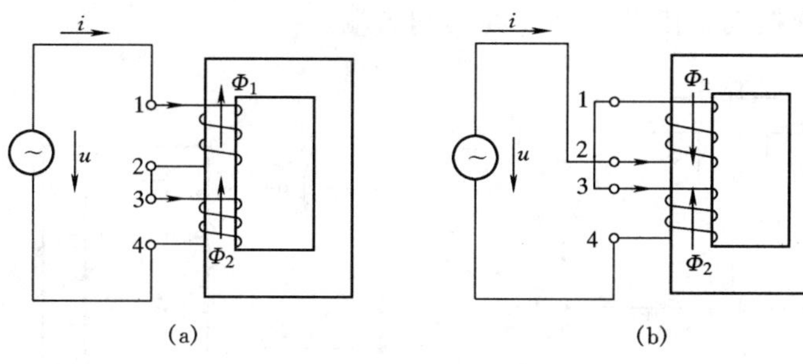

图 4-9　变压器绕组的连接

(a) 正确连接；(b) 错误连接

通方向是相反的，两者互相抵消，绕组中的感应电动势很小，这时一次侧电流将会很大，一次绕组有可能被烧毁。

当铁芯中有变化的磁通时，在各绕组中产生感应电动势，感应电动势瞬时极性相同的端称为同极性端或称同名端。为了正确连接，在绕组同极性端上标以记号“·”。如图4-10所示的1、3、5就是同极性端，2、4、6也是同极性端。当电流从绕组的同极性端流入（或流出）时，产生的磁通的方向相同；当磁通变化时（增大或减小时），在同极性端感应电动势的极性也相同。

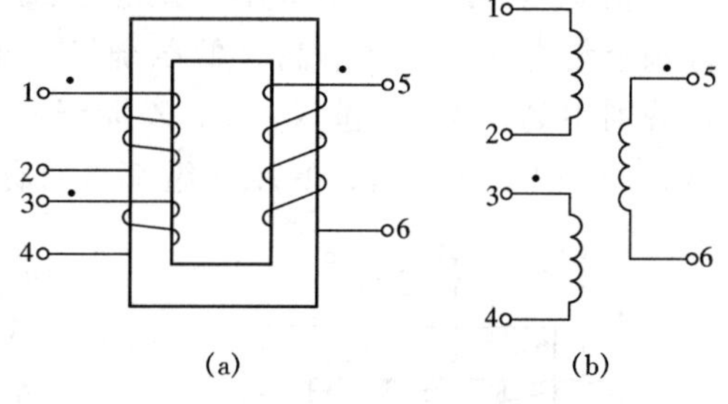

图 4-10　绕组的同名端

绕组的同名端与绕组的绕向有关，如果绕向可见，可根据绕组的绕向运用右手螺旋定则来确定同极性端，如图 4-10 (a) 所示，令电流从同极性端流入（或流出），各绕组在闭合磁路中产生的磁通的方向是一致的。

但是对于已经制成的变压器或电器，从外观已无法辨认各绕组的具体绕向，同极性端也就无法看出，这就要用实验的方法来测定同极性端了。

（二）绕组极性的测定方法

1. 交流测定法

交流测定法电路如图 4-11 所示，首先从两个绕组中各任选出一个端子（如端子 1 和 3)，用导线将选出的端子连接起来，然后在一个绕组的端子上（一般取高压绕组）加上一个较低的交流电压，用电压表测量两个绕组另外两个端子在（即 2 和 4）之间的电压 U 和两绕组的端电压 U_1、U_2。若 $|U|=|U_1-U_2|$，则被短接的两个端子（1 和 3）为同名端；反之，则 1 和 3 为异名端，而端子 1 和 4 或 2 和 3 为同名端。

2. 直流测定法

直流测定法电路如图 4-12 所示。在端子 1、2 间串联接入一个直流电源 E 和开关 S，在另一绕组的两端子（3 和 4）串接一个直流毫安表。当电源 E 和毫安表的极性如图 4-12 所示时，在 S 闭合的瞬间，若毫安表的指针正向摆动，则表明接表正极的端子 3 和接电源正极的端子 1 为同名端；若指针反向摆动，则端子 1 和 4 为同名端。按图示线圈的绕向，指针一定是反向摆动，因此1和4互为同名端。

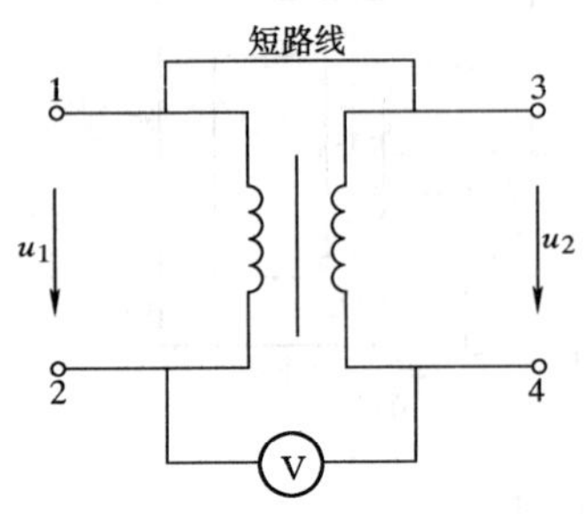

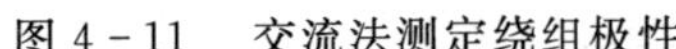
图4-11　交流法测定绕组极性

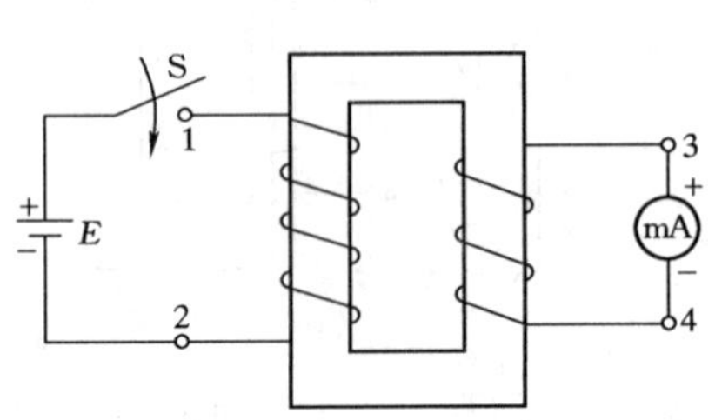

图4-12　直流法测定绕组极性

第三节　三相变压器及特殊用途变压器

一、三相变压器

（一）三相变压器绕组的连接及电压关系

三相变压器的铁芯多采用三铁芯柱式结构，如图4-13（a）所示。它的三根铁芯柱上分别套装有完全一样的高、低压绕组，相当于三台单相变压器。三相高压绕组的首端和末端分别用A、B、C和X、Y、Z标记，三相低压绕组的首端和末端分别用a、b、c和x、y、z标记。三相高、低压绕组都是对称的，因此电压的变换也是对称的。

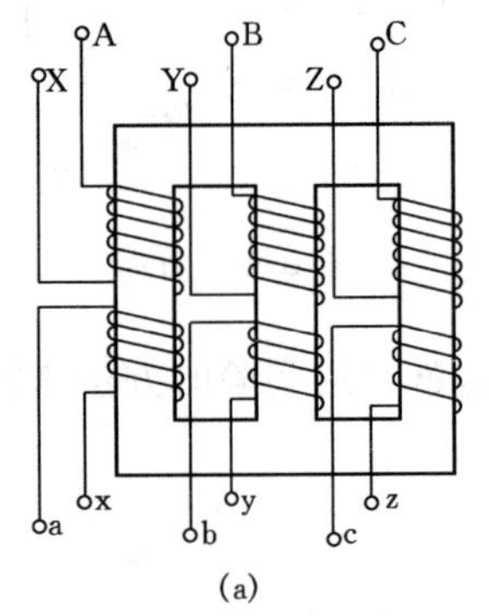

(a)

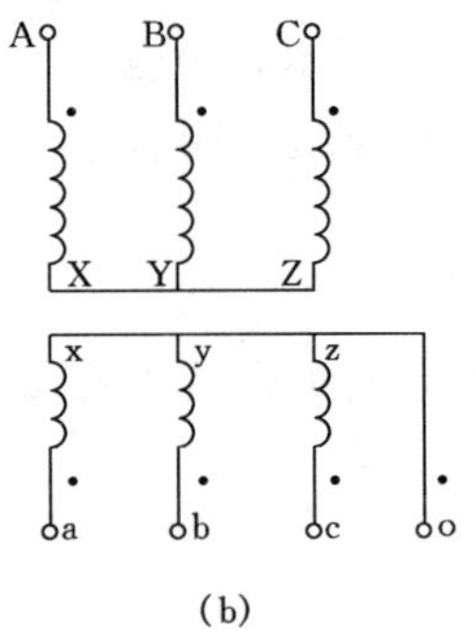

(b)

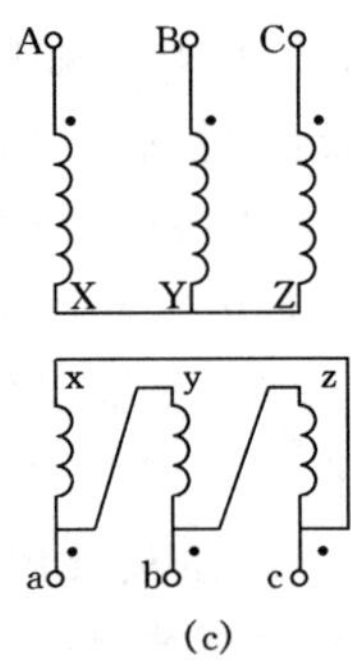

(c)

图4-13　三相变压器

(a) 结构原理图；(b) Yyn；(c) Yd

由于三相变压器中，每相的一、二次绕组是绕在同一铁芯柱上，因此一、二次绕组相电压之比U_{P1}/U_{P2}等于一、二次绕组的匝数比N_1/N_2。

三相变压器的一、二次都有三个绕组，绕组的连接方法有多种，为使用方便常用五种“标准连接组别”。不同的连接组有不同的一、二次线电压的比值和相位关系。现以Yyn0和Yd11两种连接组为例来说明。

Yyn0连接组如图4-13（b）所示，高压、低压绕组都作星形连接，且低压绕组中有中性线（记作yn）。由于高、低侧绕组接法相同，因此两侧线电压之比等于两侧相电压之比

$$\frac{U_{l1}}{U_{l2}}=\frac{\sqrt{3}U_{P1}}{\sqrt{3}U_{P2}}=\frac{N_1}{N_2}=K \tag{4-15}$$

Yyn0 中的 0 是连接组的标号。因为标志三相变压器高、低压绕组线电压之间的相位关系采用时钟表示法，即规定高压侧线电压为时钟的长针，永远指向时钟盘面上的“12”；低压侧线电压为时钟的短针，它指向时钟盘面的哪个数字，则该数字为三相变压器绕组连接组别的标号。因为 Yyn0（0 点钟）连接的三相变压器，高、低压侧线电压同相，相当于时钟长、短针都指向“12”，即 12 点钟的位置，所以记作 Yyn0（Y/Y_0-12）连接组。

Yd11 连接组如图 4－13（c）所示，高压绕组作 Y 连接，而低压绕组为△连接。这种绕组连接方式，高、低压侧线电压之比等于高、低压侧相电压之比的$\sqrt{3}$倍，即

$$\frac{U_{l1}}{U_{l2}}=\frac{\sqrt{3}U_{P1}}{U_{P2}}=\sqrt{3}\frac{N_1}{N_2}=\sqrt{3}K \tag{4-16}$$

由于绕组 Yd 连接时，低压侧线电压在相位上滞后于高压侧线电压 330°，长、短针相当于时钟“11”点的位置，因此这种 Yd 连接的连接组别为“11”，记作 Yd11。

（二）变压器的额定值

变压器和其他电磁器件一样，厂家在设计制造时都有额定运行情况下的各种技术数据，通常称为额定值。额定值通常标注在变压器的铭牌上，是正确、合理使用变压器的依据。变压器主要额定值有：

1. 额定电压

一次额定电压 U_{1N}是指额定运行情况下一次绕组应当施加的电压。

二次额定电压 U_{2N}是指一次侧为额定电压 U_{1N}时的二次侧空载电压。

2. 额定电流

一次额定电流 I_{1N}是指在 U_{1N}作用下一次绕组允许长期通过的最大电流。

二次额定电流 I_{2N}是指一次为额定电压 U_{1N}时二次绕组允许长期通过的最大电流。

三相变压器的额定电压、额定电流是指其线电压、线电流。

3. 额定容量

额定容量是指输出的额定视在功率。

单相变压器 $$S_N=U_{1N}I_{1N}=U_{2N}I_{2N} \tag{4-17}$$

三相变压器 $$S_N=\sqrt{3}U_{1N}I_{1N}=\sqrt{3}U_{2N}I_{2N} \tag{4-18}$$

4. 阻抗电压 u_k（%）

阻抗电压是指变压器二次绕组短路而一次绕组施加电压，当使一次电流 $I_1=I_{1N}$时一次绕组施加的电压值，通常以 u_k 与一次额定电压 U_{1N}比值的百分数表示，即

$$u_k\text{（\%）}=\frac{u_k}{U_{1N}}\times 100\% \tag{4-19}$$

5. 额定频率 f_N

额定频率是指电源工作频率。我国的工业标准频率是 50Hz。

6. 温升

额定温升是指变压器在额定运行情况下，变压器指定部位的温度与标准环境温度（一

般为 40℃）之差。

使用变压器时，必须按照额定值的规定，以确保变压器正常工作及延长运行寿命。

二、特殊用途的变压器

（一）自耦变压器

自耦变压器分可调式和固定抽头两种形式。图 4-14 所示是可调式自耦变压器的外形图和原理电路。这种变压器只有一个绕组，二次绕组 N_2 是一次绕组 N_1 的一部分。因此它的工作特点是，一、二次绕组不仅有磁的联系，而且还有电的联系。

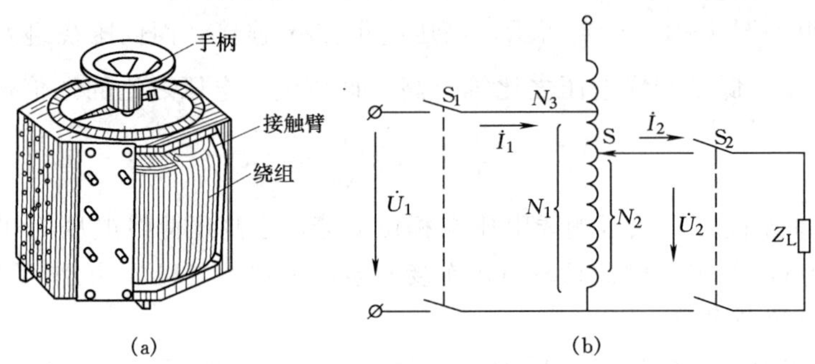

图 4-14　自耦变压器

（a）外形图；（b）原理电路图

尽管自耦变压器只有一个绕组，但它的工作原理与双绕组变压器相同，如图 4-14（b）所示的原理电路上，接触臂 S 可借助手柄操纵自由滑动，从而可以平滑的调节二次电压，所以这种变压器又称作自耦调压器。如果一次侧加上电压 U_1 则可得二次电压 U_2，且一、二次侧的电压和它们的匝数成正比，即

$$\frac{U_1}{U_2}=\frac{N_1}{N_2}=K$$

有载时，一、二次电流和它们的匝数成反比，即

$$\frac{I_1}{I_2}=\frac{N_2}{N_1}=\frac{1}{K}$$

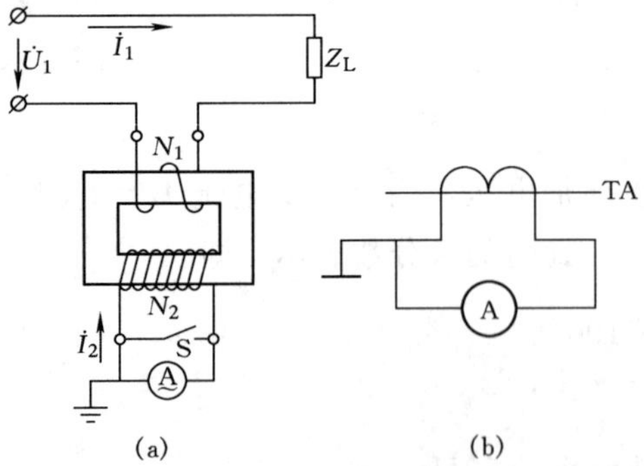

图 4-15　电流互感器

（a）接线图；（b）符号

（二）仪用互感器

仪用互感器的工作原理完全同于变压器，它分为电流互感器和电压互感器两大类。

1. 电流互感器

电流互感器的作用是将电路中的交流大电流转换成小电流，用于测量或保护。它的结构与普通变压器相似，图 4-15 是电流互感器的接线图和符号图。它的特点是：一次绕组的导线较粗、匝数少（只有一匝或几匝），使用时一次绕组与被测电路串联，由于阻抗很小对被测电路的电流几乎不发生影响；二次绕组的导线较细、匝数多，使用中规定与专用的 5A 或 1A 电流表相接。

电流互感器是根据变压器的变流原理制成的，即

$$\frac{I_1}{I_2}=\frac{N_2}{N_1}=\frac{1}{K}$$

如令 $K_i=1/K$，则

$$I_1=K_iI_2 \tag{4-20}$$

式中，K_i 为变流比。由测得的电流 I_2 值乘以变比就可算出被测电流 I_1。只要配以专用互感器（变流比已知）就可以把二次侧的电流表刻度按一次侧电流标出，从电流表上便可以直接读出一次侧所在线路中的电流数值。

使用电流互感器需要注意：①二次绕组不得开路，否则二次绕组将产生过高的危险电压；②为了保证安全，电流互感器的铁芯和二次绕组应牢靠的接地。

2. 电压互感器

电压互感器将交流高压转换成一定数值的低压（一般为 100V），以供测量、继电保护及电路指示之用。图 4－16 是电压互感器的接线图和符号图。

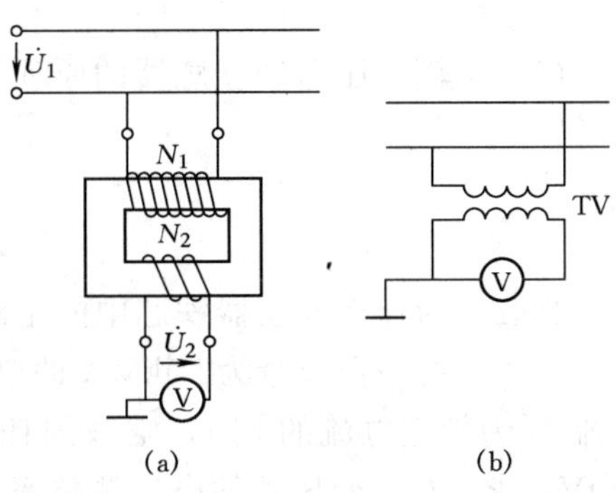

图 4－16　电压互感器
(a) 接线图；(b) 符号

电压互感器的基本结构和工作原理与普通单相变压器相似。它的一次绕组匝数较多，导线较细，与被测电路并联；二次绕组匝数较少，与测量仪表或控制电路连接。

根据变压器的变压原理，则

$$\frac{U_1}{U_2}=\frac{N_1}{N_2}=K$$

故

$$U_1=KU_2 \tag{4-21}$$

只要适当选择电压比，就能从二次侧的电压表上间接的读出高压边的电压值。

使用中应注意：①二次绕组绝不能短路，因为运行中的电压互感器是工作在空载状态，如果二次绕组短路，由于电流很大，将使绕组过热而烧毁；②二次侧必须可靠接地，以防高压侧绕组绝缘损坏时，在低压侧引起高压造成危险。

小　结

变压器是一种利用电磁感应原理实现电能传递的静止设备。

(1) 空载运行时，原副边电压关系为

$$\frac{U_1}{U_{20}}\approx\frac{E_1}{E_2}=\frac{N_1}{N_2}=K$$

(2) 一次、二次绕组的电流关系为

$$\frac{I_1}{I_2} \approx \frac{N_2}{N_1} = \frac{1}{K}$$

（3）变压器可实现阻抗变换为

$$|Z'_L| = K^2 |Z_L|$$

（4）电压调整率为

$$\Delta U = \frac{U_{20} - U_2}{U_{20}} \times 100\%$$

（5）变压器的效率为

$$\eta = \frac{P_2}{P_1} \times 100\% = \frac{P_2}{P_2 + \Delta P_{Cu} + \Delta P_{Fe}} \times 100\%$$

（6）自耦变压器和互感器的原理与一般变压器相同，但在使用中要注意其特殊性。

习　　题

4-1　为什么变压器铁芯中的主磁通，基本上不随负载电流的变化而变化？

4-2　有一台容量为50kVA的单相变压器，额定电压为10000/230V，经测定其空载电流 I_0 为额定电流的5%，空载损耗为500W，短路损耗为1450W，满载时二次电压为220V，求：（1）变压器的电压调整率；（2）一、二次绕组的额定电流 I_{1N}、I_{2N}；（3）空载电流 I_0 及空载时的功率因数；（4）全部接白炽灯，满载时的效率；（5）全部接 $\cos\varphi = 0.5$ 的荧光灯，满载时的效率；（6）在（4）和（5）两种情况时，变压器一次绕组的功率因数。

4-3　有一台50kVA的单相变压器，额定运行时二次绕组的端电压为220V，求变压器处于额定状态时：

（1）可带60W、额定电压220V的白炽灯多少盏？

（2）若负载是40W、额定电压220V、功率因数是0.5的荧光灯（每盏灯配置一只功耗为8W的镇流器），可接多少盏？

4-4　一台供照明和动力混合负载用的三相变压器，容量为560kVA，额定电压为10000/400V，Yyn连接，频率为50Hz。求：（1）变压器的变比；（2）若变压器绕组每匝为5V时，求一、二次绕组的匝数 N_1 及 N_2；（3）一次绕组加上额定电压时，铁芯中最大的磁通量；（4）一、二次绕组的额定电流 I_{1N} 及 I_{2N}；（5）本变压器专供动力负载时，能带动多少台额定电压380V、功率50kW、功率因数0.87、效率97%的三相异步电动机？

4-5　一台三绕组变压器，其一、二次绕组额定电压如图4-17所示。试问二次侧可接成多少种输出电压？

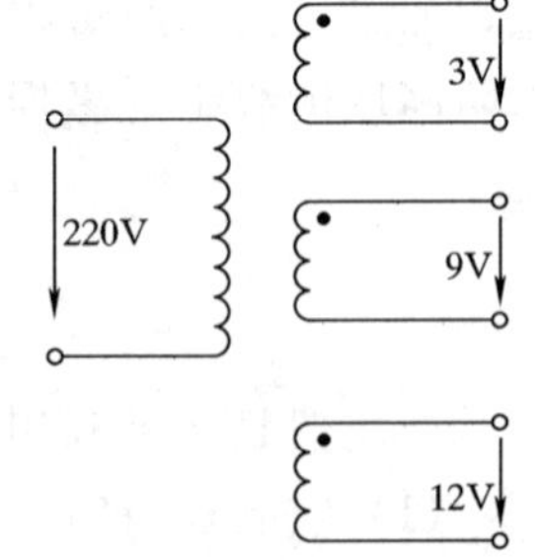

图4-17　习题4-5图

4-6　使用电流互感器和电压互感器分别应注意哪些事项？

第五章　电　动　机

电机是机械能与电能相互转换的机械。电动机的作用是将电能转换为机械能。现代生产机械都广泛采用电动机来驱动。电动机可分为交流电动机和直流电动机两大类，其中交流电动机又分为同步电动机和异步电动机。由于异步电动机具有结构简单、坚固耐用、运行可靠、维护方便、价格便宜等优点，在工农业生产中获得了广泛的应用。

控制电机是一种具有特殊性能的小功率电机，作为电气与机械的转换元件大量被用于自动控制系统中。控制电动机的类型很多，本章主要讨论常用的两种：伺服电动机和步进电动机。

第一节　三相异步电动机的结构和工作原理

一、基本结构

三相异步电动机外形及结构如图 5-1 所示，主要由定子和转子两个基本部分构成，二者之间的部分是气隙。

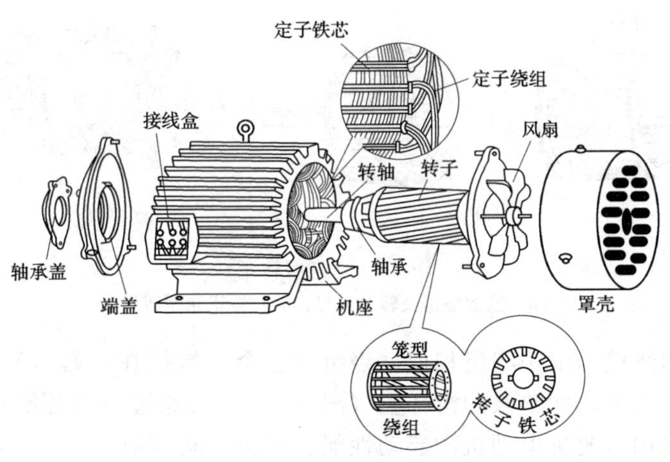

图 5-1　三相异步电动机的结构

1. 定子

定子是三相异步电动机的固定部分，包括机座、定子铁芯和定子绕组等。机座是电动机的外壳，由铸铁或铸钢制成；定子铁芯是用内圆表面冲有槽口的硅钢片叠成的圆筒，压装在机座内，见图 5-2；定子绕组按照一定规律嵌放在定子铁芯的槽内，见图 5-3，根据电源电压和绕组电压的额定值，三相定子绕组可接成星形（Y）或三角形（△）。

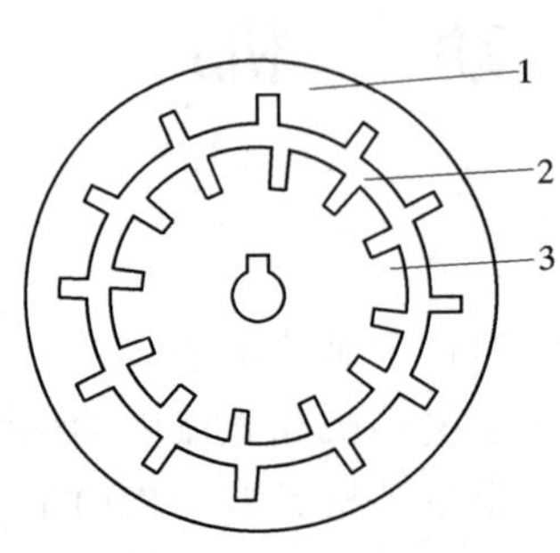

图 5-2　定子、转子相对位置示意图

1—定子；2—气隙；3—转子

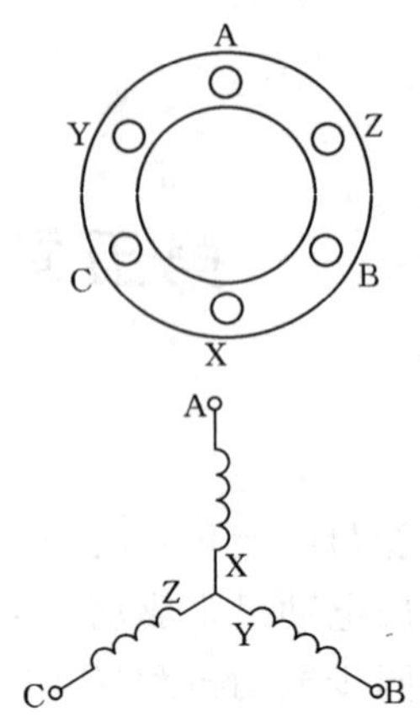

图 5-3　三相定子绕组示意图

2. 转子

转子是三相异步电动机的旋转部件，由转子铁芯、转子绕组和转轴组成。转子铁芯是圆柱形，用外圆表面冲有槽口的硅钢片叠成，压装在转轴上，轴上加机械负载。

根据转子绕组结构的不同，转子可分为笼型和绕线型两种：笼型转子的绕组由嵌入铁芯槽内的裸导体构成，各端由端环连接，形成短路绕组，见图 5-4（a）。具有笼形转子的异步电动机称为笼型电动机。在中小型电动机中，常用离心浇铸或压铸法将铝液浇铸到转子铁芯槽内，同时铸成端环和冷却风扇，形成铸铝笼形转子，见图 5-4（b）。

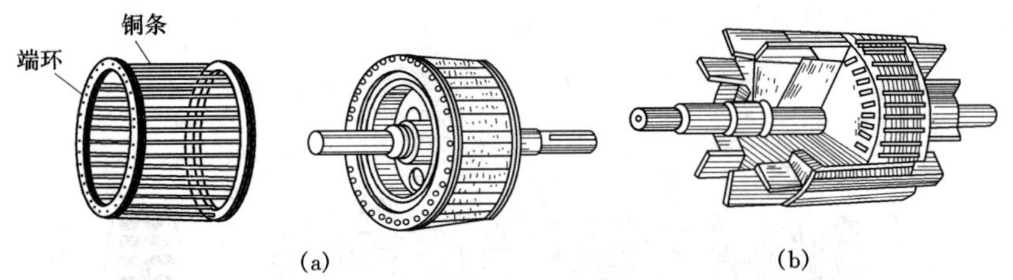

图 5-4　笼型转子

（a）笼型绕组及转子外形；（b）铸铝笼型转子

绕线型转子的绕组和定子绕组相似，绕组的三个末端接在一起（Y 连接），三个首端分别接到转轴上的三个彼此绝缘的滑环上（图 5-5），再通过与滑环滑动连接的电刷将变阻器串入转子绕组用以改善电动机的起动性能和调速性能（图 5-6）。具有绕线转子的异步电动机称为绕线转子电动机。

二、工作原理

（一）转动原理

三相异步电动机接上电源，就会转动。为说明三相异步电动机转动原理，先来看图 5-7所示的演示。一个装有手柄的蹄形磁铁，磁极之间放置一个可自己转动的笼形转子。磁极与转子之间没有机械联系。当摇动磁极时，可看到转子跟磁极一起转动。手柄摇的快，转子转的也快；摇的慢，转的也慢；如果反摇，转子也随着反转。

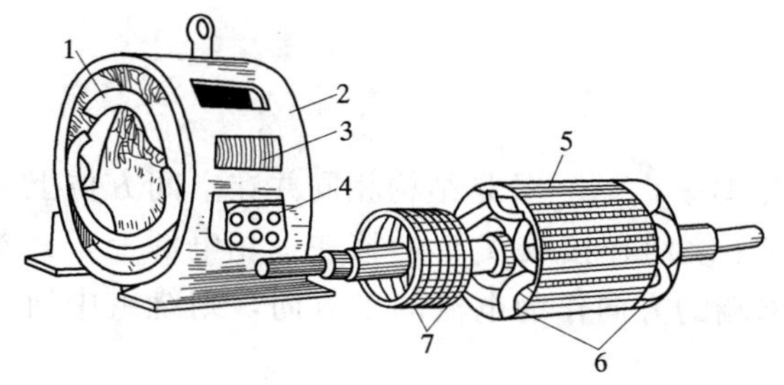

图 5-5 绕线转子电动机的定子和转子

1—定子绕组；2—机座；3—定子铁芯；4—接线盒；5—转子铁芯；6—转子绕组；7—滑环

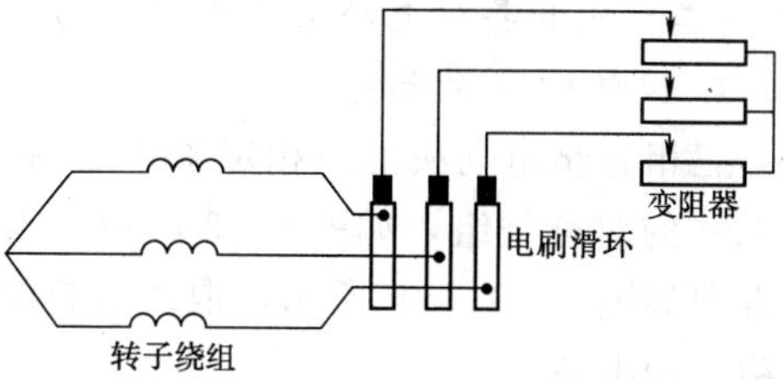

图 5-6 绕线转子电动机的转子电路

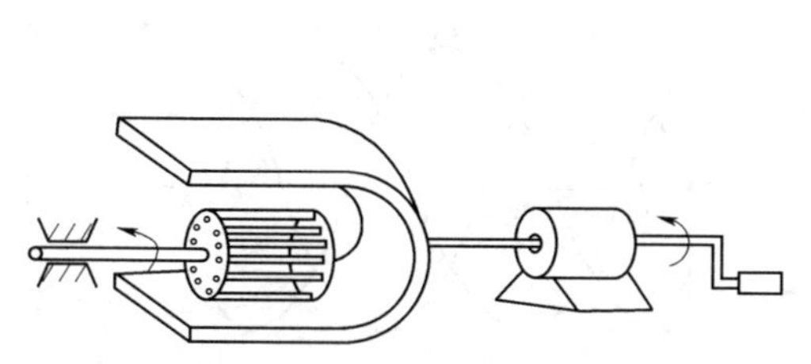

图 5-7 转子转动的演示

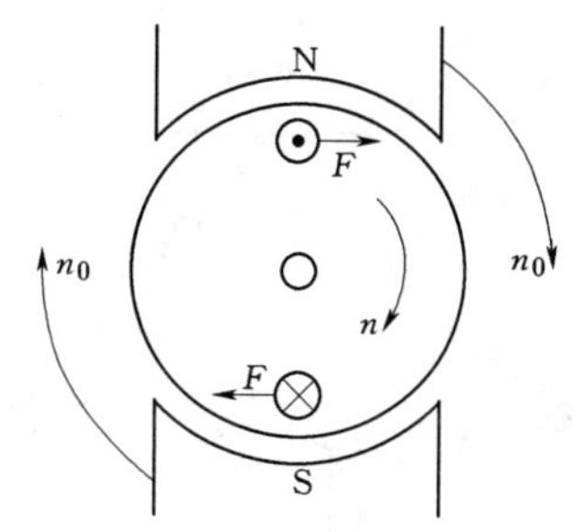

图 5-8 转子转动原理

异步电动机转子转动的原理与上述演示实验相似。图 5-8 中，当磁极向顺时针方向以转速 n_0（r/min）旋转时，磁极的磁力线切割转子导体（图中只标出两根），根据电磁感应原理，转子导体中有感应电动势产生。在电动势的作用下，闭合的转子导体中就有感应电流。载流的转子导体与旋转磁极相互作用，使转子导体受到电磁力 F。由电磁力产生电磁转矩，转子就以转速 n（r/min）转动起来，而且转子转动的方向与旋转磁极的方向相同。

从上述分析中可知，这类异步电动机的工作原理是以电磁感应原理为基础的，故又称为感应电动机。

虽然转子转动的方向与旋转磁极的方向相同，但转子转速 n 与旋转磁场的转速 n_0 不可能相等，即应满足 $n<n_0$。因为如果 $n=n_0$，则旋转磁场与转子导体之间就没有了相对运动，磁场的磁力线与转子导体无切割作用，转子导体便不能产生感应电动势和电磁转矩，转子自然就不会转动。因此，感应电动机的转速 n 不等于旋转磁场的转速 n_0，也就是转子的运动与定子旋转磁场不同步，所以称之为异步电动机。旋转磁场的转速 n_0 也称为同步转速 n_0。

用转差率 s 表示异步电动机的转子转速 n 与旋转磁场的转速 n_0 相差的程度，即

$$s=\frac{n_0-n}{n_0}\times 100\% \tag{5-1}$$

转差率是异步电动机运行的一个重要物理量。额定运行时，其转差率（称额定转差率）s_N 很小，一般中小型电动机的 $s_N=2\%\sim6\%$；而在起动瞬间（$n=0$），转差率最大（$s=1$）。

实际的异步电动机中并没有永久磁极在旋转，它的旋转磁场又从何而来呢？下面来讨

论这个问题。

（二）三相异步电动机的旋转磁场

1. 旋转磁场的产生

三相异步电动机的三相定子绕组 A—X 、B—Y、C—Z 是结构相同并在空间方位上互差 120°的对称绕组，如图 5-3 所示。若将定子绕组连接成 Y 形，接在三相电源上，其参考方向如图 5-9（a）所示，取绕组首端到末端的方向作为电流的正方向，则绕组中通入对称三相电流

$$i_A = I_m \sin\omega t$$

$$i_B = I_m \sin(\omega t - 120°)$$

$$i_C = I_m \sin(\omega t + 120°)$$

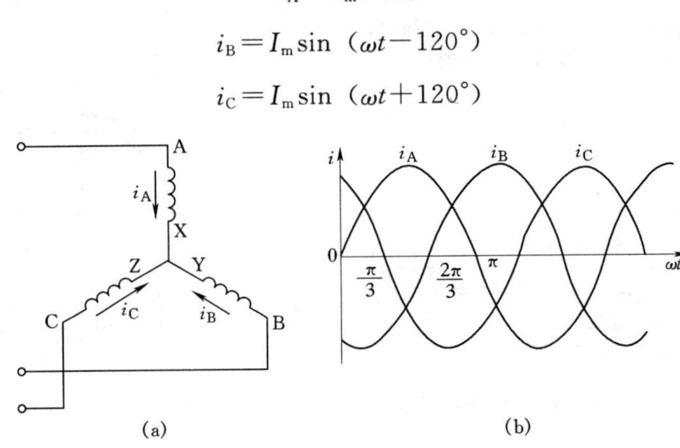

图 5-9 三相对称电流

其波形如图 5-9（b）所示。

在电流的正半周时，其值为正，其实际方向与正方向一致；在负半周时，其值为负，其实际方向与正方向相反。现结合图 5-10 来观察几个不同时刻的合成磁场。

$\omega t=0$ 时，定子绕组中的电流方向如图 5-10（a）所示。这时 $i_A=0$；$i_B<0$，其方向与正方向相反，即由 Y 到 B；$i_C>0$，其方向与正方向相同，即自 C 到 Z。将每相电流产生的磁场相加，便得出三相电流的合成磁场。从图 5-10（a）看到，合成磁场轴线的方向是自上而下的，并且为两极磁场。

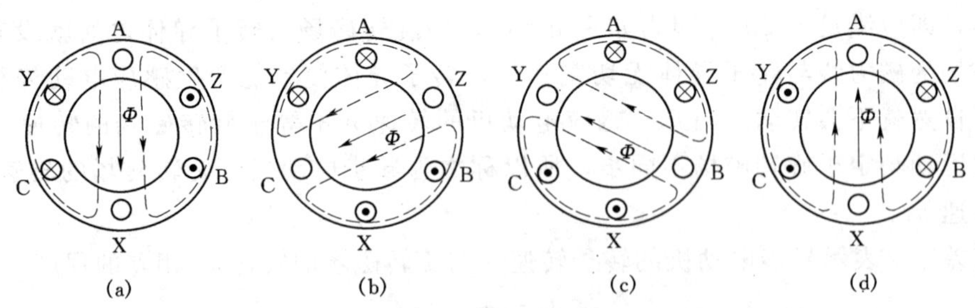

图 5-10 三相电流产生的旋转磁场

图 5-10（b）所示的是叫 $\omega t=\frac{\pi}{3}=60°$时的定子电流方向和三相电流形成的两极合成磁场方向。这时的合成磁场已在空间转过了 60°。

同理可得 $\omega t=\frac{2\pi}{3}=120°$、$\omega t=\pi=180°$时的三相电流的合成磁场，它们都相对上一瞬间在空间转过了 60°，如图 5-10（c）、（d）所示。

由上可知，当定子绕组通入对称三相电流后，它们共同产生的合成磁场是随电流的交变而在空间不断的旋转着，这就是旋转磁场。此旋转磁场与磁极在空间旋转（见图 5-7）所起的作用是一样的。三相异步电动机的工作原理可简单归纳为：由对称三相电流产生的旋转磁场切割转子导体（铜或铝），便在其中感应出电动势和电流，转子电流与旋转磁场相互作用产生电磁转矩，从而使电动机转动起来。

2. *旋转磁场的旋转方向*

电动机转子转动的方向始终和磁场旋转的方向是一致的，如要电动机反转，必须改变磁场的旋转方向。如何改变旋转磁场的旋转方向呢？如果把定子绕组与三相电源连接的任意两根线对调一下（如对调了 B 和 C 两相），再按照前面的方法分析，$\omega t=0°$、$\omega t=\frac{\pi}{3}$、$\omega t=\frac{2\pi}{3}$、$\omega t=\pi$ 时各瞬时定子电流的方向和三相电流产生的合成磁场方向则如图 5-11 所示。与图 5-10 相比，不难看出，磁场的旋转方向相反了。

由此可以得出：旋转磁场的旋转方向同引入定子绕组的三相电流的相序有关。如图 5-10中引入的电流相序为 A—B—C，磁场是顺时针转向，图 5-11 中引入的相序为 A—C—B，是逆时针转向。这样，将定子绕组同三相电源连接的三根导线中的任意两根对调位置，使旋转磁场反转，电动机也就跟着改变转动方向（注意电源三相端子的相序未变）。

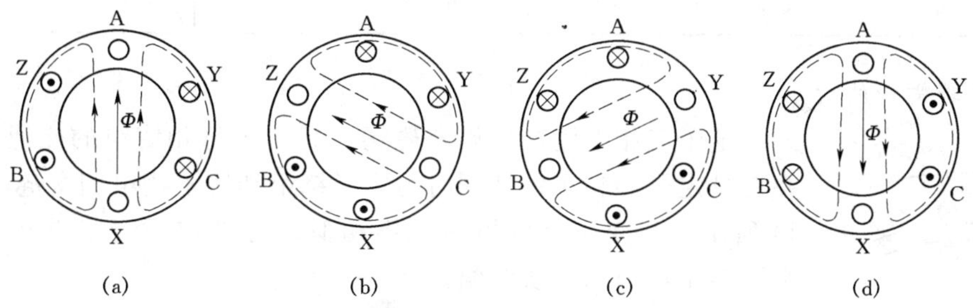

图 5-11　旋转磁场的反转

3. *旋转磁场的转速*

在定子电流频率 f_1 一定时，旋转磁场的转速取决于旋转磁场的极数，亦即三相异步电动机的极数。而旋转磁场的极数和三相定子绕组在铁芯中的排列方式有关。

在图 5-10 所示的情况下，每相绕组只有一个线圈，各首端之间相隔 120°空间角，则产生两极旋转磁场，即磁极对数 $p=1$，电流变化为一周 360°（电角度），旋转磁场在空间旋转一周；如将定子绕组按图 5-12 所示排列，每相绕组由两个线圈串联组成，各相绕组的首端之间相隔 60°空间角，则产生的旋转磁场具有两对磁极，即 $p=2$，如图 5-13 所示，电流变化一周，旋转磁场在空间旋转 1/2 转；依次类推，如果要产生三对磁极，即 $p=3$ 的旋转磁场，每相绕组应由在空间均匀排列的三个线圈串联组成，各相绕组的首端之间相隔 40°空间角。我国工频电流频率 $f_1=50\text{Hz}$，旋转磁场的转速为

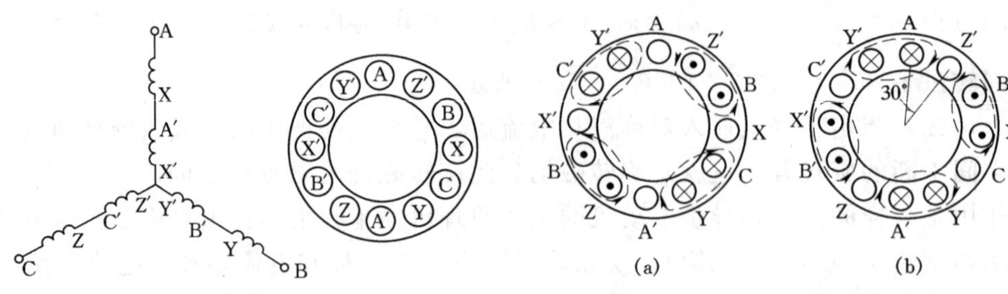

图 5-12　四极绕组

图 5-13　四极旋转磁场

(a) $\omega t=0$；(b) $\omega t=\pi/3$

$p=1$ 时，$n_0=60f_1/1=3000\text{r/min}$

$p=2$ 时，$n_0=60f_1/2=1500\text{r/min}$

$p=3$ 时，$n_0=60f_1/3=1000\text{r/min}$

由此可知，旋转磁场具有 p 对磁极时，磁场的转速应为

$$n_0=\frac{60f_1}{p}\text{r/min} \tag{5-2}$$

由式（5-2）可计算出对应于不同磁极对数 p 的旋转磁场转速 n_0，见表 5-1。

表 5-1　磁极对数 p 的同步转速 n_0 对照表

p（对）	1	2	3	4	5	6
n_0（r/min）	3000	1500	1000	750	600	500

4. 旋转磁场的大小

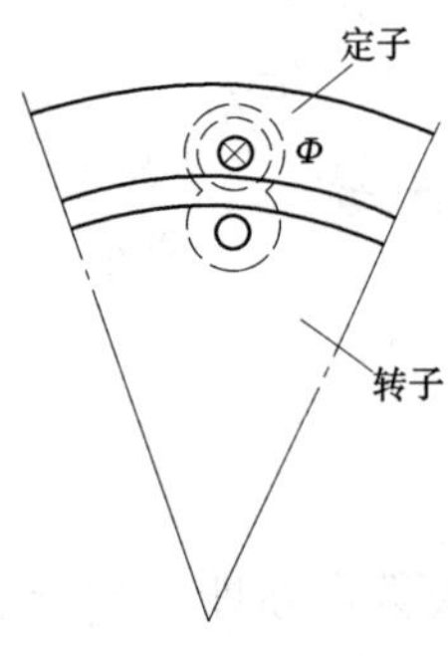

图 5-14　定子每相绕组的磁通

定子三相电流产生旋转磁场，其定子每相绕组的磁通穿过气隙并通过定子和转子铁芯同时与定子绕组和转子绕组相交链，如图 5-14 所示，与变压器的电磁关系相似，可把定子绕组看作是一次绕组，转子绕组为二次绕组。

当定子绕组接上相电压为 U_0 的三相电源时，旋转磁场在转子和定子绕组中都将感应出电动势。由于旋转磁场的磁感应强度沿气隙是接近正弦规律分布的，故穿过定子每相绕组的磁通也是随时间按正弦规律变化的，即 $\Phi=\Phi_m\sin\omega t$。因此，定子每相绕组中产生的感应电动势为

$$e_1=-N_1\frac{\mathrm{d}\Phi}{\mathrm{d}t}$$

它也是正弦量，其有效值为

$$E_1=4.44k_1f_1N_1\Phi \tag{5-3}$$

式中　k_1——考虑每相绕组分布关系的绕组系数，其值小于 1；

f_1——e_1 的频率；

N_1——定子每相绕组的匝数；

Φ——旋转磁场的每极磁通，在数值上与定子每相绕组的磁通最大值 Φ_m 相等。

由于定子每相绕组的电阻 R_1 和漏磁感抗 X_1 均较小，其上电压降与电动势 E_1 比较常可忽略，于是

$$\dot{U}_1 \approx -\dot{E}_1$$

而
$$U_1 \approx E_1 = 4.44 k_1 f_1 N_1 \Phi$$

则
$$\Phi \approx \frac{U_1}{4.44 k_1 f_1 N_1} \tag{5-4}$$

式（5-4）中的 k_1 和 N_1 对某固定电动机是定值，只要 U_1 和 f_1 一定，旋转磁场的每极磁通 Φ 几乎不变。因此，在三相电源的频率 f_1 和每相电压 U_1 恒定不变的条件下，异步电动机的旋转磁场是个稳定的磁场，应注意这是异步电动机的一个特点。

第二节　三相异步电动机的电磁转矩与机械特性

一、电磁转矩

如上所述，异步电动机之所以能转动，是因为转子绕组中产生了感应电动势，从而产生转子电流，而此电流同旋转磁场的磁通作用产生电磁转矩的缘故。因而，在讨论电磁转矩之前，必须搞清楚与电磁转矩有关的转子电路（图 5-15）各物理量及其相互关系。

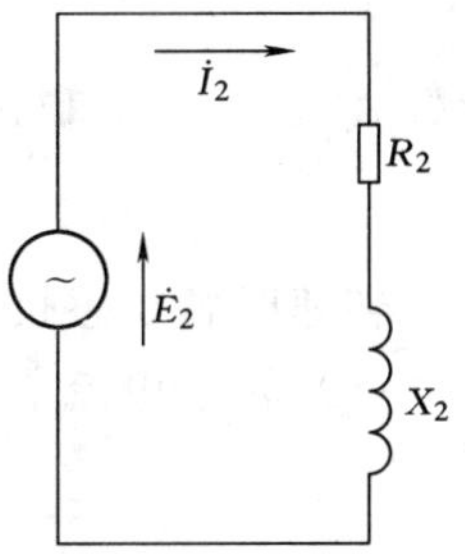

1. 转子电路的基本公式

(1) 转子电动势 e_2——旋转磁场在转子每相绕组中感应出的电动势

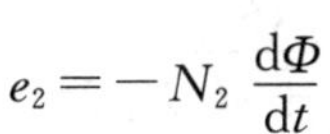

$$e_2 = -N_2 \frac{\mathrm{d}\Phi}{\mathrm{d}t}$$

图 5-15　转子等效电路

e_2 为正弦量，其有效值为

$$E_2 = 4.44 k_2 f_2 N_2 \Phi = 4.44 k_2 f_1 s N_2 \Phi \tag{5-5}$$

式中　k_2——转子绕组系数；

N_2——转子每相绕组匝数；

E_2——任意转速时的转子电动势。

$n=0$，即 $s=1$ 时，转子电动势为

$$E_{20} = 4.44 K_2 f_1 N_2 \Phi \tag{5-6}$$

这时，$f_2 = f_1$，转子电动势最大。

比较式（5-5）和式（5-6）可得

$$E_2 = s E_{20} \tag{5-7}$$

任意转速时转子电动势 E_2 是起动初始瞬间转子电动势 E_{20} 的 s 倍。

(2) 转子电动势（或转子电流）的频率 f_2。因为旋转磁场与转子的相对转速为 $n_0 - n$，所以转子电流频率

$$f_2 = \frac{p\ (n_0 - n)}{60}$$

或
$$f_2=\frac{(n_0-n)}{n_0}\frac{pn_0}{60}=sf_1 \tag{5-8}$$

可见转子电流频率 f_2 是定子电流频率的 s 倍，即也与转差率 s 有关。

在 $n=0$，即 $s=1$ 时（电动机起动初始瞬间），$f_2=f_1$。此刻，转子与旋转磁场的相对转速最大，转子导体被旋转磁力线切割得最快，f_2 最大。

（3）转子转速 n。由转差率 $s=\frac{n_0-n}{n_0}$，得

$$n=n_0(1-s)=\frac{60f_1}{p}(1-s) \tag{5-9}$$

可见，在电源频率 f_1 和电机磁极对数 p 一定时，转子转速 n 与转差率 s 有关。

（4）转子感抗（漏磁感抗）X_2。同定子电流一样，转子电流也产生漏磁通，在任意转速下，转子每相绕组的感抗为

$$X_2=\omega_2L=2\pi f_2L=2\pi sf_1L \tag{5-10}$$

式中　L——转子电路的电感。

在 $n=0$，即 $s=1$ 时，转子感抗为

$$X_{20}=2\pi f_1L \tag{5-11}$$

比较式（5-10）和式（5-11）可得

$$X_2=sX_{20}$$

任意转速时转子感抗 X_2 是起动初始瞬间转子感抗 X_{20} 的 s 倍。

（5）转子电流 I_2。如果转子每相绕组的电阻为 R_2，则转子每相绕组电流为

$$I_2=\frac{E_2}{\sqrt{R_2^2+X_2^2}}=\frac{sE_{20}}{\sqrt{R_2^2+(sX_{20})^2}} \tag{5-12}$$

式中的 E_{20}、R_2 和 X_{20} 都是恒定值，因此转子电流 I_2 也是转差率 s 的函数。当 $s=0$ 时，即理想空载下，相对转速为零，$I_2=0$；当 s 较小时，$R_2\gg sX_{20}$，$I_2\approx\frac{sE_{20}}{R_2}$，即与 s 近似地成正比；当 s 较大、接近于 1 时，$sX_{20}\gg R_2$，$I_2\approx\frac{E_{20}}{X_{20}}=$常数。$I_2$ 与 s 的关系如图 5-16 所示。

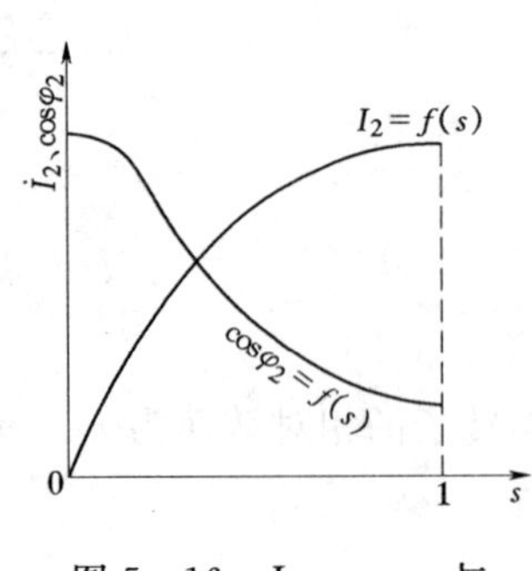

图 5-16　I_2、$\cos\varphi_2$ 与 s 的关系

（6）转子电路的功率因数。由于转子有漏磁通，相应的感抗为 X_2，如果 $\dot{I}_2$ 滞后于 $\dot{E}_2$ 为 φ_2 角，转子的功率因数为

$$\cos\varphi_2=\frac{R_2}{\sqrt{R_2^2+X_2^2}}=\frac{R_2}{\sqrt{R_2^2+(sX_{20}^2)}} \tag{5-13}$$

$\cos\varphi_2$ 也是转差率 s 的函数。当 s 增大时，X_2 也增大，$\cos\varphi_2$ 减小。$\cos\varphi_2$ 随 s 的变化关系也表示在图 5-16 中。当 s 很小时，$R_2\gg sX_{20}$，$\cos\varphi_2\approx1$；当 s 接近 1 时，$sX_{20}\gg R_2$，$\cos\varphi_2\approx\frac{R_2}{sX_{20}}$，即二者近似地成双曲线关系。

综上所述，转子电路的各个物理量，包括频率、电动势、感抗、电流及功率因数等都与转差率有关，即与转速有关。

2. 电磁转矩的表达式

异步电动机的电磁转矩是由旋转磁场的每极磁通 Φ 与转子电流 $\dot{I}_2$ 相互作用而产生的。由于异步电动机的转子电路中有电感存在，所以转子电流 $\dot{I}_2$ 在相位上滞后于转子电动势 $\dot{E}_2$ 一个 φ_2 角。电磁转矩是反映电动机作功能力的一个物理量，只有转子电流的有功分量与旋转磁场的每极磁通相互作用才能产生电磁转矩，因此电磁转矩的公式应表示为

$$T=K_{\mathrm{T}}\Phi I_2\cos\varphi_2 \tag{5-14}$$

式中 K_{T}——取决于电动机结构的一个常数；

$I_2\cos\varphi_2$——转子电流 $\dot{I}_2$ 的有功分量。

将式（5-4）、式（5-12）和式（5-13）代入式（5-14），得

$$T=KU_1^2\frac{sR_2}{R_2^2+(sX_{20})^2} \tag{5-15}$$

式中 K——f_1 一定时的比例常数，$K=K_{\mathrm{T}}k_2N_2/4.44k_1^2N_1^2f_1$；

U_1——电源相电压。

3. 转矩特性

在电源电压 U_1、频率 f_1 和转子电阻 R_2 一定时，电磁转矩 T 与转差率 s 之间的函数关系 $T=f(s)$ 称为异步电动机的转矩特性。$T=f(s)$ 曲线称为转矩特性曲线，如图 5-17 所示。

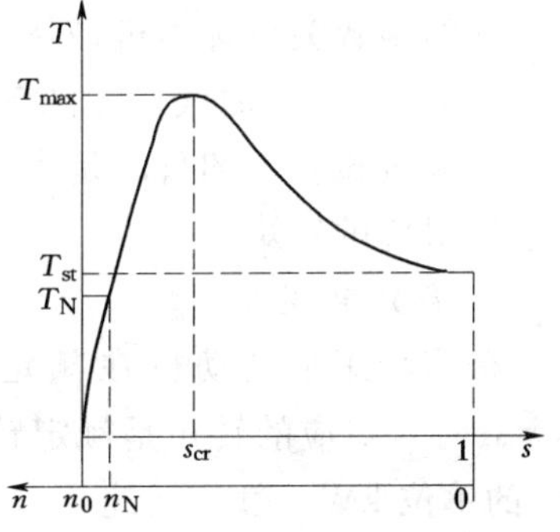

图 5-17 转矩特性曲线

图中，s_{cr}称为临界转差率，是异步电动机出现最大转矩 T_{max}时对应的转差率。在 $0<s<s_{cr}$时，T 随 s 的增大而增加，在 $s_{cr}<s<1$ 时，T 随 s 的增大而减小。

s_{cr}可通过式（5-15）对 s 求导、并令 $\mathrm{d}T/\mathrm{d}s=0$ 求得

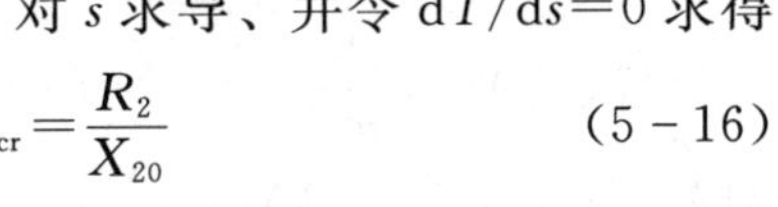

$$s_{cr}=\frac{R_2}{X_{20}} \tag{5-16}$$

将 s_{cr}值代入式（5-15）中，可求得最大转矩为

$$T_{max}=K\frac{U_1^2}{2X_{20}} \tag{5-17}$$

由此可得出以下两点结论：

(1) 电磁转矩 T、最大转矩 T_{max}均与定子电压的平方成正比，表明电源电压的变化对异步电动机电磁转矩数值有很明显的影响。

定子电压降低为原电压的 80%时，转矩则减小为原转矩的（80%）^{2}，即 64%。当电动机运行时，如果电压偏低太多，以至负载转矩超过最大转矩时，电动机则无法拖动负载，即出现所谓堵转现象。一旦堵转，电动机的电流随即升高 6～7 倍，导致电机严重过热，甚至烧坏。

(2) 最大转矩 T_{max}与转子电阻 R_2 无关，但对应最大转矩的临界转差率 s_{cr}则与 R_2 成

正比，R_2 愈大，s_{cr} 也愈大。图 5－18 所示为电源电压 U_1 一定时，不同转子电阻下的转矩特性曲线。在同一负载下，R_2 越大，对应的转差率 s 也越大，因此转速越低；同时对应 $s=1$ 的转矩 T_{st} 起动转矩也随 R_2 增加而增大。上述情况表明，适当调节异步电动机转子电路的电阻，可以实现小范围内调速和达到改善起动性能的目的，但只有绕线转子电动机才有这种特性。

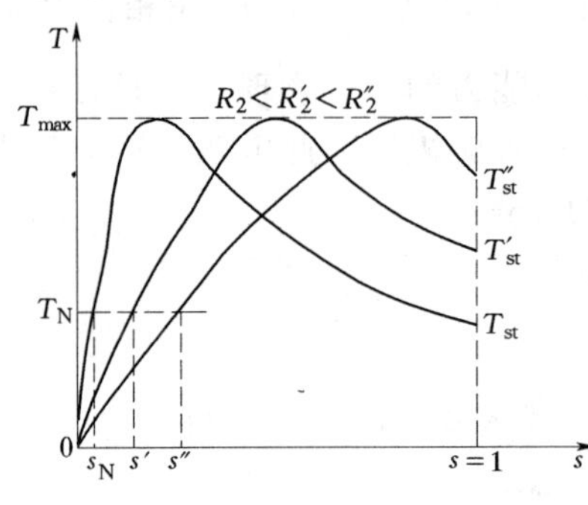

图 5－18　R_2 对 $T=f(s)$ 的影响

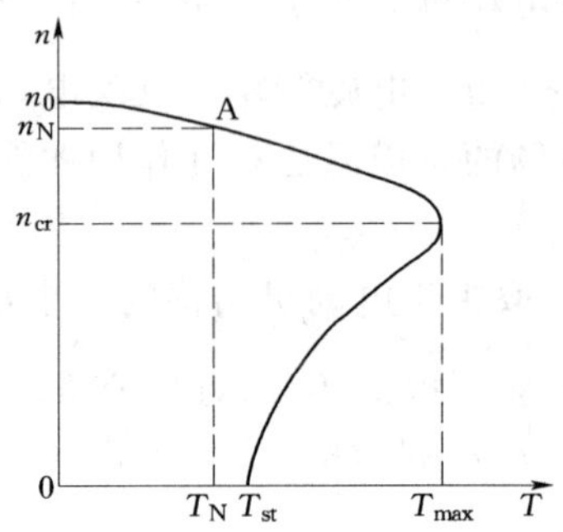

图 5－19　机械特性曲线

二、机械特性

在电源电压 U_1、频率 f_1 和转子电阻 R_2 不变的条件下，电动机的转速 n 与电磁转矩 T 之间的函数关系称为机械特性，即 $n=f(T)$。根据 $n=n_0(1-s)$，可以把 $T=f(s)$ 曲线转换成 $n=f(T)$ 曲线，如图 5－19 所示。

研究机械特性的目的是为了分析异步电动机的外部特性，尤其特性曲线上三个特殊工作点所对应的转矩。

1. 额定转矩 T_N

额定转矩是电动机在额定负载时的转矩。在 $n=f(T)$ 曲线上，与额定转速 n_N（$s=s_N$时）对应的转矩是额定转矩 T_N。若电动机的额定转矩 T_N 单位为 N·m，额定功率 P_N 的单位 kW，额定转速 n_N 的单位 r/min，由下式可求得 T_N

$$T_N=9550\frac{P_N}{n_N} \tag{5-18}$$

例如 Y160L—4 型异步电动机的铭牌上标出 $P_N=15$kW，$n_N=1460$r/min，则额定转矩为

$$T_N=9550\times\frac{15}{1460}=98.1\ (\text{N}\cdot\text{m})$$

图 5－19 中 $n=f(T)$ 曲线上的 A 点是额定转矩 T_N 和额定转速 n_N 的对应点，称之为额定工作点。异步电动机运行在额定工作点及其附近时，其效率和功率因数都比较高。

2. 最大转矩 T_{max}

从 $n=f(T)$ 曲线上看，转矩有个最大值称为最大转矩或临界转矩。与最大转矩对应的转速称为临界转速 n_{cr}。最大转矩反映了异步电动机短时的过载能力，它与额定转矩的比值称为过载系数或过载能力，用 λ 来表示，即

$$\lambda=\frac{T_{max}}{T_N} \tag{5-19}$$

一般电动机的 $\lambda=1.8\sim2.5$。特殊用途电动机的 λ 值可到 3 或更大。

异步电动机不允许长期过载运行，否则将因过热而烧毁。但只要负载转矩不大于最大转矩 T_{max}，并且电动机的发热不超过允许温升，短时间内过载运行是允许的。在电动机的选择计算中，如果根据生产机械的转矩负荷曲线确定电动机容量时，则必须验算其转矩过载能力。

3. 起动转矩 T_{st}

电动机与电源接通的瞬间，即 $n=0$（或 $s=1$）时，电动机产生的转矩为起动转矩 T_{st} 将 $s=1$ 代入式（5－15），得

$$T_{st}=KU_1^2\frac{R_2}{R_2^2+X_{20}^2} \tag{5-20}$$

式（5－20）表明，T_{st} 与 U_1^2 和 R_2 有关。当电源电压 U_1 降低时，起动转矩随之减小（图 5－20）当转子电阻适当增大时，起动转矩可增大（见图 5－21）。

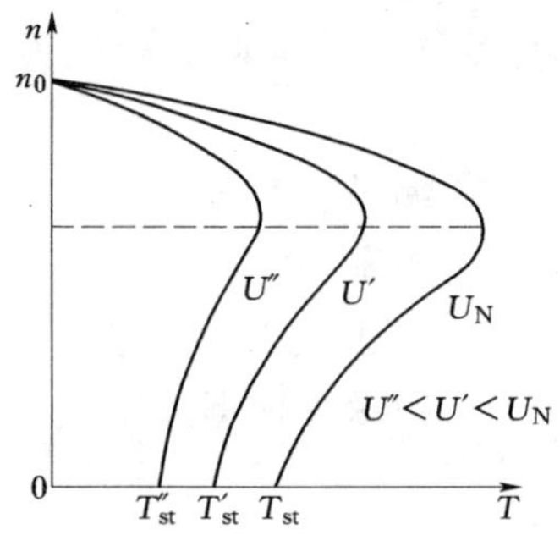

图 5－20　对应不同 U_1 的 $n=f$（T）曲线
（R_2＝常数）

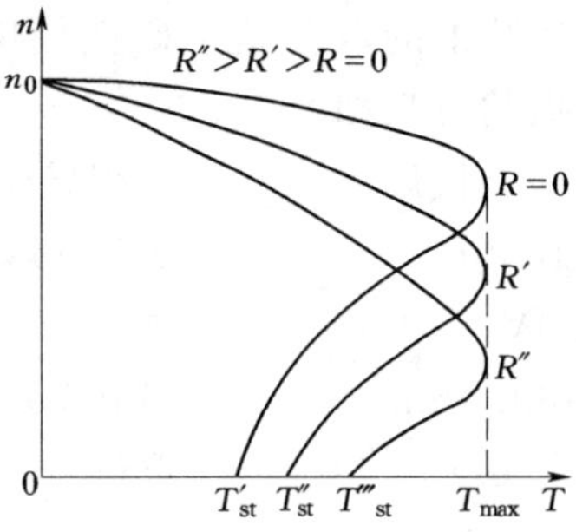

图 5－21　对应不同转子电阻的 $n=f$（T）曲线
（U_1＝常数）

起动转矩的大小反映了电动机的起动性能。T_{st} 大，电动机起动能力强；T_{st} 小，电动机起动能力差。通常用起动转矩与额定转矩的比值 K_{st} 表示异步电动机的起动能力，即

$$K_{st}=\frac{T_{st}}{T_N} \tag{5-21}$$

一般笼形电动机的起动能力较差，K_{st} 为 0.8～2，所以有时需在轻载或空载下才能起动。

4. 三相异步电动机的稳定运行

如异步电动机拖动一个恒转矩负载，其机械特性曲线见图 5－22 中的曲线①，在曲线①与电动机的 $n=f$（T）曲线相交的 A 点上，$T_N=T_L$，电动机可在额定转速 n_N 下稳定运行，我们称点 A 为稳定运行点。由于某种原因（电源或负载方面）使拖动系统的运行转速发生变化，如果转速 n 升高，则电动机的转矩 T 便随之减小，到 A_1 点，此时 $T=T_1<T_2$，迫使 n 下降；若 n 降低，则 T 增大，到 A_2 点，此时 $T=T_2>T_L$，电动机加速，n 上升。不难看出，无论系统运行转速变高或变低，电动机都有恢复到 A 点运行的趋势（$n\rightarrow n_N$ 或 $T\rightarrow T_N=T_L$），使系统稳定运行。

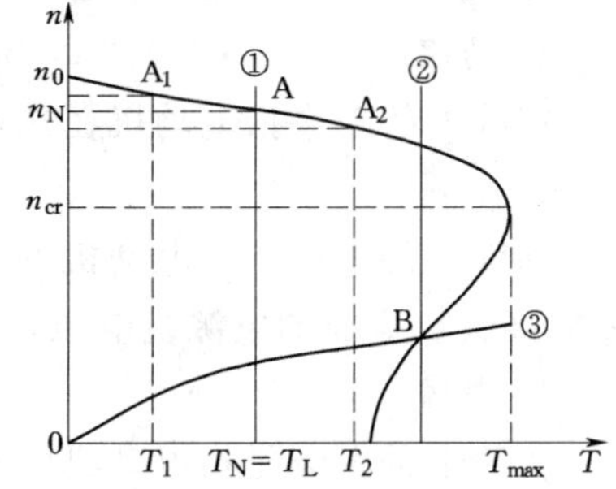

图 5－22　稳定运行分析

如果被拖动的生产机械的机械特性为图 5－22 中的曲线②，电动机工作在 B 点，情况就完全不同了，系统将不能稳定运行。但异步电动机拖动鼓风机负载（机械特性见图 5－22中的曲线③）时，也工作在 B 点，却能获得稳定运行。这两种情况，请读者自行分析。

在一定范围内，当外部条件变化时，异步电动机本身具有自动调整作用，以适应外部条件，体现其自动适应能力。异步电动机拖动恒转矩负载，在异步电动机 $n=f(T)$ 曲线的 $n_0>n>n_{cr}$（$s=s_{cr}$时，与 T_{max}对应的临界转速）区段，拖动恒转矩负载，可获得稳定运行。

第三节　三相异步电动机的使用

一、铭牌

电动机铭牌上的数据是正确使用电动机的依据。以 Y160M—4 型电动机为例，说明铭牌上各数据的意义如下：

××××电机厂	三相异步电动机	编号××××
型号 Y160M—4	功率 11kW	频率 50Hz
电压 380V	电流 22.6A	接法　△
转速 1460r/min	温升 75℃	绝缘等级 E
功率因数 0.84	重量 150kg	工作方式 S1
防护等级 IP144	出厂日期××××年××月	

1. 型号

每种电机系列用一种型号，以使其适应不同的用途和工作环境。Y 系列是通用的封闭式笼形三相异步电动机，是我国 1980 年设计的统一系列产品，本系列电机的效率较 J02 型（老产品）有所提高，采用了国际通用标准。型号具体说明如下：

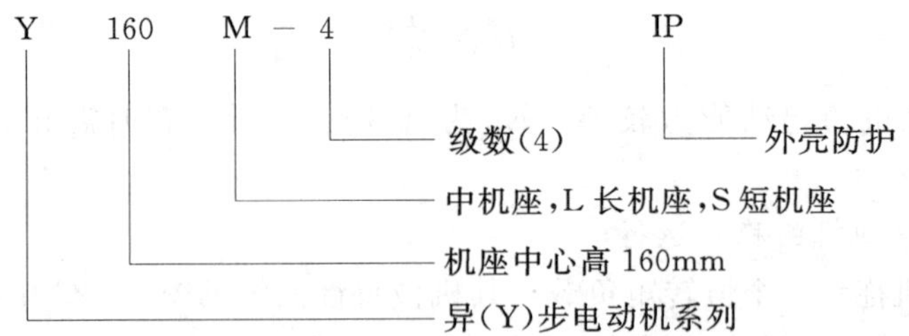

2. 功率

铭牌上的功率指电动机在额定运行情况下电动机轴上输出的机械功率。

3. 电压

铭牌上的电压是指电动机的额定电压，表示电动机定子绕组对应某种接法时（△接法或 Y 接法）应加的电源线电压。

4. 电流

铭牌上的电流是指电动机的额定电流，表示电动机在额定电压下，轴上输出额定功率时的定子线电流。计算公式：

$$I_{1N} = \frac{P_N}{\sqrt{3}U_{1N}\eta_N\cos\varphi_N}(A)$$

式中　P_N——额定功率，W；

U_{1N}——额定线电压，V；

η_N——额定效率，%；

$\cos\varphi_N$——额定功率因数。

5. 接法

铭牌上的接法是指电动机定子三相绕组的接法。笼型三相异步电动机接线盒中的 6 根引出线，用 D_1、D_2、D_3、D_4、D_5、D_6 标示，其中 D_1、D_4 表示第一相绕组始末端，D_2、D_5 表示第二相绕组始末端，D_3、D_6 表示第三相绕组始末端。

在接电源以前，这 6 个引出线端必须正确连接。连接方法有 Y 和△两种（图 5-23）。

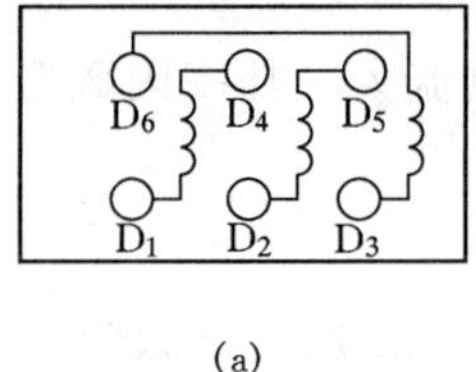

(a)

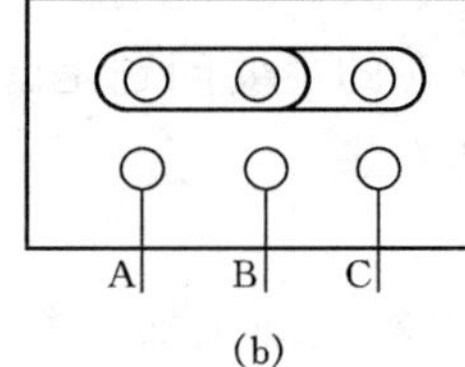

(b)

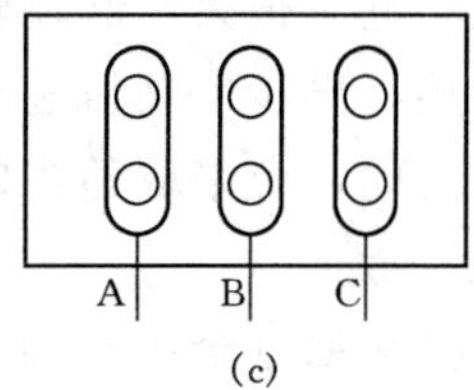

(c)

图 5-23　异步电动机定子绕组出线端的连接

(a) 绕组与出线端；(b) Y 形连接；(c) △形连接

6. 转速

铭牌上的转速指电动机在额定运行情况下的转速。

7. 功率因数

铭牌上的功率因数指电动机在额定运行下定子电路的功率因数。三相异步电动机的功率因数较低，额定负载时为 0.7～0.9，而在轻载和空载时更低，空载时只有 0.2～0.3。因此，必须正确选择电动机的容量，以防止“大马拉小车”，并力求缩短空载运行时间。

8. 温升

铭牌上的温升是指环境温度为 40℃时，电动机在运行中定子绕组发热而升高的温度。电动机发热，影响绝缘材料，而各种材料的耐热性能不同，所以电机的容许温升与绝缘等级有关，见表 5-2。

表 5-2　绝缘等级和温升

绝 缘 等 级	A	E	B	F	H
允许最热点温度（℃）	105	120	130	155	180
最高允许温升（℃）（环境温度为 40℃）	60	75	80	100	125

二、三相异步电动机的起动

电动机接通电源后，从转速为零瞬间开始直到转速稳定为止的过程称为起动过程，简称起动。

1. 起动中的问题

起动开始瞬间，$n=0$，即 $s=1$，旋转磁场以最大的相对速度 n_0 切割转子导体，转子电动势达到最大。将使转子中的电流极大，这时的定子线电流（起动电流 I_{st}）也将增大至额定电流 I_N 的 4～7 倍，即 $I_{st}=(4\sim7)I_N$。

这样大的起动电流，将导致供电电压的显著下降，致使接在同一电网的其他负载不能正常工作。

另一方面，起动时的转子感抗为（设 $S_N=0.05$）

$$X_{20}=\frac{X_{2N}}{S_N}=\frac{X_{2N}}{0.05}=20X_{2N}$$

X_{20} 是额定运行时转子感抗 X_{2N} 的 20 倍，起动时转子电路的功率因数 $\left(\cos\varphi_2=\frac{R_2}{\sqrt{R_2^2+X_{20}^2}}\right)$ 很低，虽然起动电流很大，起动转距却不大。

综上所述，异步电动机起动时存在的主要问题是起动电流大、功率因数低、起动转矩小等问题。为此，应采取适当的起动方法。

2. 起动方法

（1）直接起动（全压起动）。直接给电动机加上额定电压的起动方法叫直接起动或全压起动。

电动机采用直接起动方法是有条件的，应严格按电力规程执行。一般要求起动时的电网电压降应不大于电网电压的 10%，有照明负载时，电网电压降应不大于电网电压的 5%。有专用变压器供电时，电动机不经常起动，其容量应不大于变压器容量的 30%；起动频繁时，其容量应不大于变压器容量的 20%。

（2）降压起动。对于容量较大的笼型异步电动机，在不允许直接起动的情况下，需采用降压起动，就是在起动时降低加在电动机定子绕组上的电压，以降低起动电流。常用的降压起动方法如下：

1）Y—△换接起动。电动机在正常运行时其定子绕组是三角形连接的，起动时可把它接成星形，待转速接近稳定转速时再换接成三角形。这种起动方法称为 Y—△起动，如图 5-24 所示。

如果电源线电压为 U_1，Z 为起动时定子每相的等效阻抗，则 Y 接降压起动时的线电流为

$$I_{1Y}=\frac{U_1/\sqrt{3}}{|Z|}$$

△接直接起动时的线电流为

$$I_{1\triangle}=\sqrt{3}\frac{U_1}{|Z|}$$

比较上列两式，可得

$$\frac{I_{1Y}}{I_{1\triangle}}=\frac{1}{3}$$

即星形连接起动时的线电流只有三角形连接时的 1/3。

由于转矩和电压的平方成正比，即 $T\propto U_1^2$，因此星形连接的起动转矩也减小到三角

形连接直接起动时的$(1/\sqrt{3})^2=\frac{1}{3}$。

Y—△起动方法只适用于正常运行时是三角形连接的异步电动机，并且只能在空载或轻载时起动。

图 5-24 利用三刀双投开关 2Q 来实现 Y—△换接起动的，还可以用专门的 Y—△起动器或用继电接触控制电路来实现换接。

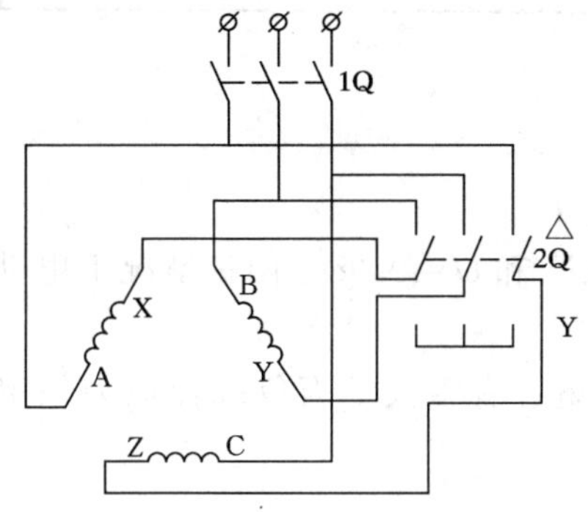

图 5-24　Y—△换接起动

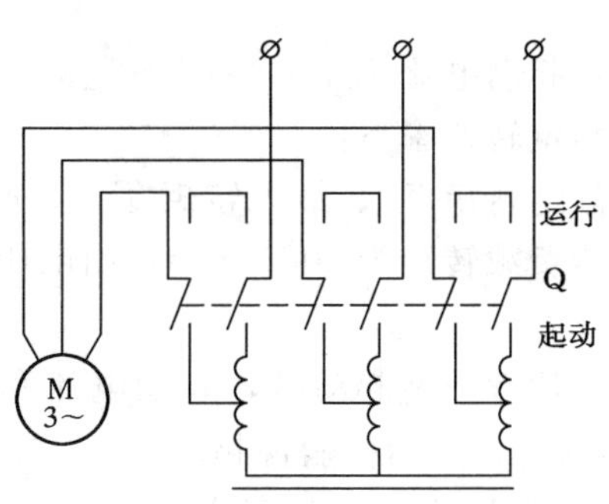

图 5-25　自耦降压起动

2）自耦降压起动。自耦降压起动是利用三相自耦变压器来降低电动机起动时的端电压，原理电路如图 5-25 所示。起动时，先合上电源开关（图中未画出），然后将开关 Q（手柄）扳到“起动”位置，降低加在定子绕组的电压以限制起动电流。当转速接近额定转速时，迅速将手柄扳到“运行”位置，切除自耦变压器，使电动机定子绕组换接到电源上，在额定电压下进入工作运转。

用作起动的三相自耦变压器也称作起动补偿器，它的低压侧有三组抽头可供选择，其输出电压分别为电源电压的 40%、60%、80%（或 55%、64%、73%），可根据对起动转矩的要求不同而选用。使用这种设备起动可减小起动电流。例如选用 60%抽头的电压起动时，电动机的起动电流（即变压器二次绕组的电流 I_2）只有直接起动的 60%。因变压器一、二次绕组中电流之比等于电压之比的倒数，即 $I_1=\frac{U_2}{U_1}I_2$，所以当选用 60%抽头电压起动时（$U_2/U_1=60\%$），由于起动电流 I_2 只有直接起动时的 60%，故自耦变压器一次绕组的电流（即供电线路上的电流）I_1 只有直接起动时的（60%）^{2}=36%。但起动转矩与定子每相电压的平方成正比，因而此时电动机的起动转矩也相应减小为全压起动的（60%）^{2}=36%。

自耦降压起动适用于容量较大的或正常运行时是 Y 连接不能采用 Y—△起动的笼型异步电动机。

3）绕线转子异步电动机的起动。绕线转子异步电动机的起动，通常是采用转子电路串入起动电阻的方法（图 5-26），起动后，随电动机转速的上升将起动电阻逐段切除，达到减小起动电

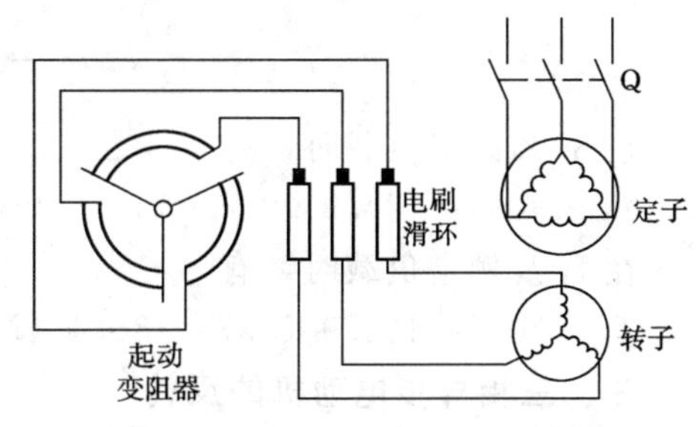

图 5-26　绕线转子电动机起动接线图

流的目的。同时，转子中串入电阻后，起动转矩相应提高（参见图 5－21），改善了起动性能。所以这种起动方式常用于要求高起动转矩的生产机械上，例如卷扬机、锻压机、起重机及转炉等。

【例 5－1】 Y200L—4 型三相异步电动机的额定数据如下表所示。

功率(kW)	电流(A)	电压(V)	转速(r/min)	效率(%)	功率因数	I_{st}/I_N	T_{st}/T_N	T_{max}/T_N
30	56.8	380	1470	92.2	0.87	7	2.2	2.2

试求：(1) 起动电流 I_{st}。

(2) 额定转差率 S_N。

(3) 额定转矩 T_N、最大转矩 T_{max}、起动转矩 T_{st}。

(4) 若负载转矩为 408N·m，当电压在 $U=U_N$ 和 $U=0.9U_N$ 两种情况下电动机能否起动？

(5) 采用 Y—△起动时，起动电流和起动转矩各有多大？当负载转矩为额定转矩的 80%和 70%时，电动机能否起动？

解 (1) 因为 $I_N=56.8A$，$I_{st}/I_N=7$，所以

$$I_{st}=\left(\frac{I_{st}}{I_N}\right)I_N=7\times56.8=397.6\ (\text{A})$$

(2) 因电动机为 Y200L—4 型，其磁极数是 4，即 $p=2$，则 $n_0=1500\text{r/min}$（也可以从 $n=1470\text{r/min}$ 判断出 $n_0=1500\text{r/min}$），所以

$$S_N=\frac{n_0-n}{n_0}=\frac{1500-1470}{1500}=0.02$$

(3) $T_N=9550\dfrac{P_N}{n_N}=9550\times\dfrac{30}{1470}=194.9\ (\text{N}\cdot\text{m})$

$$T_{max}=\left(\frac{T_{max}}{T_N}\right)T_N=2.2\times194.9=428.8\ (\text{N}\cdot\text{m})$$

$$T_{st}=\left(\frac{T_{st}}{T_N}\right)T_N=2.2\times194.9=428.8\ (\text{N}\cdot\text{m})$$

(4) 在 $U=U_N$ 时，$T_{st}=428.8\text{N}\cdot\text{m}>408\text{N}\cdot\text{m}$。在 $U=0.9U_N$ 时，$T_{st}=(0.9)^2\times428.8=347.3\ (\text{N}\cdot\text{m})<408\text{N}\cdot\text{m}$，所以不能起动。

(5) $I_{st-\triangle}=I_{st}=397.6\ (\text{A})$

$$I_{st-Y}=\frac{1}{3}I_{st-\triangle}=(1/3)\times397.6=132.5\ (\text{A})$$

$$T_{st-Y}=\frac{1}{3}T_{st-\triangle}=\frac{1}{3}\times428.8=142.9\ (\text{N}\cdot\text{m})$$

在 80%额定负载时，有

$T_N\times80\%=194.9\times0.8=155.9\ (\text{N}\cdot\text{m})>T_{st-Y}=142.9\text{N}\cdot\text{m}$，不能起动；

在 70%额定负载时，有

$T_N\times70\%=194.9\times0.7=136.4\ (\text{N}\cdot\text{m})<T_{st-Y}=142.9\text{N}\cdot\text{m}$，可以起动。

三、三相异步电动机的反转

由前面分析可知，要改变电动机的转向，只要改变三相电源引入定子绕组的相序就可

以了。实际上，就是将接在定子绕组上的3根电源线的任意两根对调，电动机就反转。如图5-27所示，当开关Q上投时，电动机正转；Q下投时，电动机就反转。

四、三相异步电动机的制动

为了缩短辅助工时、提高生产率，以及为了安全可靠地实现生产工艺要求，往往要求电动机能够迅速而准确的停车和反转，这就需要对电动机进行制动，也就是要求电动机的转矩和转子的转动方向相反。

异步电动机常用的制动方法有：

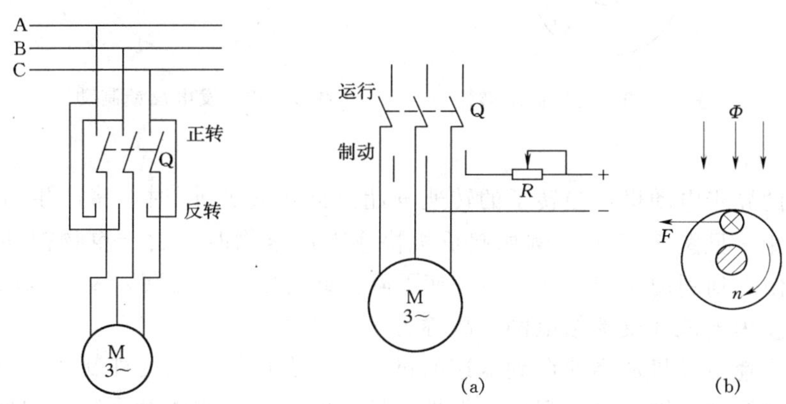

图5-27　电动机的反转　　　图5-28　能耗制动电路及原理

1. 能耗制动

这种制动方法是在电动机断开三相电源的同时，接通直流电源［见图5-28（a）］，使定子绕组通入直流电流，产生固定磁场［见图5-28（b）］。而转子绕组由于惯性继续在原方向转动，根据右手定则和左手定则不难确定这时的转子电流与固定磁场互相作用产生的转矩的方向。它与电动机转动的方向相反，从而起到制动的作用。制动转矩的大小与直流电流的大小有关，可根据制动要求通过电阻R来调节。直流的大小一般为电动机额定电流的0.5～1倍。因为这种制动方法是消耗转子的动能（转换为电能）来进行制动的，所以称为能耗制动。能耗制动的特点是：制动准确、平稳，耗能小，但需要直流电源，且制动转矩随转速降低而减小。

2. 反接制动

参照图5-27，当将开关Q由正转位拉开时，虽然切断了电动机的电源，但转子由于惯性仍按原方向转动；如把开关Q投向反转位，由于电机与电源接线中有两相对调位置而使旋转磁场反向旋转，电动机的反转转矩与惯性转矩方向相反（见图5-29），就会起到制动作用。当转速接近零时，应立即拉开开关Q，使电动机脱离电源，否则电动机将会进入反转而达不到制动目的。但靠人工很难掌握准确，通常是利用具有速度继电器的继电接触控制线路实现反接制动。反接制动时，由于旋转磁场与转子的相对速度（n_0+n）很大，因而电流也很大。为了限制电流，对功率较大的电动机进行反接制动时必须在定子电路（笼型）或转子电路（绕线型）中串接限流电阻。

反接制动方法比较简单，效果较好，但能量消耗较大。反接制动多用于中型车床和锁床的主轴制动。

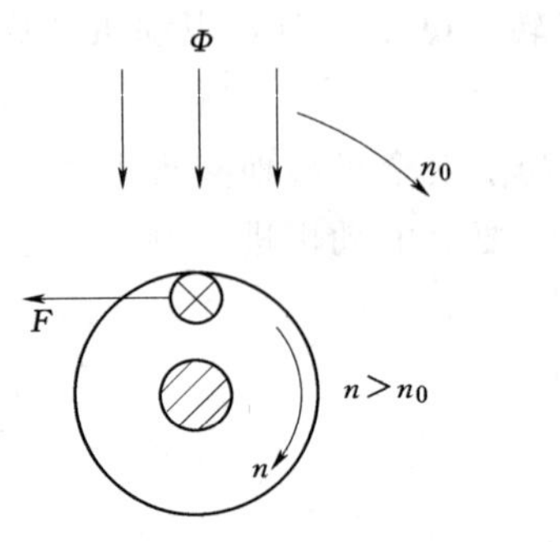

图 5-29　反接制动转矩

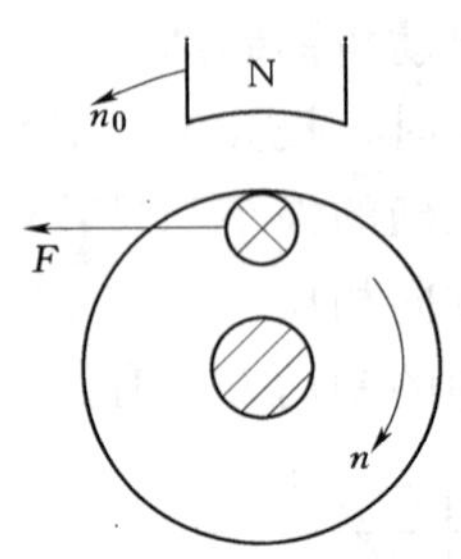

图 5-30　发电反馈制动

3. 发电反馈制动

运行工作的异步电动机，当转子的转速 n 超过同步转速 n_0 时，将产生与原转动方向相反的制动转矩（见图 5-30）。例如起重机快速下放重物时，由于重物拖动转子，使其 $n>n_0$，电动机便受到制动作用而使重物等速下降。此时电动机已转入发电机运行状态，将重物的位能转换为电能并反馈给电网，故称为发电反馈制动。

另外，当多速电动机从高速调到低速的过程中，也自然发生这种制动。因为刚将极对数加倍时，磁场转速立即减半，但由于惯性，转子的转速只能逐渐下降，因此就出现 $n>n_0$ 的情况。

五、三相异步电动机的调速

调速就是在同一负载下人为地改变电动机的转速，以满足生产过程的要求。

根据式（5-5），异步电动机的转速

$$n=n_0\ (1-s)\ =\frac{60f_1}{p}\ (1-s)$$

可见，要调节异步电动机的转速 n，可有如下三种方法。

1. 变极调速

由公式 $n_0=\frac{60f_1}{p}$ 可知，当电源频率一定时，异步电动机的同步转速 n_0 与极对数 p 成反比。当 p 增大一倍，则 n_0 低一半，而转子转速 n 接近降低一半，因此改变 p 就可以得到不同的转速。

改变极对数 p 是通过改变定子每相绕组的接法来实现的。图 5-31 所示是定子绕组的两种接法。为了清晰起见，只画了 A 相绕组的两个线圈（A_1X_1、A_2X_2）、相串联［见图 5-31（a）］，产生四极旋转磁场，即 $p=2$，$n_0=1500$r/min；当两个线圈相并联时，如图

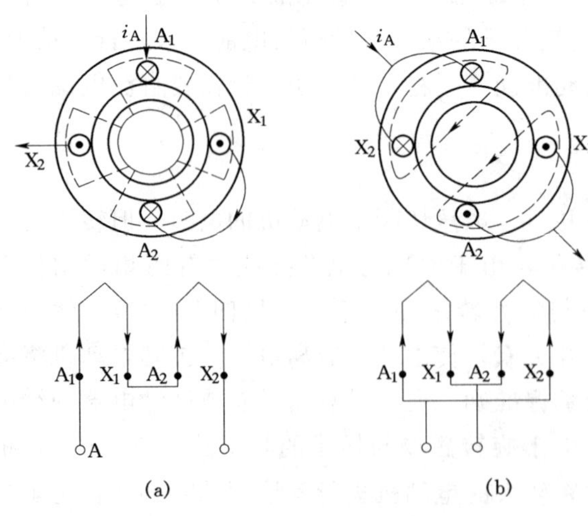

图 5-31　变极调速方法

（a）两个线圈串联；（b）两个线圈并联

5－31（b）所示，则产生两极旋转磁场，$p=1$，$n_0=3000\text{r/min}$。

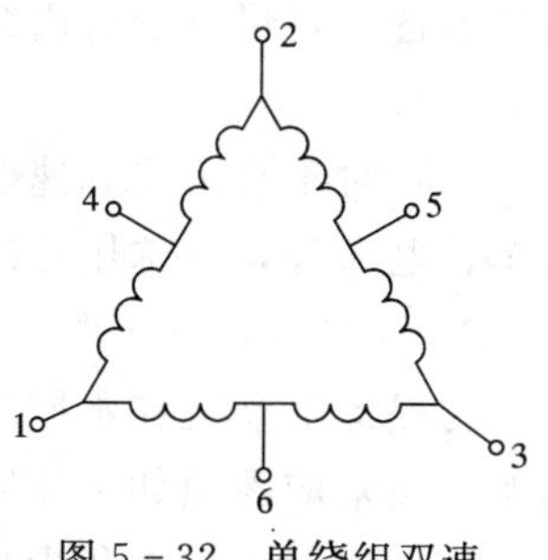

图 5－32 单绕组双速电动机接线图

图 5－32 是单绕组双速电动机的接线图。在适当位置引出 6 个接线端。将接线端 1、2、3 接电源（4、5、6 空着），则为三角形连接，每相两个线圈串联，形成两对磁极，为低转速状态。如将接线端 4、5、6 接电源，而 1、2、3 端短接，则为双星形连接，每相两个线圈并联，形成一对磁极，为高转速状态。

变极调速实际是倍极比调速（如 2/4、4/8 等），因此是有级的。变极调速的电动机称为多速电动机。多速电动机的转子都是笼形的。

2．变频调速

采用改变电源频率的方法进行调速称作变频调速。当连续调节电源频率时，可获得平滑的调速，即无级调速。异步电动机的变频调速机械特性如图 5－33 所示。调速时，随频率的变化而机械特性曲线平行地上下移动，特别在低速区，特性硬度好，调速范围大。调速的相对稳定性和平滑性较好，适用于恒转矩负载。

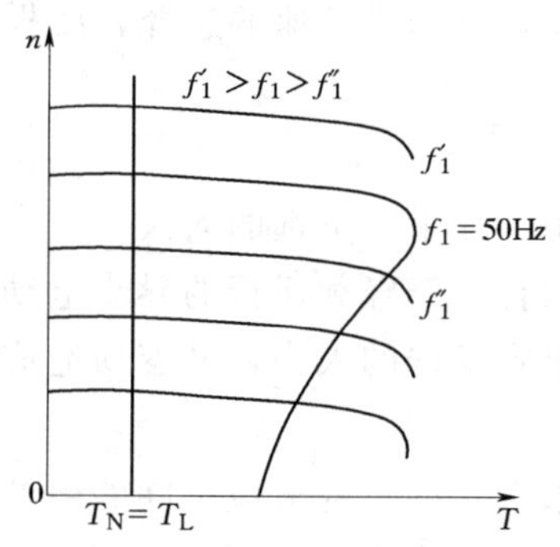

图 5－33 变频调速的机械特性曲线

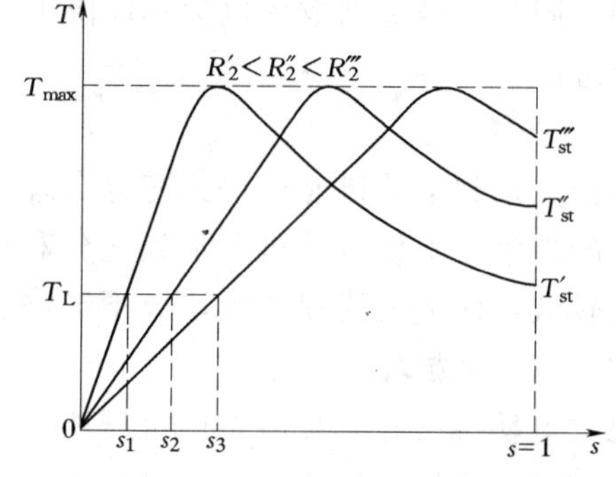

图 5－34 R_2 不同时的转矩特性曲线

3．改变转差率调速

这种调速方法仅适用于绕线转子异步电动机。图 5－34 是电源电压 U_1 不变时，不同转子电路电阻 R_2 的转矩特性曲线。由图可见，在同一负载 T_L 下，R_2 越大，对应的转差率也越大，因此转速也越低。于是可用调节转子电路的电阻使转差率变化而达到改变电动机转速之目的。

改变转差率调速，虽然调速范围不大，但调速平滑性好，还可适当改善起动性能。

六、三相异步电动机的选择

合理选择电动机是正确使用电动机的前提，对提高生产率及改善技术经济指标有着重大意义。

1．类型的选择

使用时要根据生产机械的要求，并从技术和经济两方面进行考虑选择采用的异步电动机的类型。

（1）对于无调速要求的中小容量的生产机械，如水泵、通风机、压缩机、金属切削机床等设备，要尽可能选用结构简单、坚固耐用、工作可靠、维修方便、价格低廉的笼型异步电动机。

（2）对于有一定调速要求，又经常起动和容量较大的生产机械，如起重机、卷扬机、吊车、电梯等，可选用绕线转子异步电动机。

2. 结构形式的选择

为保证电动机在不同环境条件下安全可靠的运行，必须正确选择电动机的结构形式。选型时通常应参照如下原则：

（1）空气干燥、灰尘少、无水土飞溅和无腐蚀性气体的场合选用防护式。

（2）尘土飞扬、潮湿或有腐蚀性气体的场合，如脱谷机、饲料加工车间、排灌站、化工车间等，应用封闭式。

（3）有爆炸性气体的场合，如石化工业和煤矿等，选用防爆式。

3. 转速的选择

形式和容量相同的电动机，其额定转速越低，则结构尺寸越大，价格越高。因此，对于低转速工作的生产机械，选用一台高转速电动机（通常是 $n_0=1500\text{r/min}$），再另配减速器是适宜的。但是，生产机械的工作转速很低，如选用电动机转速太高，则减速器势必庞大而昂贵，同时机械传动效率也会相应降低。因此，电动机转速的选择，要根据具体情况全面综合考虑。

4. 容量的选择

容量选择关系到电动机能否得到充分合理的利用。如果容量选的太大，就会出现“大马拉小车”的现象，不仅电动机得不到充分利用，而且由于轻载运行的异步电动机功率因数及效率均较低，使电网线损加大，极不经济。如果容量选的太小，又容易造成电动机过载，使电动机过早地损坏。

一般说，电动机的容量是由生产机械所需功率来选定的。为适应不同的生产机械的工作方式，电动机相应生产出连续、短时和重复短时三种工作方式。

（1）连续工作方式。连续工作方式的电动机适用于长期负载，如长期恒载的水泵、长期变载的脱谷机和粉碎机等。

恒定负载的电动机容量应满足

$$P_N \geqslant \frac{P_2}{\eta_1 \eta_2} \tag{5-22}$$

式中 P_N——电动机的额定功率；

P_2——生产机械的负载功率；

η_1——生产机械的效率；

η_2——传动效率，联轴器传动 $\eta_2=1$，带传动 $\eta_2=0.95$。

【例 5-2】 某离心式水泵的技术数据为：流量 $Q=0.03\text{m}^3/\text{s}$，扬程 $H=10\text{m}$，转速为 1440r/min，机械效率 $\eta_1=0.55$；电动机与水泵用联轴器连接（$\eta_2=1$）。选择该水泵的拖动电动机。

解 因为对泵类用电动机，要求

$$P_N \geqslant P_2/\eta_1\eta_2 = \frac{Q\rho H}{102}/\eta_1\eta_2$$

将 $\rho=1000\text{kg/m}^3$（水的密度）代入得

$$P_N \geqslant \frac{0.03\times1000\times10}{102}/0.55\times1=5.44\ (\text{kW})$$

查相关电机产品目录，可选用 Y 系列封闭式三相笼式异步电动机，其额定数据为：$P_N=5.5\text{kW}, n=1440\text{r/min}$，工作方式为连续。

对长期变动负载的生产机械，选择拖动电动机的容量一般要根据其负荷图进行等值计算来确定，对选定的电动机还要进行过载能力的校验。这里不再讨论。

(2) 短时运行工作方式。有些生产机械，如小型水电站和渠道的闸门、机床辅助运动机械等，工作时间短、停歇时间较长，属于短时运行负载。我国有为短时运行负载生产的短时运行电动机，其短时运行的标准有 10、30、60min 和 90min 四个级别，额定功率与标准运行时间相对应。因此，凡过载的工作时间与上述标准时间接近时，可按所需功率选择额定功率与之相接近的电动机。

如果无合适的短时运行电动机可选，也可采用连续运行方式的电动机在过载情况下运行。但负载转矩必须小于电动机的最大转矩，一般可近似的用下式选择电动机的容量，即

$$P_N \geqslant P_2/\lambda \tag{5-23}$$

式中 P_N——电动机的额定功率；

λ——电动机的过载系数；

P_2——生产机械的功率。

(3) 重复短时运行工作方式。重复短时运行的特点是运行与停歇是交替进行的，运行与停歇的时间均较短。为适应这种运行方式，厂家制造了重复短时运行电动机的系列产品(JZR、JZ 系列）专供重复短时运行的负载使用。选择这种电动机时，应考虑运行与停歇的时间长短，用暂载率（或负载持续率）ε_L 表示之

$$\varepsilon_L = \frac{t_w}{t_w+t_0}\times100\% \tag{5-24}$$

式中 t_w——工作时间；

t_0——停车时间。

国产重复短时运行电动机的标准暂载率有 15%、25% 、40% 和 60%四种。重复运行周期不大于 10min，电动机的额定功率与标准暂载率相对应；同一型号的电动机，暂载率越小，额定功率就越大，允许输出的功率就越大。

选择重复短时运行电动机的容量时，应先计算出生产机械的暂载率，然后与电动机的标准暂载率 ε_S 相对照，找到相应的暂载率，再按实际负载功率选用在该暂载率下的额定功率与之相近的电动机。如果实际暂载率 ε_L 与标准暂载率相差较大，则要将实际负载功率 P_L 换算成与标准暂载率 ε_S 相对应的等效负载功率 P_S，即

$$P_S = P_L\sqrt{\frac{\varepsilon_L}{\varepsilon_S}} \tag{5-25}$$

再根据 P_S 和 ε_S 选用适当的电动机。

【例 5-3】 有一桥式起重机，图 5-35 是它的负荷图。要求采用绕线转子异步电动机，转速在 720r/min 左右，试选用合适的电动机。

解 由图 5-35 可知，起重机的暂载率为

$$\varepsilon_L=\frac{\varepsilon_W}{\varepsilon_W+\varepsilon 0}=\frac{134}{434}=0.3$$

起重机功率 $P_L=20\text{kW}$。

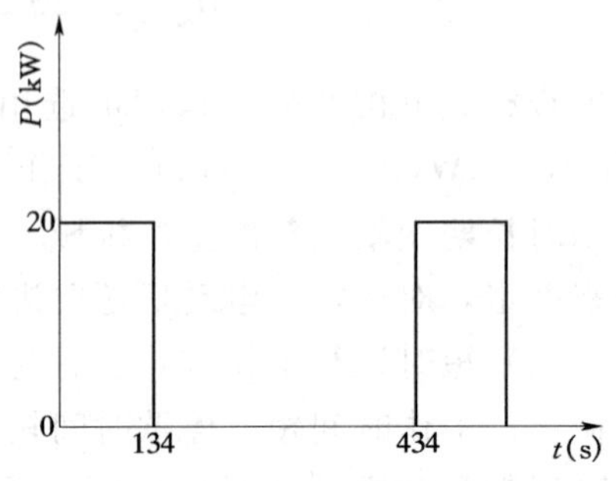

图 5-35 桥式起重机的负荷图

由于实际暂载率 $\varepsilon_L=0.3$，与标准暂载率不一致，取相近标准暂载率 $\varepsilon_S=0.25$ 进行折算，其等效负载功率为

$$P_S=P_L\sqrt{\frac{\varepsilon_L}{\varepsilon_S}}=20\sqrt{\frac{0.3}{0.25}}=21.9\ (\text{kW})$$

根据 $\varepsilon_S=0.25$ 和 $P_S=21.9\text{kW}$ 查电机产品目录，选用 JZR51—8 型绕线转子异步电动机，其额定数据：$\varepsilon_S=25\%$，$P_N=22\text{kW}$，$n_N=723\text{r/min}$。因为 P_N 稍大于 P_S，$n_N\approx 720\text{r/min}$，所以满足要求。

第四节 单相异步电动机

单相异步电动机由单相交流电源供电。这种电动机在小型工业装置和家用电器中得到十分广泛的应用。

一、结构特点和基本原理

从基本结构上看，单相异步电动机的定子只有一个单相绕组，而转子多为笼形（见图 5-36）。

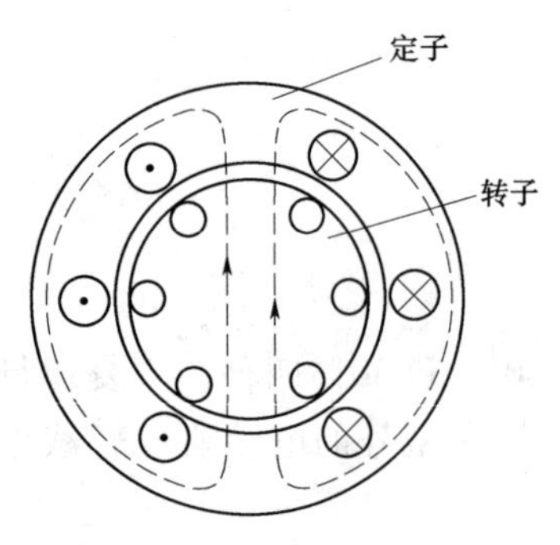

图 5-36 单相电动机的基本结构

当单相正弦电流通过定子绕组时（见图 5-36），产生交变脉动磁场，这个磁场的轴线即为定子绕组的轴线，在空间保持固定位置。根据双旋转磁场理论，交变脉动磁场可分解成两个同步转速相等 $\left(n_0=\pm\frac{60f_1}{p}\right)$，旋转方向相反、大小相等 $\left(\text{旋转磁通 } \Phi_+=\Phi_-=\frac{1}{2}\Phi_m\right)$ 的两个旋转磁场（见图 5-37）。这样的两个旋转磁场分别与笼形转子相作用，产生大小相等方向相反的转矩 T_+ 和 T_-，如图 5-38 所示，$T=f(s)$ 曲线是 $T_+=f(s)$，和 $T_-=f(s)$ 合成的单相异步电动机的转矩特曲线。在转子不动，即 $n=0$ 或 $s=1$ 时，$T_+=T_-$，$T=T_++T_-=0$，无起动转矩，不能起动。但如果通过外力使转子朝 Φ_+ 旋转的方向转动一下，则 $s_+<1$，$s_->1$，这时，$T_+>T_-$，$T=T_++T_-\neq 0$，转子顺着外力方向旋转起来，当施加的外力相反时，则转子亦反转。

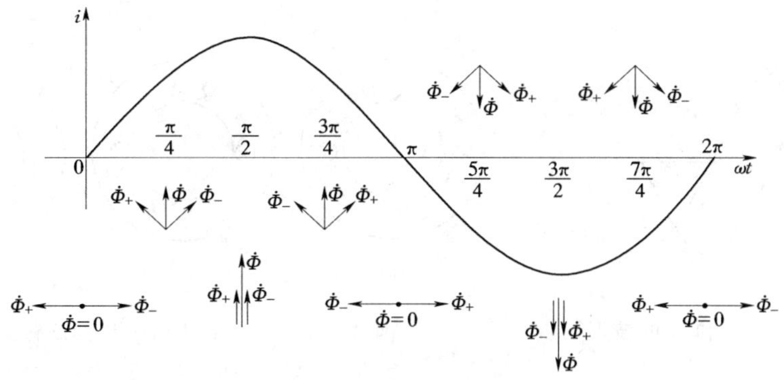

图 5-37　脉动磁场的分解

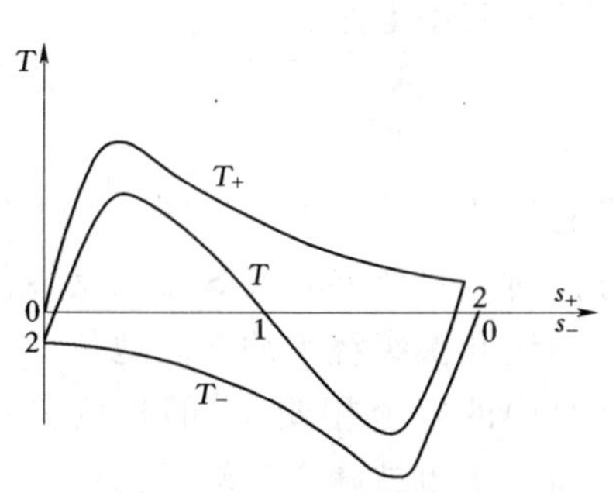

图 5-38　单相异步电动机的 $T=f(s)$ 曲线

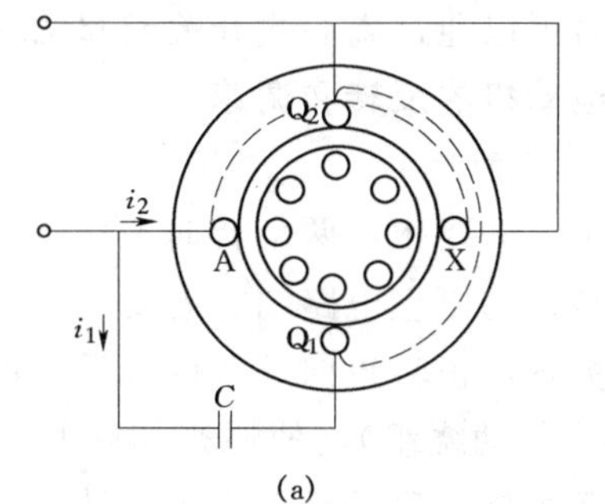

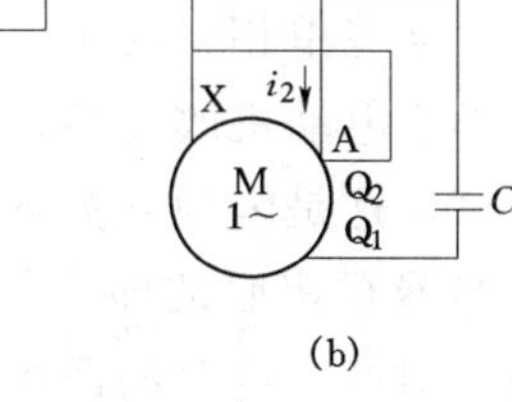

(a)　(b)

图 5-39　电容分相式异步电动机

由于单相异步电动机起动转矩为 0，在使用时要用某些特殊的起动装置。常见的有电容分相式异步电动机（见图 5-39）和罩极式异步电动机（见图 5-40）。下面以电容分相式异步电动机为例分析其起动原理。

二、电容分相式异步电动机

如图 5-39（a）所示，在它的定子中除放置工作（主）绕组 AX 外，还增加一个起动（副）绕组 Q_1Q_2，它与工作（主）绕组 AX 在空间相隔 90°。Q_1Q_2 与电容器 C 串联，使两个绕组中的电流在相位上近于相差 90°，这就是分相。

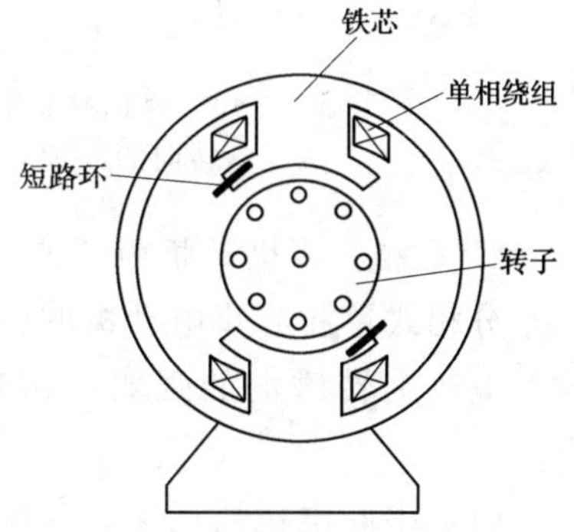

图 5-40　罩极式异步电动机

在空间相差 90°的两个绕组，分别通入相位相差 90°的电流时［见图 5-39（b）］，假设

$$i_1=I_m\sin\omega t$$

$$i_2=I_m\sin(\omega t-90°)$$

正弦波形如图 5-41 所示，仍采用三相正弦电流产生旋转磁场的分析方法，从图 5-42 中可以看到，相位互差 90°的两个电流 i_1 和 i_2 所产生的合成磁场也在空间旋转。

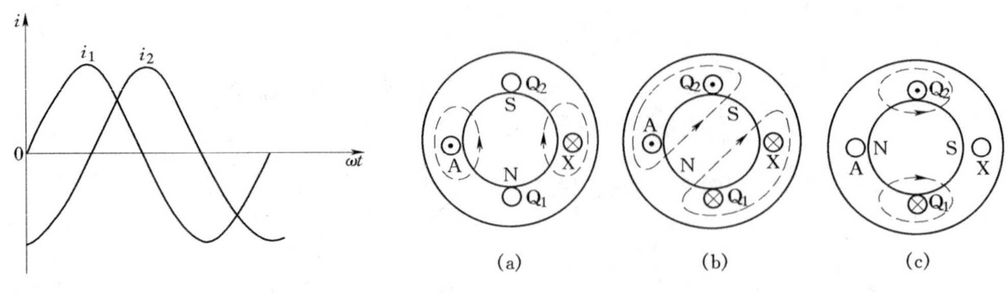

图 5-41　i_1 和 i_2 的波形

图 5-42　单相异步电动机的旋转磁场

(a) $\omega t=0°$；(b) $\omega t=45°$；(c) $\omega t=90°$

在旋转磁场的作用下，电动机的转子就可以转动起来。电动机起动后，起动绕组就完成了起动作用，这时可以通过离心式开关或起动继电器切断起动电路。

三、单相异步电动机的反转和调速

1. 单相异步电动机的反转

某些单相电动机，需要正反两个转向工作，即要求它能改变旋转方向。图 5-43 是单相异步电动机改变转向的原理电路图。需要改变转动方向时，只要将开关 S 扳到反转位置即可。这是因为开关 S 从正转投向反转位置后，调换了初级和次级绕组的功能地位（凡与电容器 C 串联的即为起动绕组），使原来初级和次级绕组中的电流相差 90°的相位关系也同时对调。这时的两极旋转磁场已改变了旋转方向，因而转子也就随之反转了。

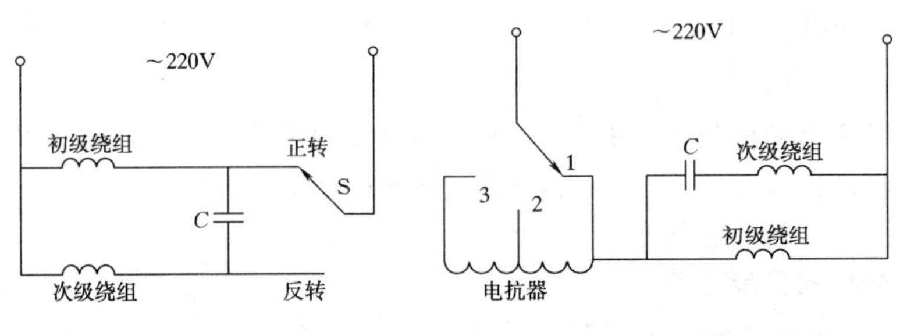

图 5-43　单相异步电动机改变转向的原理电路

图 5-44　串联电抗器调速

1—高速；2—中速；3—低速

2. 单相异步电动机的调速

分相式单相异步电动机的转速，一般是采用降压调速。利用主绕组上电压降的变化来改变电机旋转磁场的强弱，达到调速的目的。下面介绍电风扇所用电动机的几种调速方法。

(1) 串联电抗器调速。如图 5-44 所示，在分相式异步电动机的电路中串联一个有抽头的电抗器，改变电抗器的抽头即改变了加在初级和次级绕组两端的电压，从而实现调速。图中，抽头 1 为高速，2 为中速，3 为低速。

(2) 串联调速绕组调速。在初级绕组上串联一组有抽头的调速绕组（也绕在定子内），改变抽头位置便改变了加在初级绕组两端的电压，可相应控制旋转磁场的强弱，达到调速之目的。如图 5-45 所示，当开关 S 处于“1”的位置时，电源全部加在初级绕组上，电动机的转速最高；而开关S处于“3”的位置时，主绕组上的电压只是电源电压的一部分，两相旋转磁场被减弱，转子的转速降为最低；开关S在“2”的位置时是中速。

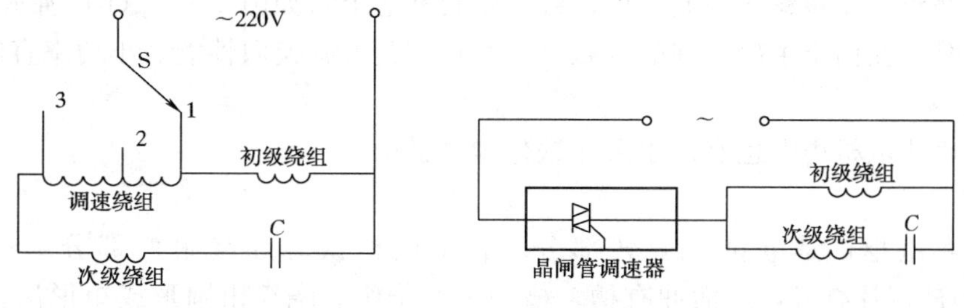

图 5-45　串联调速绕组调速　　图 5-46　晶闸管调速电路

（3）利用晶闸管调速。晶闸管调速方法是用改变晶闸管导通角来改变加在电动机初级和次级绕组的端电压实现调速的。图 5-46 是电容分相电动机晶闸管调速的简化示意图。

第五节　直　流　电　机

直流电机是机械能和直流电能互相转换的旋转机械装置。直流电机分直流电动机和直流发电机两大类。将直流电能转化为机械能的称为直流电动机，将机械能转化为直流电能的称为直流发电机。

一、直流电机的构造

直流电机主要由定子、转子、换向器三部分组成，如图 5-47 所示。

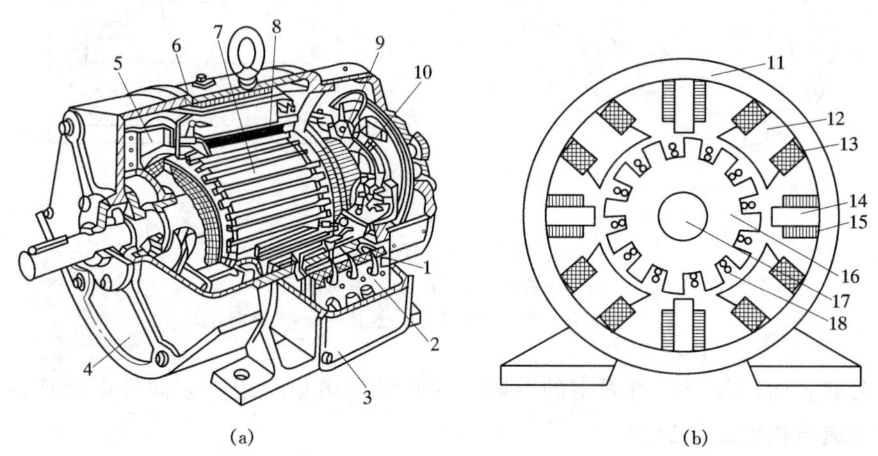

图 5-47　直流电机的结构

1—换向磁极；2—接线板；3—出线盒；4—端盖；5—风扇；6—机座；7—电枢；8—主磁极；9—电刷装置；10—换向器；11—机座（瓷轭）；12—主磁极铁芯；13—励磁绕组；14—换向极铁芯；15—换向极绕组；16—电枢铁芯；17—转轴；18—电枢绕组

1. 定子

定子由机座、磁路（称为磁轭）、主磁极和换向磁极以及电刷装置等组成。

机座是电机的机械支撑，磁轭为磁极间提供磁阻较小的磁通路。

主磁极用来产生磁场，它由铁芯和绕组两部分组成。磁极的铁芯由硅钢片叠成，固定在机座上。绕组由漆包铜线绕制而成，绕组绕在铁芯上，如图 5－47（b）所示。

换向极是装在两个主磁极间的小磁极，其作用是改善换向性能。小功率直流电机一般不装换向极。

在小型直流电机中，也有用永久磁铁作为磁极的。

2. 转子

转子又称电枢，是电机的旋转部分。它由电枢铁芯和绕组两部分组成。铁芯由 0.5mm 厚的硅钢片叠成，表面冲有槽，槽中放有绕组。绕组由圆形或矩形漆包铜线绕制而成。如图 5－47（a）所示。

3. 换向器

换向器又称整流子，它的作用是把绕组内部的交流电动势用机械换接的方法，转换为直流电动势。换向器是由很多彼此绝缘的换向片构成。图 5－48（a）所示为一种常见的普通换向器。这种换向片制造工艺较复杂。目前小型直流电机已改用塑料换向器，如图 5－48（b）所示。

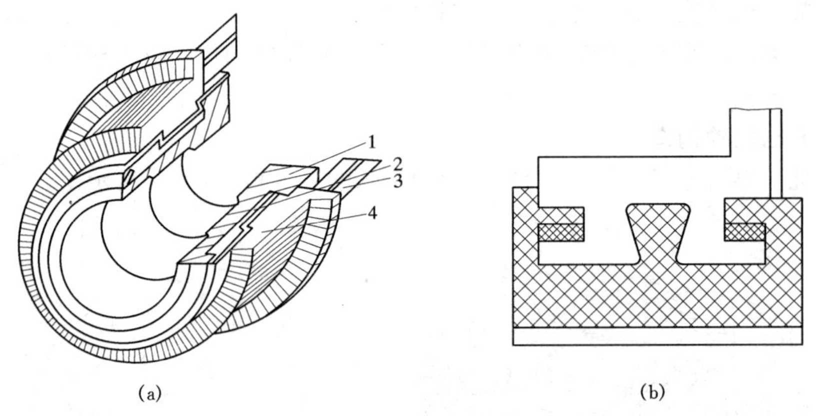

图 5－48　换向器

（a）普通型；（b）塑料换向器

1—V 形套筒；2—云母环；3—连接片；4—换向片

在换向器表面用弹簧压着固定的电刷，使转动的电枢绕组得以同外电路连接起来。

二、直流电机的工作原理

为了研究的方便，把复杂的电机简化为图 5－49 所示的直流电机的物理模型。简化后的电机具有一对磁极，电枢只有一匝线圈，线圈两端分别接在换向片上，换向片上压着 A、B 两个电刷。

当电机作为发电机运行时，如图 5－49 所示，电枢在原动机驱动下，以转速 n 沿逆时针方向在磁场中旋转，在线圈的两个有效边 ab、cd 中便感应出电动势。电动势的方向由右手定则判定。每一有效边中的感应电动势是交变的，即在 N 极下是一个方向，当它转到 S 极下是另一个方向。但是，由于电刷 A 总是与靠近 N 极一边的导体连接的换向片相接触，而电刷B总是和靠近S极一边的导体连接的换向片相接触，因此，在A、B电刷间就出现一个方向不变的电动势或电压。所以换向器的作用就是使电枢绕组中的交变电动势变换成电刷间方向不变的电动势。如果在电刷A、B间接上负载，那么在电动势的作用下便会产生一定方向的电流（图5-49中电流的方向为d→c→b→a）。

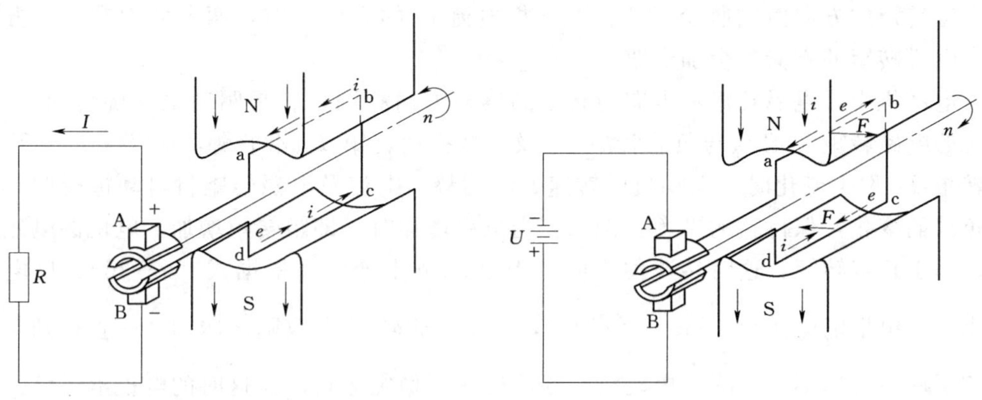

图5-49　直流发电机模型　　　　图5-50　直流电动机模型

当电机作为电动机运行时，如图5-50所示，在电刷A、B间接上直流电源，使电流从电刷B流入线圈dcba，由电刷A流出。因为电刷B连接S极下的导体，电刷A连接N极下的导体，此时的电流总是经S极下的导体流入，而经N极下导体流出，此二导体在磁场中受电磁力的作用，其方向由左手定则判定。电磁力方向如图5-50所示，在N极下导体受力的方向和S极下导体受力的方向始终不变。它们所产生的力矩总是顺时针方向。这样，电动机在电磁力矩的作用下，就可以带动生产机械沿一定方向转动。

三、直流电机的电动势和电磁转矩

1. 电动势

在直流电机中，感应电动势是由于电枢绕组和磁极磁场存在着相对运动，绕组切割磁场的磁力线而产生的。感应电动势的大小与电枢转速、工作磁通、电枢绕组匝数及有效边长度等电机结构参数有关，电动势E可以用下式表示

$$E=K_e\Phi n \tag{5-26}$$

式中　Φ——磁通，Wb；

n——转子转速，r/min；

K_e——电势常数，取决于电机结构。

电动势的方向由磁通的方向和转子的旋转方向决定，两者之中任何一个方向改变了，电动势的方向就会随之改变。

在发电机中，电动势的方向与电枢电流的方向相同，是电源电动势。在电动机中，电动势的方向与电枢电流的方向相反（见图5-50中虚线箭头），称它为反电动势。

2. 电磁转矩

在直流电机中，电磁转矩是由电枢电流与主磁极磁场互相作用而产生的电磁力形成的。

对于给定的电机，由于电磁转矩T与电枢电流、工作磁通及电机结构参数有关，电磁转矩的大小可用下式表示

$$T = K_m \Phi I_a \tag{5-27}$$

式中　T——电磁转矩，N·m；

I_a——电枢电流，A；

K_m——转矩常数，取决于电机结构。

电磁转矩的方向由磁通 Φ 的方向和电枢电流 I_a 的方向决定，两者之中有一个方向改变了，电磁转矩的方向就会随之改变。

在电动机中，电磁转矩的方向与转子的旋转方向相同，它是驱动电枢旋转的。因此，电动机的电磁转矩 T 必须与负载转矩 T_L 及空载损耗转矩 T_0 相平衡，即 $T=T_L+T_0$，当负载转矩 T_L 发生变化时，电动机的转速、电动势、电流及电磁转矩将自动进行调节，以适应负载的变化，保持新的平衡。例如：当负载增加时，即阻转矩增加，电机的电磁转矩便暂时小于负载转矩，这时转速便下降。当磁通 Φ 不变时，根据式（5-26），反电势 E 将减小，而电枢电流 $I_a=\left(\frac{U-E}{R}\right)$将增加，于是电磁转矩 T 也随之增加，一直达到与负载转矩相平衡后转速不再下降，电动机在新的转速下稳定运行。但这时的电枢电流已大于原来的电流。这也说明当负载增加时，电动机从电源索取的功率也增加了，将更多的电能转换为机械能。

在发电机中，电磁转矩的方向与转子的旋转方向相反，在图 5-49 中应用左手定则就可以判断出。因此，在作发电机运行时，原动机的转矩 T_1 必须与发电机的电磁转矩 T 及空载损耗转矩 T_0 相平衡，即 $T_1=T+T_0$，当发电机负载（即电枢电流 I_a）增加时，这时原动机的驱动转矩 T_1 和所供给的机械功率也必须相应增加，以保持转矩之间和功率之间的平衡，而转速基本不变。

由上述可知，直流电机作发电机运行和作电动机运行，虽然都产生电动势和电磁转矩，但两者的作用截然不同。在此作一对比如下：

（1）发电机运行：

E 与 I_a 同方向

$$T_1 = T + T_0$$

$$U = E - I_a R_a$$

式中　R_a——电枢电阻；

E——电源电动势；

T——阻转矩；

U——电源端电压。

（2）电动机运行：

E 与 I_a 方向相反

$$T = T_L + T_0$$

$$U = E + I_a R_a$$

式中　R_a——电枢电阻；

E——反电动势；

T——驱动转矩；

U——电源端电压。

四、直流电机分类

直流电机的励磁绕组和电枢绕组的连接方式有以下四种。

1. 他励电机

他励电机的励磁绕组和电枢绕组是各自分开的，励磁绕组由独立的直流电源供电。现以直流发电机为例，如图 5－51（a）所示。励磁电流不受电枢端电压和电枢电流的影响。

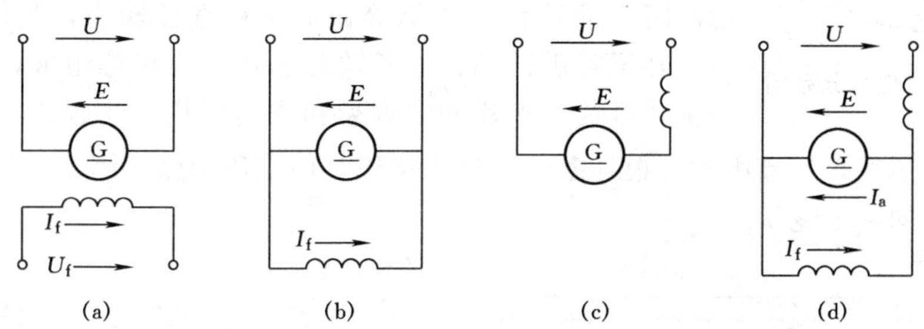

图 5－51　直流电机按励磁方式分类

（a）他励；（b）并励；（c）串励；（d）复励

2. 并励电机

并励电机的励磁绕组与电枢绕组并联，如图 5－51（b）所示。它的励磁绕组的导线较细、匝数较多，因而电阻较大，其中通过的励磁电流较小。励磁回路的电流与电枢两端的电压有关。

3. 串励电机

串励电机的励磁绕组和电枢绕组串联，如图 5－51（c）所示。其励磁绕组的匝数少，导线粗，其中通过较大的电枢电流。

4. 复励电机

复励电机有两个励磁绕组，一个与电枢绕组串联，一个与电枢绕组并联，如图 5－51（d）所示。

一般直流发电机的励磁方式为他励、并励和复励，串励发电机很少应用。因并励、串励、复励的励磁电流是本身供给的，所以又统称为自励发电机。直流电动机的励磁电流都是由外电源供给的。

第六节　伺 服 电 动 机

伺服电动机在自动控制系统和计算装置中作为执行元件，故又名执行电动机，其功能是把所接受的电信号转换为电动机轴上的角位移或角速度输出。伺服电动机按其使用的电源性质可分为交流和直流两大类。

一、交流伺服电动机

1. 基本结构

交流伺服电动机实质上是一个两相异步电动机。其结构主要可分为两大部分，即定子

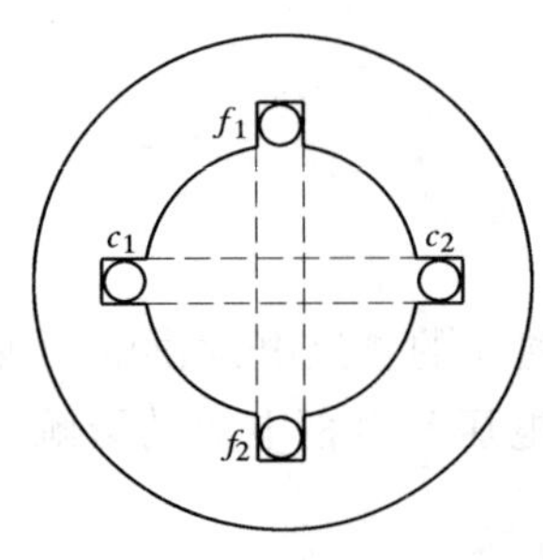

图 5-52 两相绕组分布图

部分和转子部分，定子部分与电容分相式单相异步电动机相似，定子铁芯中也安放着空间互成 90°的两相绕组：励磁绕组和控制绕组。励磁绕组始终加上一定的交流励磁电压 u_f，控制绕组上则加上控制信号电压 u_c。定子两相绕组分布图见图 5-52。

转子的结构常用的有笼形转子和非磁性空心杯形转子。笼形转子与三相异步电动机的。转子无太大区别，只是笼形转子用高阻率的黄铜、铸铝等做成，且直径较小，其结构见图 5-53。转子是由转轴、转子铁芯和转子绕组等组成，转子铁芯由硅钢片叠成，每片冲成带齿和槽的形状，然后片与片叠压起来套入轴内。铁芯的每一槽中放一根导条——转子绕组，两端用短路环固定。如果去掉铁芯转子绕组就如同一个笼子。

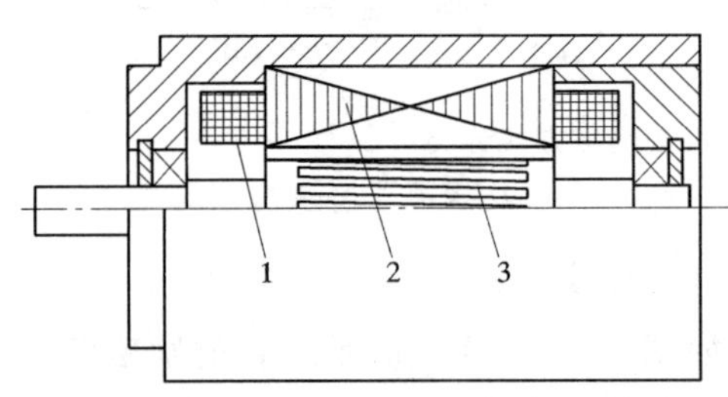

图 5-53 笼形转子交流伺服电动机

1—定子绕组；2—定子铁芯；3—笼形转子

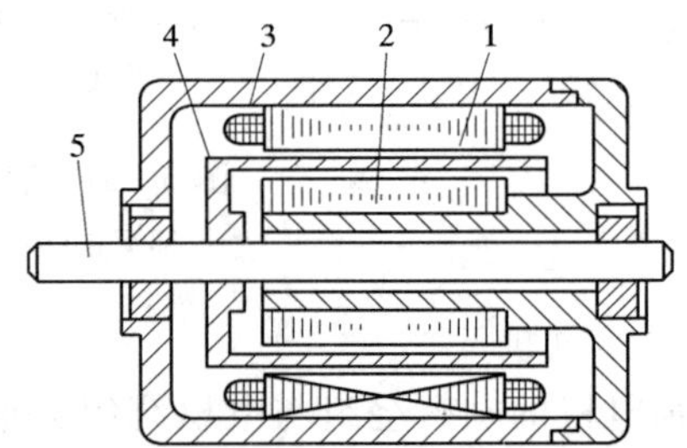

图 5-54 杯形转子交流伺服电动机

1—外定子；2—内定子；3—定子绕组；4—杯形转子；5—转轴

非磁性杯形转子交流伺服电动机的结构如图 5-54 所示。图中外定子与笼形转子伺服电动机的定子完全相同，而内定子是由环形硅钢片叠成，它相当于笼形转子的铁芯，其作用是为了减小磁路的磁阻。转子由非磁性材料铝或铜做成薄壁空心杯形，放在内外定子之间，杯子底部固定于转轴上。杯壁薄而轻，厚度一般在 0.3mm 左右，因而转动惯量小，动作快速灵敏。

杯形转子与笼形转子虽形状不一样，但实际上，杯形转子可以看作是笼形导条数目非常多的、条与条紧靠在一起的笼形转子，这样杯形转子就成了笼形转子的一种特殊形式。从在电动机中所起的作用看，两者并无实质的差别，所以在以后分析工作原理时，只以笼形转子为例。

2. 工作原理

为分析方便，假设控制绕组 C 与励磁绕组 f 的匝数相等，分别加上大小相等，相位相差 90°的电压 u_c 和 u_f，则产生大小相等、相位相差 90°的电流 i_c 和 i_f，用数学式表示为

$$i_c = I_{cm}\sin\omega t$$

$$i_f = I_{fm}\sin(\omega t - 90°)$$

$$I_{cm} = I_{fm} = I_{cm}$$

其波形图如图 5-55 所示。

当两相对称电流通入两相对称绕组时，在电动机内就会产生一个圆形旋转磁场，简称圆磁场。这与普通三相异步电动机在对称状态下运行时的情况一样，圆磁场在转子上将产生与磁场旋转方向一致的电磁转矩，使转子运转起来。

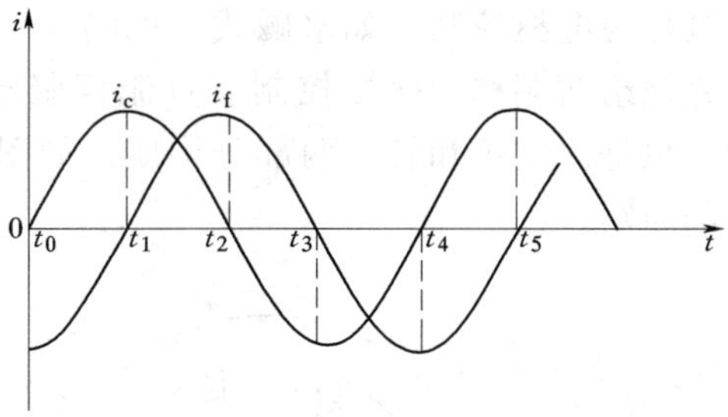

交流伺服电动机控制转速的方式有以下三种：

图 5-55　两相对称的电流

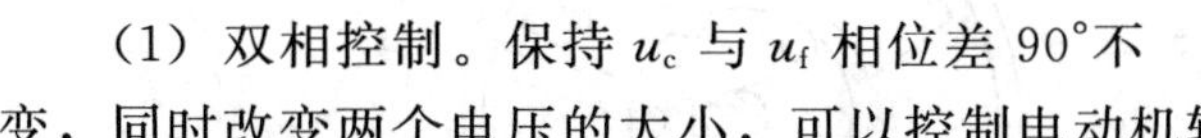

（1）双相控制。保持 u_c 与 u_f 相位差 90°不变，同时改变两个电压的大小，可以控制电动机转速。

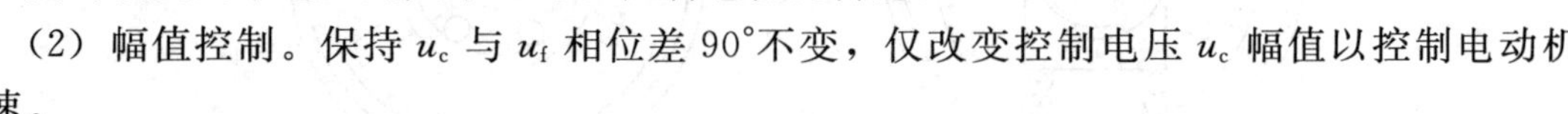

（2）幅值控制。保持 u_c 与 u_f 相位差 90°不变，仅改变控制电压 u_c 幅值以控制电动机转速。

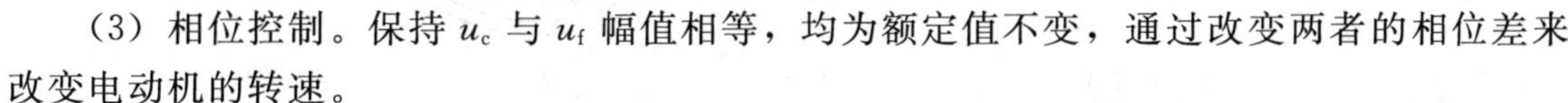

（3）相位控制。保持 u_c 与 u_f 幅值相等，均为额定值不变，通过改变两者的相位差来改变电动机的转速。

3. 交流伺服电动机特性

交流伺服电动机的输出功率一般是 0.1～100W。当电源频率为 50Hz 时，电压为 36、110、220、380V；当电源频率为 400Hz 时，电压为 20、36、115V 等多种等级。

（1）转矩特性。交流伺服电动机由于转子电阻很大，所以起动转矩很大，它的临界转差率 s_{cr} 可以大于 1，定子一有控制电压，转子立即运转。在转差率 s 在 0～1 的范围内，电动机均能稳定运行，见图 5-56，图中虚线部分为单相异步电动机的 $T-s$ 曲线。在控制电压消失后，电动机能立即停转。

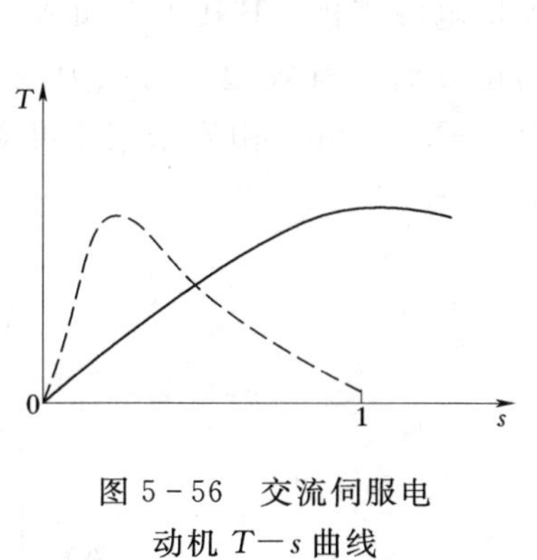

图 5-56　交流伺服电动机 $T-s$ 曲线

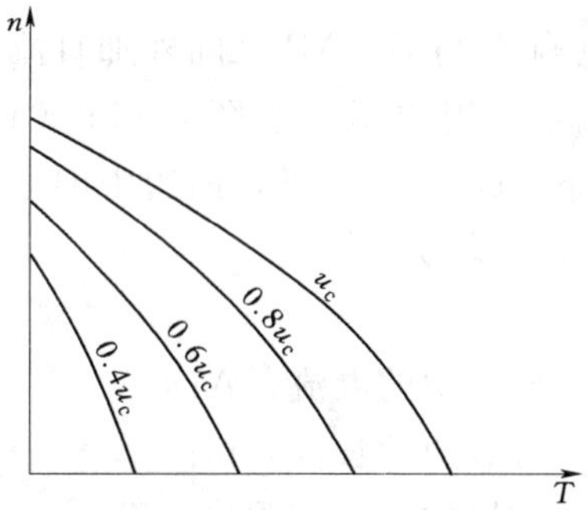

图 5-57　交流伺服电动机的 $n=f(T)$ 曲线

（2）机械特性。控制信号电压 u_c 可以控制电动机的转速 n。负载一定时，控制电压愈高，转速也愈高，在控制电压一定时，负载增加，转速下降。见机械特性曲线图 5-57。从图中可明显看出，交流伺服电动机的转速与转矩间具有非线性关系，也就是它的转速与控制信号 u_c 间是非线性关系。

二、直流伺服电动机

1. 基本结构

直流伺服电动机按控制方式可分为电枢控制和磁极控制两种。信号电压加在电枢绕组两端称为电枢控制，如永磁式、他励式（励磁电压恒定）均属于电枢控制。信号电压加在励磁绕组两端称为磁极控制。直流伺服电动机的基本结构与普通直流电动机并无本质区别，也是由定子和转子两部分构成。如图 5-58（a）、（b）分别为他励式和永磁式电动机的剖面图。

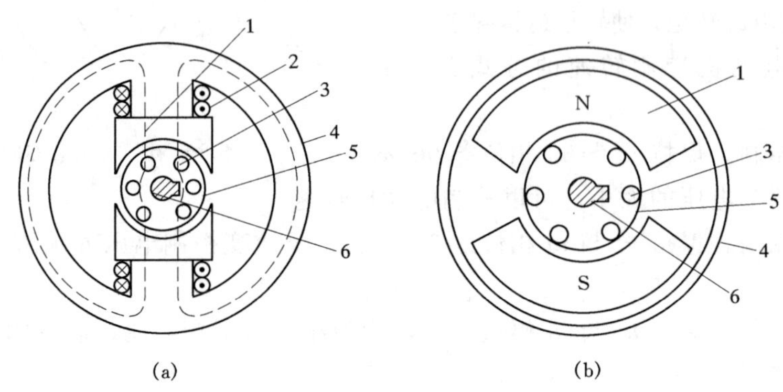

图 5-58　直流伺服电动机剖面图

（a）他励式；（b）永磁式

1—磁极；2—励磁绕组；3—电枢绕组；4—机壳；5—电枢铁芯；6—转轴

2. 工作原理

图 5-59 是直流伺服电动机的示意图。图中 N 和 *s* 是一对固定不动的磁极，用以产生电动机的主磁场。两磁极间置一线圈 abcd（即电枢绕组），线圈两端分别接到两个彼此绝缘的半圆形铜环（换向器）上，线圈连同换向器可以绕中心轴旋转。换向器上压着两个固定不动的电刷 A 与 B，AB 之间外加直流电压，A 接电源正极，B 接电源负极，则线圈中便有电流流过。当线圈处于图 5-59（a）所示的位置时，有效边（与磁力线垂直的边）ab 在 N 极下，cd 边在 S 极，两边中的电流方向为 a→b，c→d。由安培定律可知，两有效边所受的电磁力均为

$$F=BLI$$

式中　I——导线中的电流，A；

L——有效边的长度，m；

B——磁场的磁感应强度，T。

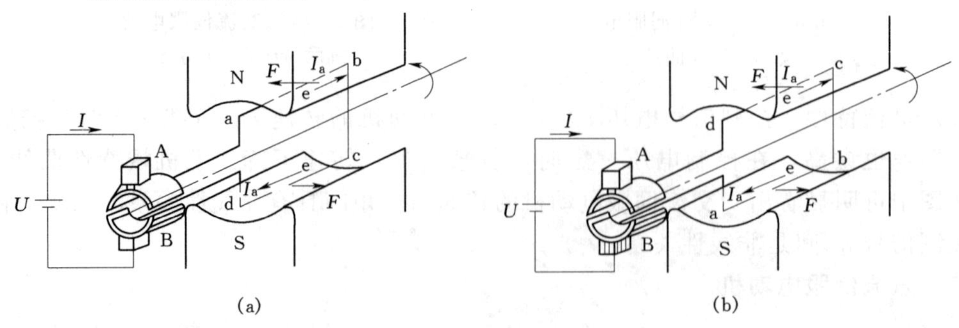

图 5-59　直流伺服电动机原理图

根据左手定则可知，两个 F 的方向相反，形成电磁转矩，驱使线圈逆时针方向旋转。当线圈转过 180°，处于图 5－59（b）所示的位置时，cd 边处在 N 极上，ab 边处在 S 上，而此时流过有效边的电流与原来相反，变为 d→c、b→a。对于位置固定不变的磁极来说，每一极面下有效边中的电流方向始终保持不变。这样，每一极面下有效边的受力方向亦不变，所以电磁转矩方向亦不变。这个转矩驱使线圈一直按逆时针方向旋转。这是问题的主要方面。

另一方面，当线圈转动时，两有效边 ab 和 cd 切割磁力线，因而产生感应电动势 e。由右手定则可知，其方向与线圈中电流方向相反、因此称为反电动势，在电路中起限制电流的作用，它影响电动机从电源吸取电流的大小。

以上叙述的是直流伺服电动机将电能转换为机械能的工作原理。实际上的电动机，其线圈是下在电枢铁芯槽中的，分布均匀，称为电枢绕组，相当于有多个如图 5－59 中的线圈分布在不同的方位上，且每一线圈不是一匝，而是多匝。这些线圈的有效边均在磁场中受到电磁力，形成同一方向的电磁转矩，驱使线圈连同电枢铁芯和转轴一同旋转。这时电动机可带动轴上负载运转。

3. 直流伺服电动机的特性

（1）电磁转矩 T。当电枢绕组中流过电流时，一根导体所受电磁力为 $F=BLI$。电动机总的电磁转矩 T 正比于每一根导体所受的电磁力 F。磁极的磁通 Φ 正比于磁感应强度 B。导体中的电流 I 与从电刷流入或流出的电流 I_a 成正比。因此直流伺服电动机的电磁转矩 T 可表示为

$$T=K_T\Phi I_a$$

式中　K_T——与电动机结构有关的常数；

Φ——主磁极磁通，Wb；

T——电枢电流，A。

从上式可以看出，改变 I_a 或 Φ 之中的任一个量，均可达到控制电动机转速与转向的目的。对于电枢控制的直流伺服电动机，Φ 是常数。此时电磁转矩 T 的大小和方向只与电枢电流 I_a 的大小和方向有关。显然，改变控制信号（即改变 I_a）的大小和方向，即可改变电动机的转速和转向。同理，对于磁极控制的直流伺服电动机，改变信号电压的大小和方向，相当于改变磁通 Φ 的大小和方向，同样可以控制电动机的转速与转向。

（2）电枢反电动势 E。电动机旋转时绕组切割磁力线必然产生感应电动势 E。此电动势方向与电流方向相反，所以又称之为反电动势。反电动势与磁极磁通 Φ 及转速 n 成正比，可用下式表示

$$E=K_e\Phi n$$

（3）机械特性与调节特性。由直流伺服电动机的工作原理，可列出电枢控制的电枢回路的电压平衡方程式

$$U=E+I_aR_a$$

与前述电磁转矩 T 和反电动势 E 方程联立得到电枢控制的直流伺服电动机的机械特性方程

$$n=U/(K_e\Phi)-R_aT/(K_eK_T\Phi^2)$$

对于电枢控制的直流伺服电动机，磁极的磁通 Φ 是常数。K_e 与 K_T 均是与电动机有关的常数。R_a 是电枢绕组的内阻，也是常数。这样当电枢电压 U 一定时，直流伺服电动机的机械特性是一直线，见图 5-60。改变电枢电压 U，机械特性曲线平行移动。这表明当电枢电压一定时，电动机转速与电磁转矩间具有良好的线性关系。

机械特性的下降斜率代表着机械特性的软硬程度。斜率大，机械特性就软，反之斜率小，机械特性就硬。一般来说，直流伺服电动机的机械特性是属于硬特性。

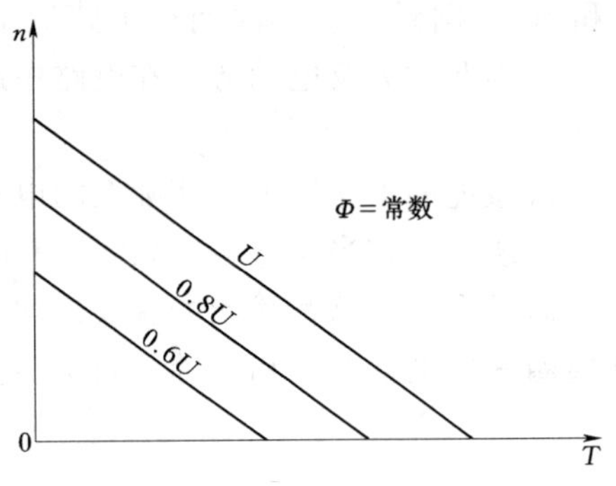

图 5-60 直流伺服电动机的机械特性

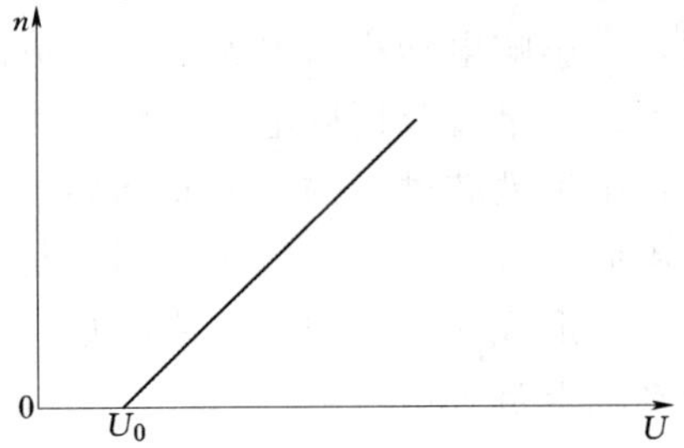

图 5-61 直流伺服电动机的调节特性

当电动机的负载转矩不变（电磁转矩 T 也不变）时，稳态转速 n 随控制电压 U 变化的关系称为电动机的调节特性。实际上它也是一直线，且不过原点，见图 5-61。当控制信号电压（电枢电压）U 大于 U_0 时，电动机开始起动。这一电压 U_0 称为某一负载时的死区电压。它是由电动机的总阻矩引起的。对于不同负载死区电压是不同的，但调节特性的斜率是不变的。从调节特性可以看出，对于固定负载的直流伺服电动机，其控制电压和转速间具有较为理想的线性关系，所以在工程上，电枢控制方式用得比较多。

第七节 步进电动机

步进电动机是一种利用电磁铁的作用原理将电脉冲信号转换为线位移或角位移的电机，近年来在数字控制装置中的应用日益广泛。例如在数控机床中，将加工零件的图形、尺寸及工艺要求编制成一定符号的加工指令，打在穿孔纸带上，输入数字计算机。计算机根据给定的数据和要求进行运算，而后发出电脉冲信号。计算机每发一个脉冲，步进电动机便转过一定角度，由步进电动机通过传动装置所带动的工作台或刀架就移动一个很小距离（或转动一个很小角度）。脉冲一个接着一个发来，步进电动机便一步一步地转动，达到自动加工零件的目的。

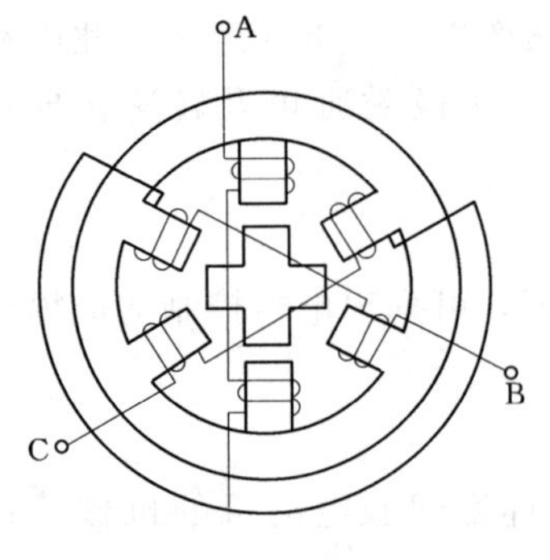

图 5-62 反映式步进电动机的结构

图 5-62 是反应式步进电动机的结构示意图。它的定子具有均匀分布的 6 个磁极，磁极上绕有绕组。两个相对的磁极组成一相，绕组的联法如图所示。假定转子具有均匀分布的四个齿。

下面介绍单三拍、六拍及双三拍三种工作方式的基本原理。

1. 单三拍

设A相首先通电（B、C两相不通电），产生A→A′轴线方向的磁通，并通过转子形成闭合回路。这时A、A′极就成为电磁铁的N、S极。在磁场的作用下，转子总是力图转到磁阻最小的位置，也就是要转到转子的齿对齐A、A′极的位置如图5-63（a）。接着B相通电（A、C两相不通电），转子便顺时针方向转过30°，它的齿和B、B′极对齐如图5-63（b）。随后C相通电（A、B两相不通电），转子又顺时针方向转过30°，它的齿和C、C′极对齐如图5-63（c）。不难理解，当脉冲信号一个一个发来，如果按A→B→C→A……的顺序轮流通电，则电机转子便顺时针方向一步一步地转动。每一步的转角为30°（称为步距角）。电流换接三次，磁场旋转一周，转子前进了一个齿距角（转子四个齿时为90°）。如果按A→C→B→A→……的顺序通电，则电机转子便逆时针方向转动。这种通电方式称为单三拍方式。

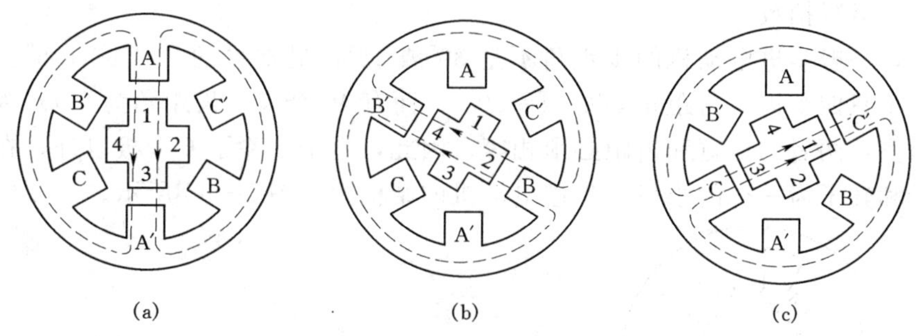

图5-63 单三拍通电方式时转子的位置

（a）A相通电；（b）B相通电；（c）C相通电

2. 六拍

设A相首先通电，转子齿和定子A、A′极对齐如图5-64（a）。然后在A相继续通电的情况下接通B相。这时定子B、B′极对转子齿2、4有磁拉力，使转子顺时针方向转动，但是A、A′极继续拉住齿1、3。因此，转子转到两个磁拉力平衡时为止。这时转子的位置如图5-64（b）所示，即转子从图5-64（a）的位置顺时针方向转过了15°。接着A相断电，B相继续通电。这时转子齿2、4和定子B、B′极对齐如图5-64（c），转子从图5-64（b）的位置又转过了15°。而后接通C相，B相仍然继续通电，这时转子又转过

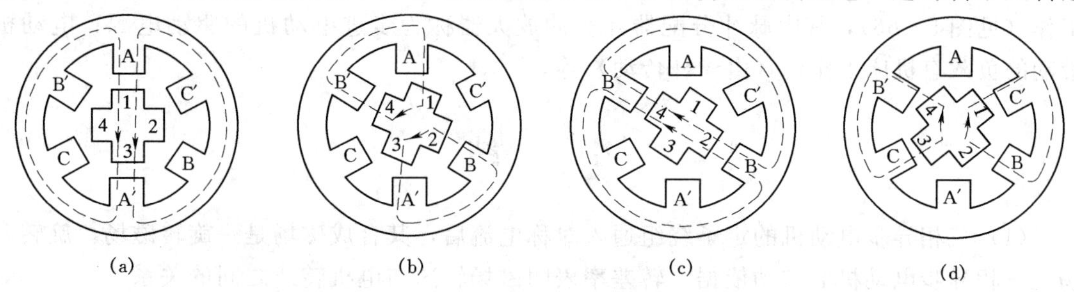

图5-64 六拍通电方式时转子的位置

（a）A相通电；（b）A、B相通电；（c）B相通电；（d）B、C相通电

了 15°，其位置如图 5－64（d）所示。这样，如果按 A→A，B→B→B，C→C→C，A→A→……的顺序轮流通电，则转子便顺时针方向一步一步地转动，步距角为 15°。电流换接六次，磁场旋转一周，转子前进了一个齿距角。如果按 A→A，C→C→C，B→B→B，A→A→……的顺序通电，则电机转子逆时针方向转动。这种通电方式称为六拍方式。

3. 双三拍

如果每次都是两相通电，即按 A，B→B，C→C，A→A，B→……的顺序通电，则称为双三拍方式。从图 5－64（b）和图 5－64（d）可见，步距角也是 30°。

由上述可知，采用单三拍和双三拍方式时，转子走三步前进了一个齿距角，每走一步前进了三分之一齿距角；采用六拍方式时，转子走六步前进了一个齿距角，每走一步前进了六分之一齿距角。因此步距角 θ 可用下式计算

$$\theta=360°/Z_{r}m$$

式中 Z_{r}——转子齿数；

m——运行拍数。

实际上，一般步进电动机的步距角不是 30°或 15°，最常见的是 3°或 1.5°。由上式可知，转子上不只四个齿（齿距角 360°/4＝90°），而有 40 个齿（齿距角为 9°）。为使转子齿和定子齿对齐，两者的齿宽和齿距必须相等。因此，定子上除了 6 个极以外，在每个极面上还有五个和转子齿一样的小齿。步进电动机的结构图如图 5－65 所示。

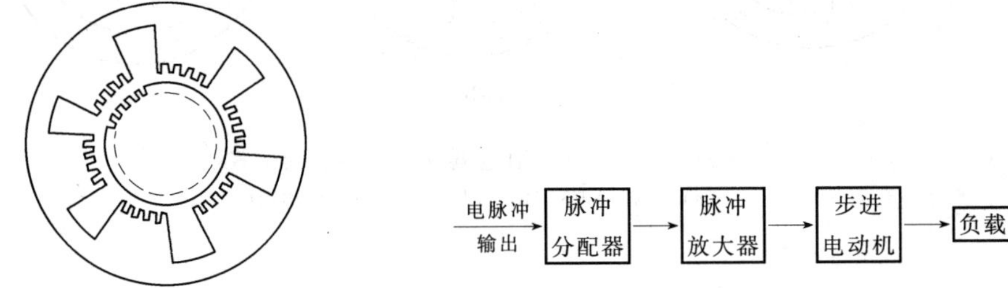

图 5－65　三相反应式步进电动机

图 5－66　输入电脉冲驱动电动机工作

由上面介绍可以看出，步进电动机具有结构简单、维护方便、精确度高、起动灵敏、停车准确等性能。此外，步进电动机的转速决定了电脉冲频率，并与频率同步。

根据指令输入的电脉冲不能直接用来控制步进电动机，必须采用脉冲分配器先将电脉冲按通电工作方式进行分配，而后经脉冲放大器放大到具有足够的功率，才能驱动电动机工作（见图 5－66），其中脉冲分配器和脉冲放大器称为步进电动机的驱动电源；电动机带动的负载有机床工作台（由丝杆传动）等。

小　　结

（1）三相异步电动机的定子绕组通入对称电流后，其合成磁场是一旋转磁场。旋转磁场是三相异步电动机的转动依据。转差率表明磁场转速与电机转速之间的关系。

（2）三相异步电动机的电磁转矩是主要运行参数，特别是电磁转矩与电源电压的平方成正比。掌握额定转矩的计算公式以及电机的稳定运行区。

(3) 三相异步电动机的各种起动方法有不同的适用范围，特别是要掌握 Y—△换接起动时的起动电流和起动转矩是直接起动时 1/3。了解各种调速方法及其适用范围。

(4) 单相异步电动机旋转磁场的产生和工作原理，了解它不能自起动这一特点。

(5) 了解直流电机的原理及其应用，特别是分别作为电动机和发电机使用时，其物理量含义的异同点。

(6) 伺服电动机和步进电动机均属控制电机。控制电机又称微电机，种类繁多，其原理与一般旋转电机相同，但主要任务是转换和传送信号，广泛用于自动控制系统中。

习　　题

5-1　三相异步电动机的额定转速为 980r/min，这台电动机的同步转速是多少？有几对磁极、转差率是多少？

5-2　为什么三相异步电动机不能在接近最大转矩 T_{max}处运行？

5-3　某台三相异步电动机的技术数据如下表所示：

型号	额定功率（kW）	额定电压（V）	满　载　时				起动电流/额定电流（比值）	起动转矩/额定转矩（比值）	最大转矩/额定转矩（比值）
			转速（r/min）	电流（A）	效率（%）	功率因数			
Y160M—4	10.0	380	1460	20.0	86.8	0.88	6.5	1.5	2.3

试求电动机的：

(1) 转差率。

(2) 额定转矩。

(3) 起动转矩。

(4) 最大转矩。

(5) 直接起动电流。

5-4　同一台异步电动机在空载和满载两种情况下起动时，其起动电流或起动转矩是否一样？为什么？

5-5　有一台 220/380V、△/Y 连接的三相异步电动机，拖动恒转矩负载工作在下列情况是否可以？为什么？

(1) 三相定子绕组接成△形，接到 380V 电源上。

(2) 三相定子绕组接成 Y 形，接到 380V 电源上。

(3) 三相定子绕组接成 Y 形，接到 220V 电源上。

5-6　Y132S1—2 型三相异步电动机的技术数据如下：$P_N=5.5kW$，$U_N=380V$，$I_N=11.1A$，$n_N=2900r/min$，$I_{st}/I_N=7.0$，$T_{st}/T_N=2.0$。

(1) 当负载转矩为额定转矩的 70%时，能否采用 Y—△换接起动？

(2) 当负载转矩为额定转矩的 60%时，能否采用 Y—△换接起动？如可以，起动电流多大？

5-7　J02—82—4 型三相异步电动机的数据如下：$P_N=40kW$，$U_N=380V$，$n_N=$

1470r/min，$\eta_N = 90\%$，$\cos\varphi_N = 0.9$，$I_{st}/I_N = 6.5$，$T_{st}/T_N = 1.2$，$T_{max}/T_N = 2.0$。

（1）试求额定电流、额定转差率、额定转矩、最大转矩和起动转矩。

（2）如果负载转矩为274.4N·m，在电源电压$U=U_N$和$U=0.9U_N$两种情况下，电动机能否起动？

（3）采用Y—△换接起动时，在负载转矩为额定转矩的50%和30%两种情况下，电动机能否起动？

5-8　一台4极三相异步电动机的额定转差率为5%，试计算：

（1）电动机的额定转速。

（2）空载转差率为2.5%时的空载转速。

（3）转子额定电流的频率。

（4）额定情况下，转子旋转磁场相对于转子、定子和定子旋转磁场的转速。

5-9　一台4对磁极的三相异步电动机，它从空载到满载时，转差率由0.6%变到4%，若电源的频率为50Hz，电动机的转速应怎样变化？

5-10　已知一台三相异步电动机的转速$n_N = 960$r/min，电源频率$f_1=50$Hz，转子电阻$R_2 = 0.03\Omega$，感抗$X_{20} = 0.16\Omega$，$E_{20} = 25$V，试求起动时和额定运行时转子的电流和功率因数。

5-11　有一离心式水泵，$Q = 0.03\text{m}^3$，$H = 20$m，$n=1460$r/min，$\eta_2=0.55$。今用一笼型异步电动机拖动做长期运行，电动机与水泵直接连接（$\eta_1\approx1$）。试选择电动机功率。

5-12　改变交流电动机的转动方向的方法有哪些？

5-13　某直流伺服电动机，电枢控制，当控制电压不变，而负载转矩减半时，电动机的转速将如何变化？若负载转矩连续变化，转速是否也是连续变化吗？为什么？

5-14　有一永磁式直流伺服电动机，带某一固定负载，现测得死区电压$U_0=1.2$V，且当控制电压为24V时，转速$n=3000$r/min，试计算当控制电压为36V时，转速为多少？

5-15　一台三相反应式步进电动机，转子齿数为50，试求各种运行方式时的步距角。

5-16　一台反应式步进式电动机的步距角为1.5°，若脉冲频率为3000Hz，试问转速是多少？

第六章　电 气 控 制 线 路

电气控制线路是电力拖动系统的重要组成部分。随着科学技术的发展，为了提高控制精度和可靠性，继电器和接触器正朝着无触点和弱电化的方向发展。

本章介绍常用控制电器的工作原理，着重讨论基本控制线路和设计原则。

第一节　常 用 控 制 电 器

一、手动电器

1. 组合开关

在电气线路控制中，组合开关一般用作电源引入开关，也可直接用来控制小容量笼型异步电动机的起停或正反转，局部照明线路也常用它来控制。

组合开关的种类很多，常用的有 HZ10 系列，图 6-1 所示是 HZ10—10/3 型组合开关的结构图。它有三对静触片，每个静触片的一端固定在绝缘垫板上，另一端伸出盒外接到接线柱上，以便电源与用电设备连接。三个动触片套在装有手柄的绝缘转动轴上，转动手柄就可以将三对触头（彼此相隔一定角度）同时接通或断开。

在选用或购置组合开关时，要根据控制要求以及线路的工作电压和工作电流来选择。

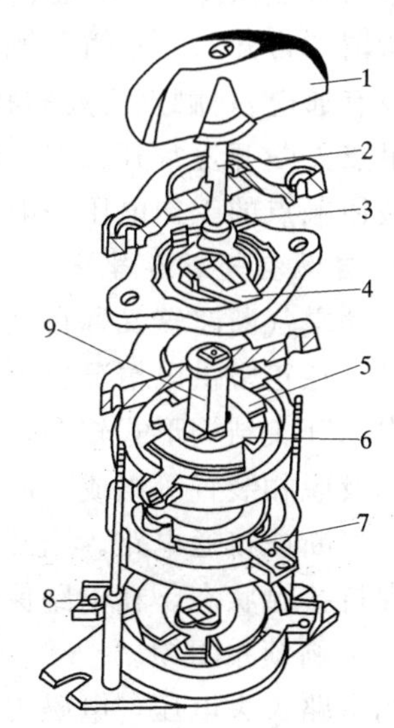

图 6-1　组合开关

1—手柄；2—转轴；3—弹簧；4—凸轮；5—绝缘垫板；6—动触片；7—静触片；8—接线柱；9—绝缘杆

2. 按钮

按钮通常用来接通或断开控制电路（如接触器或继电器的线圈所在电路），从而控制电动机或其他电气设备的运行。它是专门发布信号或命令的电器。

图 6-2 是按钮的外形、结构原理和符号。从图 6-2（c）所示的结构原理图看出，按钮帽通过推杆操纵下端桥式动触头的上下移动。当不揿按钮时，桥式动触头在复位弹簧的作用下与上面的一对静触点相接触，这时上面的一对静触点经过桥式动触点接通，称为常闭（或动断）触点；下面的一对静触点处于断开状态，称为常开（或动合）触点。当揿下按钮时，桥式触点随着推杆一起往下移动，直至和下面的一对静触点接触，于是常闭触点断开、常开触点接通。释放按钮时，复位弹簧使桥式触点复位，此时常开触点恢复断开状

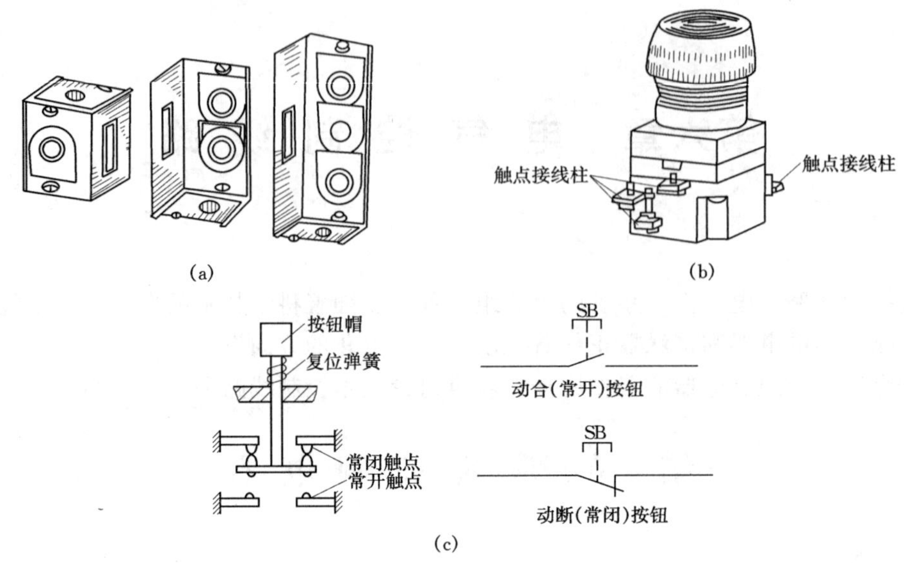

图 6-2　按钮的外形、结构原理和符号

(a) LA10 系列按钮；(b) LA19 系列按钮；(c) 结构原理和符号

态，常闭触点恢复闭合状态。图 6-2（c）还给出了按钮的图形符号和文字符号。

所谓“常开”、“常闭”触点，是以电器不受外力作用时（对接触器、继电器而言，是线圈没有通电），触点所处的状态来命名的。此外还应注意到，电器在外力作用下动作时，常闭触点先断开，常开触点后闭合；外力消失后，常开触点先分断开，常闭触点后复位。

按钮触点的工作电压一般为 500V 以下，工作电流为 5A。

3. 自动空气断路器

自动空气断路器又称自动开关，广泛应用于各种低压电路中，可实现短路、过载及欠压保护。在正常供电情况也可作不频繁接通切断电路用。

自动开关结构形式较多，下面介绍一般原理。自动空气开关由触头系统、灭弧室、操纵机构及脱扣装置等组成，原理电路如图 6-3 所示。自动空气开关可通过手柄（图中未画出）切断或接通电路。当开关的手柄扳到合闸位置时，与触头相连的连杆被锁钩扣住，触头保持接触状态。在电路保持接触状态时，过电流脱扣器和欠电压脱扣器均处于图示位置，不影响锁扣闭锁。

当电路失去电压，电磁力消失，在弹簧 10 的作用下，欠电压脱扣器顺时针方向转动，将锁扣器顶开，触头在释放弹簧作用下断开，使负载断开电源。当电路出现过载或短路后，过电流继电器线圈中电流增大，使其衔铁下移，带动过电流脱扣器顺时针方向转动，过电流脱扣器将锁扣顶开，触头在释放弹簧作用下断开，亦使负载断开电源。在电路排除过载、短路或欠电压事故后，须再次扳动自动空气开关的手柄至合闸位置，使触头闭合，电路重新工作。

4. 熔断器

熔断器主要用来对电动机进行短路保护。在控制、照明电路中的熔断器，既有短路保护作用，又有过载保护作用。常用的熔断器有 RC1、RL1 等系列。

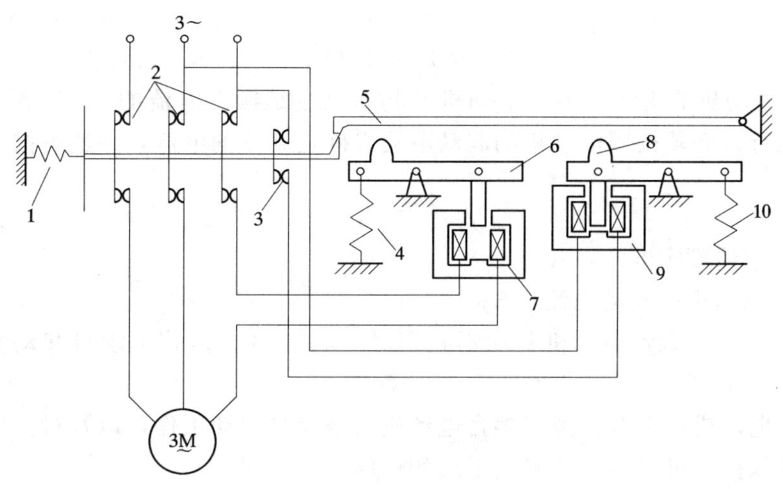

图 6-3　自动空气开关原理示意图

1—释放弹簧；2—主触点；3—辅助触点；4—弹簧；5—锁扣；6—过电流脱扣器；7—电流继电器；8—欠电压脱扣器；9—电压继电器；10—弹簧

图 6-4（a）、（b）是较常用的两种熔断器的结构图。图 6-4（c）是熔断器的图形符号和文字符号。

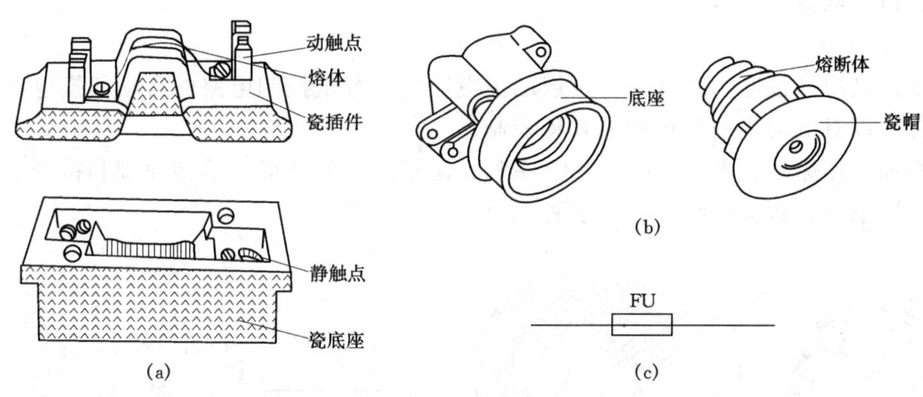

图 6-4　熔断器

（a）插式熔断器；（b）螺旋式熔断器；（c）符号

熔断器中的熔体（熔片或熔丝）用电阻率较高的易熔合金制成，例如铅锡合金等；也可用截面积甚小的良导体制成，例如铜、银等。熔断器通常串接在被保护的电路中。在电路正常工作情况下，熔断器的熔体不应熔断。当电路发生短路故障时，很大的电流通过熔断器，使熔体发热而被熔断，将故障电路从电源切除，从而起到保护电路或电气设备的作用。

熔断器的选择，除了根据应用场合选择适当的结构形式外，主要是选择熔体。具体方法如下：

（1）照明、电热负载的支线。为了确保照明、电热负载的正常工作而不致损坏，所选熔体的额定电流 I_{rN} 应略大于或等于线路的工作电流 I_{JS}（计算电流），即

$$I_{rN} \geqslant I_{JS} \tag{6-1}$$

通常取

$$I_{rN}=1.1I_{JS} \tag{6-2}$$

（2）一台电动机的支线。因为电动机的起动电流是额定电流的4～7倍，为使电动机能正常起动运行，必须按照电动机的起动电流来确定熔体的电流，一般可按下式计算

$$I_{rN} \geqslant \frac{I_{st}}{\alpha} \tag{6-3}$$

式中 I_{rN}——熔体额定电流，A；

I_{st}——电动机的起动电流，A；

α——经验系数，电动机起动不频繁时，取 $\alpha=2.5$；若电动机起动频繁则取 $\alpha=1.6\sim2$。

（3）几台电动机的干线。考虑多台电动机未必同时起动工作，以及对按发热条件选择截面的线路的保护，可参照下式确定干线的熔体电流，即

$$I_{rN}=(1.5\sim2.5)I_{max}+\sum_{i=1}^{n-1}I_i \tag{6-4}$$

式中 I_{max}——容量最大的一台电动机的额定电流，A；

$\sum_{i=1}^{n-1}I_i$——除去最大容量的电动机外，其余$(n-1)$台电动机额定电流之和，A。

二、自动电器

1. 交流接触器

接触器是用来接通和断开带有负载的主电路、大容量控制电路的自动切换电器。它与按钮配合可以对电动机进行远距离自动控制。

结构和工作原理：图6-5是CJ10系列交流接触器的外形、结构原理和符号。接触器通常由电磁系统、触头系统、灭弧装置三个主要组成部分。

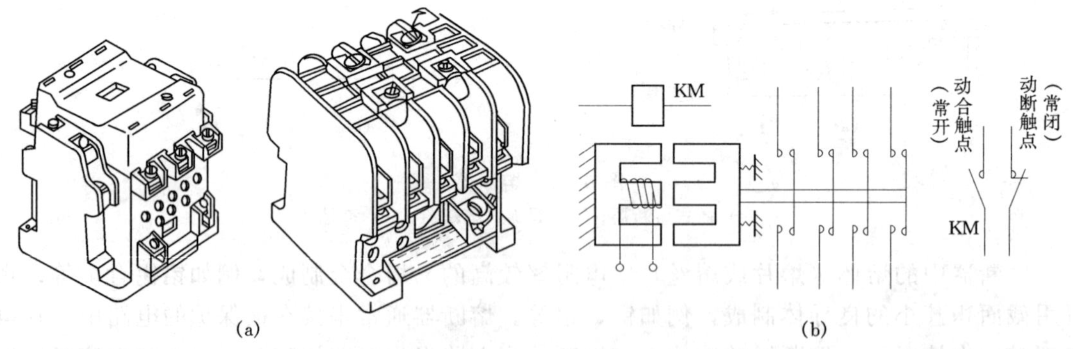

图6-5 CJ10交流接触器

(a) CJ10系列交流接触器；(b) 结构原理图和符号

（1）电磁系统。电磁系统由双E型铁芯（静铁芯和动铁芯）和吸引线圈构成［见图6-5（b）］，它利用电磁吸力牵动触点系统动作。

（2）触头系统。接触器的触点形式有指式和桥式两种，图6-5（b）中为桥式双断点触点。接触器的触点按其功能分为主触点和辅助触点。前者触点体积较大，适于通、断负载

电流较大的主电路；后者体积较小，适于通、断电流较小的控制电路。接触器的主触点，一般都制成常开（动合）触点。

(3) 灭弧装置。接触器的主触点用于接通或分断电路，在分断具有较大感性负载的电路时，在动、静触点之间将产生强烈的电弧，为了减轻电弧对触点的烧蚀作用，必须采取灭弧措施。常用的灭弧装置有灭弧栅、灭弧罩、灭弧线圈等。中、小容量的交流接触器，主触点上部多装有半封闭式陶土制成的灭弧罩，触点断开负载电路时，产生的电弧在灭弧罩内迅速冷却而熄灭。

当吸引线圈通电后，产生电磁吸力，它克服释放弹簧的反作用力将动铁芯（衔铁）吸合，动铁芯牵动触点系统动作，使常闭触点断开、常开触点闭合。而当吸引线圈断电时，则电磁力消失，动铁芯在释放弹簧的作用下返回原来位置，常开触点又复位到打开状态，常闭触点复位到闭合状态。因此，只要控制吸引线圈的通电或断电，就可以控制接触器触点的闭合或断开，从而达到控制主电路的接通或断开的目的。

图 6-5 (b) 中给出了接触器的图形符号和文字符号。

接触器的选择必须根据电动机容量、负载工作状况、主电路的工作电压、吸引线圈的工作电压及辅助触点的种类和数量来决定。

2. 中间继电器

在继电器—接触器控制中，为了解决接触器辅助触头不够用的矛盾，专门生产了一种有多对触点的继电器称之为中间继电器。一般用它来作中间控制环节，以便转换、传递信号或同时控制多个电路，也可直接用它来控制小容量电动机或其他电气执行元件。

图 6-6 (a) 是中间继电器的结构示意图。与交流接触器相似，中间继电器也是由电磁系统和触点系统组成，只是电磁系统较小、触点对数较多。不难看出，它的动作属直动式，触点是双断点式，有两对常开和两对常闭触点。

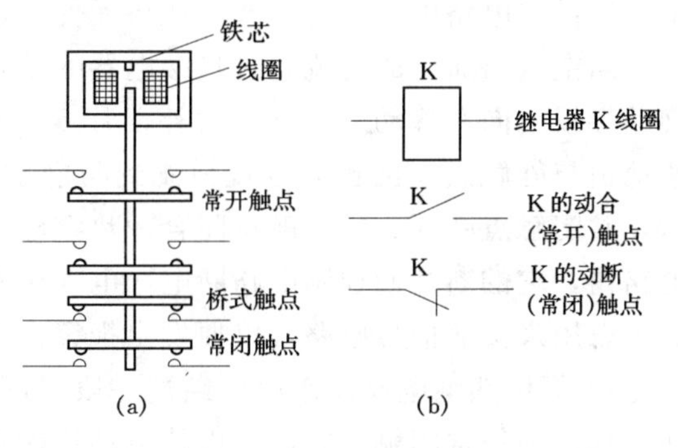

图 6-6 中间继电器

(a) 结构示意图；(b) 符号图

当线圈通电时，衔铁被吸入，联动机构使常开触点闭合、常闭触点分开；线圈断电时，在复位弹簧（图中未画出）的作用下，触点恢复原来的常开和常闭状态。中间继电器在控制线路中的图形符号和文字符号如图 6-6 (b) 所示。

常用的中间继电器有 JZ7 系列和 JZ8 系列两种，JZ8 系列是交直流两用。此外还有 JZX 系列小型通用继电器，常用在自动装置上，用以接通或断开电路。

中间继电器在控制系统中的功能是多方面的，要求也极不相同。一般情况下，主要根据控制电路的电压和控制的需要来选择线圈额定电压等级和触点的种类及数量。

3. 热继电器

热继电器是对电动机进行过载保护的一种自动电器，如图 6-7 所示。它能在电动机过载时自动切断电源，使电动机停车。

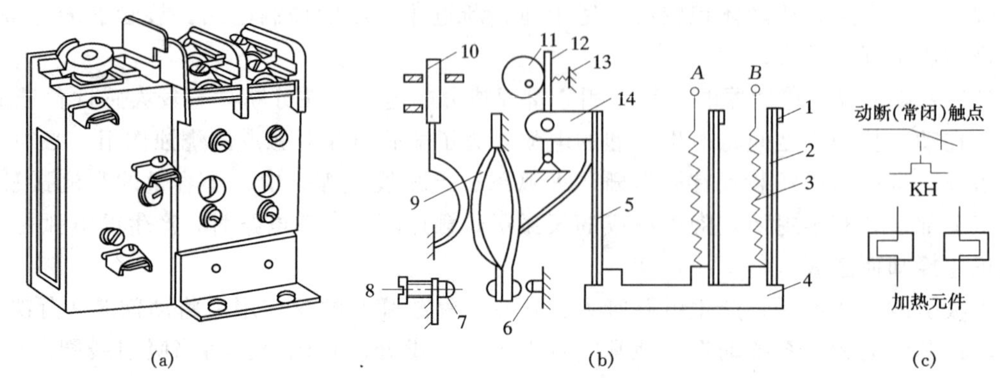

图 6-7 热继电器

(a) 外形；(b) 结构原理图；(c) 符号图

1—主双金属片支架；2—主双金属片；3—加热元件；4—导板；5—温度补偿片；6—常闭静触点；7—常开静触点；8—复位调节螺钉；9—动触点；10—再扣钮；11—整定调节钮；12—支杆；13—压簧；14—推杆

(1) 结构和工作原理。

1) 基本工作原理。图 6-7 (b) 是 JR15 系列热继电器的结构原理图。加热元件 3 和主双金属片 2 构成发热元件。主双金属片由两种膨胀系数不同的金属碾压制成，受热后因膨胀系数不同使双金属片弯曲。主双金属片与加热元件相串联，即采用直接加热和间接加热并用的加热方式。使用时，加热元件与主双金属片一起串联在电动机任意两相的主电路中，这样主电路中的电流即通过加热元件，也通过主双金属片。

当主电路通过的电流超过热继电器的整定电流时，主双金属片受热弯曲的位移较大，推动导板 4 向左移动，经过温度补偿片 5 和推杆 14 使动触点 9 (由特制弹簧片弹动) 迅速地由与静触点 6 接触的位置弹跳到与静触点 7 接触的位置。也就是说，热继电器动作后，常闭触点断开、常开触点闭合。热继电器的常闭触点通常接在接触器线圈所在的控制电路内，它的断开使控制电路断电，电动机随即停车，从而起到了过载保护作用。常开触点可以用来接通信号电路，以便发出报警信号。

2) 复位热继电器动作后，经过一段时间的冷却，主双金属片恢复原状，导板 4 也退回原处。为使常闭触点复位，以使电动机能重新起动，可以采用下述两种方法。

自动复位：将复位螺钉 8 顺时针方向转动，使它和静触点 6 的距离缩短。当主双金属片冷却、导板退回原位，动触点在本身弹力作用下，能自动恢复与静触点 6 接触，即常闭触点能自动恢复闭合。

手动复位：将复位调节螺钉 8 逆时针方向转动，使它与静触点 6 的距离加大。这样，即使导板 4 退回原处，动触点 9 也接触不到静触点 6，必须揿按再扣钮 10，在外力的帮助下使动触点 9 回到与静触点 6 相接触的位置。

热继电器自动复位时间不大于 5min；手动复位时，在热继电器动作 2min 后，按再扣钮使之复位。

3) 温度补偿。为使热继电器的动作不受环境温度变化影响，设置了温度补偿双金属片 5。温度补偿原理如下：温度补偿片 5 受热弯曲的方向与主双金属片受热弯曲方向一致。当受到环境温度影响时，主双金属片和温度补偿片受热弯曲而产生的位置移动相同。因此由导板移动而使热继电器动作的位移大小不会改变，这就达到了温度补偿的目的。采用温度补偿后，当环境温度在－30～40℃的范围内变化时，热继电器的动作特性基本不受环境温度影响。

4）整定电流的调节。所谓整定电流，就是使热继电器动作的电流。电动机功率、电压、转速和型号不同，其额定电流也不同。

当整定电流调节旋钮 11 转到不同位置时，推杆 14 与动触点 9 之间的相对距离不同。该距离越大，则使热继电器动作所需主双金属片的弯曲度也越大，亦即通过加热元件的电流应越大。一般热继电器整定电流的调节为 60％～100％。例如，加热元件的额定电流为 100A，则整定电流可在 60～100A 的范围内调节。

图 6－7（a）是 JR15 型热继电器的外形图，图 6－7（c）是热继电器在控制线路中的图形符号和文字符号。

（2）电动机的过载保护对热继电器的要求：

1）电动机起动时，虽然起动电流很大，但热继电器不应动作，应保证电动机的正常起动。

2）电动机本身具有一定的过载能力，为了充分利用电动机，短时过载是允许的，此时热继电器也不应动作。只有当电动机过载超出限定时间，热继电器才产生保护动作。

热继电器由于热惯性的缘故，正好适合上述的要求。只要热继电器发热元件的额定电流大于或等于电动机的额定电流，电动机就可以在额定负载下长期运行，这就为选择热继电器提供了依据，即

$$I_{rN} \geqslant I_N \tag{6-5}$$

式中 I_N——电动机额定电流，A；

I_{rN}——热继电器发热元件额定电流，A。

发热元件额定电流确定后，就可以从有关手册中选择热继电器型号。常用的热继电器有 JR0、JR15、JR16 等系列。

第二节 继电器与接触器控制的基本电路

利用继电器、接触器和按钮等电器元件组合起来的自动控制系统，称为继电器—接触器控制系统。

尽管生产实际中的控制线路多种多样，但它们多是由基本线路（基本控制环节或单元控制环节）组合而成。因此，了解和熟悉基本控制线路，是阅读和设计复杂控制线路的基础。

在绘制控制线路原理图时应注意以下事项：

（1）在控制线路的原理图中，所有电器元件都应统一用国家标准电气图形符号表示。

（2）画在原理图中的所有电器元件的触点均为常态位置，即各电器元件在未操作时触点所处的状态。

（3）同一电器的各个部件（如接触器的线圈和触点）是按其控制作用分散画在线路中

的不同位置。为了便于识别，对每个电器的各部件均采用同一文字符号来标注。对于复杂的线路，为了阅读和分析的方便，还可以在文字符号后标注数字、下标或序号。

(4) 习惯上，将主电路画在线路的左边（或上边）；控制电路画在线路的右边（或下边）。

只要掌握了电器的图形符号和文字符号的使用规则，分析电器控制原理图就十分方便。

一、笼形电动机直接起停的控制线路

笼形电动机直接起停控制线路是最基本的控制环节之一，广泛应用于各种控制电路中。图 6-8 是笼型电动机直接起停控制线路的原理图。

主电路是：

三相电源——Q——FU_1——KM（主触点）——KH（发热元件）——M

控制电路是：

电源的一相——FU_2——SB_1——SB_2——KM(线圈)——KH(常闭触点)—电源的另一相

（与 SB_2 并联：KM（辅助触点））

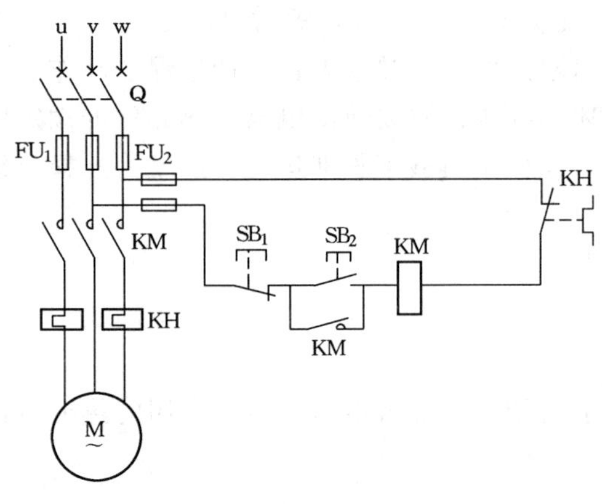

图 6-8 笼型电动机直接起停的控制电路

图 6-8 的工作原理说明：闭合 Q，按下起动按钮 SB_2 使接触器线圈通电，KM 主触点动作使电动机 M 起动；同时，与 SB_2 并联的接触器 KM 辅助动合触点也随即闭合，在放松 SB_2（其触点复位断开）后，接触器的线圈电路通过已经闭合的 KM 辅助触点仍然接通，使接触器继续保持通电动作状态。接触器通过自身动合辅助触点来保持继续通电工作状态的控制作用，称为接触器的自锁或自保持。起自锁控制作用的动合触点称为自锁触点。按下 SB_1 即可停车。

上述线路具有三种保护作用：

(1) 熔断器 FU 的短路保护。一旦发生短路事故，熔体立即熔断，电动机自动停车。

(2) 热继电器 KH 的过载保护。当过载时，它的热元件加热主双金属片驱使常闭触点跳开，使接触器线圈断电，主触点断开，使电动机从电源切除而停车。

(3) 自锁触点的零压（或欠压）保护。当电动机起动后，电源暂时停电或电源电压偏低时，电动机自动从电源切除而停车；而电源电压恢复时，如果不重新按起动按钮 SB_2，则电动机不能自行起动，因为自锁触点已经断开。如果电动机是直接用三相刀开关控制的，如暂时停电又未及时拉断开关，当电源电压恢复时，电动机便自行起动，可能造成事故。

二、点动控制线路

生产设备在正常生产时，需要连续运行，叫做长动控制。所谓点动，就是揿下按钮电动机就转动，释放按钮时电动机就停车的一种控制方法。如车床（主轴的调整和横梁上下移动）及起重机等生产机械上，都广泛应用着点动控制。

点动控制比较容易实现，将图6－8控制电路中的自锁触点从线路上拆掉即可实现点动控制，如图6－9（a）所示。

某些工作部件，除在调整时需要点动外，尚需能长期工作。此时可采用图6－9（b）的控制电路。按下起动按钮SBS后，接触器通电动作并自锁，实现长期工作；而按下点动按钮SB_2时，接触器的自锁回路被切断而失去自锁，实现点动控制。图6－9（c）是实现点动、长动的另一种控制电路，此电路利用中间继电器K进行联锁控制。按SBS后，通过K接通KM并自锁，使电动机长期工作。若仅按下点动按钮SB_2，因为没有自锁回路只能点动工作。如果电动机已经长期工作的情况下，再按点动按钮SB_2也不起作用。

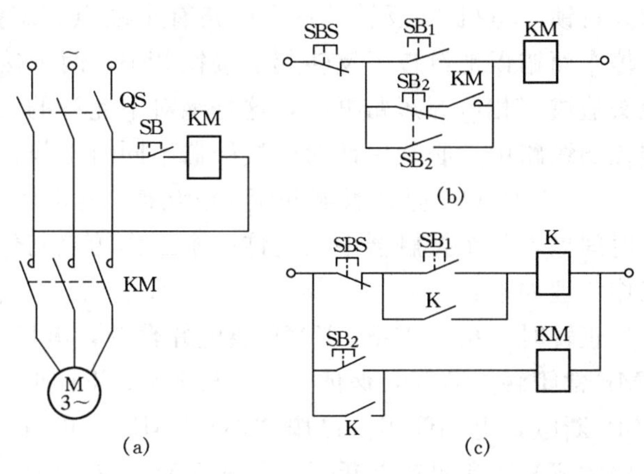

图6－9　点动控制线路

三、笼型电动机正反转的控制线路

生产实践中，生产机械往往要求拖动电动机能作正反向运转，如主轴的正转与反转等。其基本的方法就是调换电动机电源的引入相序。

图6－10是实现正反转的控制线路。从主电路看，当正转接触器KMF工作时，三相定子绕组的引入相序为A—B—C，电动机正转；当反转接触器KMR工作时，由于调换了两根电源引线，引入三相定子绕组的相序为C—B—A，所以电动机反转。

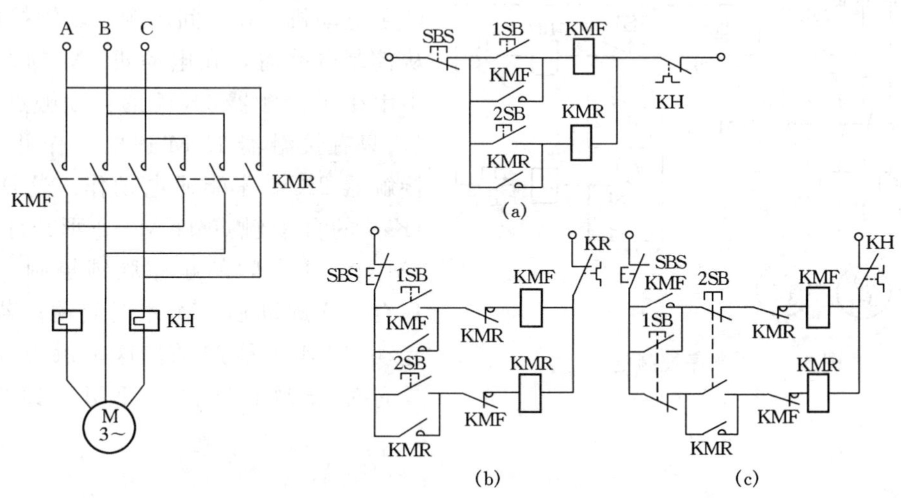

图6－10　三相异步电动机的正反转控制电路

（a）实现正反转控制电路；（b）接触器联锁的控制电路；（c）按钮、接触器双联锁的控制电路

图 6-10 (a) 是实现正反转的基本控制电路，按下 1SB，KMF 通电并自锁，电机 M 正转运行。要反转时，先按下停车按钮 SBS，KMF 断电，电机停车；再按 2SB，KMR 通电并自锁，电机 M 反转。这个电路有个缺点，就是在错误操作情况下，比如正转运行时欲停车而错误地撳按了反转起动按钮 2SB，两个接触器将同时通电动作，便通过它们的主触头造成三相电源短路事故，这是绝对不允许的。为了避免错误操作而出现事故，在正反转控制线路中，必须保证两个接触器不同时工作。

图 6-10 (b) 是接触器联锁（或互锁）的正反转控制电路。所谓联锁（或互锁）指在同一时间里，两个接触器中只允许一个工作的控制作用。假如电源引入开关已投入，线路的工作原理如下：

正转时，按下 1SB，KMF 通电并自锁，电机 M 正转运行，串联在 KMR 线圈回路的 KMF 常闭触点断开，保证 KMR 与 KMF 不同时带电。在反转时，先按下停车按钮 SBS，KMF 断电，电机停车；再按 2SB，KMR 通电并自锁，电机 M 反转；串联在 KMF 线圈回路的 KMR 常闭触点断开，保证 KMR 与 KMF 也不同时带电。

该接触器联锁的控制电路也存在缺点，就是要电动机逆转时必须经过停车操作，这是不方便的。在生产实践中，常采用复式按钮和接触器双联锁的控制电路，如图 6-10 (c) 所示。这种控制电路不仅能可靠的进行联锁控制，还可以直接进行正反转操作。其线路的工作原理，请读者自行分析。

四、顺序控制线路

某些生产机械的各运动部件之间，为了完成预定的生产工艺过程，常需要按照一定的先后顺序工作。如机床中的主传动和润滑油泵传动之间，只有在润滑油泵电机起动之后，主传动电动机才能起动等。这种实现一定工作顺序的控制称为顺序控制。

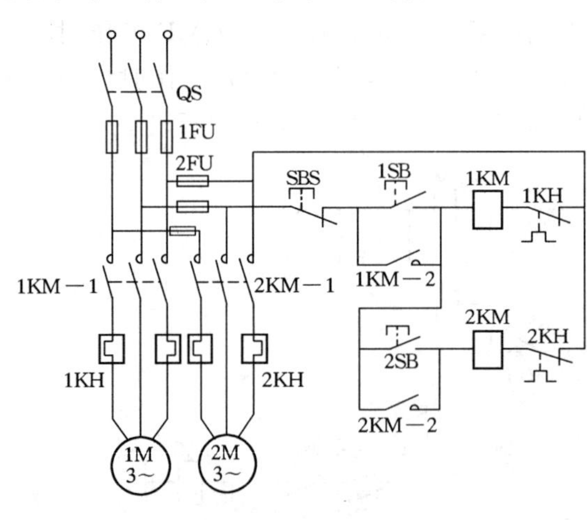

图 6-11 顺序控制电路

图 6-11 是主传动电动机 2M 与润滑油泵电动机 1M 之间的顺序联锁控制线路。从控制电路看，在电动机 2M 的控制电路中串接了接触器 1KM 的自锁触点 1KM—2，只有接触器 1KM 通电动作并自锁后，接触器 2KM 才能通电动作。这样，通过 1KM 的自锁触点 1KM—2 形成了电动机 2M 与 1M 之间的顺序联锁控制。也就是只有 1M 起动后 2M 才能起动；若 1M 不起动，2M 不能起动。这里触点 1KM—2 具有对 1KM 自锁和对 2KM 联锁的双重控制作用。

第三节 电气控制的基本方法

为了满足复杂的控制要求，可以利用生产过程中各种变化量因素实现电动机的自动控制。按照控制过程中不同性质的变化量因素，电力拖动的自动控制有以下几种常用的基本方法：时间控制、行程控制、速度控制、电流控制等。

一、行程控制

行程控制是依照机构的行程距离来控制，行程开关是实现行程控制的信号元件。行程开关是根据运动部件的位置而切换控制电路的自动电器。它的功能是感测运动部件的机械位移并转换成电信号。当运动部件碰撞行程开关时，其常闭触点断开常开触点闭合。

行程开关的类型很多，用处也各不相同。图 6-12 是几种行程开关的外形、图形符号及其文字符号。

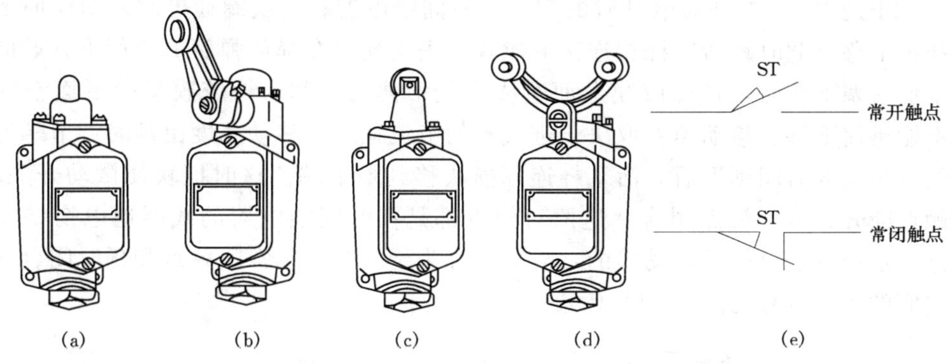

图 6-12 行程开关的外形和符号

(a)、(c) 按钮式；(b)、(d) 摆动式；(e) 图形符号和文字符号

选择行程开关时，主要考虑其结构形式、动作力、触点形式以及能否自动复位等因素。

图 6-13 是用行程开关来控制工作台前进与后退的示意图和控制电路（主电路未画出）。行程开关 1ST 和 2ST 分别在工作台的原位和终点，由装在工作台上的挡块来撞动。

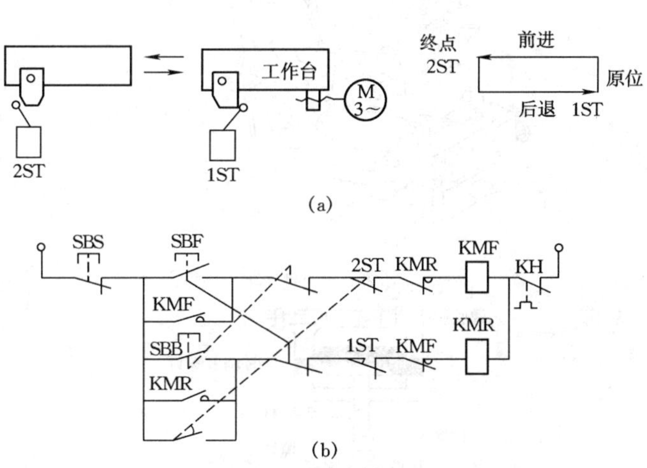

图 6-13 工作台前进与后退的行程控制

(a) 行程控制示意图；(b) 行程控制电路

工作台在原位时，其上的挡块将 1ST 压下，使它串接在反转控制电路中的常闭触点断开，这时电动机不能反转。按下 SBF，电动机正转，拖动工作台前进。当到达行程终点时挡块压下 2ST，将它串接在正转控制电路中的常闭触头断开，电动机停止正转；与此同时，将它在反转控制电路中与 SBB 并联的常开触头压合，电动机反转，拖动工作台后退。退至原位时，挡块又压下 1ST，断开反转控制电路，于是电动机在原位停车。如果工作台前进中（挡块已释放 1ST）按下 SBB，工作台立即后退，到原位停车。

二、时间控制

根据一定时间间隔来控制，定时时间由时间继电器来实现。

1. 时间继电器

时间继电器是检测时间间隔的自动切换电器。它的特点是：线圈通电或断电后，触头并不立即动作，而是经过一段时间（延时）后才动作。这类触头称为延时触头。此外，目前多数时间继电器附有瞬动触头。

时间继电器有空气式、钟摆式、晶体管式等多种，现仅以空气式时间继电器为例来说明其工作原理。

图 6-14 是 JS7—A 型通电延时的空气式时间继电器。当线圈通电时，衔铁向下吸合并带动托板下移，此时跟活塞杆相连接的撞块失去支托并在释放弹簧的作用下开始向下移动。但伞形活塞下移时，在橡胶膜上面造成空气稀薄的空间，橡胶膜又受下面空气的压力，故不能迅速下移。移动速度取决于进气孔的节流程度，移动速度由延时调节螺钉进行调节。经过一定的时间延迟后，活塞杆连同撞块移到最下端。这时撞块使微动开关动作，其常闭触点断开、常开触点闭合。这两对触点都是在时间继电器的线圈通电衔铁吸合开始，经过整定的延迟时间后才动作的，故分别称为延时断开的常闭触点和延时闭合的常开触点。它们的图形符号见图 6-14（c）。

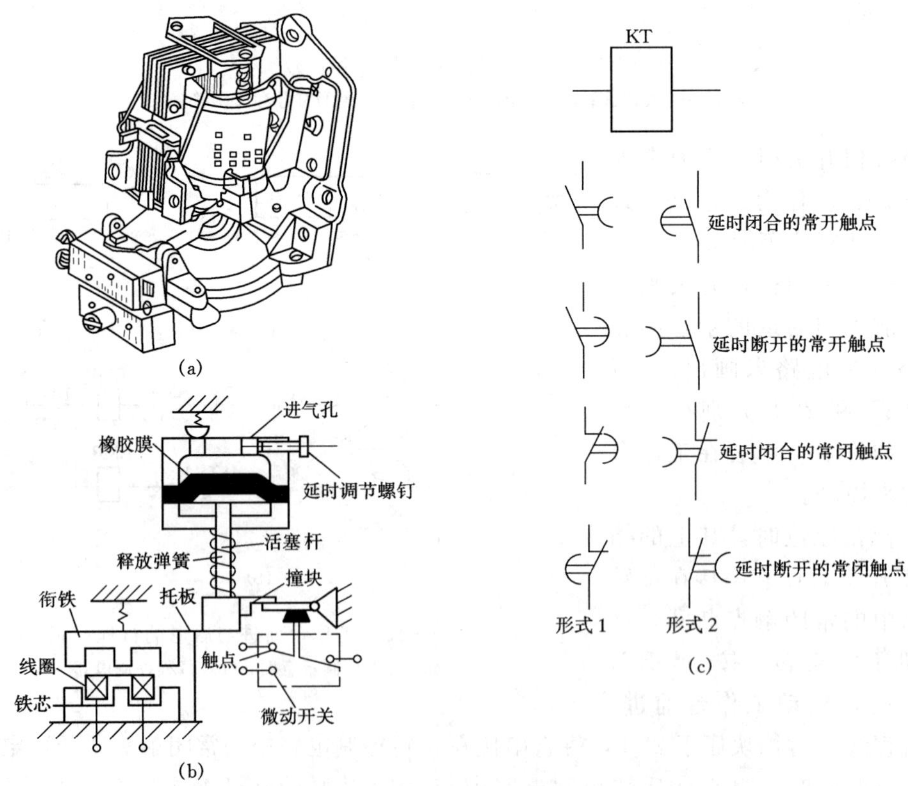

图 6-14　空气时间继电器

（a）外形；（b）结构原理；（c）图形符号和文字符号

空气式时间继电器除通电延时型外，还有断电延时型。与通电延时型比较，断电延时型仅是电磁铁倒置180°安装的，它们的工作原理相似。断电延时型具有延时断开的常开触点和延时闭合的常闭触点［见图6-14（c）］。

空气式时间继电器的特点是结构简单、工作可靠、延时的整定范围宽（可达0.4～180s）。

时间继电器的选择，主要是根据所需延时的时间和线圈的额定电压。

2. 时间控制线路举例

（1）笼形电动机Y—△起动的控制线路。图6-15是用通电延时型时间继电器实现笼形电动机Y—△起动的控制线路。起动时接触器KM、KM_Y工作，电动机接成Y；运行时接触器KM、$KM_{\triangle}$工作，电动机接成△。

在开关QS合上后（电源引入），线路的动作次序如下：

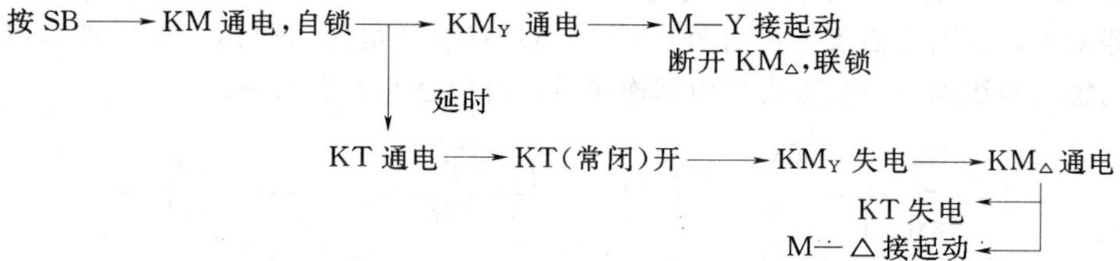

电动机起动过程（从Y接到改成△接）所需延迟时间，可以通过调节时间继电器来整定。

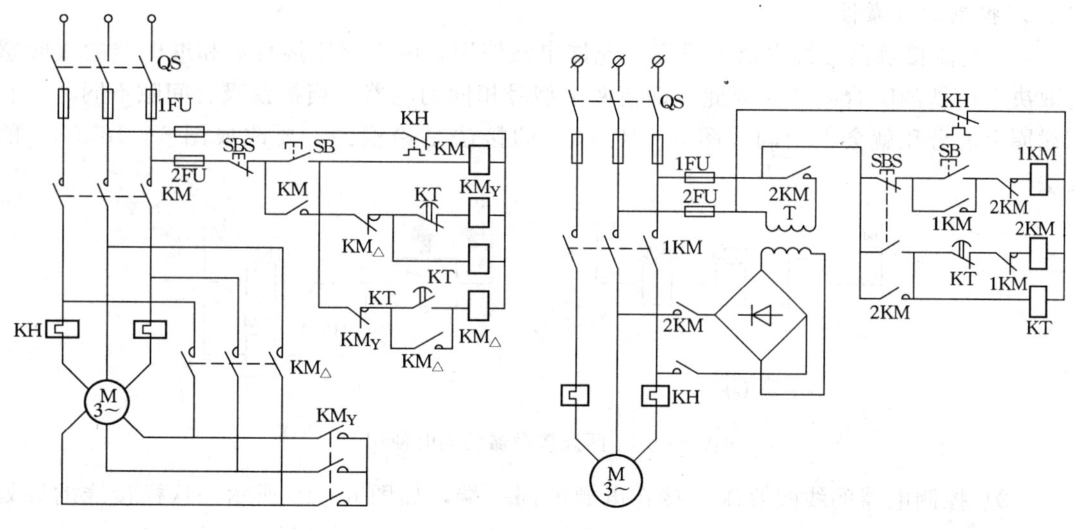

图6-15 Y—△起动控制电路

图6-16 能耗制动控制电路

（2）笼形电动机能耗制动的控制线路。能耗制动方法是在切断三相电源的同时，接通直流电源，使直流电通入定子绕组，产生制动转矩。

图6-16是笼形电动机能耗制动的控制线路，其中的时间继电器是通电延时型。直流电源由桥式整流电源供给。在制动时，线路的动作次序如下：

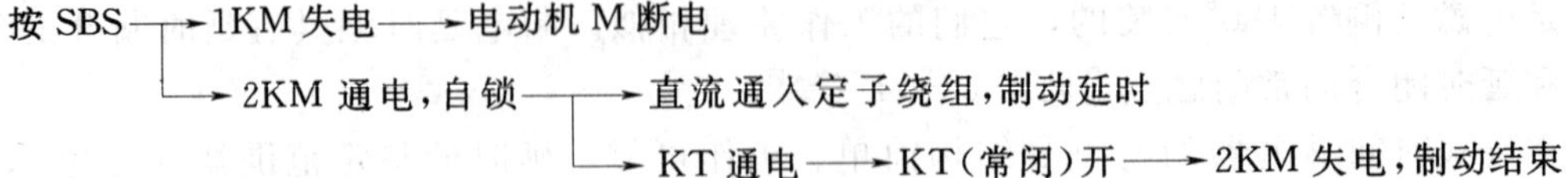

三、控制线路应用举例

（一）控制线路设计的一般原则

控制线路的设计应在充分满足电气控制要求的前提下，力求工作可靠，动作准确，结构简单，操作、安装、调整和检修方便，以及能防止事故发生，实现必要的保护。下面就控制线路设计的具体问题加以说明。

1. 线路结构简单

图 6－17（a）是不合理的，应改成图 6－17（b）的接法。在图 6－17（a）中，对整个接触器来说，要引出四条线；而图 6－17（b）只需从接触器引出三条线就可以了。因为，辅助触点与线圈的一端可先作内部连接后，再把公共点引出来。

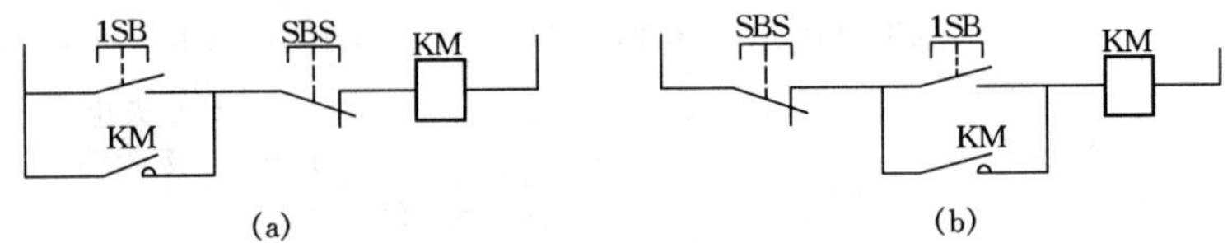

图 6－17　控制电路

2. 控制的可靠性

（1）交流接触器和继电器的线圈不允许串联使用，因为交流接触器和继电器的线圈感抗取决于衔铁的吸合间隙。因此，即使两个型号相同的电器，当衔铁吸合间隙不同时，它们线圈上的分压就会不相同。图 6－18（a）的接法是错误的，要改成图 6－18（b）的接法。

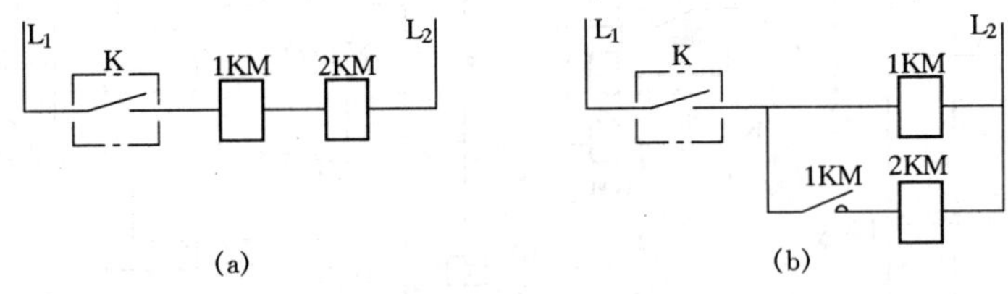

图 6－18　两只接触器的同时使用

（2）控制电器的线圈要统一接在电源的同一端，如图 6－19 所示。这样接线的好处是使同一电器的各触点接到同一电源端或等电位的线路上。当各触点发生短路时，不致引起电源短路和避免烧毁触点。

（3）尽量减少被控制电路接通时所经历的触点数。如图 6－20（a）所示，继电器 K_3 是在 K、K_1 和 K_2 相继动作后接通。如改为图 6－20（b），每个继电器的接通则只需经过一个触点，工作就较为可靠了。

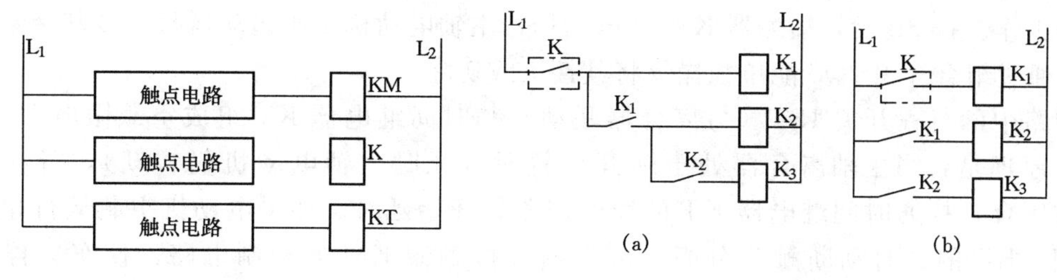

图 6-19 控制电器的布置　　图 6-20 触点的合理布置

3. 控制的灵活性

可以在两处或两处以上的地点进行控制。如图 6-21 所示，装置在各地点的起动按钮并联连接，而各地点的停止按钮串联连接。

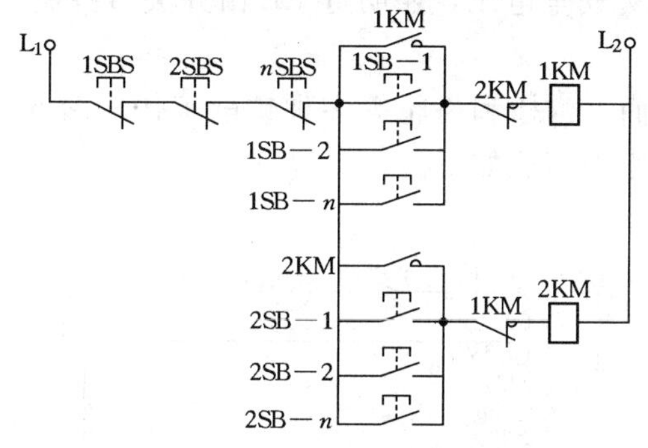

图 6-21 多点控制的电路

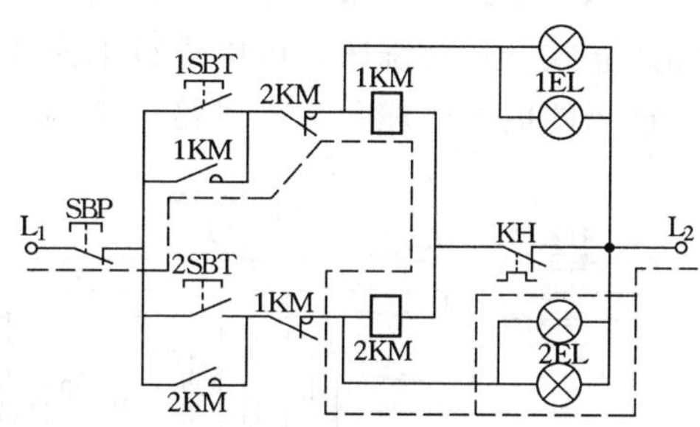

图 6-22 有寄生回路的控制电路

4. 正常工作和发生事故时线路动作的准确性

控制线路应保持没有“寄生回路”，以防破坏电器或线路的正常工作。图 6-22 是具有指示灯和过载保护的电动机正、反转控制电路。电路正常工作时，完成正、反转起动和停车是没有问题的。但在电动机正转（或反转）过载时，便不能准确动作了。因为当过载一段时间后，热继电器的动断触点 KH 虽断开，但这时图中虚线所示“寄生回路”仍能使电流形成通路，接触器 1KM 未必能释放，电动机也就不停车，电路得不到保护。

电力拖动系统中的常用控制电器、基本控制线路和控制方法，是构成各种自动控制线路的基础。下面就几个典型线路进行分析。

（二）C620 车床的自动控制线路

我国大量生产的 C620 车床是典型的普通小型车床。它由主轴电动机传动，主轴通过摩擦离合器实现正反向旋转。为了节省辅助工时，又增加一台刀架快速与移动电动机。它的电器自动控制线路见图 6-23。

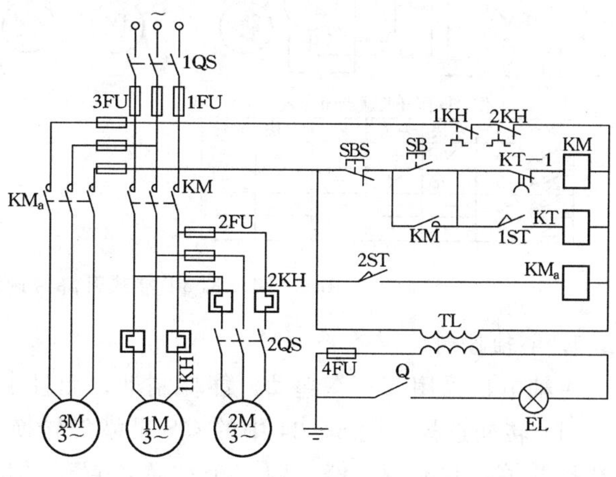

图 6-23 C620 车床的电气控制线路

将组合开关 1QS 转到接通位置即

可准备工作。按 SB 后，接触器 KM 通电动作，主轴电动机 1M 起动运行。冷却液泵电动机 2M 通过组合开关 2QS 能单独操纵将其接入或切除。

线路中的行程开关 1ST（与离合器联动）和时间继电器 KT 组成空载限时器电路，其工作原理是：当主轴离合器处于断开位置时（此时主轴电动机仍转动），行程开关 1ST 被压合，接通时间继电器 KT 的线圈回路，开始延时。如果电动机空载运行超过限定时间。KT 的延时动断触头分断，从而断开接触器 KM 的控制电路，使车床停止工作。时间继电器的延时应该整定得经济合理，即重新起动所耗能一定要比空载运行时更经济。

转动平行于光杠的拉杆时，压合行程开关 2ST，接触器 KM_a 通电动作，起动快速移动电动机 3M，快速移动刀架。

车床的照明是通过照明变压器 TL 供给 36V 安全电压，照明灯 EL 由开关 S 控制。

（三）X53T 立式铣床升降的控制线路

国产立式升降台铣床，可以进行平面、斜面、沟槽和齿轮等多种铣削工作。图 6-24 是这台铣床的电器原理图。各线路环节的工作原理简述如下。

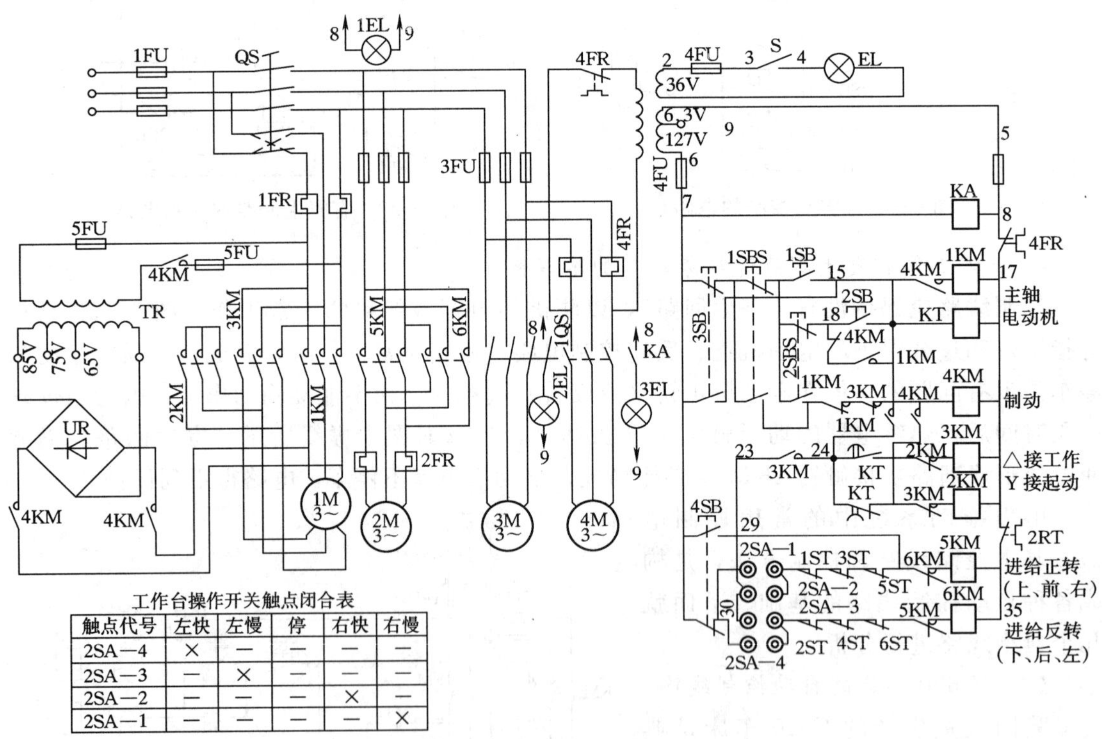

工作台操作开关触点闭合表

触点代号	左快	左慢	停	右快	右慢
2SA—4	×	—	—	—	—
2SA—3	—	×	—	—	—
2SA—2	—	—	—	×	—
2SA—1	—	—	—	—	×

图 6-24 X53T 立式升降台铣床的电气控制线路

1. 主轴控制

主轴电机采用 Y—△起动，能耗制动，而且主轴可以正反转。

（1）转向选择。图 6-24 中的 QS 是鼓形转换开关，即作为电源引入开关，又作为转向选择开关，它有倒、停、顺三个位置，置于“倒”或“顺”时，引入电动机的相序不同，从而使主轴电机改变转向。

当QS按所需转向接通后，控制润滑泵电机4M的中间继电器KA通电动作，润滑泵供油，保证主轴旋转前使机床各部分得到充分润滑。

(2) 起动。按下起动按钮1SB或2SB，接触器1KM通电动作并自锁；与此同时接触器2KM和时间继电器KT也通电。接触器2KM是经过时间继电器KT的延时动断触头而接通的。

1KM和2KM通电动作，使主轴电机接成星形起动。经过2～3s（起动过程）的时间延迟，时间继电器的延时动断触点分断，2KM失电；而时间继电器的延时动合触头闭合，3KM通电动作，主轴电机接成三角形运转。

(3) 制动。按下停车按钮1SBS或2SBS，1KM、3KM失电复位，同时1SBS或2SBS的动合触点闭合使接触器4KM通电动作，而4KM的动合触点闭合后使2KM通电动作。这时直流电流（由变压器TR和桥式整流器UR供给）流入电机定子绕组，主轴电机进行能耗制动。待完全停车后松放按钮，制动完毕。

(4) 变速时的点动（冲动）。按下3SB，1KM、KT、2KM通电，电动机接成Y点动。这时使变速齿轮“瞬间”转动一下，以使变速齿轮易于啮合。

2. 进给运动的控制

进给方向（纵向、横向、升降）和变速（快速、慢速）由操纵手柄控制。主要是采用机械的（手柄连动机构）方法。

当进给变速手柄置于某位置时，相应的丝杠和齿轮啮合，使工作台在相应的方向上按要求的速度移动。

电气上仅控制进给电动机2M的正、反转。当操纵手柄置于不同位置时，进给控制开关2SA相应的触点闭合，使接触器5KM或6KM通电动作，从而控制进给电机2M的正转或反转。在慢速工作进给时，应先起动主轴，然后才能产生进给运动，以防工件与铣刀相撞。这是由电气上的联锁控制来保证的。由图6-24可见，慢速进给的触点2SA—2和2SA—3接在接触器3KM动合触点（23—24）的后面，从而保证了只有主轴起动才有进给运动。快速进给的触点2SA—1和2SA—4通过按钮4SBT的动断触点直接与电源相连，所以工作台在主轴不转的情况下进行快速移动。

4SBT是进给变速电动按钮。1ST～6ST是三个运动方向上六个限位的中断保护开关。

小　结

(1) 掌握基本控制线路是阅读和设计复杂控制线路的基础，注意了解其图形符号和文字符号的使用规则。

内容包括：笼型电动机直接起停的控制线路、正反转的控制线路以及点动控制线路、顺序控制线路的工作原理、特点及其应用。

(2) 行程控制、时间控制是两种电气控制的基本方法，分别依照机构的行程距离和一定的时间间隔来控制，广泛用于电力拖动的自动控制系统中。

习 题

6-1 如果要求在两处地点都能对笼型电动机进行正反转控制，并有短路和过载保护，试拟定它的控制电路。

6-2 试拟定多台电动机的起停控制电路。要求：每台电动机都能单独起停，而且多台电动机能同时起停。

6-3 根据下列要求，分别画出控制电路（1M、2M 都是笼型电动机）：

（1）电动机 1M 先起动后，2M 才能起动；2M 能单独停车。

（2）电动机 1M 先起动后，2M 才能起动；2M 能点动。

（3）1M 先起动，经过一定延时后，2M 能自动起动。

（4）1M 先起动，经过一定延时后，2M 能自动起动；2M 起动后，1M 立即停车。

（5）起动时，1M 起动后 2M 才能起动；停止时，2M 停车后 1M 才能停车。

6-4 今要求三台电动机 1M、2M、3M 按一定的顺序起动，即 1M 起动后 2M 才能起动，2M 起动后 3M 才能起动；而停车时，按照 3M、2M、1M 的顺序。试画出控制电路。

6-5 图 6-25 中，要求揿动按钮 SB 后能顺序完成下列动作：

（1）运动部件 A 从 1 到 2 位。

（2）接着 B 从 3 到 4 位。

（3）接着 A 从 2 回到 1。

（4）接着 B 从 4 到 3 位。

试画出电路。（提示：用 4 个行程开关，装在原位和终点，每只行程开关有一动合触点和一动断触点。）

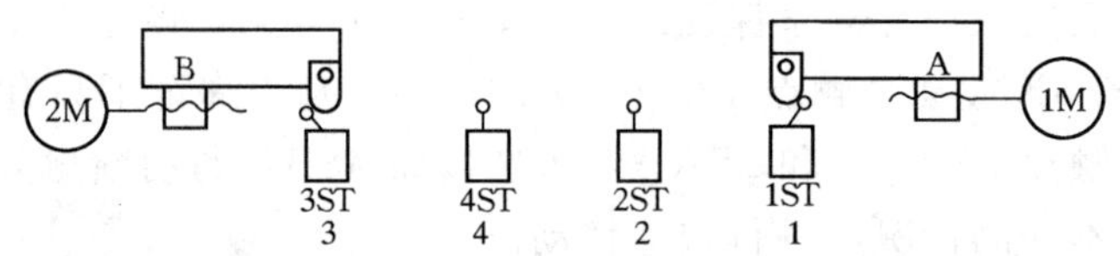

图 6-25 习题 6-5 图

第七章　供电与安全用电

电能是社会生产和生活中最重要的能源。电能在大多数情况下是由大的电力系统生产、输送和分配给用户的，只有少数情况下，大电网达不到的地方，采用自发电的方式。在我国电力网中，10kV 高压配电网和 0.4kV 低压配电网是多数电力用户的电源。本章介绍电力系统的基本常识，保护接地和保护接零，防雷保护，以及安全用电等内容，以便合理地、经济地、安全地使用电力。

第一节　电力系统概述

电能与其他形式能量比较，具有转换容易、效率高、便于输送和分配，以及有利于实现自动化等许多方面的优点。因此，人们总是尽可能地将其他形式的能量转换为电能加以利用。

一、系统组成

电能是发电厂生产的，发电厂（站）按其被转换的能源不同，可分为火力、水力、核能、风力、沼气、潮汐、地热和太阳能发电厂（站）等。

火力发电是以煤炭、重油和天然气等为燃料，使锅炉内的水变成具有一定压力和温度的蒸汽；蒸汽通过管道推动汽轮机及与其同轴相连的发电机转子高速旋转，将热能转换成电能。有些电厂为提高综合经济效益，不仅发电，而且还能供热，这种兼供热的发电厂也叫热电厂。还有利用蒸汽机或内燃机带动发电机的，其容量一般较小，主要用于远离电力网的城镇、农村或野外建筑施工等。

水力发电将水的位能转换为电能，水力发电厂（站）通常建立在河流峡谷及水库附近。水力发电成本比火力发电低得多，而且可以节约许多燃料。现在我国已经建立了一大批大中型水力发电站和大量的小型水力发电站。

核能发电基本上与火力发电相同，只是以核反应堆代替了燃煤锅炉，以少量的“核燃料”代替了大量的煤炭。在世界总发电量中，核能发电所占比重正在逐渐增加。我国核电工业也正在迅速发展中。

以上所说的火力发电和核能发电，都是先将燃料的化学能或核能转换成热能（蒸汽）再推动汽轮发电机组发电，需经几次转换，效率较低。因此，人们一直在研究新的发电方式，如磁流体发电和燃料电池等。磁流体发电是使燃料燃烧时产生 2000℃以上高温的离子状态的气体或液态金属，高速通过强磁场，产生感应电动势，进而转换为电能。排出的高温气体还可经锅炉产生蒸汽，由汽轮发电机组发电。这种联合发电方式，其效率可由一般火力发电的 30％～40％提高到 55％～60％。我国正在对磁流体发电技术进行研究。

大型发电厂（站）一般都建立在能源蕴藏地，而大城市、大工矿企业和广大农村等用电部门（用户）一般远离这些地方，所以大中型发电厂发出的电能都要经过变压器升压及若干级降压，由输配电网送至用户。由各发电厂（站）的发电机、各种电压等级的输配电线路、变电所以及用电设备组成的网络整体称为电力系统，如图7-1所示。

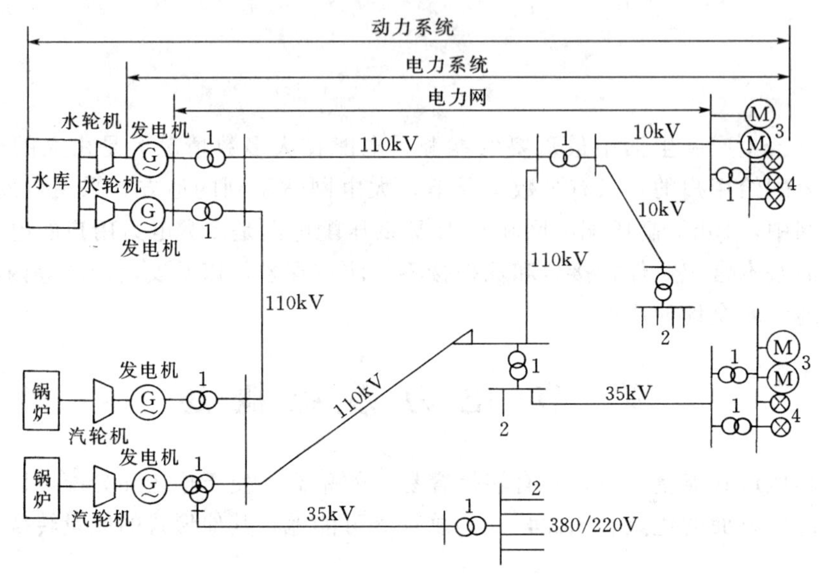

图7-1　电力系统示意图

1—变压器；2—负载；3—电动机；4—电灯

采用电力系统供电，比单个电厂孤立地向用户供电具有下列优点：

(1) 提高了供电的可靠性，不会因个别发电机故障或检修而导致用户停电。能有计划地安排检修，确保电力系统安全运行。

(2) 可以合理调配各发电厂的负载，以便根据季节不同，充分发挥水电和火电的作用，节省燃料；并可使发电厂的负载变化小，效率提高；还可减少线路损耗，实现经济运行。

(3) 可以减少整个地区的总备用容量，提高设备利用率。

电力系统中的一部分，包括变电所和输配电线路的全部装置称为电力网。电力网的作用是进行电能的输送和分配。

二、电压等级和供电质量

电力网输送电能，电压愈高电网中的电能损耗愈少，但电网中用于绝缘方面的投资增加。因此，每一种电压等级都有适宜的传输容量和距离。我国额定电压等级序列有500、330、220、110、(60)、35、10、(6)、(3)、0.4kV[❶]。以低压进行输送和分配电能的线路称低压配电网，所用电器称为低压电器。将(3)、(6)、10、35kV电压称为高压，其电网称高压配电网。110kV以上电网主要是输送电能，称为超高压输电网。750kV以上电网称为特高压输电网，我国正在研究发展中。

❶ 括号内为非标准电压等级。

另外，在电力行业安全规程中规定，超过250V的设备为高压设备。

一般企业多采用10kV电压供电。对于较大型的工厂企业，负载大、厂区面积大，应选用35（60）kV的高压深入到负载中心进行供电，再经过两次降压后供低压设备使用。即先降压至6kV或10kV，通过高压配电线路送到各车间变电所，再降压为0.4kV。低压用电设备一般采用380/220V。容易发生触电或有易燃易爆危险的场所，才采用220/127V。安全照明和手提电器的电压为36V或12V，这类电压需经过再次降压而获得。

供电质量包括供电可靠性、频率、电压以及电压波形等。

国家规定，用户在计划指标内用电时，无特殊情况，供电部门不得无故拉闸停电。例如对10kV用户，每年停电不超过三次。

我国交流电力网的频率为50Hz。频率太低或不稳定时，会使电动机转速不稳定，自动控制装置失灵。国家规定频率偏差范围为±0.2Hz。

供电电压不正常时，对电气设备影响很大，例如异步电动机端电压下降时，由于转矩与电压平方成正比，因而转矩下降，负载电流增大，电机温升增高，电气绝缘受损，使用寿命缩短。严重时无法起动和运行。供电电压偏低时，白炽灯发光效率下降，荧光灯不易起燃，反复起燃降低灯管使用寿命。当然电压偏高对用电设备同样是不利的。国家规定，10kV以下用户受电端电压变动幅度不大于额定电压的±7%，低压照明用户不大于+5%或−10%。

由于电网中存在冲击负载，不对称或非线性负载，例如电弧炉、晶闸管整流装置等，它们将引起供电电压波形的畸变。波形畸变使用电设备损耗增大，性能恶化与控制失灵。

三、负载分类

按负载在国民经济中的重要性及对供电可靠性的要求，可分为三类：

第一类负载：如果供电中断会造成生命危险，造成国民经济的重大损失，损坏生产的重要设备以致使生产长期不能恢复或产生大量废品，破坏复杂的工艺过程，以及破坏大城市正常社会秩序，故对这些用户必须有两个独立电源供电，以保证不停电。

第二类负载：停止供电会造成大量减产，机器和运输停顿，城市的正常社会秩序遭受破坏。对这类负载应尽可能保证供电可靠，是否设置备用电源，要经过经济技术比较，如中断供电造成的损失大于设置备用电源的费用时，应设置备用电源。

第三类负载：除上述各项外，均属第三类。如生产单位的辅助车间，小城市及农村的照明负载等，对这类用户供电，中断一段时间影响较小，可以不设置备用电源，应该在不增加投资的情况下尽量提高供电的可靠性。

第二节　保护接地和保护接零

一、保护接地

所谓保护接地，就是将电气设备的金属外壳通过接地装置与大地可靠地连接起来。保护接地适用于电源中性点不接地的低压电网。在这种电网中，凡由于绝缘破坏或其他原因而可能呈现危险电压的电气设备的金属外壳，都应采取保护接地措施，如：变压器、电机、电器的金属外壳与底座；户内、外配电装置和控制台等的金属框架或外壳；配线的钢管和电缆的金属外皮等。保护接地的原理图如图 7-2 所示。图中：I_d 是相线碰壳时接地故障电流；I_r 是流经人体的电流；R_b 是保护接地电阻；R_r 是人体电阻；Z 是电网每相对地绝缘阻抗，由对地分布电容和对地绝缘电阻组成，并可看作是两者的并联。

因为 R_b 与 R_r 并联且远小 R_r，所以有保护接地时，人体的接触电压为

$$U_r = I_r R_r \approx I_d R_b$$

当 R_b 较小时，安全性就较高。对于 380V 的低压电网，一般要求保护接地电阻 $R_b \leqslant 4\Omega$。

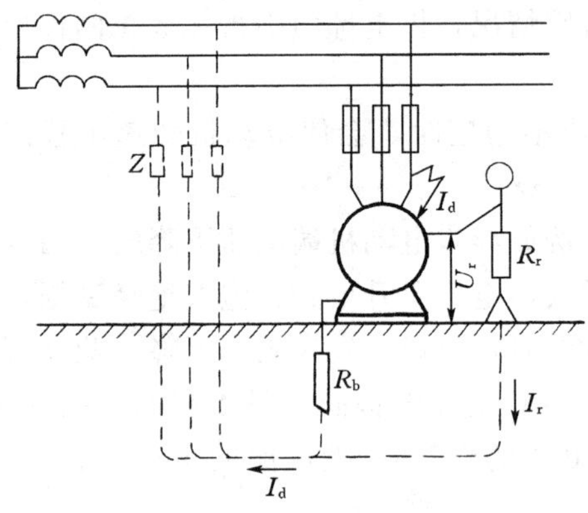

图 7-2　保护接地原理图

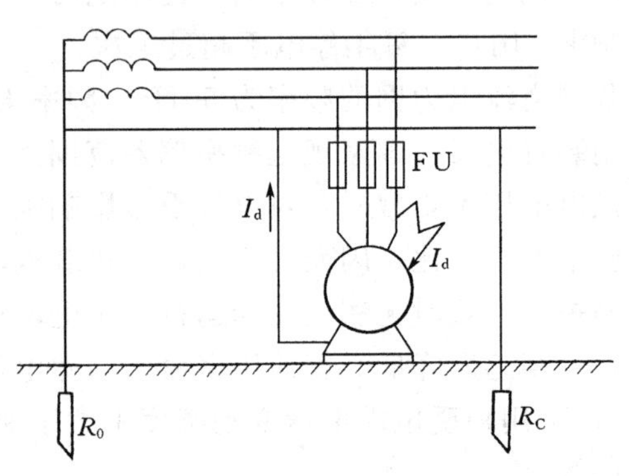

图 7-3　保护接零原理图

二、保护接零

所谓保护接零，就是在电源中性点直接接地的三相四线制（380/220V）低压电网中，把电气设备在正常情况下不带电的金属外壳与电网的零线可靠地连接起来。保护接零的原理图如图 7-3 所示。图中：I_d 是相线碰壳时短路故障电流；R_0 是工作接地电阻；R_C 是重复接地电阻；FU 是熔断器。

当电气设备发生相线碰壳故障时，短路电流 I_d 的值较大，使熔断器 FU（或自动开关）迅速动作，切断电源。

保护接零系统中，必须要有良好的工作接地和重复接地。所谓工作接地，就是把电源中性点通过接地装置直接与大地相连接。工作接地电阻 R_0 不得超过 4Ω。所谓重复接地，就是在零线上的一处或多处通过接地装置与大地再次连接。重复接地电阻 R_C 通常应在 10Ω 以下。低压架空线的终端、分支线长度超过 200m 的分支处、沿线每 1km 处以及进户点，零线均应重复接地。在较大的车间内部，零线应增加重复接地点。重复接地的保护作用如下：

（1）当零线断开且相线碰壳时，重复接地可降低人体接触电压 U_r，从而减小触电的危险性，如图 7-4 所示。

（2）三相四线保护接零系统中，当三相负载显著不平衡时，一旦无重复接地的零线断线，由于零点飘移，即使没有漏电的设备，接零设备上也会出现危险的对地电压，设置重复接地，可减轻或消除这种危险性。

（3）当零线与相线接错时，借助于重复接地便形成一相对地短路，使熔断器熔丝熔断或开关动作，切断电源。若短路电流不足以使熔断器或开关动作，此时重复接地还具有降

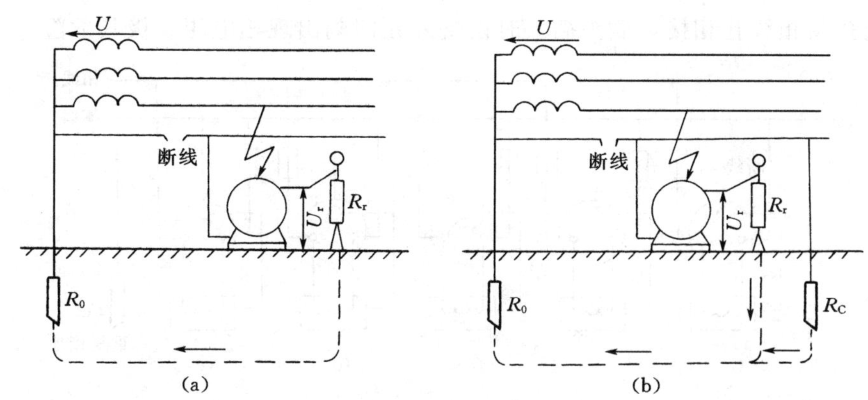

图 7-4　当零线断开且相线碰壳时，重复接地保护作用原理图

(a) 无重复接地；(b) 有重复接地

U_r—人体接触电压；U—电网相电压

低人体接触电压的作用，如图 7-5 所示。

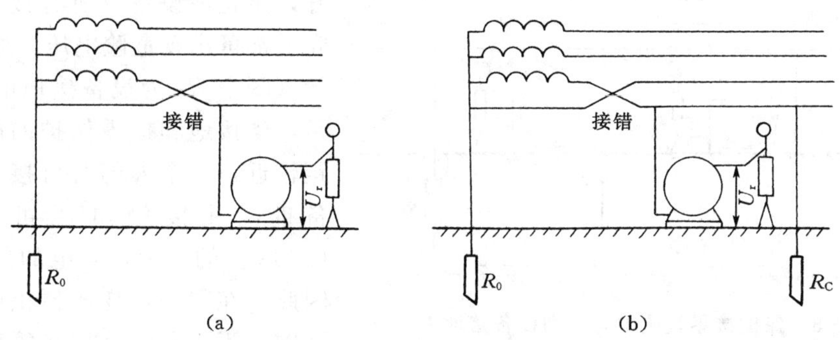

图 7-5　当零线与相线接错时，重复接地保护作用原理图

(a) 无重复接地；(b) 有重复接地

保护接零系统中，保护接零用的零线上不得装熔断器或开关。如果在单相二线的零线上规定要装熔断器，则熔断器后面的零线已不能供保护接零使用。如要保护接零，必须从零线上另接一根零支线接到设备的外壳上，如图 7-6 所示。

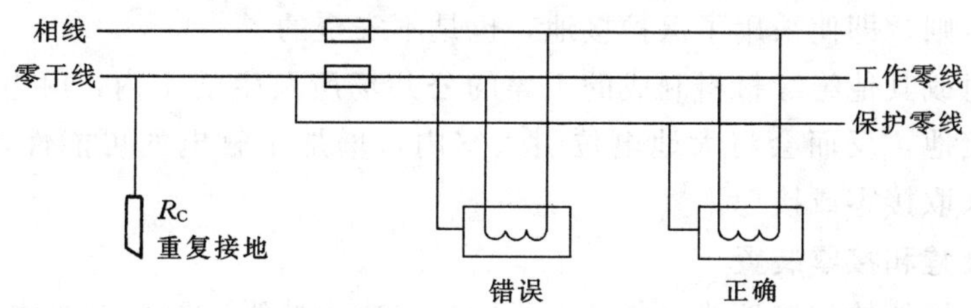

图 7-6　单相零线上装熔断器时，保护接零正、误接线图

对于单相三眼插座，应注意接地孔必须要用单独导线接到有重复接地的零线上，否则是错误的，如图 7-7 所示。图 7-7（a）和图 7-7（b）中，在插座内，地线孔与零线孔相连接，当零支线断开或零支线上熔断器熔断时，设备外壳上即出现危险电压。图 7-7

(c)，地线孔与相线孔相接，插头插入时设备外壳即刻出现相电压，极其危险。

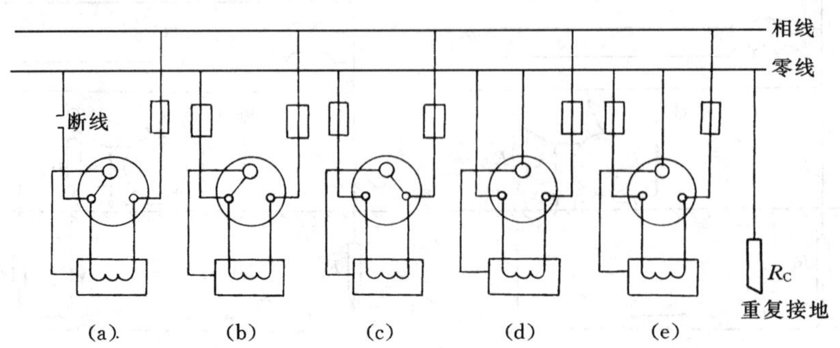

图 7-7 单相三眼插座的正、误接线图

(a) 错误；(b) 错误；(c) 错误；(d) 正确；(e) 正确

在保护接零系统中，如果个别设备接地未接零，一旦该设备相线碰壳，若故障电流 I_d 不足以使熔断器熔断或自动开关断开，于是该设备及所有接零设备的外壳上都可出现危险电压，如图 7-8 所示（图中 R_d 为设备接地电阻）。尤其是，当接地和接零保护的两个设备相距较近，一个人同时可接触这两个设备时，其接触电压可达相电压（220V）的数值，触电的危险就更大。因此，在同一台变压器供电的低压电网中，不应同时采用接零和接地两种不同的保护方式。

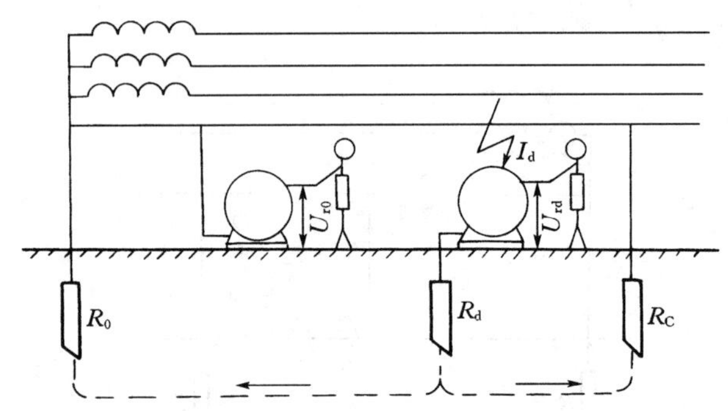

图 7-8 保护接零系统中，个别设备接地未接零出现危险电压原理图

某些低压公用电网和农村集体电网，尽管电源中性点是直接接地的，但由于原有用户都已采用了保护接地，所以新用户就不应采用保护接零。对此，必须注意：保护接地，用在电源中性点直接接地的三相四线制（380/220V）低压电网中，仅当接地电阻小、用电设备容量小、碰壳故障电流足以使保护装置动作（熔断器熔断或自动开关断开）时，才具有保护作用。否则，即使采用了保护接地，也是不安全的。

地板由木材或其他绝缘材料制成的干燥的公共场所及生活室内，触电的危险性甚小，如采取接零或接地，反而会将大地电位引入室内，增加了触电的可能性，因此在这类场所，一般可不采取接零或接地。

三、接地装置和接零装置

接地装置由接地体和接地线（包括地线网）组成。接零装置由接地体和零线网（不包括工作零线）组成。

凡埋设在地下与土壤有紧密接触的金属管道（流经可燃或爆炸性介质的管道除外）、建筑物的金属桩及直接埋设在地下的电缆金属外皮（铝外皮除外）等，均可作为自然接地体使用。

人工接地体可采用钢管、圆钢、角钢及扁钢等制成。一般情况下，接地体宜垂直埋设，垂直接地体的深度以2.5m左右为宜。垂直的人工接地体通常不少于两根，相互间的距离以2.5～3m为宜。多岩石地区，接地体可水平埋设，埋设深度通常不应小于0.6m。在地下的接地体不应涂漆。

在地下，不得采用裸铝导体作接地体、接地线或接零线。携带式电气设备的接零线及接地线，应采用绝缘多股软铜线，最小截面为0.5～1mm²。

通常，电气设备的接地装置不可与防雷接地装置混用，而且两者应相距3～5m以上，以免雷击时，在电气设备上呈现危险电压。但对于高层建筑物，电气设备的接地装置和防雷接地装置就难于分开，而是连在一起的。这类高层建筑物的柱、梁、板和桩基中的钢筋，可靠连接成一个整体的金属框架，在地面以上的部分宜兼作避雷针、带或网的引下线，对雷电流有较好的分流作用。

第三节 防 雷 保 护

雷电直接对建筑物或其他物体放电，产生破坏性很大的热效应和机械效应，这叫做直接雷。另一种是落雷处邻近物体因静电感应或电磁感应产生高电位所引起的放电，叫做感应雷。再一种是落雷时沿架空线引入的高电位。

雷击可造成设备及建筑物损坏，引起火灾以及人身伤亡等。

一、防雷措施

1. 架空线路的防雷措施

（1）架设避雷线。这是很有效的防雷措施，但造价较高，所以只在60kV及以上的架空线路上，才沿全线装设避雷线。在35kV及以下的架空线路上，一般只在进出变电所的一段线路上装设。

（2）提高线路本身的绝缘水平。

（3）装设避雷器和保护间隙，通常仅用于线路上个别特别高的杆塔、带拉线的杆塔、木杆线路中的个别金属杆塔以及线路的交叉跨越处等地方。

2. 变电所的防雷措施

（1）装设避雷针，用来保护整个变电所的建筑物，使之免遭直接雷击。避雷针可单独立杆，也可利用户外配电装置的构架或杆塔，但变压器的门型构架不能用来装设避雷针，以免雷击产生的过电压对变压器闪络放电。

（2）高压侧装设阀型避雷器或保护间隙：这主要用来保护主变压器，要求避雷器或保护间隙尽量靠近变电所安装，其接地线应与变压器低压中性点及金属外壳连在一起接地，如图7-9所示。

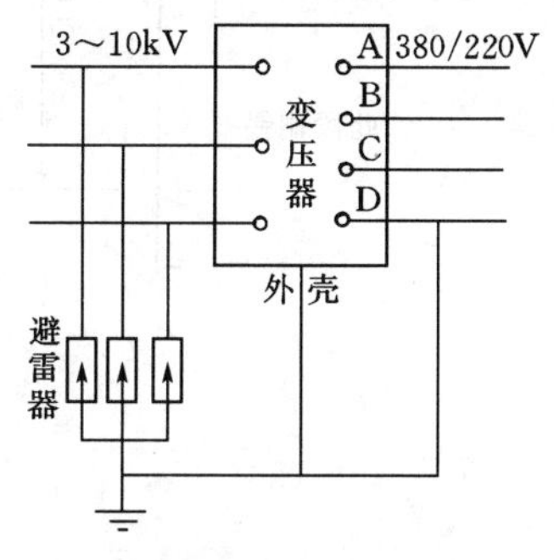

图7-9 变压器高压侧装设避雷器图

（3）低压侧装设阀型避雷器或保护间隙：这主要是在多雷区用来防止雷电波由低压侧侵入而击穿变压器的绝缘。当变压器低压中性点为不接地的运行方式时，其中性点也应加装避雷器或保护间隙。

3. 建筑物的防雷措施

（1）对直击雷的防护措施。据试验证明，建筑物的雷击部位与屋顶坡度有关，如图7-10所示。

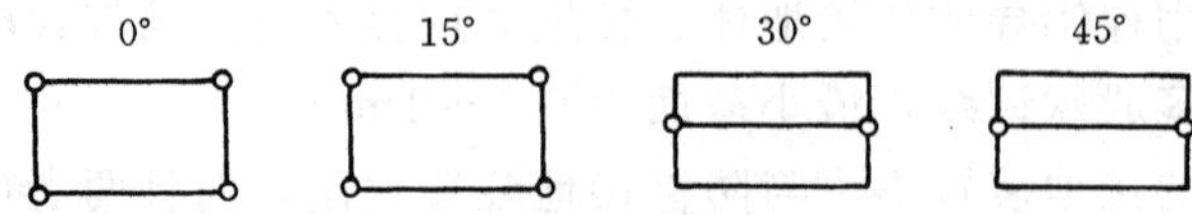

图7-10 建筑物雷击部位图

平屋顶的建筑物，雷击部位为屋顶四周，特别是屋顶四只角的雷击率最高。

15°的坡屋面，雷击部位在两端山墙屋檐，也是屋顶四只角雷击率最高。

30°的坡屋面，雷击部位在屋脊和两端山墙，屋脊为最多。

45°的坡屋面，雷击部位基本不在屋脊，屋脊两端为最多。

（2）对高电位侵入的防护措施。在进户线墙上安装保护间隙，或者将瓷瓶的铁脚接地，其接地电阻应小于20Ω，允许与防护直击雷的接地装置连在一起。

二、防雷设备

1. 接闪器

接闪器就是专门用来接受雷击的金属体，如避雷针、避雷带、避雷线及避雷网等。这些接闪器都经过引下线与接地体相连。

（1）避雷针。避雷针一般用镀锌圆钢或镀锌焊接钢管制成，其长度在1.5m以上时，圆钢直径不得小于10mm，钢管直径不得小于20mm，管壁厚度不得小于2.75mm。当避雷针的长度在3m以上时，需用几节不同直径的钢管组合起来，如图7-11所示。

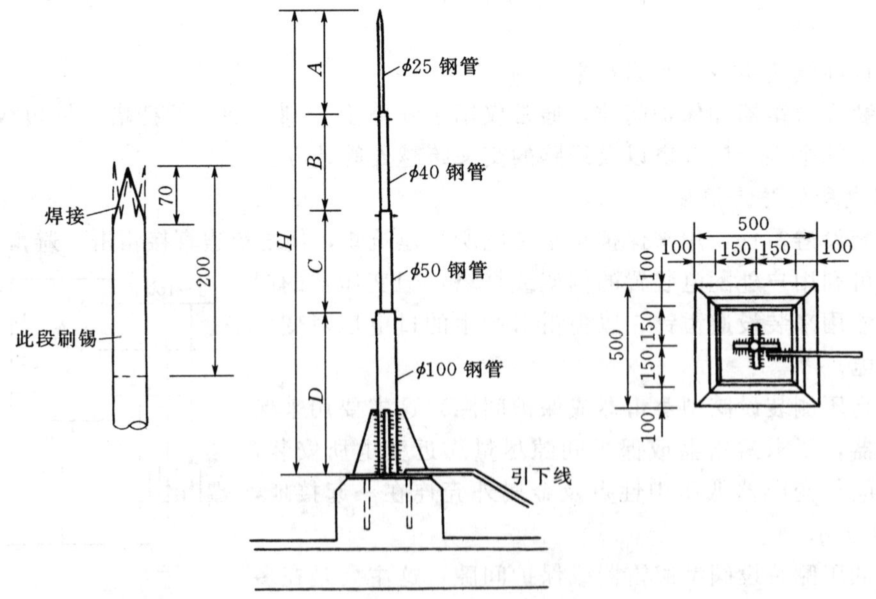

图7-11 避雷针长度与各节尺寸组合图

避雷针与接地极之间要有引下线连接，其引下线如采用圆钢，直径不小于 8mm；如采用扁钢，厚度不小于 4mm，截面不得小于 48mm^2。

避雷针的保护范围，以它对直击雷的保护的空间来表示。

(2) 避雷线。避雷线一般用截面不小于 35mm^2 的镀锌钢绞线，架设在架空线路之上，以保护架空线路免受直接雷击。避雷线的作用原理与避雷针相同，只是保护范围小一些。

2. 避雷器

避雷器用来防护雷电产生的大气过电压，沿线侵入变电所或其他建筑物内，以免高电位危害设备的绝缘。它应与被保护的设备并联，当线路上出现危及设备绝缘的过电压时，它就对地放电。

避雷器用来防护雷电产生的大气过电压，沿线侵入变电所或其他建筑物内，通过避雷器进行放电，把雷电电流引到地下，从而保护电气设备免遭损害。图 7-12 是用于高压（10kV）的阀型避雷针，它由火花间隙串联阀片组成，密封于瓷套筒中。阀片由碳化硅加水玻璃和石墨烧结而成。也有采用氧化锌的，称为氧化锌避雷针，阀片具有良好的非线性，电流愈大，阀片电阻愈小；电流愈小，阀片电阻愈大。

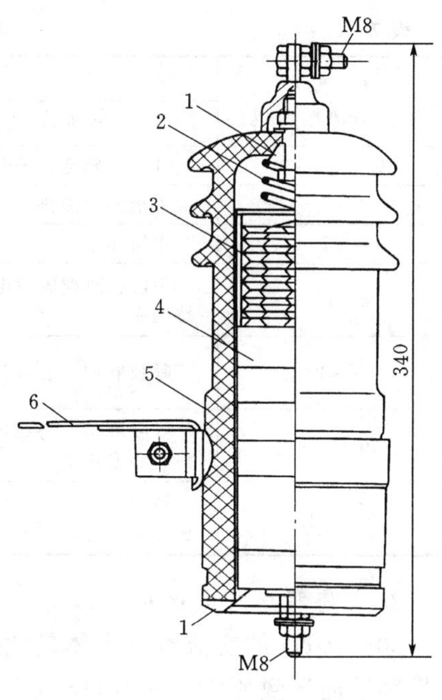

图 7-12　阀型避雷器

1—密封橡皮；2—压紧弹簧；3—火花间隙；4—阀门电阻；5—瓷套；6—安装卡子

阀型避雷器工作原理：电网正常运行时，火花间隙将阀片与电网隔离，避免由于工作电压使阀片通过电流而烧毁阀片。当电网上出现雷电过电压，其幅值会超过火花间隙的放电电压时，火花间隙被击穿，强大电流通过阀片流入大地。由于阀片的非线性，此时呈现低阻状态，则电压降低，低于被保护设备的冲击电压值，是电气设备获得保护。过电压消失后，工频电弧电流（或称工频续流）较小，阀片又呈高阻态，电弧迅速熄灭，电网恢复正常运行。

第四节　安　全　用　电

一、电流对人体的作用

电流通过人体内部，能使肌肉产生突然收缩效应，这不仅可使触电者无法摆脱带电体，而且还可造成机械性损伤。更为严重的是，流过人体的电流还会产生热效应和化学效应，从而引起一系列急骤、严重的病理变化。热效应可使机体组织烧伤，特别是高压触电，可使骨骼烧至焦炭状。电流对心跳、呼吸的影响更大，几十毫安的电流通过呼吸中枢可使呼吸停止。直接流过心脏的电流只要达到几十微安，就可使心脏形成心室纤维性颤动而致死。触电时人体损伤的程度与电流的大小、种类、电压、接触部位、持续时间及人体的健康状况等均有密切关系。

1. 伤害程度与电流大小的关系

通过人体的电流大小与肌体的伤害程度关系密切，电流大时可使人死亡，而小电流时可丝毫无感觉。电流对人体的作用如表 7-1 所示。

表 7-1　电流对人体的作用

电流(mA)	作用的特征	
	50～60Hz 交流电（有效值）	直流电
0.6～1.5	开始有感觉，手轻微颤抖	没有感觉
2～3	手指强烈颤抖	没有感觉
5～7	手指痉挛	感觉痒和热
8～10	手已较难摆脱带电体，手指尖至手腕均感剧痛	热感觉较强，上肢肌肉收缩
50～80	呼吸麻痹，心室开始颤动	强烈的灼热感。上肢肌肉强烈收缩痉挛，呼吸困难
90～100	呼吸麻痹，持续时间 3s 以上则心脏麻痹，心室颤动	呼吸麻痹
300 以上	持续 0.1s 以上时可致心跳、呼吸停止，机体组织可因电流的热效应而致破坏	

2. 伤害程度与电流种类的关系

50～60Hz 的交流电对人体最危险，只要有 50mA 电流经过人体，便可能引起心室纤维性颤动而导致死亡（300kHz 以上的高频交流电对人体伤害就比较小）。而对直流电触电来说，通过人体的直流电流即使达 250mA 时，也不至于引起特殊的伤害。

3. 伤害程度与通电时间的关系

通电时间越长，危险性也就越大，对心脏的影响还和发生触电时的心电活动的相位有密切的关系。

4. 伤害程度与电流途径的关系

通过人体的电流途径不同时，对人体的伤害也不同。所以，人体触电部位不同时，尽管电流强度相同，但伤害情况可完全不同。特别是电流通过心脏、肺和中枢神经系统时，其后果往往比较严重。

二、安全用电

人体触及带电体时，所承受到的电压称为接触电压。所谓安全电压，就是对人体不产生严重反应的接触电压。

安全电压等于通过人体的安全电流（mA）与人体电阻（kΩ）之积。

1. 人体电阻

人体的电阻值变化范围很大，可因皮肤表面的干湿程度不同而呈现不同的阻值，甚至人体的精神状态不同，其阻值也会发生变化。人体电阻值还具有非线性的特性，当接触电压升高时，阻值会明显降低，如图 7-13 所示。

人体内部电阻，一般约为 500Ω。人体皮肤的电阻随着条件不同在很大的范围内变化，一般在 1～100kΩ 之间变化。

在实际应用时，为了确保安全，人体电阻往往需取所在环境条件下的最小值。

2. 人体安全电流的确定

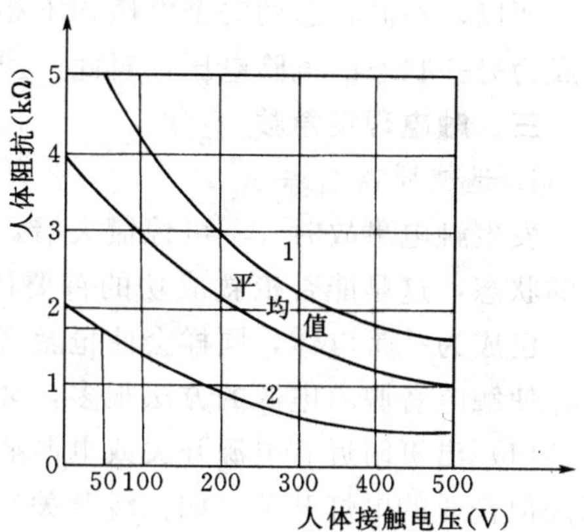

图 7-13 人体电阻与接触电压的关系

1—干燥时；2—潮湿时

对人体安全电流的确定，通常按以下三个基本电气安全准则来考虑：

(1) 无感觉的电流上限值：电流流经人体的持续时间可以相当长。

(2) 可摆脱的电流上限值：可允许持续 20～30s。

(3) 心室不产生纤维性颤动的电流上限值：只限于瞬时作用，不能超过 1s。

实际上，目前一致公认引起心室纤维性颤动的界限电流值是衡量安全程度的一个重要指标。英国的达耳基尔，通过动物实验提出下式

$$I = \frac{2.18W + 12.8}{\sqrt{T}} \text{ (mA)}$$

式中 I——发生心室纤维性颤动概率为 0.5%的界限电流值，mA；

W——体重，kg；

T——电流通过时间，s。

德国的柯宾，经电气事故分析和动物实验后提出下式

$$I = \frac{50}{T} \text{(mA)}$$

式中 I——发生心室颤动的界限电流值，mA；

T——电流通过时间，s。

在实际应用中，是将柯宾提出的公式取安全系数为 1.67，即

$$I = \frac{30}{T} \text{ (mA)}$$

目前，西欧各国和日本均普遍采用此标准，所以一般都以通过人体的电流强度×通电时间＝30mA·s，作为人体允许的安全电流加以考虑。

3. 安全电压

可按允许的接触电压界限值作为安全电压，国际上目前通用的数值如表 7-2 所示。

表 7-2　　各种接触状态和安全电压

类 别	接 触 状 态	安全电压（V）
第一种	人体大部分浸于水中的状态	2.5 以下
第二种	人体显著淋湿状态 人体一部分经常接触到电气装置金属外壳和构造物时的状态	25 以下
第三种	除一、二种以外的情况，对人体加有接触电压后，危险性高的状态	50 以下

我国的 12V 电压相当于第二种接触状态的 25V 以下电压。36V 电压相当于第三种接触状态的 50V 以下电压。

所以，不同状态的安全电压均不相同。安全电压是相对的，某一情况下的安全电压，可成为另一状态的危险电压，对此，我们必须有足够的认识。

三、触电现场急救

1. 迅速脱离电源

发生触电事故时，不可惊慌失措，首先要设法马上切断电源，使触电者脱离受电流伤害的状态，这是能否抢救成功的首要因素。其次要注意，当人体触电时，身上有电流通过，已成为一带电体，同样会使抢救者触电。所以，必须先使触电者脱离电源后，方可抢救。使触电者脱离电源的方法很多，如：

(1) 出事附近有电源开关或电源插头时，应立即将闸刀拉开或将插头拔掉，以切断电源。但普通的电灯开关（如拉线开关）只能断开一根线，有时断开的不一定是相线，所以不能肯定电源已切断。

(2) 当电线触及人体导致触电时，一时无法找到并断开其电源开关时，可用绝缘的物体（如干燥的木棒、竹竿、绝缘手套）将电线移掉，使触电者脱离电源。必要时可用绝缘工具（带有绝缘柄的电工钳、木柄的斧以及锄头等）切断电线，以断开电源。

总之，在现场可因地制宜，灵活运用各种方法，快速切断电源。

2. 脱离电源要注意的问题

(1) 脱离电源后，人体的肌肉不再受到电流刺激，会立即放松，病人可自行摔倒，造成新的外伤（如颅底骨折等），特别在高空时更是危险。所以，脱离电源时需有相应的措施配合，避免此类情况发生。

(2) 脱离电源时要注意安全，决不可误伤他人，将事故扩大。

3. 简单诊断

解脱电源后，病人往往处于昏迷状态，应尽快对心跳和呼吸的情况作一判断，看看是否处于“假死”状态。具体方法如下：

(1) 将脱离电源后的病人迅速移至比较通风干燥的地方，使其仰卧，将上衣与裤带放松。

(2) 观察一下有否呼吸存在。

(3) 摸一摸颈部的颈动脉或腹股沟处的股动脉，有没有搏动。另外，在心前区也可听一听有否心音，有心音则有心跳。

(4) 看一看瞳孔是否扩大。瞳孔扩大说明了大脑组织细胞严重缺氧，人体也就处于“假死”状态。

通过以上简单的检查，即可判断病人是否处于“假死”状态，并依据“假死”的分类标准（①心跳停止，呼吸尚存在；②呼吸停止，心跳尚存在；③心跳、呼吸均停止），在抢救时便可有的放矢，对症治疗。

小　　结

(1) 电力系统由发电厂、电力网和负载构成。了解我国电力网电压等级，以及负载类型。

(2) 掌握保护接地和保护接零的原理及接线方式。

(3) 掌握防雷保护的常用设备和防护措施。

(4) 了解如何安全用电和触电现场解救。

习　　题

7-1　什么叫电力系统和电力网？它们由哪些部分组成？

7-2　什么叫保护接地？什么叫保护接零？它们的作用是什么？

7-3　电力系统有哪些防雷设备？

7-4　触电急救措施有哪些？

第八章 基本半导体器件

第一节 半导体基本知识

自然界中的物质，根据它们导电能力的强弱，分为导体、绝缘体和半导体三类。半导体的导电能力介于导体和绝缘体之间，并且在不同条件下有很大的差别。硅和锗是最常见的半导体材料，也是制作电子器件的最基本材料。

一、本征半导体

纯净的半导体称为本征半导体，它具有典型的共价结构，在热力学零摄氏度时，它不具有导电能力。

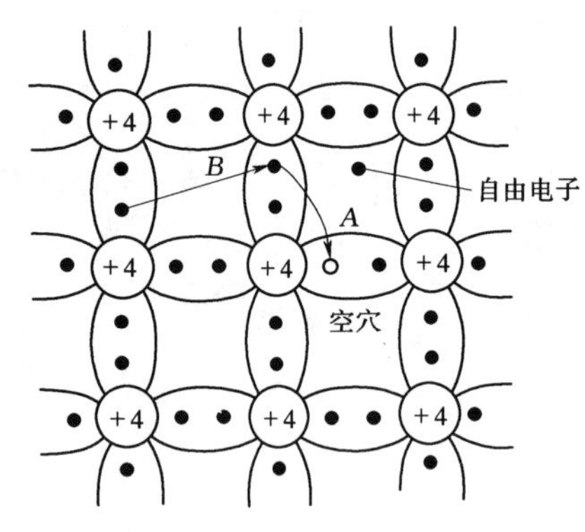

图 8－1 热运动产生的电子空穴对

在本征半导体中，每形成一个自由电子，同时出现一个空穴，它们成对出现，这种现象称为本征激发，热激发属于本征激发，如图 8－1 所示。

自由电子在运动过程中与空穴相遇时，如果它以一定的方式释放出原来吸收的能量，就能填补这个空穴，一对自由电子空穴就消失了，这种现象称为复合。在一定温度下，单位时间内激发的载流子数和复合的载流子数处于相对平衡状态，载流子保持一定的浓度。实验指出，温度升高时载流子浓度将按指数增加，因此半导体导电能力相应增强。

自由电子和空穴是半导体中的两种载流子。这些载流子都是“自由”的，可以在外电场的作用下运动。如果从本征半导体引出两个电极并接上电源，此时带负电的自由电子向电源正极作定向运动，形成电子电流；带正电的空穴将向电源负极作定向运动，形成空穴电流，而在外电路中的电流为电子电流和空穴电流之和。

二、杂质半导体

在纯净的半导体中虽然有自由电子和空穴两种载流子，但在常温下数量都极少，因此导电性能极差。如果在纯净的半导体中掺入某些微量杂质，就可使半导体的导电性能显著增强，由于所掺杂质的不同，杂质半导体可分为两类。

1. P 型半导体

图 8－2 是在硅晶体中掺入硼原子后，由硼原子和硅原子组成的共价键结构示意图。由于硼原子数目比硅原子数目少得多，因此整个晶体不变。硼是三价元素，外层只有三个电子，所以当它与硅原子组成共价键时，因缺少电子而会形成空穴，在室温下这些空穴能

吸引邻近的价电子来补充，使杂质电子变成带负电的离子，每掺入一个硼原子都能提供一个空穴，从而使硅晶体中空穴的数目大大增加，而自由电子却很少，这种半导体的导电主要靠空穴，因此称为空穴半导体，简称P型半导体。P型半导体的空穴是多数载流子（以下简称多子），自由电子是少数载流子（以下简称少子）。

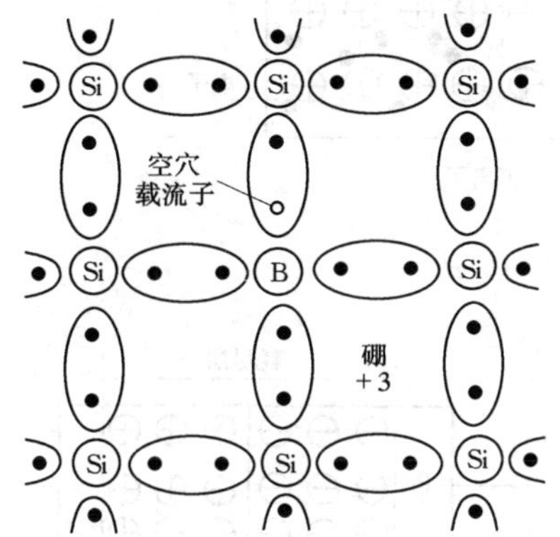

图8-2 硅中掺硼形成空穴（P型）

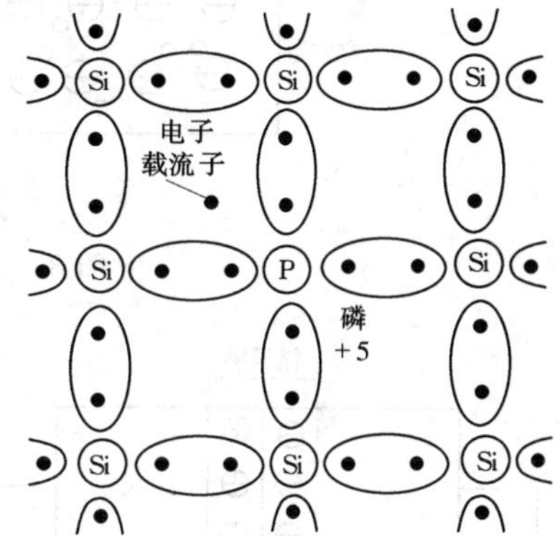

图8-3 硅中掺磷出现自由电子（N型）

2. N型半导体

图8-3是硅晶体中掺入五价元素磷以后，硅原子和磷原子组成的共价键示意图。磷原子的5个价电子中，4个电子组成共价键，多出的一个电子很容易摆脱原子核的束缚成为自由电子，同时杂质原子变成带正电的离子，而且自由电子数目很多，这种半导体导电主要靠电子，所以称为电子半导体，简称N型半导体。在N型半导体中，自由电子是多数载流子，而空穴则为少数载流子，多数载流子取决于掺杂，少数载流子取决于温度。

三、PN结及其单向导电性

1. PN结的形成

在一块半导体中，通过“掺杂”这一特殊的工艺，使其一边成为N型半导体，另一边成为P型半导体。由于P型半导体的多数载流子是空穴，N型半导体中的多数载流子是电子，这样电子和空穴都要从浓度高的地方向浓度低的地方扩散。于是在两种半导体交界面附近，P区的空穴扩散到N区，且与N区的电子复合，在P区一侧留下不能移动的负离子空间电荷区，同样N区的电子扩散到P区，且与P区的空穴复合，在N区一侧留下不能移动的正离子空间电荷区，如图8-4所示。空间电荷区形成了一个方向由N区指向P区的内电场，内电场的作用是阻碍多子的扩散，故也称此空间电荷区为阻挡层。同时，它又促使P区和N区中的少数载流子向对方漂移。当扩散与漂移处于动态平衡时，空间电荷区相对稳定，即形成了PN结。由于总的多子扩散电流等于少子漂移电流，且二者方向相反，PN结中的电流为零。PN结是构成各种半导体器件的基础。

综上所述，在无外电场或其他因素激发时，PN结处于平衡状态，没有电流通过，空间电荷区是恒定的，由于空间电荷区内没有载流子，所以又叫耗尽层，其宽度一般为数微米。

2. PN结单向导电性

（1）外加正向电压。当PN结外加正向电压，即电源正极接P、负极接N，这种连接

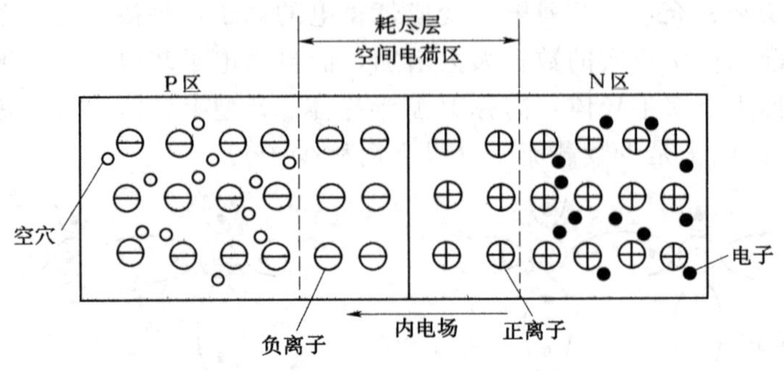

图 8－4　PN 结载流子的运动

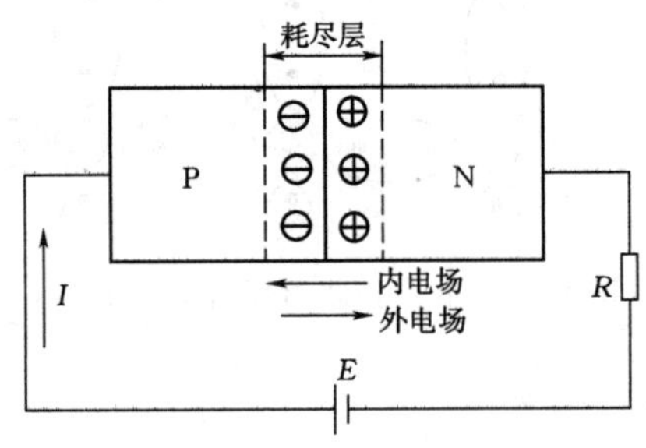

图 8－5　外加正向电压

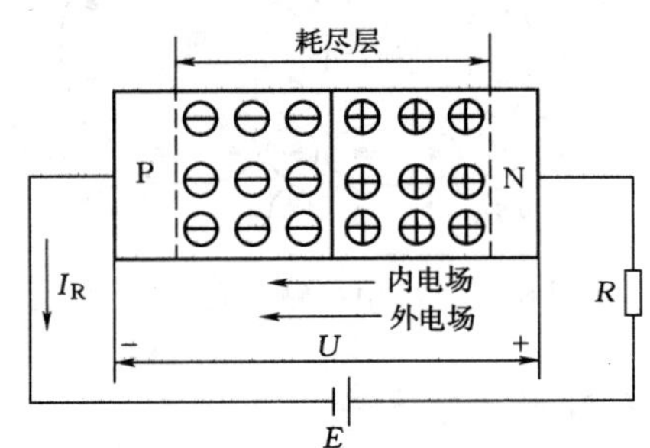

图 8－6　外加反向电压

方式称为正向接法，如图 8－5 所示。正向接法时，外电场与内定场方向相反，因而削弱了内电场，使耗尽层宽度减小，N 区的电子和 P 区的空穴都能顺利地通过 PN 结，形成较大的扩散电流 I。至于漂移电流，本来就是少数载流子运动形成的，而少子数量又很少，对总电流的影响可忽略，所以正向接法使 PN 结转化为导通状态，这时电阻很小。

（2）外加反向电压。PN 结加反向电压，即电源正极接 N、负极接 P，这种连接方法称为反向接法，如图 8－6 所示。反向接法时，外电场与内电场方向一致，耗尽层大大加宽，因此扩散难以进行，呈高阻抗状态，但有利于少子漂移，在回路中产生了由少子漂移所形成的反向电流 I_R，因少子浓度很低，并在温度一定时浓度不变，所以反向电流不仅很小，且外加电压超过零点几伏后，由于少子数量有限，基本不随外加电压的增加而增加，故称反向饱和电流。

总之，当外加正向电压时，PN 结导通，呈现低电阻，流过较大的正向电流 I；外加反向电压时，PN 结呈现高电阻，流过一个很小的反向电流 I_R，可认为 PN 结是截止的，所以 PN 结具有单向导电性。

第二节　半导体二极管

一、基本结构

半导体二极管简称二极管，其结构是 PN 结加上引出线和管壳构成的，图 8－7 是几种常见类型二极管结构示意图。

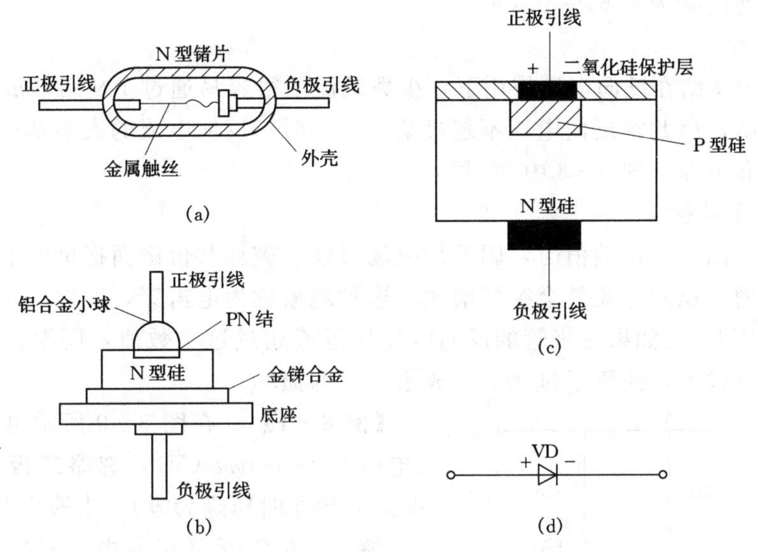

图 8-7 半导体二极管结构及符号

(a) 点接触型；(b) 面接触型；(c) 平面型；(d) 符号

点接触型二极管［见图 8-7 (a)］的特点是PN结面积小，因而结电容小，常用于高频，检波。面接触型二极管［见图 8-7 (b)］由于结面积大，因而结电容也大，只能在较低的频率下工作，常用作整流。硅平面二极管［见图 8-7 (c)］，结面积较大时可以通过较大的电流，适用于大功率整流；结面积较小时，PN结电容小，常用在脉冲电路中作开关管。二极管的符号如图 8-7 (d) 所示。

二、二极管的伏安特性

二极管的性能常用伏安特性来表示，它是指二极管两端的电压U和流过管子的电流I之间的关系，二极管的伏安特性如图 8-8 所示，下面对二极管特性加以说明。

1. 正向特性

从图 8-8 可见，在二极管正向特性起始部分，由于外加正向电压较小，外电场还不足以克服PN结内电场对多数载流子所造成的阻力，因此这时的正向电流几乎为零，二极管呈现很大的电阻。这个范围称为“死区”，相应的电压称为死区电压。锗管死区电压为 0.1V，硅管死区电压约为 0.5V（图 8-8 中 0A 段）。当正向电压大过死区电压后，内电场被削弱，因而电流增加很快（图 8-8 中 AB 段）。一般在正常工作情况下，锗管的正向导通压降为 0.2～0.3V，

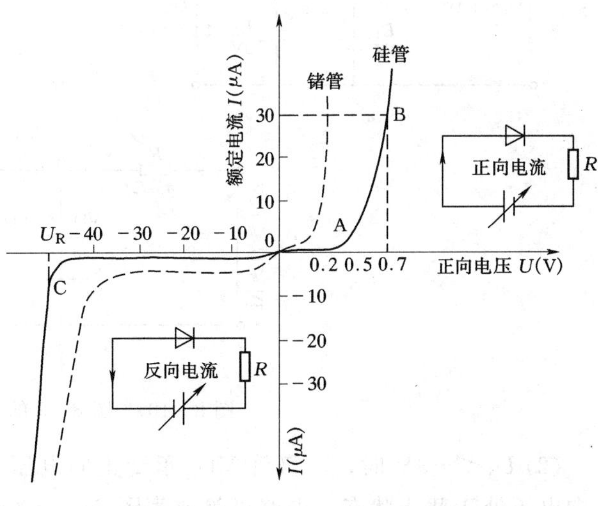

图 8-8 二极管伏安特性

硅管的正向导通压降为 0.6 ～ 0.7V。

2. 反向特性

二极管的 PN 结在反向电压作用下，少数载流子很容易通过 PN 结形成反向电流。由于少子是有限的，因此在反向电压不超过某一范围时，反向电流的大小基本恒定，故通常称之为反向饱和电流（图 8－8 中 0C 段）。

3. 反向击穿特性

当反向电压高到一定数值时，因外加电场过强，破坏共价键而把价电子拉出，引起载流子的数目剧增。反向电流就会突然增大，这种现象称为电击穿，发生击穿时的反向电压叫反向击穿电压 U_R。如果二极管的反向电压接近或超过这个数值，而没有适当的限流措施，将会因电流过大，使管子过热而造成永久性的损坏。

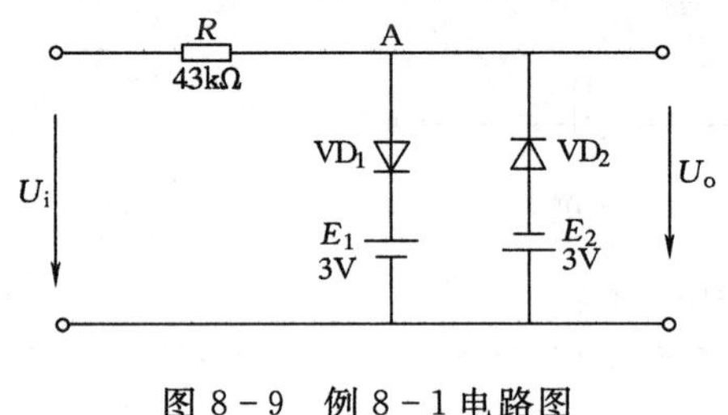

图 8－9　例 8－1 电路图

【例 8－1】　在图 8－9 所示电路中，已知输入电压 $U_i = 5\sin\omega t$（V），忽略二极管的导通压降（即认为导通时压降为零），求输出 U_o。

解　二极管承受正向电压时导通，承受反向电压时截止。当忽略二极管导通压降时，二极管的导通、截止情况可用开关的接通、断开来等效代替。下面分三种情况来讨论。

(1) $U_i > +3V$ 时，二极管 VD_1 承受正向电压而导通，$U_A = +3V$ 则二极管 VD_2 承受电压为

$$U_{VD2} = -E_2 + (-E_1) = -3 - 3 = -6V$$

故 VD_2 承受反压，处于截止状态。电路可等效为图 8－10（a）所示，由图可见

$$U_o = U_A = +3V$$

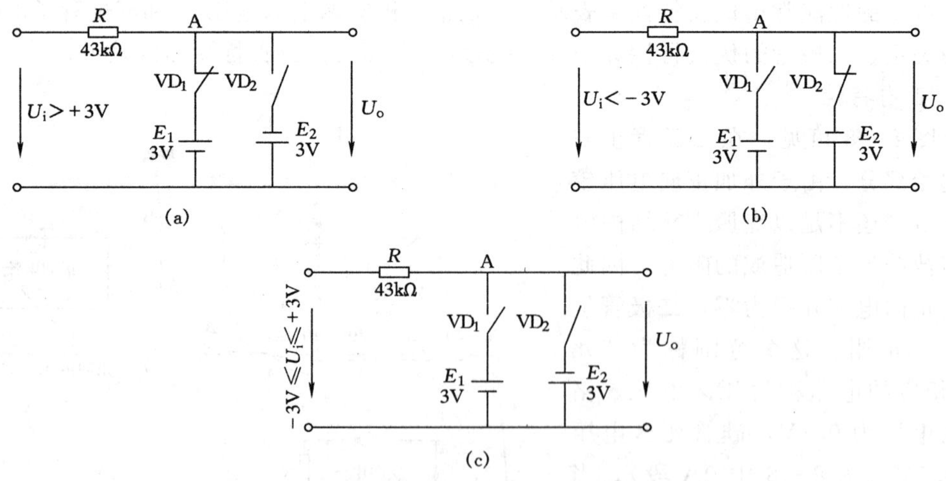

图 8－10　图 8－9 的等效电路

(2) $U_i < -3V$ 时，二极管 VD_2 承受正向电压而导通，$U_A = -3V$，二极管 VD_1 承受反向电压处于截止状态。电路可等效为图 8－10（b）所示，由图可见

$$U_o = U_A = -3\text{V}$$

(3) $-3\text{V} \leqslant U_i \leqslant +3\text{V}$ 时，二极管 VD_1、VD_2 均承受反向电压而截止。电路可等效为图 8－10（c）所示，由图可见

$$U_o = U_i$$

综上所述

$$U_o = \begin{cases} +3\text{V} & U_i > +3\text{V} \\ U_i & -3\text{V} \leqslant U_i \leqslant +3\text{V} \\ -3\text{V} & U_i < -3\text{V} \end{cases}$$

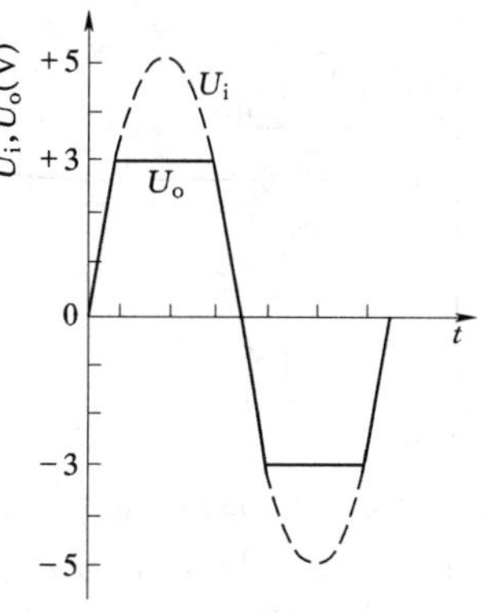

图 8－11　U_i 和 U_o 的波形图

由此可绘出图 8－9 所示电路的输入电压 U_i 和输出电压 U_o 的波形如图 8－11 所示。

此种电路是利用二极管的单向导电特性，将输出电压的幅值限制在±3V 之间，这种电路称为限幅电路或削波电路，它的应用很广泛。

三、主要参数

1. 最大整流电流 I_{FM}

二极管长期使用时允许通过的最大正向平均电流为最大整流电流，它由 PN 结的面积和散热条件决定。使用时应注意通过二极管的电流不能大于这个数值，否则二极管会过热而损坏。

2. 最大反向工作电压 U_{RM}

最大反向工作电压是保证二极管不被击穿而给出的最高反向电压，一般手册上给出的最大反向工作电压约为击穿电压的一半，其目的是确保二极管安全工作。

3. 最大反向电流 I_{RM}

最大反向电流是最大反向电压下的反向电流。由于温度对反向电流影响很大，因此 I_{RM} 愈大，二极管单向导电性能愈差。

4. 最高工作频率 f_M

二极管具有一定的电容效应，在 PN 结内有不能移动的正负离子，各具有一定的电荷量，当外加电压使耗尽层变宽时，电荷量增加，相当于电容充电，当外加电压使耗尽层变薄时，电荷量减少，相当电容放电，这种电容效应称为结电容，其大小与 PN 结的结面积成正比，与耗尽层的宽度成反比，当外加电压改变时，耗尽层宽度改变，结电容大小也相应改变。

结电容的存在限制了二极管的工作频率，因加高频电压时，结电容将通过高频电流，破坏了 PN 结单向导电性，故不同型号的二极管都有最高工作频率 f_M 的限制。结电容大的工作频率低，结电容小的工作频率高。

二极管根据其外型、结构、材料、功率和用途分成各种类型，这些不同类型的管子都按国家标准来命名，其命名方法和型号名称的意义见本书附录 A 和附录 B。

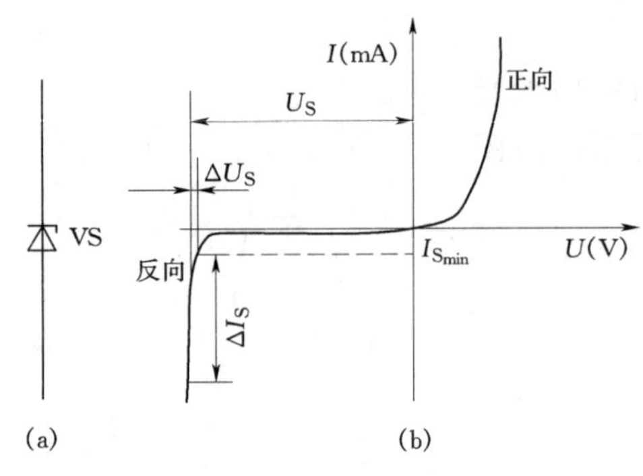

图 8-12　稳压二极管符号和特性曲线

(a) 符号；(b) 伏安特性曲线

四、特殊二极管

(一) 稳压二极管

稳压二极管是一种特殊的半导体二极管，它的符号和伏安特性曲线如图 8-12 所示。与一般二极管不同之处是，它正常工作在 PN 结的反向击穿区，由于在制造工艺上采取了适当措施，使得接触面上各点的电流比较均匀，保证在一定的反向电流数值内，其结温不会超过允许值，因而不致损坏，它的反向击穿具有可逆性，切断外加电压后，PN 结仍能恢复原状。

当稳压管的反向电压增高到击穿电压时，反向电流突然剧增。此后电流虽然在很大范围内变化，但稳压管两端电压却变化很小。利用这一特性，稳压二极管能在电路中起到稳定电压的作用。

1. 稳压二极管的主要参数

(1) 稳定电压 U_S。稳压二极管在正常工作时管子两端的电压。手册中所列的都是在一定条件下（工作电流，温度）的数值，即使同一型号的管子，其稳压值也有一定的分散性。例如 2CW—5 的稳定电压为 11.5～14V，是指对这种型号的某个管子，它的稳定电压是在这个范围内的一个确定数值。

(2) 稳定电流 I_S。稳压管正常工作时的参考电流值。电流低于此值时，稳压效果略差；高于此值时，只要不超过额定功率都可以正常工作；电流愈大，稳压效果愈好，但管子功耗要增加；工作时不能超过最大稳定电流 I_{SM}。

(3) 动态电阻 r_S：稳压二极管在正常工作时，其电压的变化量与相应电流变化量之比，即 $r_S=\Delta U_S/\Delta I_S$。显然，反向伏安特性曲线愈陡，$r_S$ 愈小，稳压性能也就愈好，稳压二极管的电阻，随工作电流的增加而减小。因此，为了使稳压效果好一些，在允许的电流范围内，工作电流不宜选得太小。

(4) 耗散功率 P_S。稳压二极管不会因 PN 结温度过高而损坏的最大功率，它等于最大稳定电流 I_{SM}与相应的稳定电压的乘积，即 $P_S=I_{SM}U_S$。

(5) 电压温度系数 α。稳压管的稳定电压值随工作温度的不同而有所变化，通常用温度系数来表示稳压管的温度稳定性。例如 2CW7 型稳压管的 α 为 9×10^{-4}℃，相当于温度每升高 1℃其稳压值将增加 0.09%。硅稳压管 U_S 低于 4V 时，具有负温度系数，高于 7V 时具有正温度系数，而在 4～7V 之间，温度系数很小。

2. 硅稳压二极管组成的稳压电路

由硅稳压二极管组成的稳压电路如图 8-13 所示。VS 是稳压二极管，R 是限流电阻，R_L 是负载电阻。稳压电路的输入电压 U_i 就是整流滤波电路的输出电压，而稳压电路的输出电压 U_o 等于稳压二极管的稳定电压 U_S。

稳压原理：当 R_L 不变，输入电压 U_i 升高引起输出电压 U_o 增大时，由稳压管的特性可知 U_o（即 U_S）少量增加，将使 I_S 增加较大，于是引起 R 上的电压降增加，致使 U_i 的增加量大多降在 R 上，从而保持 U_o 基本不变。同理当 U_i 下降引起 U_o 减小时，I_S 变小，

R 上的压降减小，保持 U_o 基本不变。

当电源电压保持不变而负载变化引起输出电压 U_o 改变，上述稳压电路仍能其稳压作用。当 I_o 增加即 R_L 减小时，U_o 减小，引起 I_S 减小，因 I_S 的减小补偿了 I_o 的增加，使通过 R 的电流以及其 R 上的压降保持近似不变，所以 U_o 也近似不变。当 I_o 减小时稳压过程相反。

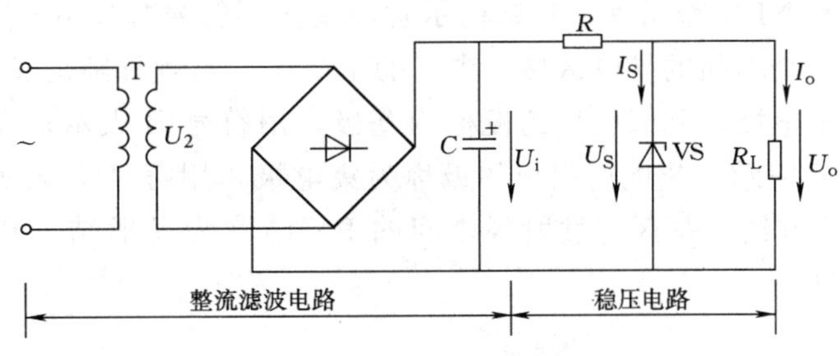

图 8-13　稳压二极管稳压电路

用稳压二极管的稳压电路具有元件少、电路简单、调试方便等优点。缺点是输出电压是由稳压二极管的稳定电压决定的，故不能任意调节，负载电流变化靠稳压二极管的电流来调节，因此输出电流受二极管工作电流的限制而不能很大。稳压二极管稳压电路只适用于输出电流要求不大、稳压精度要求不高的场合。

（二）光电二极管

光电二极管的特点是，当光线照射于 PN 结的时候，像热激发一样，产生电子空穴对，在半导体中增加了少子的浓度。这些空穴载流子在反向电压作用下可产生漂移电流，使反向电流增加，因此它的反向电流随光照的强度增加而增加，光电二极管的管壳上备有一个玻璃窗口，以便接受光照，图 8-14 是光电二极管的符号。

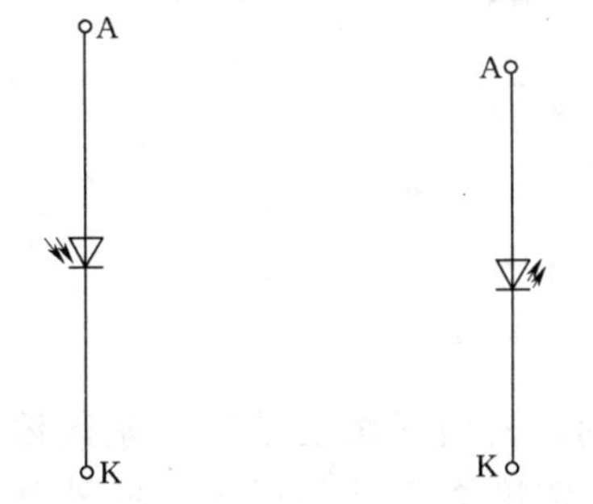

图 8-14　光电二极管符号　　图 8-15　发光二极管符号

光电二极管可以用作光控元件，当制成大面积的光电二极管时，可当作一种能源而成为光电池，此时它不需外加电源，就能直接把光能变成电能。

（三）发光二极管

发光二极管的原理与光电二极管相反，当这种管子正向偏置通过电流时会发出光来，这是由于电子与空穴直接复合时放出能量的结果，它的光谱范围是比较窄的，其波长由所使用的基本材料而定，发光二极管用砷化镓、磷化镓等制成，图 8-15 为发光二极管的符号。发光二极管常用来作为显示器件，除了单个使用外，也常做成七段式，工作电流一般在几毫安至几十毫安之间。

第三节　晶体三极管

晶体三极管简称晶体管，是组成放大电路的核心器件。

一、基本结构

晶体管是具有三个电极的半导体器件，其内部结构比二极管多一层 P 型半导体或 N 型半导体，形成 P—N—P 或 N—P—N 三层结构。因此，从结构形式上来分，就有 PNP

型和 NPN 型两种，其结构示意图及图形符号如图 8－16（a）、（b）所示。每个晶体管都有三个不同的导电区域，中间的是基区，两侧分别是发射区和集电区。每个导电区上引出一个电极，基区引出的极称为基极，用符号 B 表示；发射区引出的极称为发射极，用符号 E 表示；集电区引出的扱称为集电极，用符号 C 表示。三层半导体在交界面形成了两个 PN 结。基区与发射区之间的 PN 结称为发射结，基区与集电区之间的 PN 结称为集电结。

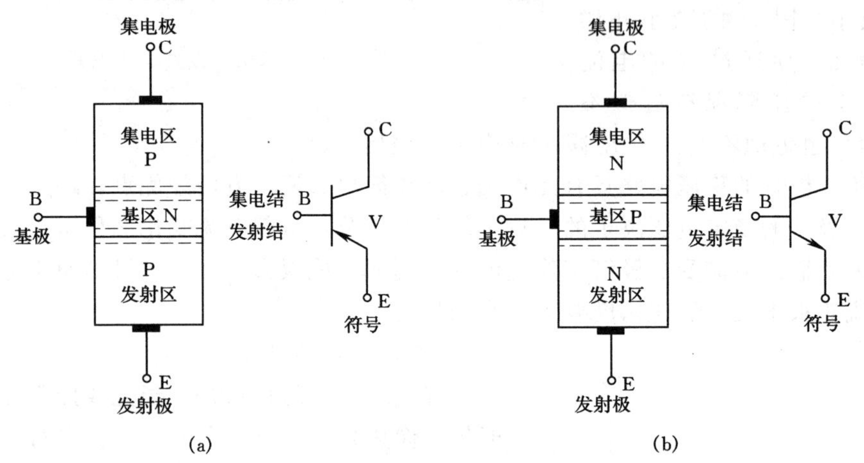

图 8－16　晶体管结构示意图及图形符号

(a) PNP 型；(b) NPN 型

晶体管三个区的结构并不对称，杂质浓度有所不同，发射区浓度最高，基区浓度最低。以 NPN 为例，发射区的自由电子浓度比基区空穴浓度大 100 倍以上，此外基区很薄，集电区的几何尺寸比发射区要大，这些都是晶体管能够起放大作用的内部条件。

PNP 型和 NPN 型晶体管符号的区别是发射极的箭头指向不同，如图 8－16（a）、（b）所示，发射极箭头表示发射结在正向接法时的电流真实方向，PNP 与 NPN 晶体管的工作原理相似，只是使用时电源连接极性不同。

二、晶体管的电流放大作用

晶体管内部结构上的特点是它具有放大作用的内部条件，而放大的外部条件是发射结要正向偏置，集电结要反向偏置，现以 NPN 型晶体管为例简述如下（见图 8－17）。晶体管接成两个回路，即基极回路和集电极回路。发射极是公共端，这种接法称为晶体管的共发射极接法。电源 E_B 的正极接基区（P 区），负极接发射区（N 区），$U_B > U_E$ 使发射结加上正向电压（称为正偏）。电源 E_C 接在集电极与发射极之间，$U_C > U_B$，它使集电结得到反向电压（称为反偏）。

晶体管内部多数载流子运动的过程见图 8－18 所示。

1. 发射区向基区发射电子形成发射极电流 I_E

发射区的多数载流子——自由电子，在发射结正向电压作用下，源源不断地越过 PN 结进入基区，形成发射极电流 I_E。此时基区的多数载流子—空穴，在发射结正向电压作用下，也会扩散到发射区，由于基区的杂质浓度低，这部分所形成的电流可以略去不计，因此发射极电流主要是电子流。

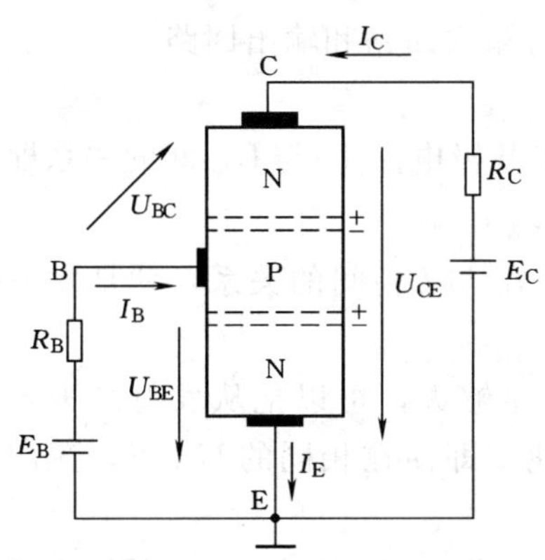

图 8-17　NPN 晶体管放大电路的电源接法

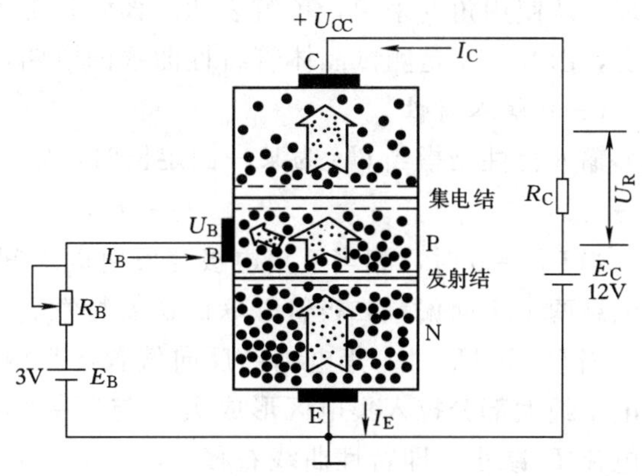

图 8-18　晶体管内部载流子运动示意图

2. 电子在基区扩散与复合形成基极电流 I_B

电子到达基区后，使基区中靠近发射结的电子增多，靠近集电结的电子少，形成浓度上的差异而继续向集电结扩散，在扩散过程中有少量电子与基区的空穴复合，基极电源 E_B 给基区补充空穴，形成电流 I_B，由于基区很薄，且空穴浓度很低，所以 I_B 很小。

3. 电子被集电极收集形成集电极电流 I_C

绝大部分电子扩散到集电结的边缘，由于集电结是反向偏置，所以扩散到集电结边缘的电子在电场的作用下，很容易被集电极所收集，形成集电极电流 I_C。

从以上分析可以看出：$I_E=I_B+I_C$，且 $I_C \gg I_B$，这就是晶体管的电流放大作用。把 I_C 与 I_B 之比称为直流电流放大系数 $\bar{\beta}$

$$\bar{\beta}=\frac{I_C}{I_B}$$

当 I_B 有一增量 ΔI_B 时，I_C 也就相应地变化 ΔI_C，且 $\Delta I_C \gg \Delta I_B$，集电极电流变化量与基极电流变化量之比称为交流电流放大系数 β，即

$$\beta=\frac{\Delta I_C}{\Delta I_B}$$

综上所述：①晶体管之所以能有电流放大作用，其内部条件是基区必须做得很薄，掺杂浓度又较低；而外部条件是发射结正偏，集电结反偏；②电流放大作用的实质是用一个微小的 ΔI_B 去控制一个较大的 ΔI_C。放大所需能量的来源是外加直流电源。

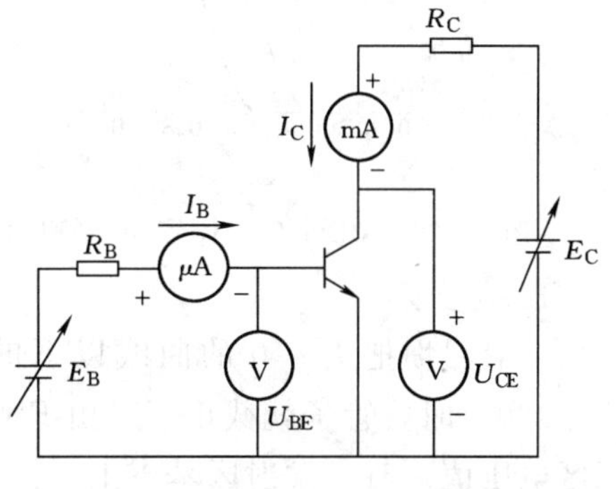

图 8-19　晶体管特性实验电路图

三、晶体管的特性曲线

晶体管的特性曲线表示基极电流 I_B 与基极—发射极间电压 U_{BE}，以及集电极电流 I_C 与集电极—发射极间电压 U_{CE}之间的关系。利用这些特性曲

线可以较全面地、确切地了解晶体管的工作性能。特性曲线是晶体管内部微观现象的外部表现，从使用角度来说，了解表达晶体管外部性能的特性曲线比了解其内部物理过程更为重要，图 8－19 是测试晶体管特性曲线的电路，它分为输入回路和输出回路。

（一）输入特性

输入特性是指当 U_{CE} 为某一固定值时，输入回路中基极电流 I_B 与 U_{BE} 间的关系即

$$I_B = f(U_{BE}) \big|_{U_{CE}=\text{常数}}$$

当 $U_{CE}=0$ 时，相当于集电极与发射极之间短路，I_B 与 U_{BE} 间的关系，就是发射结和集电结两个正向偏置二极管并联的伏安特性。

当 $U_{CE} \geqslant 1V$ 时，集电结已反向偏置，且内电场已足够大，可以把从发射区进入基区的电子绝大部分拉入集电区形成 I_C。与 $U_{CE}=0$ 时相比，即使在相同的 U_{BE} 下，流向基极的电流 I_B 减小，即特性曲线右移。

图 8－20 为晶体管 3DG4C 的输入特性曲线。严格地讲，U_{CE} 不同，所得的输入特性也略有不同。实际上，当 U_{CE} 超过一定数值（例如 1V）以后，只要 U_{BE} 不变，则注入基区电子数一定，而集电结所加的反向电压已能把注入基区的电子中绝大部分拉到集电极，以致 U_{CE} 再增加，而 I_B 也不再明显地减小，所以通常只需绘出 $U_{CE}=1V$ 的一条输入特性曲线，就可以代表 $U_{CE}>1V$ 的输入特性。

（二）输出特性

输出特性是指当 I_B 是某一固定值时，输出电路中集电极电流 I_C 与集电极—发射极之间电压 U_{CE} 的关系为

$$I_C = f(U_{CE}) \big|_{I_B=\text{常数}}$$

图 8－21 是输出特性曲线，它可以划分为以下三个区域，对应于晶体管三种工作状态。

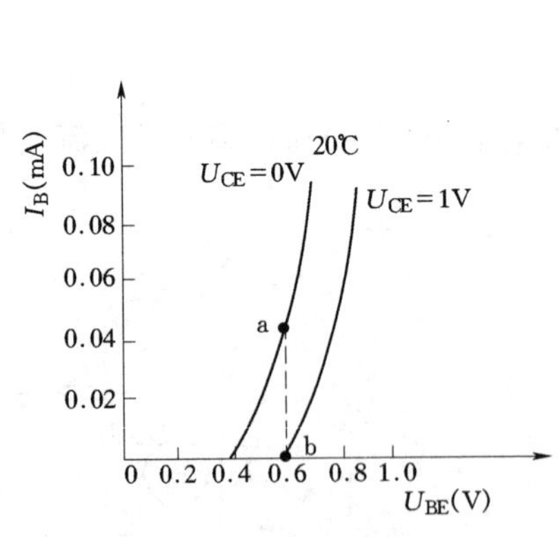

图 8－20　3DG4C 晶体管输入特性曲线

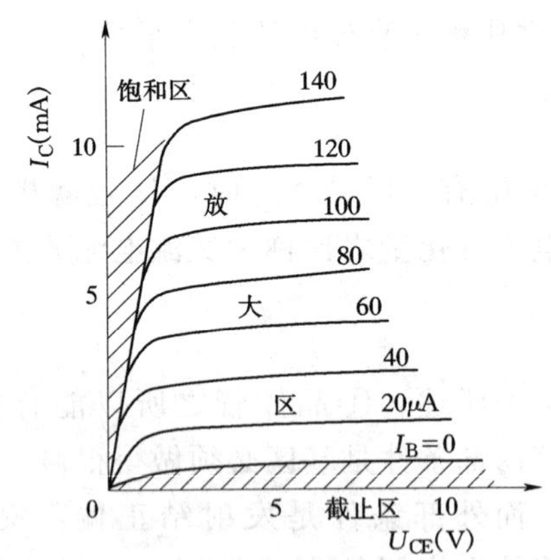

图 8－21　3DG4C 晶体管输出特性曲线

1. 截止区

一般习惯把 $I_B=0$ 的曲线以下的区域称为截止区。对 NPN 硅管来说，当 $U_B<U_E$（$U_{BE}<0$）时，管子就截止了。由 PN 结的正向特性可知，$U_{BE}<0.5V$（0.5V 是 PN 结的死区电压值）时，发射区基本上就没有电子注入基区，对应集电极电流也接近于零（$I_B=0$，$I_C=0$），这时集电极与发射极之间相当于断路。

2. 放大区

当发射结正向偏置，集电结反向偏置时，输出特性曲线近于水平的部分是放大区。对硅管来说，当$U_{BE}>0.5V$，而集电结又加有一定的反向电压时；发射区扩散到基区的电子大部分被集电极所收集，$I_C \approx I_E$，I_B 很小。I_B 改变时，I_C 也随着改变，而与U_{CE}的大小基本无关，$\Delta I_C=\beta\Delta I_B$，具有很强的电流放大作用，放大区通常也称为线性区。

3. 饱和区

放大电路中常在集电极接有一定的电阻 R_C，如图 8－19 所示，此时集电极电路中的电压与电流间存在下述关系，即 $E_C=U_{CE}+I_CR_C$。如果 E_C 和 R_C 一定，那么当 I_C 增大时，相应的U_{CE}减小，小到一定程度后，必然会削弱集电极收集电子的能力，这时如果 I_B 再增大，I_C 也很少增大，晶体管失去放大作用，这种情况称为饱和。饱和程度因 I_B 和 I_C 数值的不同而不同。$U_{CE}=U_{BE}$时，则 $U_{CB}=0$，即集电结未加反向电压的状态称为临界饱和。而$U_{CE}<U_{BE}$的状态称为过饱和，饱和时的U_{CE}用U_{CES}表示，称为饱和压降，小功率硅管约为 0.3V，锗管约为 0.1V。饱和时的电流用I_{CS}表示，$I_{CS}<\beta I_B$，这时的 I_C 不再受 I_B 的控制而取决于 E_C 和 R_C，即

$$I_{CS}=\frac{E_C-U_{CES}}{R_C}\approx\frac{E_C}{R_C}$$

晶体管饱和时具有两个特点：①发射结和集电结均处于正偏；②U_{CES}很小，可以认为集电极与发射极之间相当一个开关被接通。

【例 8－2】 在图 8－19 中，已知 $E_C=10V$，$E_B=5V$，$R_C=3k\Omega$，$\beta=100$，$R_B=200k\Omega$，求 I_B、I_C，并验算其是否处于放大状态。如果将 R_B 减小到 100kΩ，是否处于放大区（$U_{BE}=0.7V$）？

解 发射结正偏，则可能工作区在放大区或饱和区，若工作在放大区，则有

$$I_B=\frac{E_B-U_{BE}}{R_B}=\frac{5-0.7}{200}=21.5\ (\mu A)$$

$$I_C=\beta I_B=2.15\ (mA)$$

$$U_{CE}=E_C-I_CR_C=10-2.15\times3=3.55\ (V)>U_{BE}$$

说明集电结反偏，故晶体管工作在放大状态。

如果将 R_B 减到 100kΩ，则

$$I_B=\frac{E_B-U_{BE}}{R_B}=\frac{5-0.7}{100}=43\ (\mu A)$$

晶体管饱和时，集电极电流 I_{CS}为

$$I_{CS}=\frac{E_C}{R_C}=\frac{10}{3}=3.33\ (mA)$$

临界饱和时，基极电流 I_{BS}为

$$I_{BS}=\frac{I_{CS}}{\beta}=\frac{3.33}{100}=33\ (\mu A)$$

可见：$I_B>I_{BS}$，因此管子处于饱和状态。

晶体管和二极管一样，也根据外形、结构材料、功率和用途等来分类命名。晶体三极管命名方法和型号名称的意义见本书的附录 A 和附录 B。

四、主要参数

晶体管三极管主要参数除了前面讲到的电流放大系数 β 和 $\bar{\beta}$ 外，还有下述几个参数。

（一）集电极—基极反向饱和电流 I_{CBO}

集电极—基极反向饱和电流 I_{CBO} 指发射极开路时，集电结反偏时的电流，它本质上就是 PN 结的反向饱和电流。良好的晶体管 I_{CBO} 应该是很小的。一般小功率硅管在 $1\mu A$ 以下，锗管为几微安至几十微安。它是由少数载流子漂移形成的，因此受温度影响较大，是造成管子工作不稳定的主要因素。图 8-22 是测试 I_{CBO} 的电路。

（二）穿透电流 I_{CEO}

穿透电流 I_{CEO} 指基极开路时，流过集电极与发射极之间的电流，如图 8-23 所示。由于它好像是从集电极直接穿透管子而到达发射极的，故称为穿透电流。可以证明其值为 $I_{CEO}=(1+\beta)I_{CBO}$。

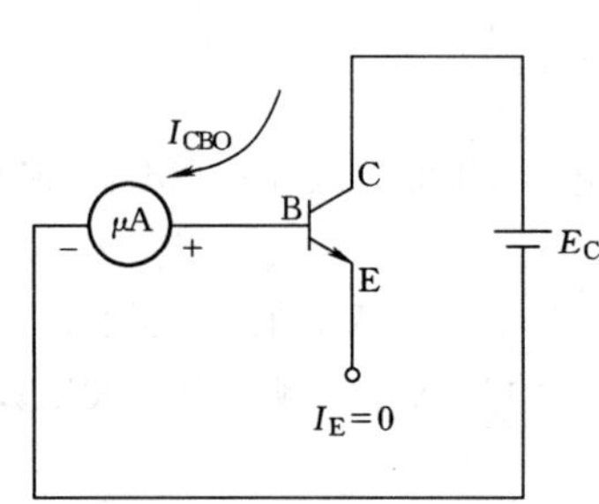

图 8-22　测试 I_{CBO} 的电路

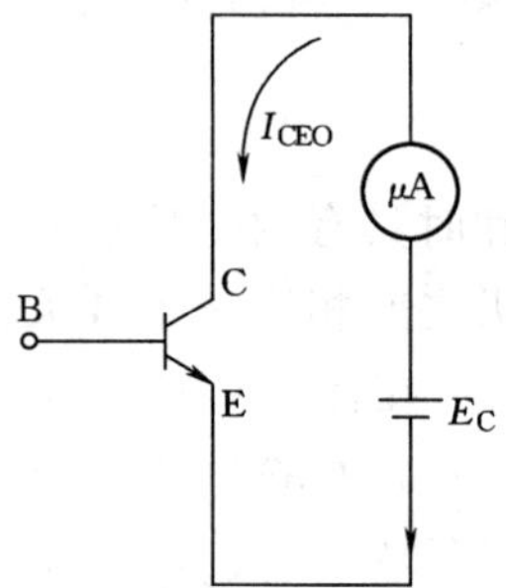

图 8-23　测试 I_{CEO} 的电路

晶体管工作在放大区时，集电极电流 $I_C=\beta I_B+I_{CEO}$，当温度升高时，I_{CBO} 增加很快，I_{CEO} 增加更快，使 I_C 也相应增加，造成晶体管工作稳定性差。

（三）极限参数

1. 集电极最大电流 I_{CM}

当 I_C 过大时，β 下降，通常取 β 值下降到正常值的 2/3 时，所对应的集电极电流为 I_{CM}。一般小功率管 I_{CM} 为几十毫安，大功率管在几安以上。

2. 集—射极反向击穿电压 BU_{CEO}

它是指当基极开路时，加在集电极和发射极间的最大的允许工作电压，在使用时集电极电源电压应低于这个电压值。当 U_{CE} 超过 BU_{CEO} 时就会引起 I_C 急剧增加，从而造成管子集电结反向击穿。因此管子工作时 U_{CE} 小于 BU_{CEO} 才安全。晶体管在高温下，BU_{CEO} 还会降低。

3. 集电极最大允许耗散功率 P_{CM}

由于 I_C 流过集电结时会消耗功率而产生热量，使晶体管温度升高。所以根据管子允许的最高温度定出了最大允许耗散功率。使用时加在管子上的 U_{CE} 和 I_C 的乘积不能超过 P_{CM} 值，必须注意 $P_{CM}\neq BU_{CEO}I_{CM}$。

晶体管工作时，不允许同时达到 I_{CM} 和 BU_{CEO}，否则集电极损耗功率将大大超过 P_{CM} 而使晶体管损坏。

P_{CM} 可能发生在 U_{CE} 较大、I_C 较小的情况，也可能发生在 U_{CE} 较小、I_C 较大的情况。因此根据 P_{CM} 可以定出安全工作区，如图 8-24 所示。该图中的曲线称为 P_{CM} 曲线或称功耗曲线，在功耗线右侧为过损耗区，左侧为安全工作区。

五、温度对晶体管特性的影响

温度对晶体管特性有着不可忽视的影响，了解这些影响，并在电路中采取有效措施加以克服，就成了十分现实的问题。温度对晶体管特性的影响通常要考虑以下三个方面。

1. 温度对 I_{CBO} 与 I_{CEO} 的影响

I_{CBO} 是集电结的反向饱和电流，与二极管一样，温度每升高 10℃时，I_{CBO} 约增加一倍。由于 $I_{CEO}=(1+\beta)I_{CBO}$，所以 I_{CEO} 随温度的增加而增加。锗管由于温度变化引起 I_{CEO} 的变化要比硅管严重。

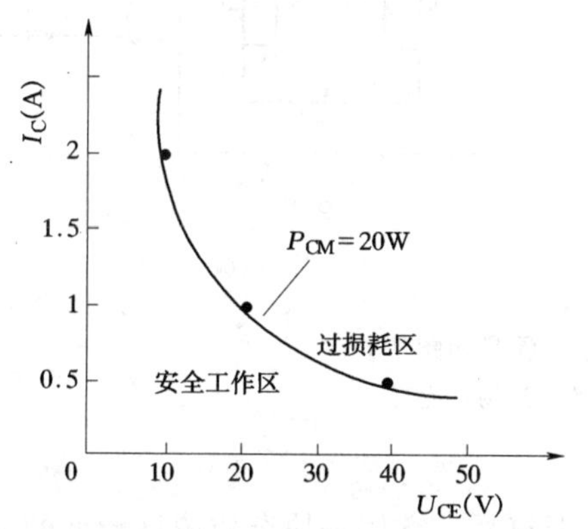

图 8-24 由 P_{CM} 定出安全工作区

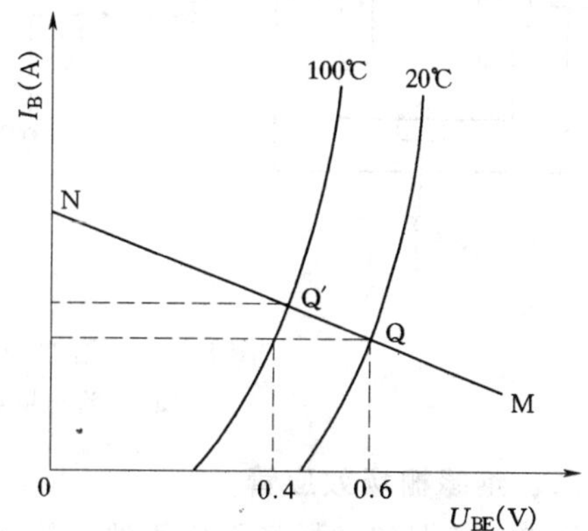

图 8-25 温度对输入特性的影响

2. 温度对 β 值的影响

晶体管的 β 值随温度的升高而增加，根据实验结果，温度每升高 1℃，β 值约增大 0.5%～1%。

3. 温度对 U_{BE} 的影响

温度升高时，晶体管的输入特性向左移动，如图 8-25 所示，即对同样的 I_B，当温度升高后，U_{BE} 减小，对大多数管子来说，温度每升高 1℃，U_{BE} 下降 2～2.5mV。

温度对 U_{BE}、I_{CBO} 和 β 的影响都集中反映在集电极电流 I_C 随温度升高而增加上。

第四节 场 效 应 管

场效应管是用电场效应来控制导电的一种半导体器件。其特性是输入电阻很高，绝缘栅场效应管电阻最高可达 $10^{15}\Omega$，信号源基本不提供电流，因而它是一个电压控制器件。此外，还有噪声低、热稳定性好、抗辐射能力强、耗电省等优点，所以被广泛应用于各种电子线路中。

根据结构原理的不同，场效应管分为结型场效应管和绝缘栅场效应管两大类。

一、结型场效应管

图 8－26 是结型场效应管的结构示意图和图形符号。在一片 N 型（或 P 型）半导体基片的两侧制作两个 PN 结，从上面各引出一个电极，将两侧电极连接在一起称为栅极 G，在基片两端引两个电极，分别称为源极 S 和漏极 D，在 D、S 之间的 N 型区称为导电沟道，符号中栅极 G 的箭头，由 P 指向 N。工作时，半导体基片中的多数载流子从源极经沟道漂移到漏极，形成漏极电流 I_D。结型场效应管根据导电沟道的不同分为 N 沟道和 P 沟道两种类型。

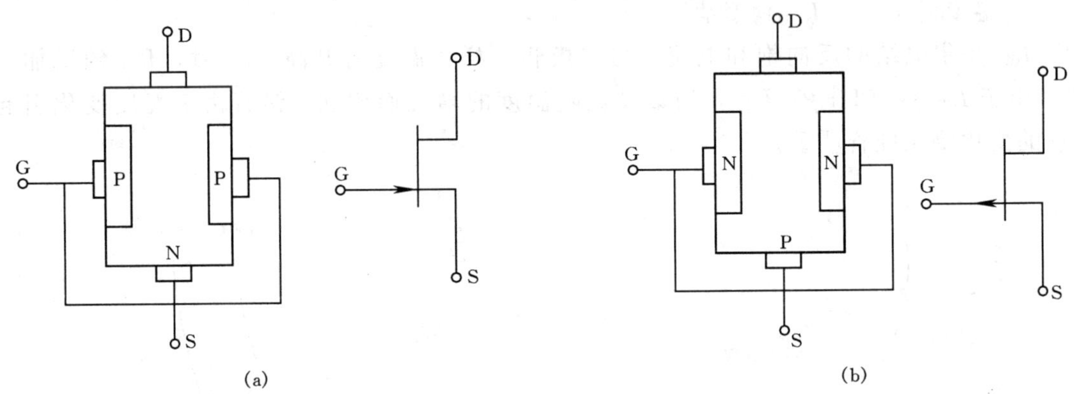

图 8－26　结型场效应管结构示意图和图形符号

(a) N 沟道场效应管；(b) P 沟道场效应管

二、绝缘栅场效应管

图 8－27 是绝源栅场效应管的结构示意图和图形符号。它用一块杂质浓度较低的 P 型薄硅片作衬底，在硅片上扩散两个掺杂浓度很高的 N 型区，分别作为源极 S 和漏极 D，然后在硅平面上覆盖一层很薄的二氧化硅（SiO_2）绝缘层，在它上面引出一个电极作为栅极 G。

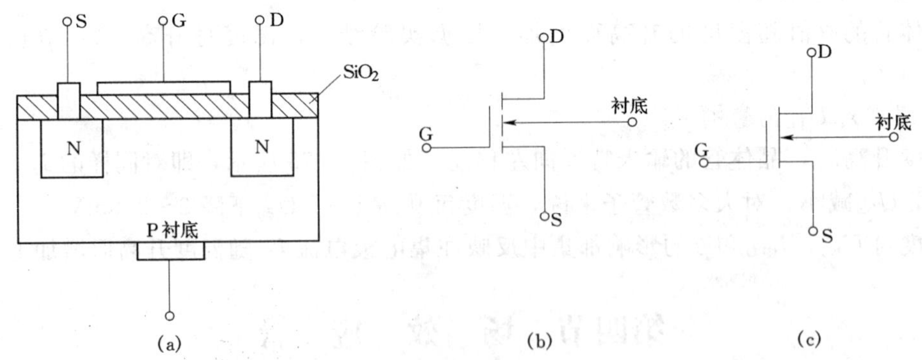

图 8－27　N 沟道 MOS 管的结构图和图形符号

(a) 结构示意图；(b) N 沟道增强型 MOS 符号；(c) N 沟道耗尽型 MOS 符号

这种场效应管栅极与各电极之间是绝缘的，因此称为绝缘栅场效应管。由于它是由金属、氧化物和半导体所组成，所以又称金属氧化物半导体场效应管，简称 MOS 场效应管。它分 N 沟道和 P 沟道两类，每类又有增强型和耗尽型两种：$U_{GS}=0$ 时，没有导电沟道 $I_D=0$；只有当 $U_{GS}>0$ 时，漏、源之间才有导电沟道，$I_D>0$ 的称为增强型 MOS 管；当 $U_{GS}=0$ 时，漏—源之间就已经存在导电沟道的绝源栅场效应管称为耗尽型的 MOS 管。

绝缘栅场效应管由于栅极绝缘，$I_G=0$，因此它的输入电阻比结型场效应管高几个数量级，可达 $10^{15}\Omega$。

三、主要参数和使用时的注意事项

1. 主要参数

（1）夹断电压 U_P。U_{DS}为某固定值（通常为 10V）的条件下，使 I_D 等于某一微小电流（通常为 50A）时，栅极—源极之间的电压｜U_{GS}｜的数值。

（2）开启电压 U_T。U_{DS}为某一固定值时，产生 I_D 所需要的最小｜U_{GS}｜值。为便于测量，通常取一微小电流（如 $10\mu A$）的 U_{GS}为 U_T。

（3）饱和漏电流 I_{DSS}。当 $U_{GS}=0$、漏极—源极电压 $U_{DS}\geqslant U_P$ 时对应的漏极电流值，即相当于管子可能给出的最大漏极电流。

（4）直流输入电阻 R_{GS}。U_{GS}为某一固定值，栅极—源极之间的直流电阻。场效应管的 R_{GS}均很大，而 MOS 管的更大。

（5）跨导 g_m。栅极—源极电压对漏极电流控制作用大小的参数，在 U_{DS}为某固定值的条件下，U_{GS}的微小变化量引起 I_D 微小变化量之比值，即

$$g_m=\frac{\Delta I_D}{\Delta U_{GS}}\Big|_{U_{DS}=\text{常数}}$$

其单位为 $\mu A/V$ 或 mA/V。显然其大小可以从转移特性 $I_D=f(\Delta U_{GS})$ 在 Q 点的切线斜率来求得，如图 8-28 所示。需要指出，g_m 与管子的工作电流有关，I_D 越大，g_m 越大。

（6）最大漏极—源极击穿电压 BU_{DS}。漏极与源极之间的反向击穿电压，即漏极电流 I_D 开始急剧上升时的 U_{DS}值。

2. 使用注意事项

场效应管在使用时，除了注意不要超过它的额定漏极—源极电压 U_{DS}、栅极—源极电压 U_{GS}、最大耗散功率 P_{CM}和最大漏极电流 I_{DM}之外，对 MOS 管还应注意感应电压过高而造成的击穿问题。

MOS 管输入电阻很大，使得栅极的感应电荷不易泄漏，且 SiO_2 绝缘层很薄，栅极和衬底间的电容量很小，栅极只要有少量电荷，即可产生高压，虽然 BU_{GS}可达几十伏，但在管子保存和使用不当时，极易造成管子击穿。为避免上述现象，关键在于避免栅极悬空。因此，在栅极、源极之间必须绝对保持直流通路，为此在存放时，应使三个电极短接；在焊接时，烙铁要良好接地。最好焊接时拔下烙铁的电源插头。取管子时手腕上最好用一个接大地的金属箍。

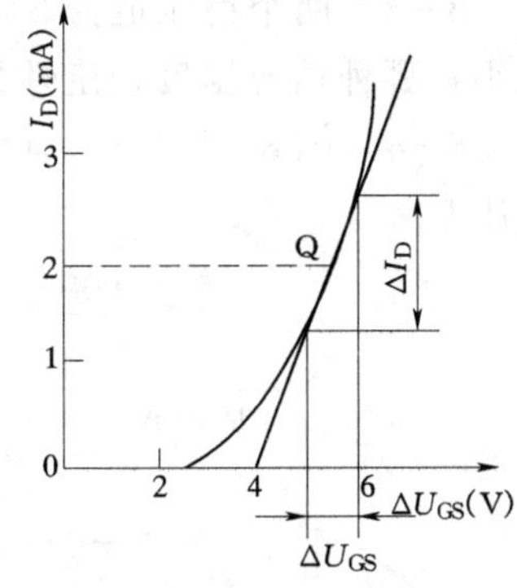

图 8-28　计算跨导 g_m

MOS 管通常漏极与源极可互换使用，但有些产品源极与衬底已连接在一起，这时漏极与源极不能对调。

小　　结

(1) 运载电荷的粒子称为载流子。半导体中有两种载流子：电子和空穴，电子带负电，空穴带正电。

(2) 在半导体中用掺杂的方法，可以得到两种导电类型的半导体，即P型和N型半导体。P型半导体中，多数载流子是空穴，主要靠空穴导电；在N型半导体，多数载流子是电子，主要靠电子导电。

(3) P型半导体和N型半导体相结合形成PN结，它是载流子扩散运动和漂移运动相平衡的结果，PN结具有单向导电性，外加正向电压时，呈现很小的正向电阻，有较大的正向电流，相当导通状态；外加反向电压时，呈现很大的反向电阻，只有很小的反向电流，相当于截止状态。

(4) 二极管有一个PN结，它具有单向导电性。稳压二极管工作在其反向击穿区，在工作区内，管子端电压稍有变化，会导致管内电流很大变化，利用此特点可组成稳压电路。

(5) 晶体管输出特性可以分为三个区域。截止区：发射结和集电结都工作反向偏置情况下，$I_C \approx 0$，相当一个开关的断开状态；饱和区：发射结和集电结都工作在正向偏置状态，此时相当开关的接通状态；放大区：发射结加正向电压，集电结加反向电压，晶体管具有电流放大作用。

(6) 场效应管具有输入电阻大、噪声小、功耗小等特点，常用的有结型和绝缘栅型场效应管两种。场效应管是电压控制器件，晶体管是电流控制器件。场效应管按沟道分有N型沟道和P型沟道两种，它们所加电源极性正好相反。绝缘栅场效应管有耗尽型和增强型两种，后者只有当$U_{GS}>U_T$（开启电压）时，才形成导电沟道。

习　　题

8-1　怎样使用万用表判断二极管正、负极与好坏？

8-2　试说明PN结形成的物理过程。

8-3　两个稳压值为8V的同型号稳压管可能组成几种不同电路，哪种情况动态电阻最小？哪种情况温度稳定性最好？

8-4　图8-29（a）、（b）电路中，设二极管为硅管，其正向压降为0.7V，试求输出电压U_o。

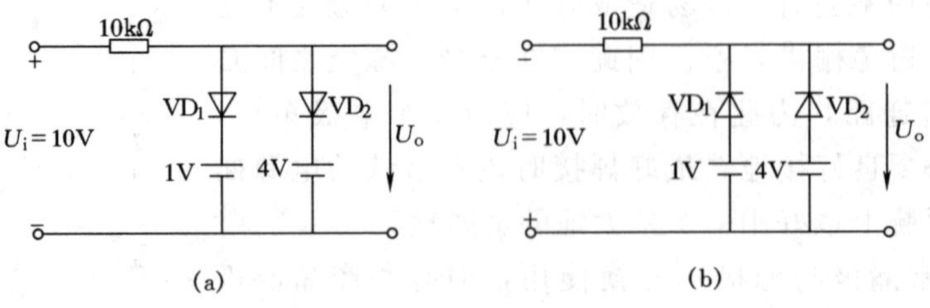

图8-29　习题8-4图

8－5　如图 8－30 所示电路中，设二极管均为硅管，正向压降 0.7V，当 $U_i=3V$ 时，哪些管导通？哪些截止？$U_i=0$ 时又怎样？

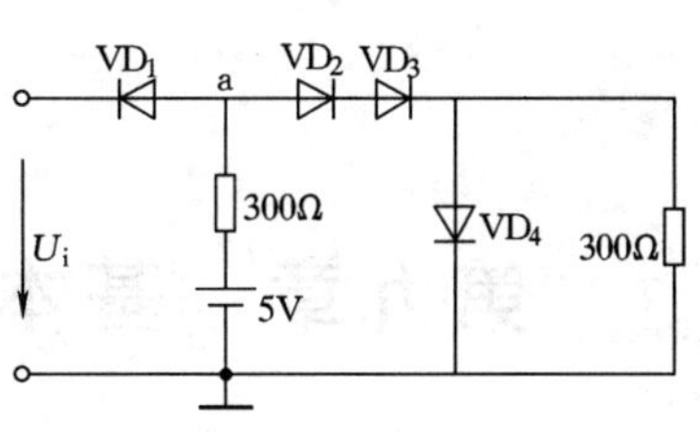

图 8－30　习题 8－5 图

8－6　如图 8－31（a）、（b）所示电路中，已知输入电压 U_i 为正弦波，试画出输出电压 U_o 的波形（忽略二极管导通压降）。

8－7　晶体管工作在放大区、截止区、饱和区的外部条件是什么？

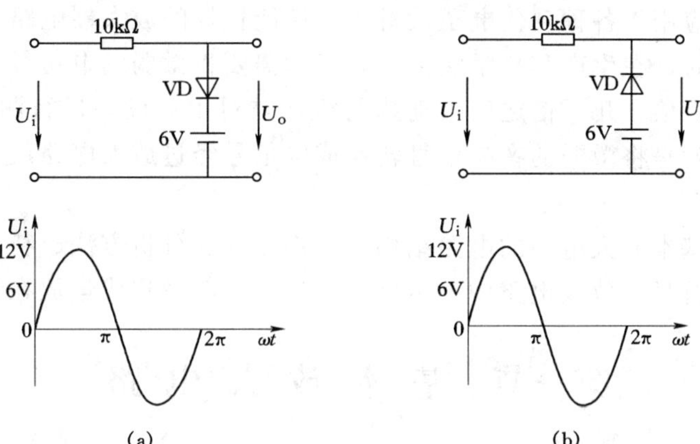

图 8－31　习题 8－6 图

8－8　怎样用万用表判断晶体管的类型和管脚？

8－9　有两只晶体管，一只 $\beta=200$，$I_{CEO}=100\mu A$；另一只 $\beta=100$，$I_{CEO}=10\mu A$，其他参数相同。试问哪一只晶体管热稳定性好？为什么？

8－10　已知晶体管 $P_{CM}=100mW$，$I_{CM}=20mA$，$BU_{CEO}=15V$，试问下列几种情况下，哪种情况能正常工作，哪种不能正常工作？为什么？

（1）$U_{CE}=3V$，$I_C=10mA$；

（2）$U_{CE}=2V$，$I_C=40mA$；

（3）$U_{CE}=10V$，$I_C=20mA$。

8－11　结型场效应管和绝缘栅场效应管应该怎样安排电源和信号电压的极性才能起放大作用？

8－12　场效应管的跨导是大一些好，还是小一些好？如果管子已确定，为了使跨导大一些应该如何改变 U_{GS} 的变化范围？

第九章　基本放大电路和集成运算放大器

放大器被广泛应用于各种现代电子设备中。性能良好的放大器电路是由一系列基本放大电路组成的。同时，在生产和科学实验中，经常需要将微弱的电信号（电压、电流）借助放大电路放大几百倍、几千倍之后带动执行机构，对生产设备进行测量、控制或调节。日常使用的扩音器就是将微弱的音频信号转换成电信号经过放大电路放大后带动扬声器发出声音的。

本章主要介绍基本放大电路的电路结构、工作原理、分析方法、特点和应用，以及集成放大器的组成、符号，放大电路中的负反馈、运算电路及集成运放在各个方面的应用。

第一节　基 本 放 大 电 路

一、基本放大电路的组成

图 9-1（a）是由 NPN 型晶体管组成的低频电压放大电路。它有两条电流回路：由输入电压 $\dot{U}_i$、耦合电容 C_1 到晶体管基极 B、发射极 E 而构成的回路，称为输入回路；由输出电压 U_o、耦合电容 C_2 到晶体管集电极 C、发射极 E 构成的回路，称为输出回路。输入和输出回路是以发射极 E 为公共端的，故称为共发射极放大电路。

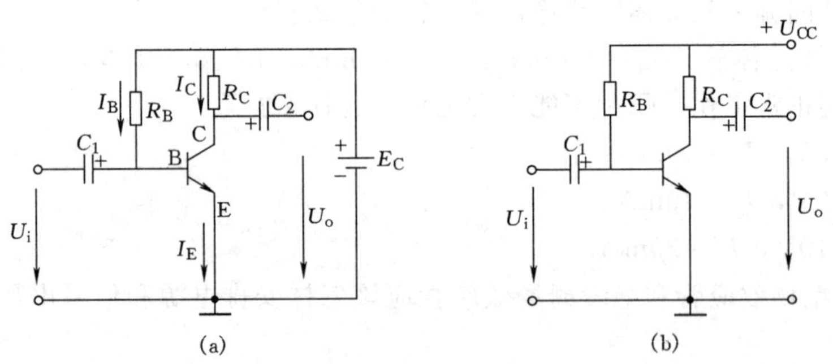

图 9-1　单电源供电的放大电路

（a）放大电路；（b）习惯画法

晶体管是放大电路的核心组件，利用其电流放大作用，把直流电源 E_C 供给的能量转换为按输入信号变化的交流电能。因此也认为晶体管是一个控制组件。

集电极电源 E_C，一方面保证晶体管发射结正向偏置，集电结反向偏置，使晶体管工作在放大状态；另一方面它又是放大电路的能源。E_C 一般为几伏到几十伏。

耦合电容 C_1 和 C_2，又称为隔直电容，在电路中起“传递交流，隔断直流”的作用，电容的容量一般选择几微法到几十微法。采用电解电容，连接时要注意极性，由于电容容量较大，对交流信号可视为短路。

基极电阻 R_B，其作用是提供适当的基极电流 I_B，以使放大电路获得合适的工作点。R_B 的阻值一般为几十到几百千欧。

集电极负载电阻 R_C，通过它可以把电流的变化转变为电压的变化，以实现电压放大。R_C 的阻值一般为几千欧到几十千欧。

在放大电路中，通常将公共端接"地"，设其电位为零，作为电路中其他各点电位的参考点，同时为了简化电路的画法，习惯上不画出电源 E_C 的符号，而只在其正极的一端标出它对"地"的电压值 U_{CC} 和极性，如图 9-1（b）所示。

二、放大电路的直流通路和交流通路

为分析放大电路方便起见，通常要画出其直流通路和交流通路。

1. 直流通路

直流通路就是直流电源作用下直流电流流经的通路，也就是静态电流流经的通路，用于研究静态工作点。放大电路在不加输入信号时的工作状态称为静态。这时，只有直流电源 E_C 加在放大电路上，电路中各处的电压和电流都是直流量，因此静态分析要在放大电路的直流通路中进行。图 9-2 是图 9-1（b）所示放大电路的直流通路。

直流通路的画法：①电容视为开路；②电感视为短路；③信号源视为短路，但应保留其内阻，如图 9-2 所示。

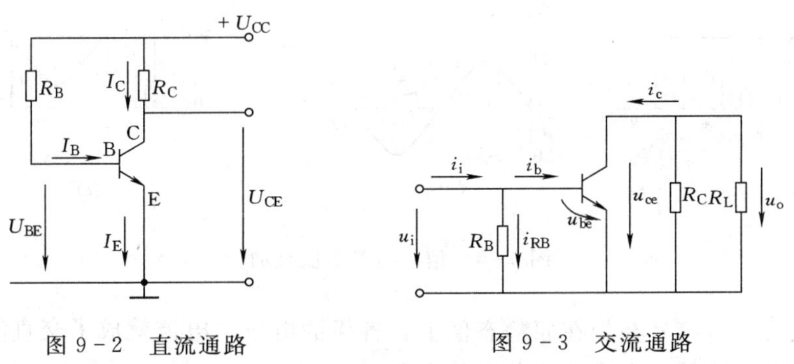

图 9-2 直流通路　　图 9-3 交流通路

2. 交流通路

交流通路是输入信号作用下交流信号流经的通路。用于研究动态参数。放大电路有交流信号输入时的工作状态称为动态，对放大电路进行动态分析要在交流通路中进行。图 9-3是图 9-1（b）所示放大电路的交流通路（不包括 R_L）。

交流通路的画法：①电容视为短路；②直流电源视为短路，如图 9-3 所示（不包括 R_L）。

第二节 放大电路的分析方法

对放大电路进行分析包括静态分析和动态分析两个方面。

一、静态分析

放大电路的静态分析通过直流通路进行。

（一）静态工作点的设置与估算

如图 9－2 所示的直流通路，其基极电流的计算公式为

$$I_B=\frac{U_{CC}-U_{BE}}{R_B}\approx\frac{U_{CC}}{R_B} \tag{9－1}$$

由于 U_{BE}（硅管约为 0.7V）比 U_{CC}小得多，可忽略不计。

静态时的基极电流 I_B 称为偏置电流，简称偏流，电阻 R_B 称为偏置电阻。

根据晶体管的电流放大原理，可确定集电极静态电流 I_C，即

$$I_C\approx\beta I_B \tag{9－2}$$

由集电极所处回路列出回路电压方程，即

$$U_{CE}=U_{CC}-I_CR_C \tag{9－3}$$

从式（9－1）～式（9－3）可以看出静态时，晶体管的电压、电流都是直流量，I_B、I_C、U_{CE}在晶体管的输出特性曲线上对应着一个点，这个点称为放大电路的静态工作点 Q。它的设置对放大电路的影响很大。若不设置静态工作点，那么当输入的交流信号为负半周时，发射结处于反向偏置，晶体管失去电流放大作用。设置静态工作点后，如图 9－4 所示，从而保证了发射结始终处于正向偏置，集电结处于反向偏置。

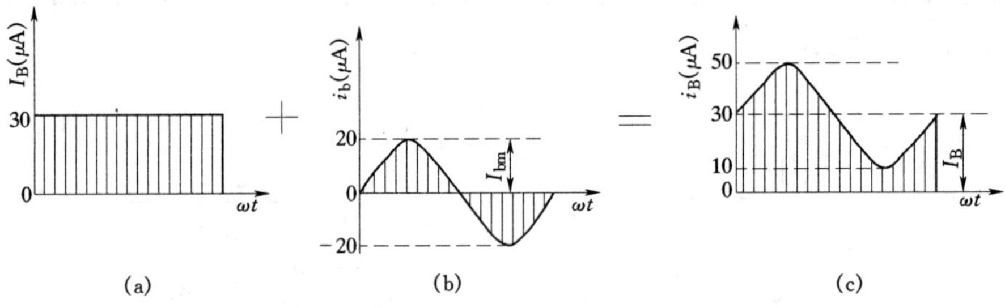

图 9－4　信号与静态值叠加

信号输入后，电信号叠加在原静态值上，各极的电压、电流就成了交直流值叠加的脉动值，所以放大电路是一个交直流共存的电路。

（二）温度对静态工作点的影响

如前所述，当温度升高时，晶体管的参数 I_{CBO}、I_{CEO}都将增大。显然 I_{CEO}的增加，使整个输出特性曲线向上平移，Q 点的位置随之移动，如图 9－5 所示，由 Q 变为 Q′点。温度变化剧烈时，有可能导致 Q 点进入饱和区，使放大电路产生严重失真。此外，温度升高还会引起 β 值增加及 U_{BE}减小，这些因素都集中表现在 I_C 的增大上。为使工作点稳定，应设法使在温度变化时，保持 I_C 稳定不变。

（三）静态工作点的稳定

稳定静态工作点常用的方法是采用分压式偏置电路。

分压式偏置电路如图 9－6 所示，它是最常用的一种基本单元电路，基极电压由电阻 R_{B1}、R_{B2}分压决定，发射极接有电阻 R_E，当电路组件参数满足一定条件时，可以稳定工

作点。

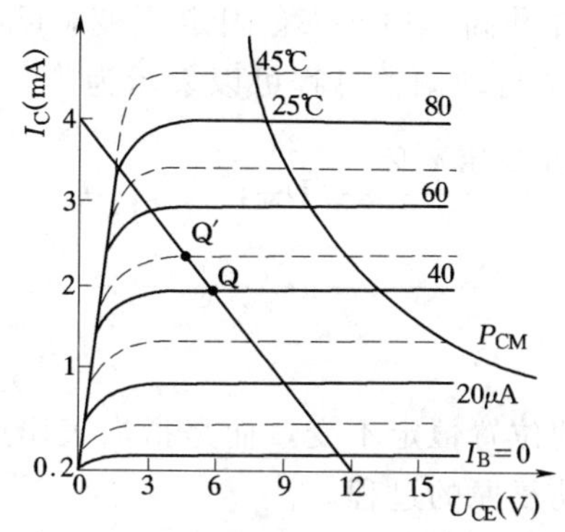

图 9-5　温度变化对静态工作点的影响

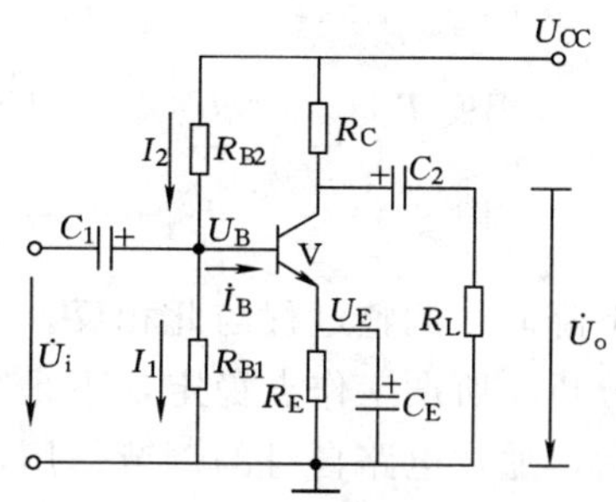

图 9-6　分压式偏置电路

1. 电路的基本特点

(1) 利用电阻 R_{B1}、R_{B2} 分压来固定基极电压 U_B，由图 9-6 可知

$$I_2=I_1+I_B$$

若使

$$I_1 \gg I_B$$

则

$$I_2 \approx I_1 \approx \frac{U_{CC}}{R_{B1}+R_{B2}}$$

$$U_B=I_1R_{B1} \approx \frac{R_{B1}}{R_{B1}+R_{B2}}U_{CC} \tag{9-4}$$

式 (9-4) 表明，U_B 与晶体管的参数和温度无关，当 U_{CC}、R_{B1}、R_{B2} 均固定不变时，U_B 能保持稳定不变。

(2) 利用发射极电阻 R_E 产生反映 I_C 变化的电位 U_E，U_E 作用于输入偏置电路，能自动调节 I_B，使 I_C 保持不变。因为

$$U_{BE}=U_B-U_E=U_B-I_ER_E$$

又

$$I_C \approx I_E=\frac{U_B-U_{BE}}{R_E}$$

当满足

$$U_B \gg U_{BE}$$

可得

$$I_C \approx I_E \approx \frac{U_B}{R_E} \tag{9-5}$$

由前述 U_B 是固定不变的，如 R_E 也不变，则 I_C 和 I_E 也能稳定不变。

由以上分析可知，只要满足 $I_1 \gg I_B$，$U_B \gg U_{BE}$ 这两个条件，则 U_B、I_C 和 I_E 均与晶体管的参数无关，不受温度变化的影响，可以保持静态工作点的稳定。

在估算时，可按下列经验公式取值，即

$$\begin{cases} I_1 \geqslant (5\sim10)I_B \\ U_B \geqslant (5\sim10)U_{BE} \\ U_{CE}=U_{CC}-I_C(R_C+R_E) \end{cases} \tag{9-6}$$

2. 稳定工作点的物理过程

稳定工作点是靠发射极电阻 R_E 和基极电位 U_B 的共同作用来实现的。基极电位 U_B 为

$$U_B = U_E + U_{BE} = I_E R_E + U_{BE}$$

若温度升高，使得 I_B 和 I_C 增大，U_E 随着升高，由于 U_B 固定不变，U_E 增加导致 U_{BE}减小进而使 I_B 减小，抵消了 I_C 的增大，这个自动调整过程可以表示为

$$温度\ T\uparrow \longrightarrow I_C\uparrow \longrightarrow U_E\uparrow \xrightarrow{U_B\ 固定不变} U_{BE}\downarrow \rightarrow I_B\downarrow \rightarrow I_C\downarrow$$

温度下降时，调整过程与此相反。

综上分析，所谓工作点稳定，不是工作点的位置恒定不变，而是指当工作点受温度影响而变动后，通过电路自身的调节作用，能自动复原的过程。

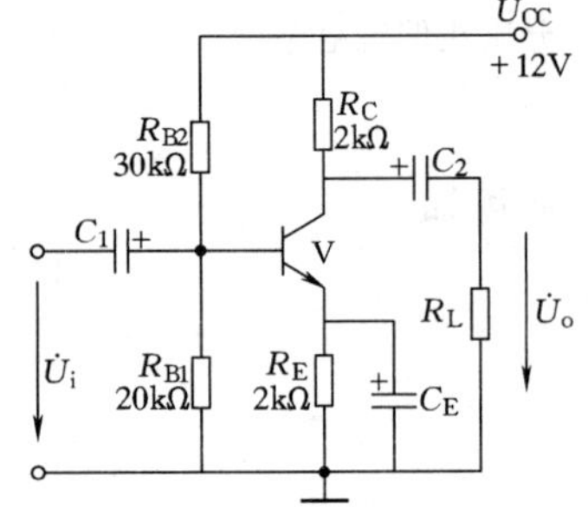

图 9-7　分压式偏置电路

【例 9-1】　求图 9-7 所示放大电路的静态工作点。已知晶体管 V 的电流放大倍数$\beta=50$。

解　基极电位为

$$U_B = \frac{R_{B1}}{R_{B1}+R_{B2}} U_{CC} = \frac{20}{20+30} \times 12 = 4.8\ (\text{V})$$

发射极电流为

$$I_E = \frac{U_B - U_{BE}}{R_E} = \frac{4.8-0.6}{2} = 2.1\ (\text{mA})$$

集电极电流为　$I_C \approx I_E = 2.1\ (\text{mA})$

基极电流为　$I_B = \frac{I_C}{\beta} = \frac{2.1}{50} = 0.042\ (\text{mA})$

集电极与发射极间电压为

$$U_{CE} \approx U_{CC} - I_C\ (R_C + R_E) = 12 - 2.1 \times (2+2) = 3.6\ (\text{V})$$

二、动态分析

放大电路的动态分析通过交流通路进行。

（一）图解分析法

利用晶体管的输入特性和输出特性曲线，运用作图方法分析放大电路的基本性能称为图解法。图解法比较直观，可以清楚地了解晶体管放大信号的物理过程。

1. 计算电压放大倍数

根据输入交流信号电压 u_i，通过图解的方法可以确定输出电压 u_o，进而计算电压放大倍数。

以图 9-1（b）所示放大电路为例，设输入信号 $u_i = 0.02\sin\omega t$（V），$u_{BE} = U_{BE} + u_i$，便可从输入特性曲线上对应画出 i_b，当峰值为 0. 02V 时，i_b 在 40μA 与 20μA 之间变化，见图 9-8（a），u_i 在正半周时，工作点由 Q 点移到 Q_1 点，对应的 i_c 为 4mA，u_{CE}为 4V；当 u_i 为负半周时，工作点由 Q 点移到 Q_2 点，相应的 i_c 为 2mA，u_{CE}为 8V。当负载电阻 $R_L=\infty$时，电压放大倍数为

$$A_u = \frac{输出电压幅值}{输入电压幅值}$$

从图 9-8 可见，当 u_i 的幅值为 0. 02V 时，输出电压 $u_o = u_{CE}$的幅值为 2V。

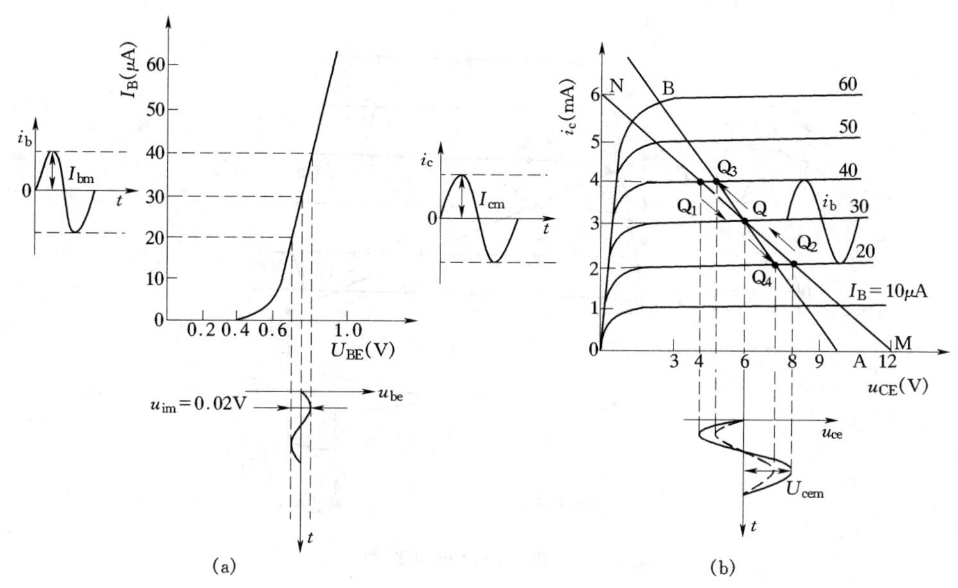

图 9-8　交流放大电路有输入信号时的图解分析

(a) 输入回路的图解分析；(b) 输出回路的图解分析

又因为输出电压 u_o 与输入电压 u_i 相位相反，所以用相量式表示为

$$\dot{A}_u=\frac{\dot{U}_o}{\dot{U}_i}=-100 \tag{9-7}$$

负号表示输出电压与输入电压反相。

2. 非线性失真

对电压放大电路的一个基本要求就是输出信号尽可能不失真。所谓失真，是指输出信号的波形不复现输入信号的波形。引起失真的原因主要是静态工作点的位置选择不当，使放大电路的工作范围超出晶体管特性曲线上的线性范围。

从图 9-9 可看出，由于工作点 Q_1 偏低，输入信号在负半周就有一部分进入截止区，使管子发射结处于反向偏置而截止，于是 i_{c1} 在负半周、u_{ce1} 在正半周有一部分被“削掉”形成截止失真。静态工作点选在 Q_2 点时，由于工作点偏高，输入信号在正半周时放大电路进入饱和区，使得 i_{c2} 的正半周电流不随 i_{b2} 而变化，形成饱和失真。上述两种失真统称非线性失真。

3. 放大电路参数 R_B、R_C、U_{CC} 对静态工作点的影响

(1) R_B 的影响。电路中其他参数不变，增大 R_B，偏流 I_B 减小，工作点将沿着负载线由 Q_2 点下移到 Q 点，如图 9-10 所示，能避免饱和失真；反之减小 R_B，工作点上移可避免截止失真。

(2) R_C 的影响。电路其他参数不变，减小 R_C，使负载线斜率增大，如图 9-10 中的“MN″”直线所示，工作点由 Q_2 移至 Q_2'，避免饱和失真。

(3) U_{CC} 的影响。电路其他参数不变，增加 U_{CC} 则负载线 MN 将平行向右移，如图 9-10 中 M′N′直线所示，由于 U_{CC} 的增加，I_B 也随着增加，因此工作点由 Q_2 移至 Q′点。

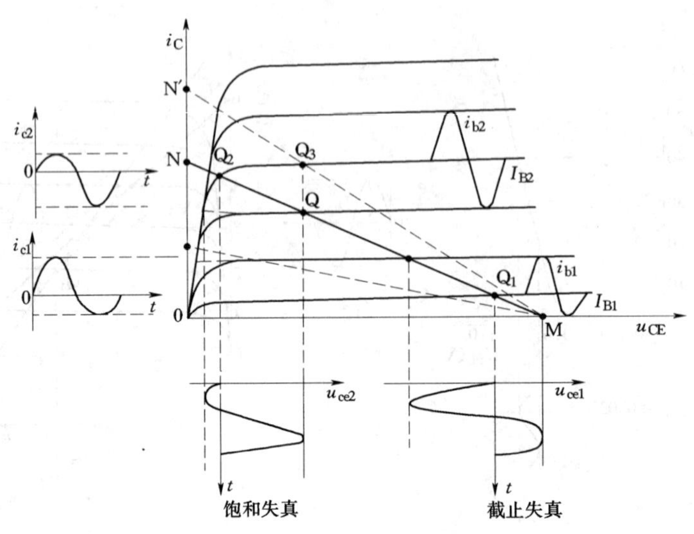

图 9-9 放大电路的非线性失真

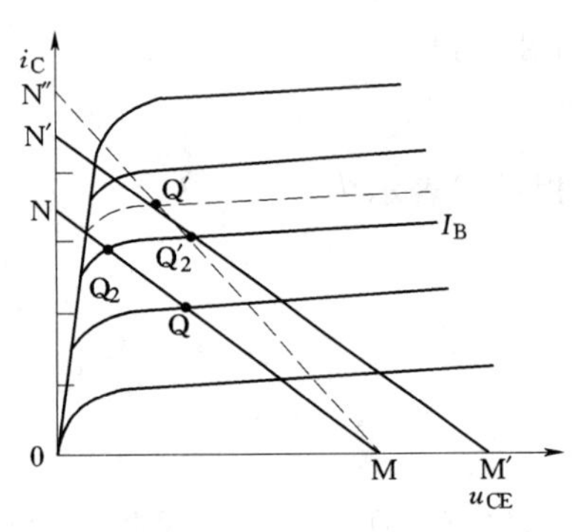

图 9-10 R_B、R_C、U_{CC}对静态工作点的影响

在实际电路中，R_C 和 U_{CC}是一定的，因此调整工作点最方便的办法是改变偏置电阻 R_B。

（二）微变等效电路分析法

采用图解法分析放大电路，可以直观和全面地了解它的工作情况，能够在特性曲线上正确地选择合适的静态工作点。但对于分析多级放大电路，以及计算放大电路的输入电阻和输出电阻等就有困难，必须借助于微变等效电路法来分析计算。

所谓微变等效电路，就是把非线性组件晶体管等效为一个线性元件。

1. 晶体管的微变等效电路

图 9-11（a）是晶体管的输入特性曲线，在输入特性的 Q 点附近，特性基本是一段直线，即 Δi_B 与 Δu_{BE}成正比，因而可以用一个等效电阻 r_{be}来代表输入电压和输入电流之间的关系，即

$$r_{be}=\frac{\Delta u_{BE}}{\Delta i_B}$$

低频小功率晶体管的输入电阻 r_{be}（Ω）常用下式估算

$$r_{be}=300+(1+\beta)\frac{U_T}{I_E} \qquad (9-8)$$

式中 I_E——发射极电流静态值，mA；

U_T——温度电压当量，常温下常取 $U_T=26\text{mV}$。

图 9-12（b）是晶体管输出特性曲线，在 Q 点附近特性基本上是水平的，则 Δi_C 与 Δu_{CE}无关，而只取决于 Δi_B；在数量关系上，Δi_C 比 Δi_B 大 β 倍，所以从输出端看进去时，可以用一个大小为 $\beta\Delta i_B$ 的恒流源来代替晶体管。

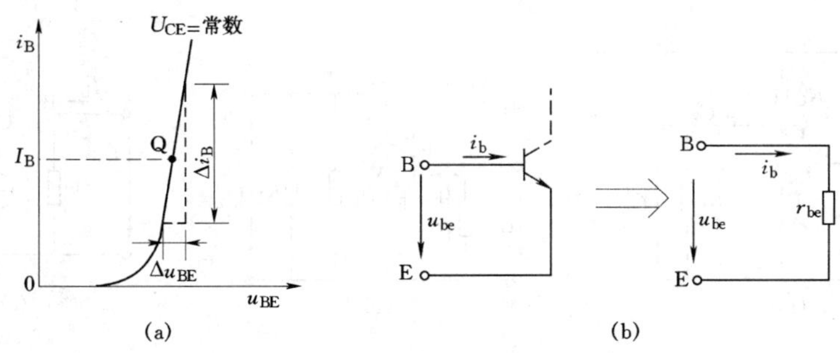

图 9-11　晶体管的输入回路微变等效电路

(a) 从输入特性曲线求 r_{be}；(b) 晶体管 B—E 间微变等效电路

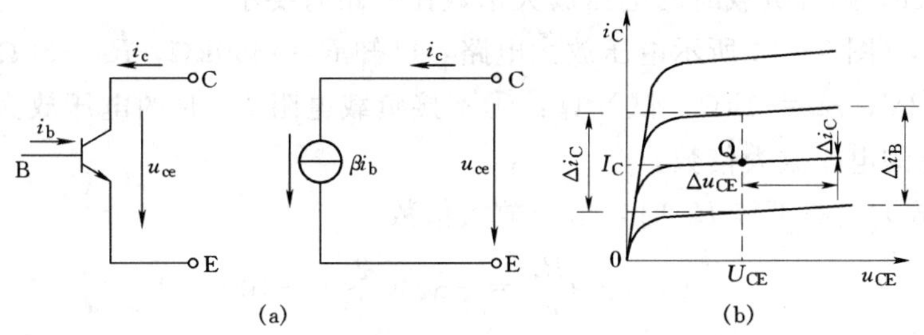

图 9-12　晶体管输出回路及微变等效电路

(a) 晶体管输出回路；(b) 微变等效电路

综合晶体管输入回路和输出回路得出微变等效电路，如图 9-13 中所示。

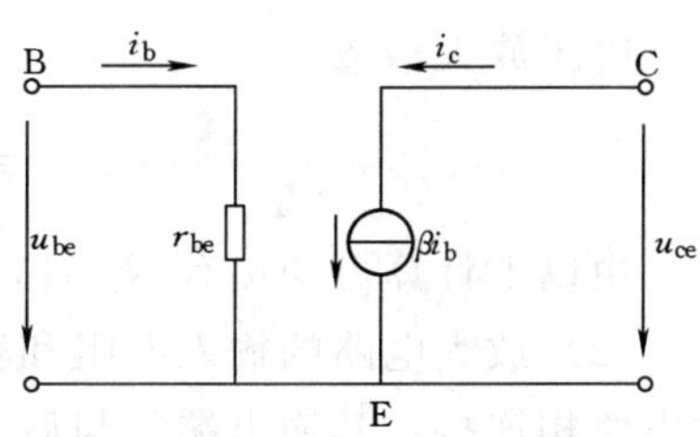

图 9-13　晶体管微变等效电路

2. 动态参数的计算

(1) 电压放大倍数的计算。图 9-14 (a) 为单管电压放大电路，其交流通路如图 9-14 (b) 所示。由于 $R_B \gg r_{be}$，可略去 R_B，输出端 R_C 与 R_L 并联，用等效电阻 R'_L 代替，则微变等效电路如图 9-14 (c) 所示。

由图 9-14 可得

输入电压　$$\dot{U}_i = \dot{I}_b r_{be}$$

输出电压　$$\dot{U}_o = -\dot{I}_c R'_L$$

电压放大倍数　$$\dot{A}_U = \frac{\dot{U}_o}{\dot{U}_i} = -\frac{\dot{I}_c R'_L}{\dot{I}_b r_{be}};\quad \dot{I}_c = \beta \dot{I}_b$$

所以　$$\dot{A}_U = -\beta \frac{\dot{I}_b R'_L}{\dot{I}_b r_{be}} = -\beta \frac{R'_L}{r_{be}} \tag{9-9}$$

式中负号表示 $\dot{U}_o$ 与 $\dot{U}_i$ 的相位相反。

当负载开路时，$R'_L = R_C$

$$\dot{A}_U = -\beta \frac{R_C}{r_{be}}$$

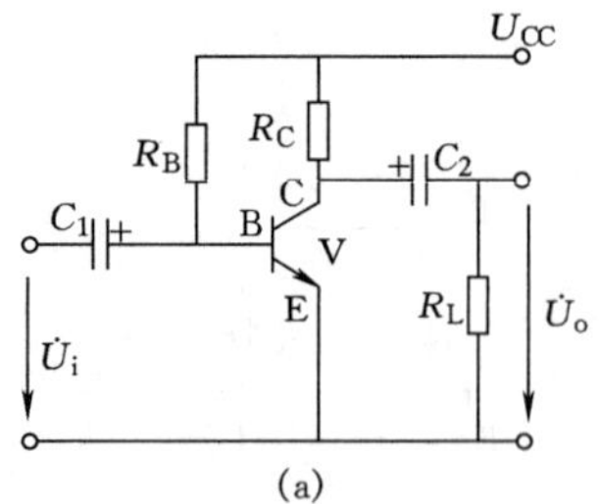

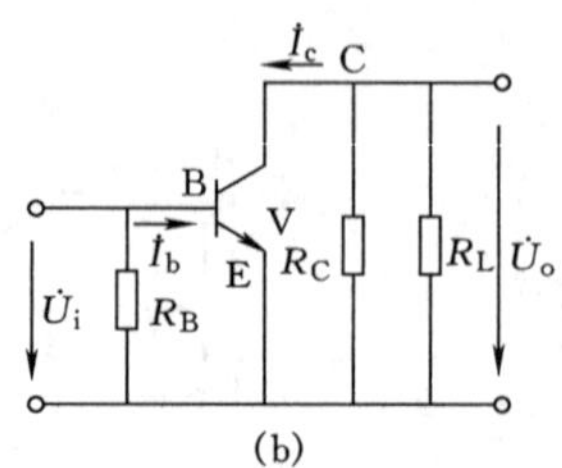

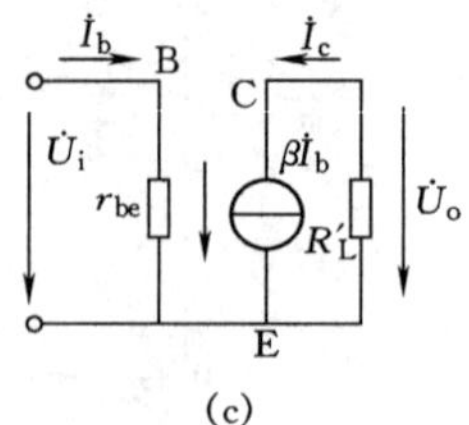

图 9-14　交流放大电路

(a) 单管放大电路；(b) 交流通路；(c) 微变等效电路

由于 $R'_L<R_C$ 则有负载时的电压放大倍数比开路时要小。

【例 9-2】　图 9-14 所示电压放大电路，已知 $R_B=360\text{k}\Omega$，$R_C=2\text{k}\Omega$，$R_L=5.1\text{k}\Omega$，$\beta=50$，$U_{CC}=12\text{V}$，$r_{be}=1\text{k}\Omega$，试计算：①不接负载电阻 R_L 时的电压放大倍数；②接有负载电阻 R_L 时的电压放大倍数。

解　①当放大电路不接 R_L 时，电压放大倍数

$$\dot{A}_U=-\beta\frac{R_C}{r_{be}}=-50\times\frac{2}{1}=-100$$

②当接有负载电阻 R_L 时

$$R'_L=\frac{R_CR_L}{R_C+R_L}=\frac{2\times5.1}{2+5.1}=1.44\ (\text{k}\Omega)$$

电压放大倍数

$$\dot{A}_U=-\beta\frac{R'_L}{r_{be}}=-50\times\frac{1.44}{1}=-72$$

由以上计算可知接有 R_L 时，输出电压幅值将减小，电压放大倍数降低。

(2) 放大电路的输入电阻和输出电阻。一个放大电路的输入端总是与信号源或前级放大电路相连接，其输出端常与后一级放大电路或负载相连接，为了考虑它们之间的相互关系和相互影响，了解放大电路输入电阻和输出电阻的概念是很重要的。

1) 输入电阻 r_i。图 9-15 所示的放大电路对信号源来说是一个负载，可用一个等效电阻代替，这个电阻是信号源的负载，也是放大电路的输入电阻 r_i。输入电阻的定义为放大电路的输入电压与输入电流之比值，即

$$r_i=\frac{\dot{U}_i}{\dot{I}_i}\tag{9-10}$$

输入电阻愈小，放大电路从信号源吸取的电流越大，加重了信号源的负担，同时，由于信号源内阻 R_S 和 r_i 的分压，使实际加到放大电路的输入电压 $\dot{U}_i$ 减小，因此通常放大电路的输入电阻愈大愈好。

输入电阻 r_i，可用微变等效电路计算，由图 9-16 不难看出，输入电阻为

$$r_i=R_{B1}//R_{B2}//r_{be}$$

通常

$$r_{be}\ll R_{B1}；\ r_{be}\ll R_{B2}$$

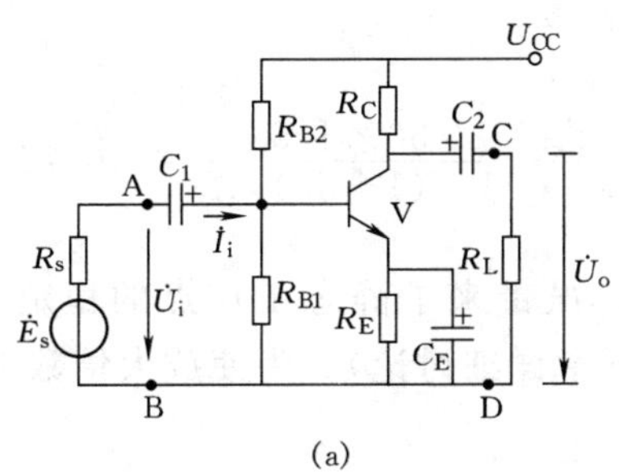

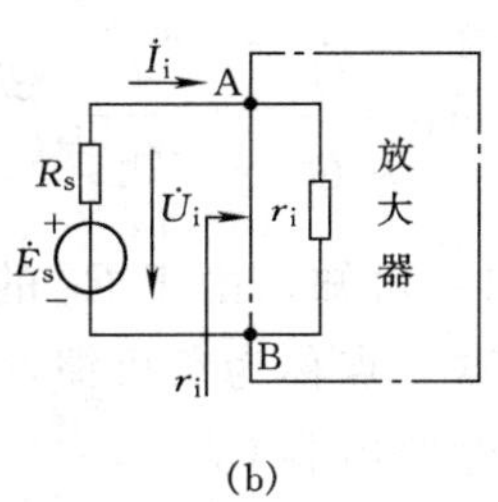

图 9-15 放大电路的输入电阻

(a) 放大电路；(b) 放大电路的输入电阻

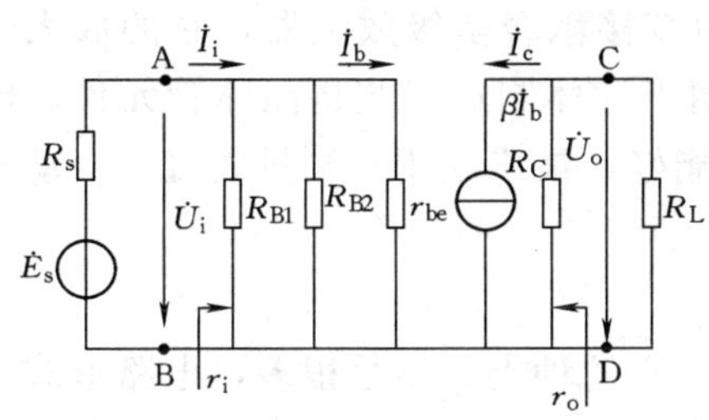

图 9-16 放大电路的输入电阻和输出电阻

即
$$r_i \approx r_{be}$$

r_i 是放大电路的输入电阻，r_{be} 是晶体管的输入电阻，两者不能混淆。

2）输出电阻 r_o。放大电路对负载来说，是一个信号源，其内阻即为放大电路的输出电阻 r_o。

如果放大电路的输出电阻较大，当负载变化时，输出电压的变化较大，也就是放大电路带负载能力较差，因此，通常放大电路的输出电阻愈小愈好。

放大电路的输出电阻，可在信号源短路（$E_s=0$）和负载开路的条件下求得。从图 9-16微变等效电路看，当 $E_s=0$ 时，$\dot{I}_b$ 和 $\beta \dot{I}_b$ 也为零。输出电阻是从放大电路的输出端 C、D 看进去的一个等效电阻，即

$$r_o \approx R_C$$

R_C 一般为几 kΩ，因此共发射极放大电路的 r_o 较高。

【例 9-3】 在图 9-15 的放大电路中，已知 $U_{CC}=12\text{V}$，$R_{B1}=20\text{k}\Omega$，$R_{B2}=30\text{k}\Omega$，$R_E=2\text{k}\Omega$，$R_C=2\text{k}\Omega$，$\beta=50$，$R_L=6\text{k}\Omega$，$r_{be}=1\text{k}\Omega$。试求：①输入电阻 r_i 和输出电阻 r_o；②计算电压放大倍数；③当 C_E 断开时的电压放大倍数。

解 ①从图 9-16 中得出输入电阻 r_i 为

$$r_i = R_{B1}//R_{B2}//r_{be} = 20 // 30 // 1 = 0.933(\text{k}\Omega)$$

输出电阻 r_o 为
$$r_o \approx R_C = 2\ (\text{k}\Omega)$$

②$R'_L = R_C // R_L = 2 // 6 = 1.5\ (\text{k}\Omega)$

$$\dot{A}_U = -\beta \frac{R'_L}{r_{be}} = -50 \times \frac{1.5}{1} = -75$$

③当 C_E 断开后，R_E 上有交流分量通过，对电压放大倍数产生很大影响，其微变等效电路如图 9-17 所示。

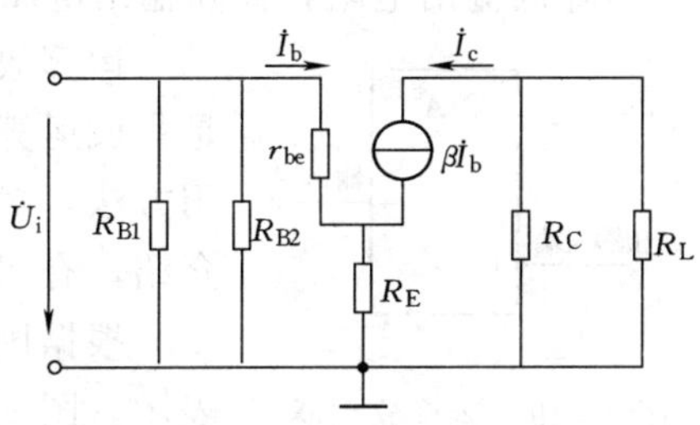

图 9-17 C_E 断开微变等效电路

$$\dot{U}_i = \dot{I}_b r_{be} + \dot{I}_e R_E = \dot{I}_b r_{be} + (1+\beta)\dot{I}_b R_E$$

$$\dot{U}_o = -\dot{I}_c R'_L = -\beta \dot{I}_b R'_L$$

$$\dot{A}_U = \frac{\dot{U}_o}{\dot{U}_i} = -\frac{\beta R'_L}{r_{be} + (1+\beta) R_E} = -\frac{50 \times 1.5}{1 + (1+50) \times 2} = -0.72 \qquad (9-11)$$

由式（9－11）可知，由于 R_E 的接入，虽带来了静态工作点的稳定，但却使电压放大倍数下降了（这一点称为负反馈，将在下章详细讨论）。为使放大倍数不至下降，R_E 两端必须并联一个旁路电容 C_E。

第三节　集成运算放大器简介

运算放大器（简称“运放”）是一种高放大倍数的直接耦合多级放大器，它的放大倍数通常大于 10^4。运算放大器又称集成放大电路，采用半导体制造工艺将晶体管元件、电阻和连线集成在一小片半导体硅片。它的体积小而性能好，被广泛用于测量装置、自动控制、信号变换等领域。

一、集成运算放大器的组成和电路模型

集成运算放大器是一种高放大倍数的多级放大器，它的种类、型号很多，电路形式也有所不同，但归纳起来，通常由输入级、中间级和输出级三部分组成，如图 9－18 所示。

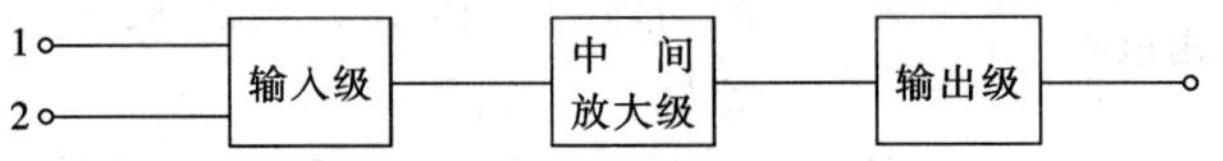

图 9－18　集成运算放大器组成方框图

1. 输入级

从提高输入电阻和减少零漂两方面来考虑，一般采用差动放大电路。

差动放大电路是利用两个型号和特性相同的晶体管来实现温度补偿，可以有效地减小由于温度变化而引起的零点漂移（所谓零点漂移就是输入信号为零时，输出信号随时间或温度缓慢变化的现象）。这种电路尤其适合于集成化电路，因此被广泛用于线性集成电路中。

2. 中间放大级

主要进行电压放大，因此要求它的放大倍数高。一般由共发射极放大电路构成。

3. 输出级

为降低输出电阻，提高输出电压幅度及输出功率，一般都采用互补对称放大电路。

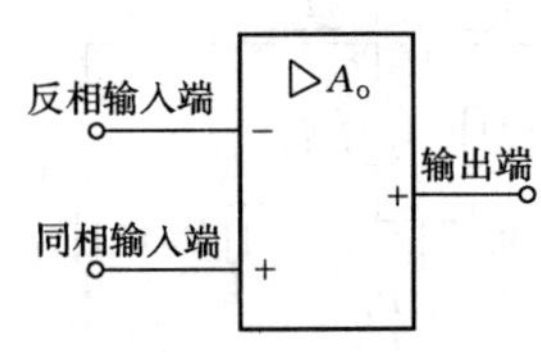

图 9－19　运算放大器的符号

运算放大器的电路比较复杂，对使用者来说，需要掌握的是集成运算放大器的主要性能及其与外部电路的正确连接和使用方法，对于其内部电路的研究则是次要的。故本书不作详细介绍，有兴趣的读者请参阅有关资料。

根据国家标准规定，集成运算放大器用图 9－19 所示符号来表示。图 9－19 中反相输入端，用“－”号表示；同相输入端，用“＋”号表示；右为输出端；一般线路图中，正、负电源经

常不予画出。图 9－19 中，A_o 表示开环电压放大倍数，其定义将在后面阐述。

二、主要参数

1. 开环电压放大倍数 A_o

开环电压放大倍数是指运放在无外加反馈回路的情况下的差模放大倍数，通常用分贝（dB）表示。A_o 愈高，运算精度也越高，因此它是影响运算精度的重要指标。性能较好的运算放大器 A_o 可达 140dB 以上，F007 的 A_o 约为 10^5，即 100dB。

2. 输入失调电压 U_{io}

它是为了使输出电压为零而在输入端加的补偿电压（在去掉外接调零电位器作用时），这个补偿电压称为输入失调电压 U_{io}。U_{io} 值愈小，说明电路的对称程度愈好，一般 U_{io} 为 0.5～5mV。

在集成运算放大器中，通常用外接调零电位器，调节达到零输入时零输出。

3. 输入偏置电流 I_B

输入偏置电流是指两个输入端的静态基极电流的平均值。它主要与电路中第一级管子的性能有关，也反映了运算放大器输入电阻的大小。从使用的角度来看，希望输入偏置电流愈小愈好，一般为 1nA～100μA。

4. 输入失调电流 I_{io}

输入失调电流是指两个输入端静态基极偏置电流之差，即 $I_{io}=I_{B1}-I_{B2}$。

由于信号源内阻的存在，I_{io} 会引起一个输入电压，破坏放大器的平衡，使放大器输出电压不为零。所以，希望 I_{io} 愈小愈好，一般约为 1nA～10μA。

5. 最大差模输入电压 U_{idmax}

最大差模输入电压是指集成运算放大器的反相和同相输入端之间所能承受的最大电压值。超过这个电压值，运放输入级差动对管中的一个管子将会出现反向击穿现象，从而使运放的性能显著恶化，甚至可能造成永久性损坏。

6. 最大共模输入电压 U_{icmax}

最大共模输入电压是指集成运放所能承受的最大共模输入电压。超过 U_{icmax} 值，它的共模抑制比将显著下降，使输出不稳定，过大的共模电压也会使集成运放发生永久性损坏。

7. 最大输出电压 U_{oM}

最大输出电压指输出端开路时，能使输出和输入电压保持不失真关系的最大输出电压值。

其余还有一些参数，这里不一一介绍了。

三、传输特性

集成运放的传输特性是指输出电压与输入电压的关系曲线。典型运算放大器的传输特性如图 9－20 所示，有三个运行区：一个线性区和两个饱和区。

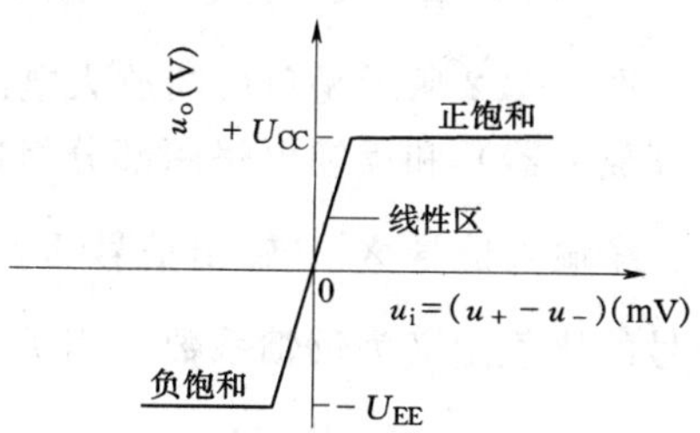

图 9－20 典型运算放大器的电压传输特性

在线性区运行，输出电压 u_o 和两输入端电压之差（$u_+ - u_-$）的函数关系是线性的，可用下式表示

$$u_o = A_o(u_+ - u_-) = A_o u_i \tag{9-12}$$

式中　A_o——开环电压放大倍数。

在饱和区运行时，如果 $u_+ > u_-$，输出电压 u_o 接近正饱和值 $+U_{CC}$；如果 $u_+ < u_-$，输出电压 u_o 接近于负饱和值 $-U_{EE}$。

第四节　具有负反馈的线性集成运算放大器

一、放大电路中的反馈

（一）反馈的基本概念

反馈就是把放大电路的输出量（电压或电流）的一部分或全部，经过一定的电路（称为反馈电路）送回到放大电路的输入回路来影响输入量。这种反馈的概念可用图 9-21 所示的方框图来表示。图中基本放大电路和反馈电路构成一个闭合环路称闭环，又称反馈放大电路。集成运算放大器在实际应用时，经常需要外接反馈电路以构成各种不同功能的应用电路。

通过反馈电路反馈到输入回路中去的电压或电流，如果对输入信号起削弱作用，则称为负反馈。如果对输入信号起增强作用，则称为正反馈。

在由单级集成运放构成的反馈放大电路中，如果反馈的电量（电压或电流）加在同相输入端，由于同相输入端的信号与输出信号的极性相同，将使同相输入端的净输入量增强，显然构成了正反馈；反之，如果反馈的电压或电流加在反相输入端，则构成负反馈。

正反馈常用在振荡电路和脉冲数字电路中。而在放大电路中几乎用的都是负反馈，因为负反馈可以改善放大电路的性能。集成运算放大器电路为了获得负反馈，反馈电路一定要接到反相输入端。下面主要分析负反馈放大电路。

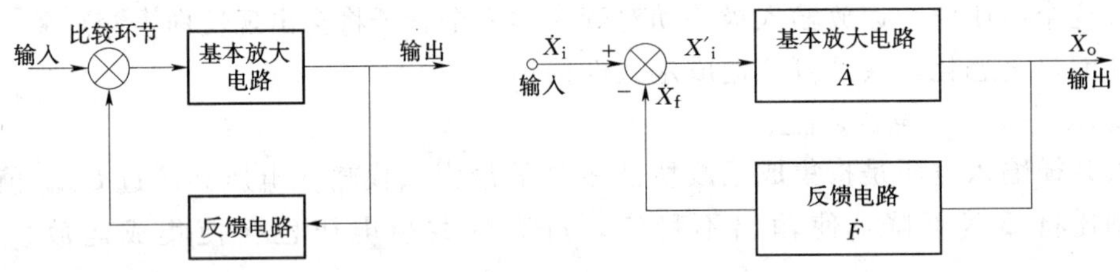

图 9-21　反馈放大电路的方框图　　　　图 9-22　负反馈放大电路方框图

图 9-22 所示是负反馈放大电路的方框图。它是用方框表示的基本放大电路（如集成运算放大器）和反馈电路两部分组成。这种电路称为闭环放大电路。放大电路的输入信号 $\dot{X}_i$、净输入信号 $\dot{X}'_i$、输出信号 $\dot{X}_o$ 和反馈信号 $\dot{X}_f$ 均可以是电压或电流。反馈信号与输出信号的比值定义为反馈系数，用 $\dot{F}$ 表示，即

$$\dot{F} = \frac{\dot{X}_f}{\dot{X}_o} \tag{9-13}$$

图 9-22 中的箭头表示信号传递的方向，符号⊗表示比较环节，正、负号表示连接的极性。输入信号与反馈信号在比较环节比较后再加到基本放大电路的输入端。因此对于负反馈，基本放大电路的净输入为

$$\dot{X}'_i = \dot{X}_i - \dot{X}_f \tag{9-14}$$

基本放大电路的放大倍数 $\dot{A}$ 通常称为开环放大倍数或开环增益，它是输出信号 $\dot{X}_o$ 与净输入信号 $\dot{X}'_i$ 之比，即

$$\dot{A} = \frac{\dot{X}_o}{\dot{X}'_i} \tag{9-15}$$

有反馈时的放大倍数 $\dot{A}_f$ 通常称为闭环放大倍数或闭环增益，它是输出信号 $\dot{X}_o$ 与输入信号 $\dot{X}_i$ 之比，即

$$\dot{A}_f = \frac{\dot{X}_o}{\dot{X}_i} \tag{9-16}$$

由上面几个式子可以推出

$$\dot{A}_f = \frac{\dot{X}_o}{\dot{X}_i} = \frac{\dot{X}_o}{\dot{X}'_i + \dot{X}_f} = \frac{\dot{X}_o}{\dot{X}'_i + \dot{F}\dot{X}_o}$$

$$\dot{A}_f = \frac{\dfrac{\dot{X}_o}{\dot{X}'_i}}{1 + \dot{F}\dfrac{\dot{X}_o}{\dot{X}'_i}} = \frac{\dot{A}}{1 + \dot{F}\dot{A}} \tag{9-17}$$

式（9-17）是反馈放大电路的基本关系式。它表示引入反馈后闭环放大倍数 $\dot{A}_f$ 开环放大倍数 $\dot{A}$ 和反馈系数 $\dot{F}$ 三者的关系。反馈引起的具体作用可概括为三种情况：

（1）若 $|1+\dot{F}\dot{A}|>1$，则 $|\dot{A}_f|<|\dot{A}|$，表明引入反馈后，放大倍数减小了，即为负反馈。

（2）若 $|1+\dot{F}\dot{A}|<1$，则 $|\dot{A}_f|>|\dot{A}|$，表明引入反馈后，放大倍数增加了，即为正反馈。

（3）若 $|1+\dot{F}\dot{A}|=0$，则 $\dot{A}_f\to\infty$，表明放大电路在没有输入信号时，也有输出信号，放大电路变成了一个振荡电路。

负反馈放大电路中，$|1+\dot{F}\dot{A}|>1$，$|\dot{A}_f|<\dot{A}$，即放大倍数降低。$|1+\dot{F}\dot{A}|$ 愈大，则 $|\dot{A}_f|$ 愈小，表明负反馈愈强。所以，$|1+\dot{F}\dot{A}|$ 是一个表示负反馈强弱程度的量，称为反馈深度。

当 $|1+\dot{F}\dot{A}|\gg1$ 时，称为深度负反馈，这时式（9-17）可写为

$$\dot{A}_f \approx \frac{\dot{A}}{\dot{F}\dot{A}} = \frac{1}{\dot{F}} \tag{9-18}$$

式（9-18）是一个很重要而有用的公式，它表明，在深度负反馈的条件下，闭环放大倍数 $\dot{A}_f$ 几乎与开环放大倍数 $\dot{A}$ 无关。也就是说不受管子参数的影响，仅决定于反馈电路。

因此闭环放大电路具有很高的稳定性。此外也可以利用该式近似地计算闭环电压放大倍数 $\dot{A}_f$，通常认为 $|1+\dot{F}\dot{A}|\gg 10$ 时为深度负反馈，用式（9-18）计算出 $\dot{A}_f$ 的误差小于10%，在工程中是允许的。

（二）负反馈放大电路的类型

在负反馈放大电路中，如果从输出端取得的反馈信号正比于输出电压，则称为电压反馈；如果从输出端取得的反馈信号正比于输出电流，则称为电流反馈。在输入端，输入信号和反馈信号可以是电压比较，也可以是电流比较。在电路连接方式上，电压比较表现为串联，故称为串联反馈；电流比较表现为并联，故称为并联反馈。因此负反馈放大电路按反馈方式来分有：电压串联负反馈、电流串联负反馈、电压并联负反馈和电流并联负反馈四种类型。下面分别通过具体的电路进行介绍，以期达到正确判断其反馈类型并掌握各自的特点。

1. 电压串联负反馈电路

如图 9-23 所示，基本放大电路是一个集成运算放大器，用 $\dot{A}$ 表示；由电阻 R_1 和 R_2 组成的分压器就是反馈电路，用 $\dot{F}$ 表示。

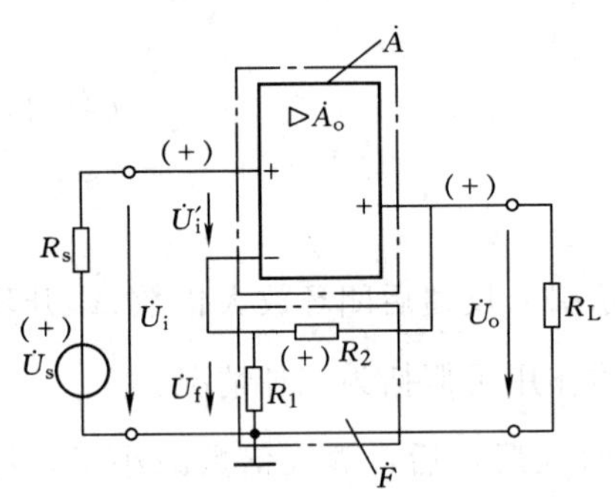

图 9-23　电压串联负反馈电路

为了判断这个电路的反馈极性，可以采用瞬时极性法。设想在放大电路的输入端接入一信号电压 $\dot{U}_s$，其瞬时极性如图 9-23 中所示，由 $\dot{U}_s$ 引起电路各处电位瞬时极性如图 9-23 中（+）号所示。显然，由于输入信号 $\dot{U}_s$ 接在运放的同相输入端，因此 $\dot{U}_o$ 与 $\dot{U}_s$（$\dot{U}_i$）同相。由于 $\dot{U}_o$ 经反馈电路而产生的反馈电压 $\dot{U}_f$ 与 $\dot{U}_o$ 同相，也就是与 $\dot{U}_i$ 同相。从输入回路中的电压关系看出，$\dot{U}_f$ 抵消了 $\dot{U}_i$ 的一部分，致使运放两输入端之间的净输入电压 $\dot{U}'_i=\dot{U}_i-\dot{U}_f$ 减小，电路的输出电压 $\dot{U}_o$ 亦减小，整个放大电路的电压放大倍数将降低，因此，这时所引入的反馈是负反馈。同时，由于 $\dot{U}_f$ 和 $\dot{U}_i$ 在输入回路中彼此串联，所以是串联反馈。

再从电路的输出端来看，反馈电压 $\dot{U}_f$ 是经 R_1、R_2 组成的分压器由输出电压 $\dot{U}_o$ 取样得来，反馈电压 $\dot{U}_f$ 是 $\dot{U}_o$ 的一部分，即反馈电压与输出电压成比例，故是电压反馈。所以，图 9-23 所示电路是电压串联负反馈电路。

在判断电压反馈时，可以采用一种简便的方法，即根据电压反馈的定义，即反馈电压与输出电压成比例，设想将放大电路的输出端对地短路，即设 $\dot{U}_o=0$，如使 $\dot{U}_f=0$ 即反馈不存在了，则是电压反馈。图 9-23 所示电路，设 $\dot{U}_o=0$，则 $\dot{U}_f$ 也等于零，所以是电压反馈。

电压负反馈的重要特点是电路的输出电压趋向于维持恒定，即有稳定输出电压的作用，因为无论反馈信号以何种方式引回到输入端，实际上都是利用输出电压 $\dot{U}_o$ 本身的变化，通过反馈电路对放大电路起自动调整作用，这就是电压负反馈的实质。例如，当 $\dot{U}_i$ 一定时，若负载电阻 R_L 减小而输出电压 $\dot{U}_o$ 下降，则电路将进行如下的自动调整过程：

$$R_L\downarrow \rightarrow \dot{U}_o\downarrow \rightarrow \dot{U}_f\downarrow \rightarrow \dot{U}'_i\uparrow \rightarrow \dot{U}_o\uparrow$$

可见负反馈的结果，牵制了 $\dot{U}_o$ 的下降，从而使 $\dot{U}_o$ 基本维持恒定。

2. 电流并联负反馈电路

如图 9-24 所示，仍然采用瞬时极性法判断反馈的极性。设在电路的输入端外加一信号电流 $\dot{I}_s$，由于流入反相输入端，故输出端极性与之相反，输出电流 $\dot{I}_o$ 方向为流入输入端，由此而引起电路中各支路的电流 $\dot{I}_i$、$\dot{I}'_i$ 及 $\dot{I}_f$ 流向如图 9-24 中的箭头所示。显然，流进运放反相输入端的电流 $\dot{I}'_i=\dot{I}_i-\dot{I}_f$，与未接反馈电路时的情况相比，$\dot{I}'_i$ 减小，电路的输出电流 $\dot{I}_o$ 亦减小，电流放大倍数下降，可见引入的是负反馈。看出反馈信号从输出端加到运放的反相输入端即可实现负反馈。

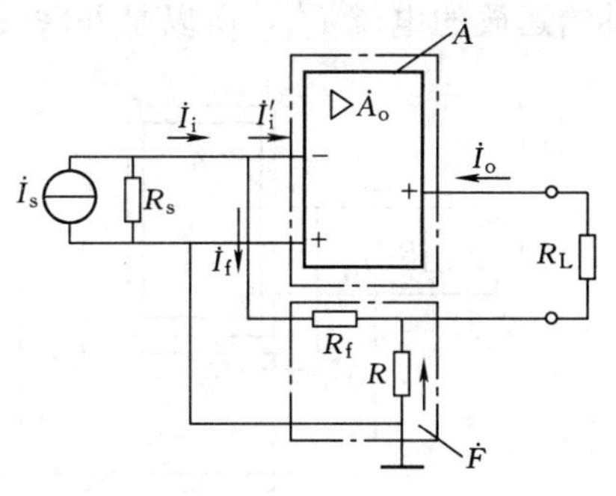

图 9-24 电流并联负反馈电路

反馈信号 $\dot{I}_f$ 是从输出电流 $\dot{I}_o$ 取样，所以是电流反馈。另一种比较简便的方法就是将负载 R_L 开路，致使 $\dot{I}_o=0$，从而使 $\dot{I}_f=0$（是指由 $\dot{I}_o$ 反馈所产生的那一部分），即反馈信号消失了，从而确定为电流反馈。

从图 9-24 还可以看到，在电路的输入端，反馈电流 $\dot{I}_f$ 与输入电流 $\dot{I}_i$，是以并联的方式以净输入电流 $\dot{I}'_i$ 供给运放，所以是并联反馈。综合起来，如图 9-24 所示电路是电流并联负反馈电路。

电流负反馈的重要特点是趋向于维持输出电流 $\dot{I}_o$ 恒定，即有稳定输出电流的作用。在一定的条件下，不论何种原因（例如 R_L 增大等），使 $\dot{I}_o$ 减小，负反馈的作用将引起如下的自动调整过程：

$$R_L\uparrow \rightarrow \dot{I}_o\downarrow \rightarrow \dot{I}_f\downarrow \rightarrow \dot{I}'_i\uparrow \rightarrow \dot{I}_o\uparrow$$

可见负反馈作用的结果，牵制了 $\dot{I}_o$ 的减小，使 $\dot{I}_o$ 基本维持恒定。

以上讨论的电压串联和电流并联两种负反馈电路，从它们的取样对象（电压 $\dot{U}_o$ 或电流 $\dot{I}_o$）和反馈信号（电压 $\dot{U}_f$ 或电流 $\dot{I}_f$）与输入信号的连接方式来看，具有典型性，所得的结论可以推广到其他两种反馈电路中去。

3. 电压并联负反馈电路

如图 9－25 所示，这里电源是以电流源的形式出现。先判断其电路的反馈极性。假设在输入端所加的信号电流 $\dot{I}_i$ 的瞬时流向，如图 9－25 中箭头所示，则由于运放的倒相作用，得 $\dot{U}_o$ 的极性是上端为负，此时$\dot{I}_i$、$\dot{I}'_i$ 及 $\dot{I}_f$ 的流向如图 9－25 中的箭头所示，这样在相同$\dot{I}_s$ 值的作用下，则因 $\dot{I}_f$ 的分流而使流入运放的电流 $\dot{I}'_i$ 减小，$\dot{U}_o$ 亦减小，故属于负反馈。

输出端的取样对象为 $\dot{U}_o$，故为电压反馈。也可这样来判断，假设 $\dot{U}_o=0$ 即输出短路则反馈电流 $\dot{I}_f$ 消失，即反馈不存在了，所以是电压反馈。又因在输入端 $\dot{I}_i$ 和 $\dot{I}_f$ 并行地供给运放的电流 $\dot{I}'_i$，所以是并联反馈。综合起来该电路是电压并联负反馈电路。

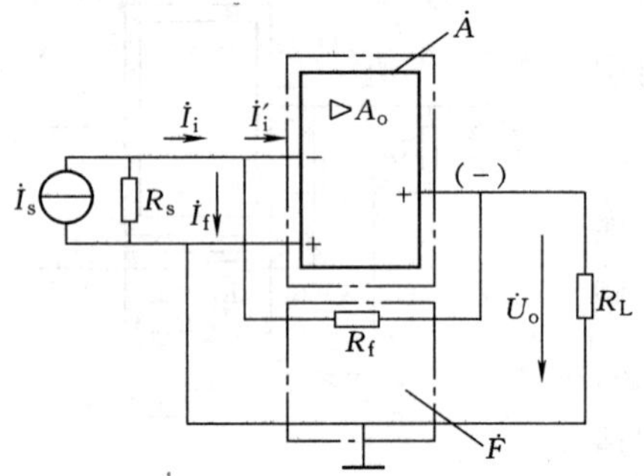

图 9－25　电压并联负反馈电路图

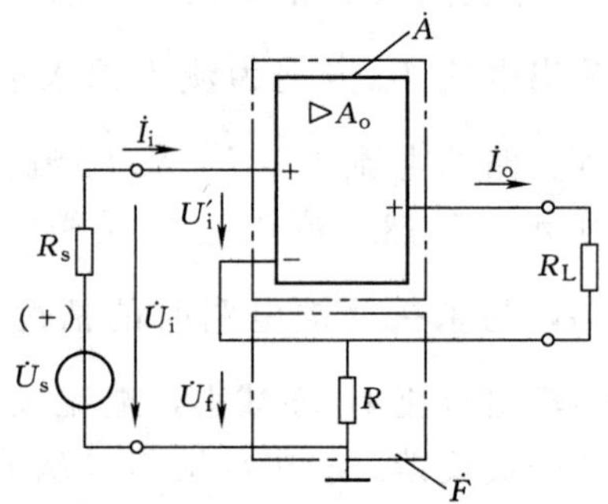

图 9－26　电流串联负反馈电路

4. 电流串联负反馈电路

如图 9－26 所示，由读者自行分析。

通过对上述几种类型负反馈电路的分析，可得出判别串联、并联负反馈的简便方法如下：

（1）若反馈信号与输入信号同时加在一个输入端上，则是并联负反馈。

（2）若反馈信号与输入信号分别加在两个输入端上，则是串联负反馈。

二、负反馈对放大电路性能的影响

放大电路引入负反馈后会使放大倍数下降，由式（9－17）可知闭环电压放大倍数为

$$\dot{A}_f=\frac{\dot{A}}{1+\dot{F}\dot{A}}$$

使引入负反馈后的放大倍数减小为无反馈时的$\dfrac{1}{1+\dot{F}\dot{A}}$倍。这是一个缺点，但却能从多方面改善放大电路的性能，现分述如下。

1. 提高放大倍数的稳定性

前面已经分析，当输入信号（$\dot{U}_i$ 或 $\dot{I}_i$）一定时，电压负反馈能使输出电压基本维持恒定，电流负反馈能使输出电流基本维持恒定，总的来说，就是能维持放大倍数恒定。从

式（9－17）来看，当反馈很深，即｜$1+\dot{F}\dot{A}$｜$\gg 1$ 时，式（9－17）将简化为

$$\dot{A}_f=\frac{\dot{X}_o}{\dot{X}_i}=\frac{\dot{A}}{1+\dot{F}\dot{A}}\approx\frac{\dot{A}}{\dot{F}\dot{A}}=\frac{1}{\dot{F}}$$

就是说，引入负反馈后，放大倍数只决定于反馈电路，而与基本放大电路几乎无关。反馈电路一般是由一些性能比较稳定的无源线性元件所组成，因此引入负反馈后放大倍数是比较稳定的。

为了从数量上表示放大倍数的稳定程度，用有、无反馈两种情况下放大倍数相对变化之比来评定。一般放大倍数的稳定性是用它的绝对值的变化来表示的，在不考虑相位关系时，用正实数 A 和 F 分别表示放大倍数 $\dot{A}$ 和反馈系数 $\dot{F}$ 的绝对值，则式（9－17）变为

$$A_f=\frac{A}{1+FA} \tag{9-19}$$

式（9－17）中，对 A 取导数得

$$\frac{dA_f}{dA}=\frac{(1+FA)-FA}{(1+FA)^2}=\frac{1}{(1+FA)^2}$$

或

$$dA_f=\frac{dA}{(1+FA)^2}$$

以式(9－19)来除，得

$$\frac{dA_f}{A_f}=\frac{1}{1+FA}\frac{dA}{A} \tag{9-20}$$

式（9－20）表明，引入负反馈后，放大倍数的相对变化是未加负反馈前放大倍数相对变化的 $1/(1+FA)$，例如，当 $1+FA=10$（通常是容易满足这一条件的）时，那么引入负反馈后，A_f 的相对变化只有 A 的相对变化的十分之一。

【例 9－4】 已知一个负反馈放大电路 $A=300$，$F=0.01$，试求：

（1）闭环电压放大倍数 A_f 为多少？

（2）如果由于某种原因使 A 发生±6％的变化，则 A_f 的相对变化量为多少？

解 （1）根据式（9－19），闭环电压放大倍数为

$$A_f=\frac{A}{1+FA}=\frac{300}{1+0.01\times300}=75$$

（2）又根据式（9－20）得

$$\frac{dA_f}{A_f}=\frac{1}{1+FA}\frac{dA}{A}=\frac{1}{1+0.01\times300}(\pm 6\%)=0.25\times(\pm 6\%)=\pm 1.5\%$$

2. 减小非线性失真

由于电路中存在非线性器件，所以即使输入信号 $\dot{X}_i$ 为纯正弦波，输出也不是正弦波，而会有一定的非线性失真。引入负反馈以后，会减小非线性失真。下面作定性分析。

设图 9－27（a）所示的是一个无反馈的放大电路，在输入正弦信号时。输出产生了失真，即正半周幅值大，负半周幅值小。引入负反馈以后［见图 9－27（b）］，由于反馈系数为常数，反馈信号将与输出信号一样失真，也是上大下小，由于净输入信号为输入正

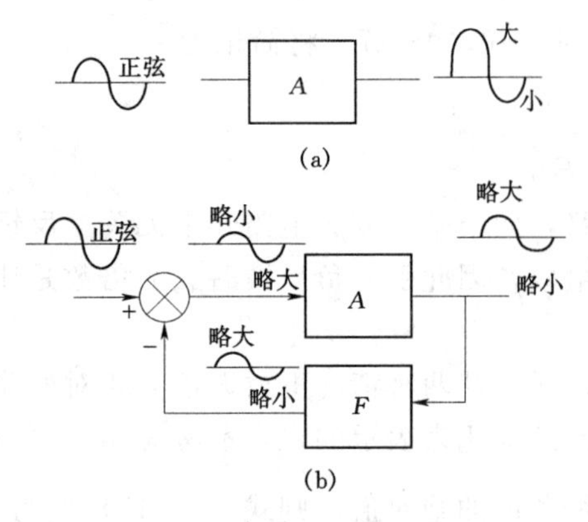

图 9-27　非线性失真
(a) 无反馈时的信号波形；(b) 有反馈时的信号波形

弦信号和反馈信号之差，所以使净输入信号也失真变成上小下大。这样的信号经过放大，其输出波形的失真程度势必得到一定的改善。

应当注意的是，负反馈减小非线性失真所指的是反馈环内的失真。如果输入波形本身就是失真的，这时即使引入负反馈，也是无济于事的。

3. 抑制噪声

对放大器来说，噪声是有害的。噪声电压可以视为由于器件的非线性所引起的高次谐波电压。显然负反馈的引入，使有效信号和噪声电压一同减小，应当注意，噪声电压是固定的，而有效信号可以人为地增加（人为地加大输入电压的幅度，或另外增加一前置放大级），这样就可以提高信号噪声比。

4. 扩展频带

频带宽度是放大电路的技术指标之一，在某些场合下，往往要求有较宽的频带。引入负反馈是展宽频带的有效措施之一。由式（9-18）$\dot{A}_f \approx \frac{1}{\dot{F}}$可以看出，在深度负反馈的条件下，放大电路的放大倍数只与反馈电路的参数有关，如果反馈电路里不含 L、C 等电抗元件，而仅由若干电阻所构成，则可近似地认为反馈放大电路的放大倍数为一常数，即可使频带增宽。

5. 对输入电阻和输出电阻的影响

放大电路引入负反馈后，对输入电阻和输出电阻都要产生影响。反馈的方式不同，影响也不一样。

输入电阻的增大或减小取决于输入端的反馈方式（串联还是并联）。引入串联负反馈后的输入电阻 r_{if} 比无负反馈时的输入电阻 r_i 增加。并联负反馈的情况相反，使 r_{if} 减小。反馈愈深，r_{if} 减小愈甚。

输出电阻 r_{of} 的变化情况则取决于输出端的反馈方式（电压还是电流）。电压负反馈具有稳定输出电压的作用，使电路接近恒压源的性质，而恒压源的内阻很小，所以使输出电阻 r_{of} 减小。而在电流负反馈具有稳定输出电流的作用，使接近恒流源的性质，而恒流源的内阻很大，所以使输出电阻 r_{of} 增大。

综上分析，可以得出这样的结论：负反馈之所以能够改善放大电路多方面的性能，归根结底是由于将电路的输出量（$\dot{U}_o$ 或 $\dot{I}_o$）引回到输入端与输入量（$\dot{U}_i$ 或 $\dot{I}_i$）进行比较，从而随时对输出量进行调整。前面研究过的放大倍数稳定性的提高、非线性失真的减小、抑制噪声、扩展频带以及对输入电阻和输出电阻的影响，均可用自动调整作用来解释。反馈愈深，即 $|1+\dot{F}\dot{A}|$ 的值愈大时，这种调整作用愈强，对放大电路性能的改善愈为有益。但是，$|1+\dot{F}\dot{A}|$ 的值愈大，放大倍数下降愈多。由此可知，负反馈对放大电路性

能的改善，是以牺牲放大倍数为代价的。另一方面也必须注意到，反馈深度 $|1+\dot{F}\dot{A}|$ 的值也不能无限制地增加，否则在多级放大电路中，容易产生不稳定现象（自激）。因此这里所得的结论，在一定条件下才是正确的，不能一概而论，不能绝对化。

从前面的分析看出，引入不同类型的负反馈，对放大电路的影响不同。为了得到某些性能指标高的放大电路应如何引入负反馈呢？这里作一些原则性的提示：

（1）稳定直流量（如静态工作点），引入直流负反馈（反馈量为直流量）。

（2）稳定交流性能，引入交流负反馈（反馈量为交流量）。

（3）稳定输出电压，引入电压负反馈；稳定输出电流，引入电流负反馈。

（4）提高输入电阻，引入串联负反馈；减小输入电阻，引入并联负反馈。

（5）降低输出电阻，引入电压负反馈；增加输出电阻，引入电流负反馈。

【例 9-5】 电路如图 9-23 所示，试近似计算它的电压放大倍数。

解 图 9-23 所示电路为电压串联负反馈电路，其反馈电压为

$$\dot{U}_f=\frac{R_1}{R_1+R_2}\dot{U}_o$$

反馈系数为

$$\dot{F}=\frac{\dot{U}_f}{\dot{U}_o}=\frac{R_1}{R_1+R_2}$$

当 $|1+\dot{F}\dot{A}|\gg 1$ 时，有

$$A_f\approx\frac{1}{\dot{F}}=\frac{R_1+R_2}{R_1}=1+\frac{R_2}{R_1}$$

第五节　集成运算放大器的应用

集成运算放大器的输入电阻高，输出电阻低，开环电压放大倍数高，闭环工作稳定，它是一种比较理想的电压放大器件。加上集成化带来的体积小、质量轻、寿命长、可靠性高、耗电少等优点，在通信、测量、自动控制系统，以及其他各项工业领域中均获得了日益广泛的应用。

集成运算放大器可以用于产生模拟信号，模拟信号的运算，直流及交流低频信号的放大、有源滤波、有源阻抗变换、模拟开关、调制与解调、模数与数模变换、稳压与稳流等方面。下面仅就其中的一些方面进行介绍。

一、理想运算放大器参数

通常把实际运算放大器视为理想器件，它应具有如下理想参数：

（1）开环电压放大倍数 $A_o\approx\infty$。

（2）开环输入电阻 $r_i\approx\infty$。

（3）开环输出电阻 $r_o\approx 0$。

（4）共模抑制比 $K_{CMR}\approx\infty$。

（5）开环通频带宽 $BW\approx\infty$。

(6) 输入偏置电流比 I_B、输入失调电流 I_{io} 及输入失调电压 U_{io} 均为零。

当然完全理想的运算放大器是不存在的，但实际集成运算放大器的特性相当接近于理想运算放大器。借助于理想运算放大器进行分析所引起的误差很小，工程上是允许的。根据上述理想运算放大器的参数，工作在线性区时，可以得到下面两个重要特性：

(1) 由于理想运算放大器的输入电阻为无限大，所以理想运算放大器的两输入端不取用电流，即

$$i_N = i_P \approx 0 \tag{9-21}$$

如图 9-28 所示，i_N 为反相输入端电流，i_P 为同相输入端电流，u_N 为反相输入端电位，u_P 为同相输入端电位。

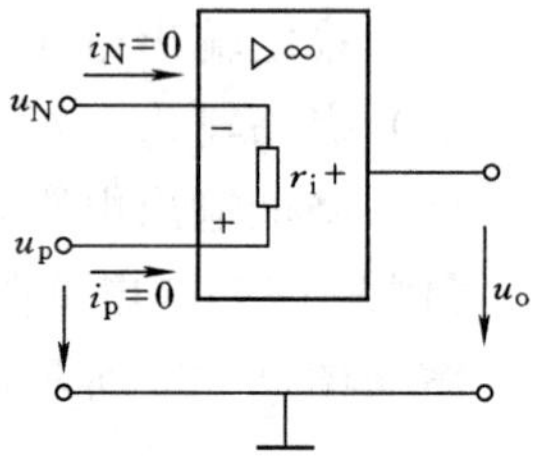

(2) 由于理想运算放大器的开环电压放大倍数 A_o 接近于无穷大（$A_o \rightarrow \infty$），而它的输出电压 u_o 是一个有限值，介于两个电源电压（U_{CC} 与 U_{EE}）值之间，所以其输入电压为

$$u_i = u_P - u_N = \frac{u_o}{A_o} \approx 0$$

于是

$$u_P \approx u_N \tag{9-22}$$

图 9-28 理想运放的基本规律

这两个特性是分析集成运放电路的重要依据。运用这两个特性，将大大简化集成运放应用电路的分析。

式 (9-21) 和式 (9-22) 说明理想运算放大器工作在线性区时 $u_P \approx u_N$ 两个输入端的电位近似相等，即电位差趋近于零，但不是短路，称为“虚短”；又 $i_N = i_P \approx 0$，这两个输入端又好像断开一样，称为“虚断”，即不是真正的断路。

二、模拟信号的运算

集成运算放大器作线性应用时，大多是工作在闭环状态，构成负反馈放大电路。当它的开环电压放大倍数足够大时，电路的性能主要取决于反馈电路，而与集成运算放大器本身的性能无关。当负反馈电路为线性电路时，可以实现比例、加法、减法、积分、微分等模拟信号运算。

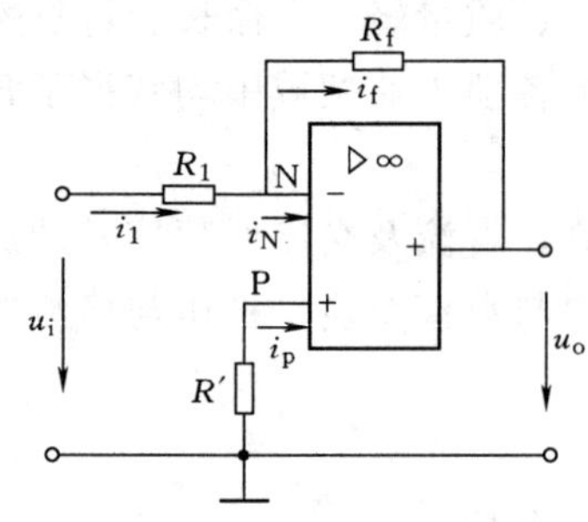

图 9-29 反相输入运算电路

1. 反相比例运算

图 9-29 所示反相输入运算电路，满足“虚断” $i_N = i_P \approx 0$；满足“虚短” $u_P \approx u_N = 0$，又称为“虚地”。因此有

$$i_1 = \frac{u_i - u_N}{R_1} = \frac{u_i}{R_1}$$

$$i_f = \frac{u_N - u_o}{R_f} = -\frac{u_o}{R_f}$$

因为 $i_f = i_1$，所以

$$-\frac{u_o}{R_f} \approx \frac{u_i}{R_1}; \quad A_f = \frac{u_o}{u_i} = -\frac{R_f}{R_1}$$

或

$$u_o = -\frac{R_f}{R_1} u_i \tag{9-23}$$

可见输出信号与输入信号反相，比例系数的绝对值可以大于、小于或等于 1。

2. 同相比例运算

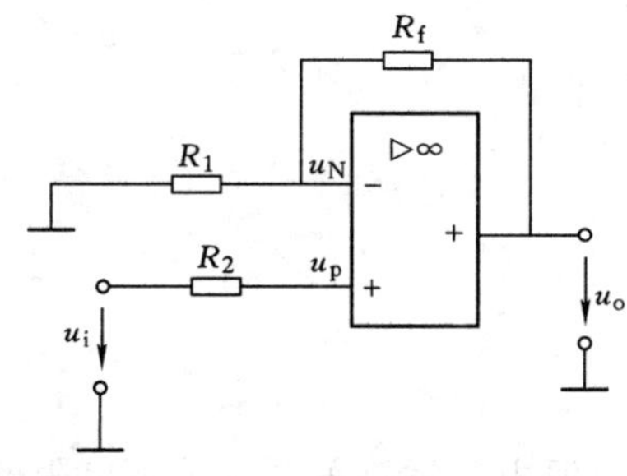

图 9-30 同相输入运算电路

图 9-30 所示同相输入运算电路，在理想运算放大器的条件下，同理满足“虚短”和“虚断”，反相端的电压 u_N 是输出电压 u_o 在 R_f 与 R_1 上的分压，即

$$u_N = u_o \frac{R_1}{R_1 + R_f}$$

因为

$$u_N = u_P = u_i$$

所以

$$u_o = \frac{R_1 + R_f}{R_1} u_i = \left(1 + \frac{R_f}{R_1}\right) u_i \tag{9-24}$$

可见输出信号与输入信号同相，比例系数大于 1。

图 9-30 所示的同相比例运算电路，若使 $R_f = 0$ 或 $R_1 = \infty$，则

$$u_o = u_i \tag{9-25}$$

式（9-25）表明输出电压与输入电压大小相等，相位（或极性）相同，所以这种电路又称为电压跟随器，如图 9-31（a）、（b）所示。它是同相比例运算电路的一个特例。

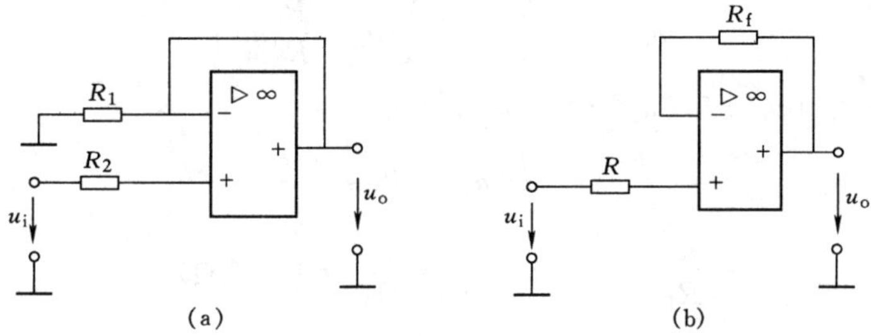

图 9-31 电压跟随器

3. 加法运算

图 9-32 所示为三个输入信号的加法电路，由于电路是反相输入接法，反相端 N“虚地”，所以三个输入电压彼此独立地通过自身的输入回路电阻转换为电流。

因为输入到集成运算放大器内的电流 $i_N = 0$，故

$$i_1 + i_2 + i_3 = i_f$$

$$\frac{u_{i1}}{R_1} + \frac{u_{i2}}{R_2} + \frac{u_{i3}}{R_3} = -\frac{u_o}{R_f}$$

则

$$u_o = -\left(\frac{R_f}{R_1} u_{i1} + \frac{R_f}{R_2} u_{i2} + \frac{R_f}{R_3} u_{i3}\right) \tag{9-26}$$

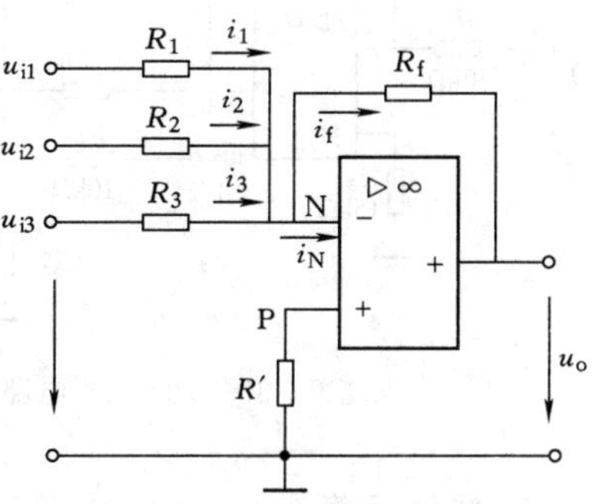

图 9-32 加法运算电路

式（9-26）表明，输出电压等于各输入电压按照不同比例相加，实现了对输入信号电压的求和运算。负号表示极性相反，这是由于反相输入所引起的，故又称为反相加法器。

当 $R_1 = R_2 = R_3 = R$ 时

$$u_o = -\frac{R_f}{R}(u_{i1} + u_{i2} + u_{i3}) \tag{9-27}$$

即输出量与各输入量之和成比例。

当 $R_f = R_1 = R_2 = R_3 = R$ 时

$$u_o = -(u_{i1} + u_{i2} + u_{i3}) \tag{9-28}$$

即输出量等于输入量之和，但极性（相位）相反。

图 9-32 中平衡电阻 $R' = R_1 // R_2 // R_3 // R_f$。

加法电路也可以从运算放大器的同相输入端输入信号，但由于运算关系及平衡电阻的选取比较复杂，而且同相输入时在运算放大器的同相和反相输入端加有共模电压，当共模电压超过运算放大器允许的共模电压输入范围时，运算放大器便不能工作，因此一般很少使用同相输入加法电路。

【例 9-6】 在图 9-32 所示的加法运算电路中，$R_f = 110\text{k}\Omega$，其输出电压满足如下关系：$u_0 = -(10u_{i1} + 5.5u_{i2} + 2.82u_{i3})$，求 R_1、R_2、R_3 及平衡电阻 R'之值。

解 因 u_{i1}、u_{i2}、u_{i3}对输出电压 u_0 应满足加法运算表达式，即

$$u_0 = -\left(\frac{R_f}{R_1}u_{i1} + \frac{R_f}{R_2}u_{i2} + \frac{R_f}{R_3}u_{i3}\right)$$

与给定 $u_0 = -(10u_{i1} + 5.5u_{i2} + 2.82u_{i3})$作比较

$$\frac{R_f}{R_1}u_{i1} = 10u_{i1}$$

$$\frac{R_f}{R_1} = 10;\ R_1 = \frac{R_f}{10} = \frac{110}{10} = 11\ (\text{k}\Omega)$$

同理

$$\frac{R_f}{R_2} = 5.5;\ R_2 = \frac{110}{5.5} = 20\ (\text{k}\Omega)$$

$$\frac{R_f}{R_3} = 2.82;\ R_3 = \frac{110}{2.82} = 39\ (\text{k}\Omega)$$

$$R' = R_1 // R_2 // R_3 // R_f = 11 // 20 // 39 // 110 = 5.69\ (\text{k}\Omega)$$

为了达到运算精度，应选精密电阻或通过电位器调到所需阻值。

【例 9-7】 电路如图 9-33 所示，求 u_o。

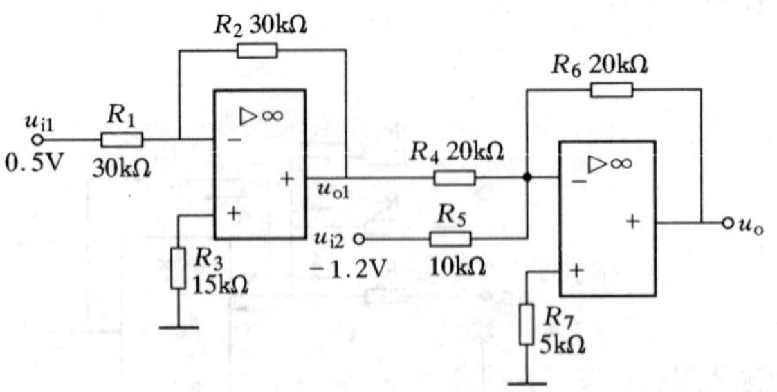

解 图 9-33 中第一级是反相器，其输出电压

$$u_{o1} = -\frac{R_2}{R_1}u_{i1} = -u_{i1} = -0.5\text{V}$$

第二级是反相加法运算电路，其输出电压

$$u_o = -\left(\frac{R_6}{R_4}u_{o1} + \frac{R_6}{R_5}u_{i2}\right) = 2.9\text{V}$$

图 9-33 例 9-7 电路图

4. 减法运算

当作减法运算时，其输出量与输入量之差成比例，即

$$u_o = K(u_{i2} - u_{i1}) \tag{9-29}$$

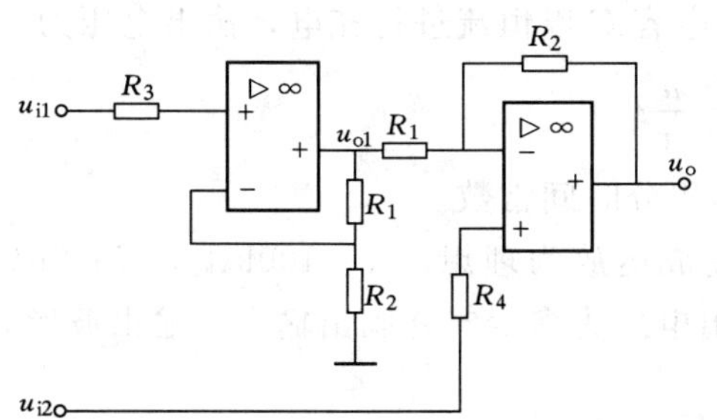

图 9-34　同相输入串联型差动运算电路

减法电路通常采用差动输入运算电路，这种电路要求电阻必须对称，它的输入电阻也不够高。为了提高减法电路的输入电阻，可采用同相输入串联型差动运算电路，如图 9-34 所示。从图中可得出

$$u_{o1} = \left(1 + \frac{R_1}{R_2}\right) u_{i1} = \frac{R_1 + R_2}{R_2} u_{i1}$$

当 u_{o1} 单独作用时，在输出端产生的电压分量

$$u_o' = -\frac{R_2}{R_1} u_{o1} = -\frac{R_2}{R_1}\frac{R_1 + R_2}{R_2} u_{i1} = -\left(1 + \frac{R_2}{R_1}\right) u_{i1}$$

当 u_{i2} 单独作用时，在输出端产生的电压分量

$$u_o'' = \left(1 + \frac{R_2}{R_1}\right) u_{i2}$$

所以

$$u_o = u_o' + u_o'' = \left(1 + \frac{R_2}{R_1}\right)(u_{i2} - u_{i1}) \tag{9-30}$$

由于两个运算放大器都是同相输入，因此输入电阻很高。

5. 积分运算

图 9-35 所示为常用反相型积分运算电路，与反相输入运算电路比较，是将反馈支路中的 R_f 用电容 C 代替。

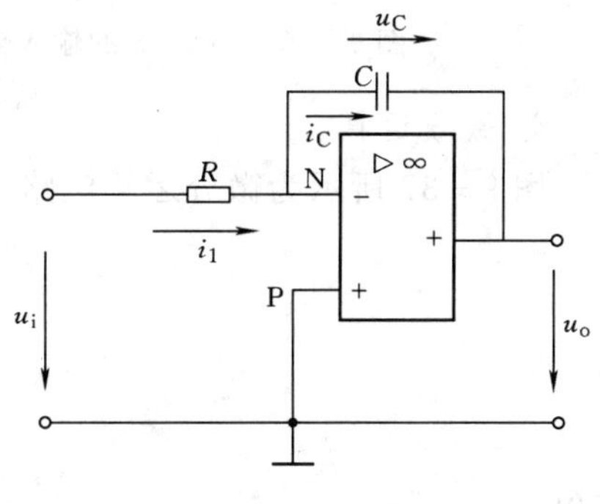

图 9-35　积分运算电路

在理想情况下，N 点为“虚地”，$u_N = 0$，

$$i_1 = \frac{u_i}{R} \tag{9-31}$$

通过电容电流

$$i_C = C\frac{du_C}{dt}$$

电容两端电压

$$u_C = u_N - u_o = -u_o$$

所以

$$u_o = -u_C = -\frac{1}{C}\int i_C dt$$

由于运放输入端不取用电流，故

$$i_1 = i_C$$

因此

$$u_o = -\frac{1}{C}\int i_1 dt = -\frac{1}{C}\int \frac{u_i}{R} dt$$

$$u_o = -\frac{1}{RC}\int u_i dt \tag{9-32}$$

式 (9-32) 表示输出电压 u_o 为输入电压 u_i 对时间的积分。负号表示输出电压与输入电

压相位相反。

当 u_i 是一个正向阶跃电压 u_i 时，i_1 为常数，电容 C 以恒流进行充电，输出电压为

$$u_o=-\frac{u_i}{RC}t=-\frac{u_i}{\tau}t$$

该式表明 u_o 随时间呈线性变化，式中 $\tau=RC$ 称为积分时间常数。

【例 9-8】 在图 9-35 所示的电路中，设集成运放为理想，$R=100\text{k}\Omega$，$C=2\mu\text{F}$，输入一个 $u_i=0.1\text{V}$ 的直流电压，经过 5s 后的输出电压为多少？并画出输入、输出波形。

解 根据上式 5s 后的输出电压

$$u_o=-\frac{u_i}{RC}t=-\frac{0.1\times 5}{100\times 10^3\times 2\times 10^{-6}}=-2.5(\text{V})$$

输入、输出波形如图 9-36 所示。

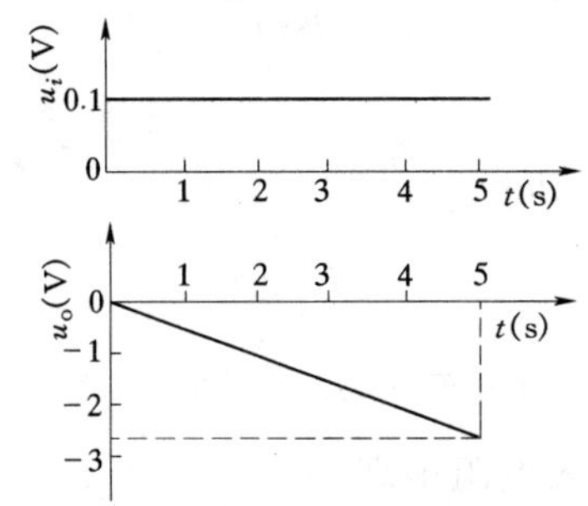

图 9-36 例 9-8 的输入输出波形

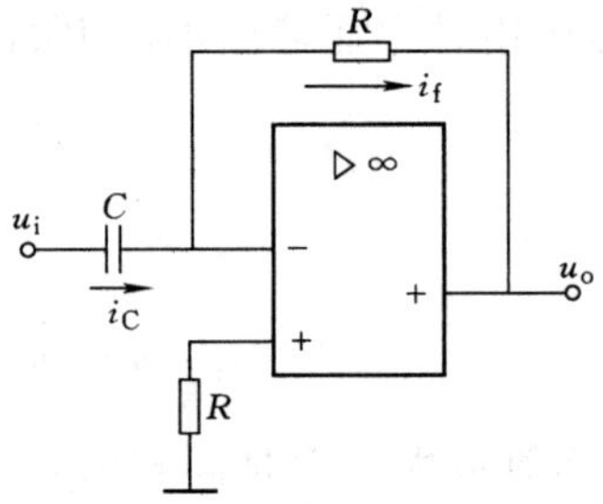

图 9-37 微分运算电路

6. 微分运算

图 9-37 所示为微分运算电路，它是积分电路中 R 和 C 的位置互换所构成的。因为

$$u_o=-i_fR=-i_CR$$

而

$$i_C=C\frac{du_i}{dt}$$

所以

$$u_o=-RC\frac{du_i}{dt} \qquad (9-33)$$

式 (9-33) 表示输出电压 u_o 与输入电压 u_i 对时间微分成正比。RC 为微分时间常数，负号表示输出与输入反相。所以，它是一个反相微分运算电路。

当微分电路输入正向阶跃电压时，在 $t=0$ 瞬间，输入信号突然加入，电容 C 相当于短路，输出电压最大（反向），以后由于 C 被充电，u_o 很快衰减为零，输出波形如图 9-38 所示。

由于微分运算电路是高通电路，对输入端的高频干扰及噪声反应很灵敏，容易产生高频自激振荡。使用时一般在输入回路中与 C 串联一个小电阻，则可限制干扰，加强负反馈作用，限制高频电压放大倍数，使电路工作稳定。

将比例运算电路和微分运算电路结合起来，可以组成比例微分运算电路如图 9-39 所示。

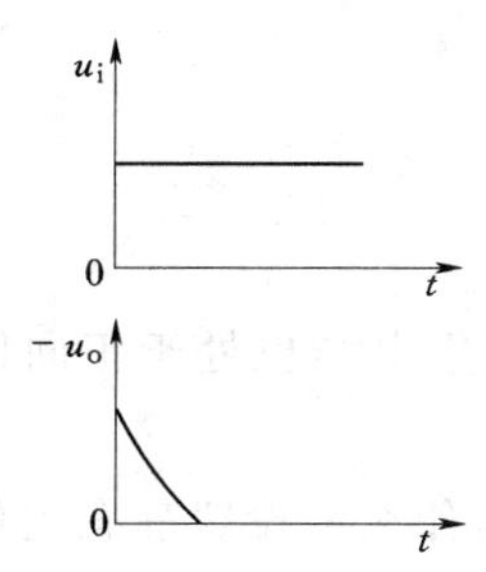

图 9-38 输入输出波形

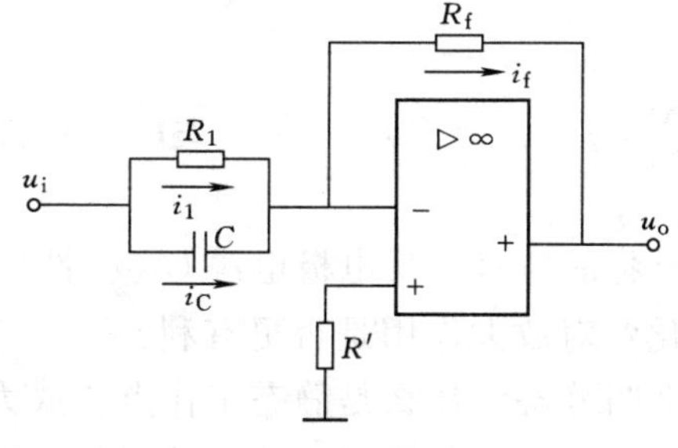

图 9-39 比例—微分运算电路

因为
$$u_o=-i_f R_f$$

而
$$i_f\approx i_1+i_C=\frac{u_i}{R_1}+C\frac{du_i}{dt}$$

所以
$$u_o=-\frac{R_f}{R_1}u_i-R_f C\frac{du_i}{dt}$$

$$u_o=-\frac{R_f}{R_1}\left(u_i+R_1 C\frac{du_i}{dt}\right) \tag{9-34}$$

当输入端加入负向阶跃信号$-u_i$时钟，在$t=0$瞬间，电容C可看作短路，这时u_o达到最大值；在$t>0$以后，电容C上逐渐充电，i_C逐渐减小，u_o按指数规律下降，如图9-40所示。当充电结束时，电容C相当开路，所以最后的输出电压为

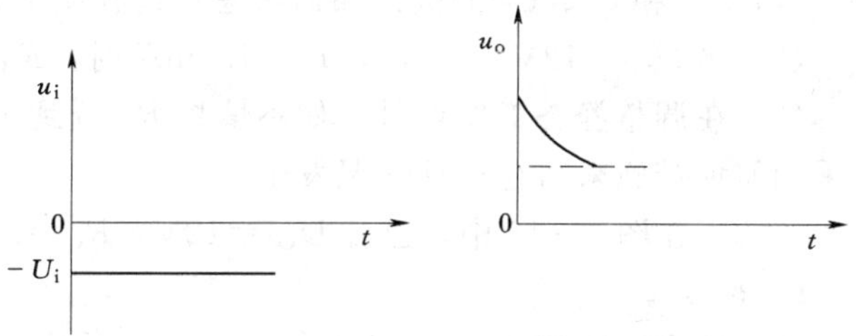

图 9-40 输入输出波形

$$u_o(\infty)=\frac{R_f}{R_1}U_i$$

比例—微分运算电路用在自动控制系统中，对调节过程起加速作用。

小　结

(1) 常见的基本放大电路有固定偏置放大电路、分压式具有电流负反馈的偏置电路和射极输出电路等。对放大电路的分析分为静态和动态分析。静态分析主要包括静态工作点的计算，动态分析主要包括电压放大倍数、输入电阻和输出电阻的计算。

(2) 典型的负反馈电路有四种，即电压串联，电流串联，电压并联，电流并联负反馈。要掌握判别方法，明确各自的特点和用途，根据不同情况选择合适的负反馈电路形式。

(3) 在分析运算放大器各种应用电路时，常把实际运算放大器理想化，以简化运算放大器应用电路的分析。根据理想化条件，在线性区可得两个重要特性：输入电流为零，即$i_N=i_P=0$，又称“虚断”；两输入端电位相等，即$u_p=u_N$，又称“虚短”。

(4) 集成运放的基本运算电路包括同相比例、反相比例、加法、减法、积分、微分等运算电路。

习　题

9－1　如果将晶体管的集电极电源 U_{CC} 极性反接，使集电结也处于正向偏置，问集电极电流有何变化？对放大作用是否更有利？

9－2　什么叫静态？什么是静态工作点？放大电路为什么要设置静态工作点？

9－3　什么是反馈、负反馈？负反馈对放大电路性能有哪些影响？

9－4　负反馈放大电路的类型有哪些？

9－5　理想运放有哪两个重要特性？

9－6　晶体管放大电路如图 9－41 所示，已知 $U_{CC}=12V$，$R_C=3k\Omega$，$R_B=285\ k\Omega$，$\beta=50$。

（1）试估算管子的静态工作点。

（2）若要求 $U_{CE}=7V$，$I_C=1.5mA$，问 R_C 及 R_B 应改为多大？

9－7　如果放大电路的接法如图 9－42 所示，问：

（1）U_{CC} 和 C_1、C_2 的极性如何考虑？请在图上标出。

（2）当 $U_{CC}=12V$，$\beta=75$，$I_C=1.5mA$ 时，R_B 应调到多大？

（3）在调整静态工作点时，如不慎将 R_B 调到了零，对晶体管有无影响？为什么？通常采用何种措施来防止这种情况发生？

9－8　在图 9－43 中，已知 $U_{CC}=12V$，$R_C=2\ k\Omega$，$R_E=1\ k\Omega$，$R_{B1}=33\ k\Omega$，$R_{B2}=10k\Omega$，$\beta=40$。

（1）试求静态值 I_B、I_C 及 U_{CE}。

（2）电路其他条件不变，如果换上另一只 $\beta=80$ 的同类型管子，估算放大电路能否正常工作？

（3）如换上 PNP 型晶体管，试说明应做哪些改动才能正常工作。

9－9　放大电路如图 9－43 所示，其中 $U_{CC}=15V$，$R_C=3k\Omega$，$R_E=2k\Omega$，$I_C=1.55mA$，$\beta=50$。试估算 R_{B1}、R_{B2}；如果由于某种原因 R_{B2} 烧断，工作点如何变化？若保持原工作点不变，应如何调整 R_{B1}？此时是否仍有稳定静态工作点的能力？

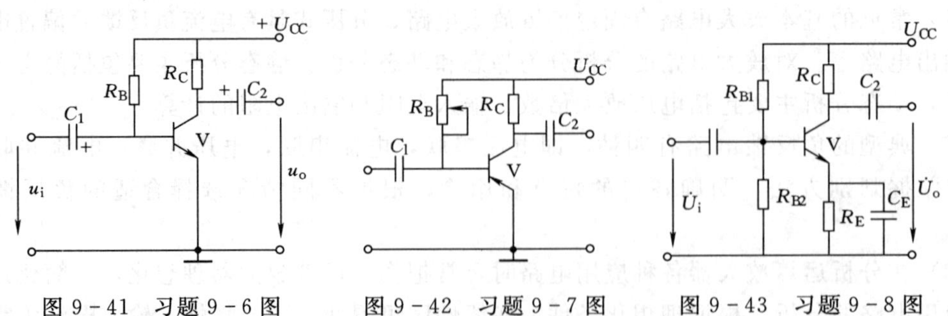

图 9－41　习题 9－6 图　　图 9－42　习题 9－7 图　　图 9－43　习题 9－8 图

9－10　已知图 9－44 中，$R_B=450k\Omega$，$R_C=10k\Omega$，$R_L=1.5k\Omega$，$U_{CC}=12V$。晶体管输出特性如图 9－44（b）所示。

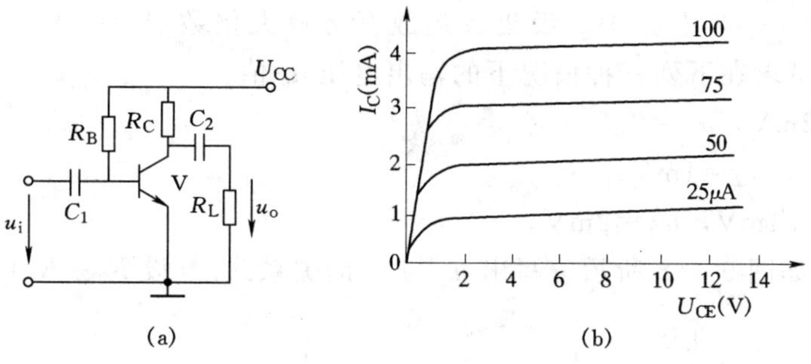

图 9-44　习题 9-10 图

(1) 试用图解法求静态工作点，并分析这个 Q 点选择是否合适。

(2) 在 U_{CC} 和晶体管不变的情况下，为了使 $I_C=2\text{mA}$，$U_{CE}=2\text{V}$，应该改变哪些参数？改成什么数值？

9-11　放大电路如图 9-45 所示，已知 $\beta=60$，$R_F=0$ 及 $R_F=300\Omega$。

(1) 试求静态工作点。

(2) 试求电压放大倍数 A_u。

(3) 如果在输出端并联一个 $R_L=2\text{k}\Omega$ 的负载时，求电压放大倍数。

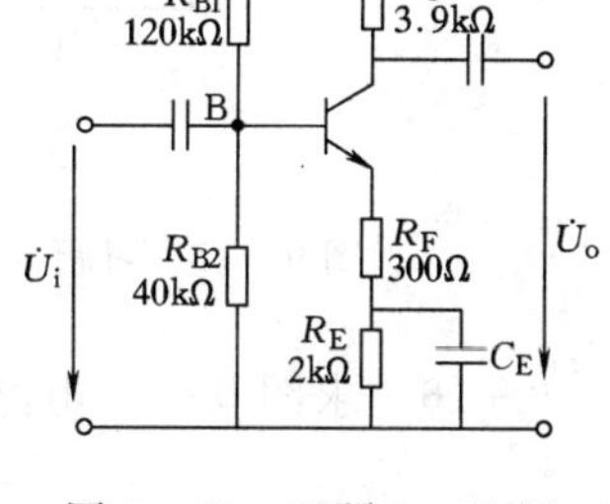

图 9-45　习题 9-11 图

9-12　在某固定偏置放大电路中，已知 $U_{CC}=12\text{V}$，$R_C=3\text{k}\Omega$，$R_B=240\text{k}\Omega$，$\beta=40$，试用微变等效电路法计算 $R_L=1\text{k}\Omega$ 及 $R_L=\infty$ 时的电压放大倍数。

9-13　在图 9-46 所示的各电路时，试判断反馈极性和反馈类型。

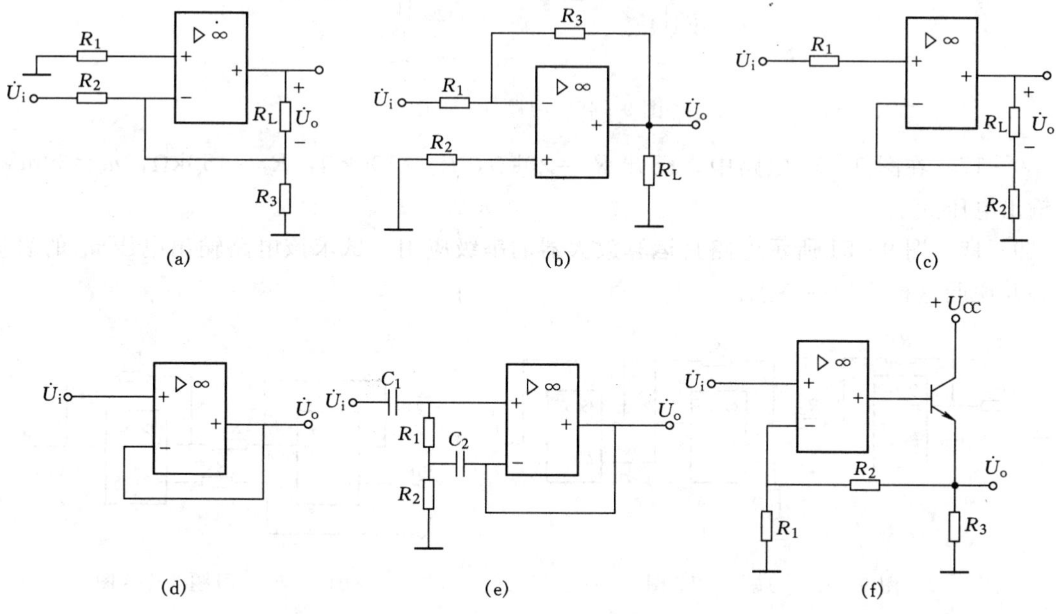

图 9-46　习题 9-13 图

9－14　在图 9－47 电路中，设集成运放开环放大倍数 $A_u=10^5$，电源 $U_{CC}=15V$，$-U_{EE}=-15V$，试求在下列三种情况下的输出电压 u_o 值：

（1）若 $u_{i1}=2mV$，$u_{i2}=0$。

（2）若 $u_{i1}=0$，$u_{i2}=1mV$。

（3）若 $u_{i1}=2.1mV$，$u_{i2}=2mV$。

9－15　电路如图 9－48 所示，写出 u_o 与 u_i 的关系式。（设 $R_3=R_4$）

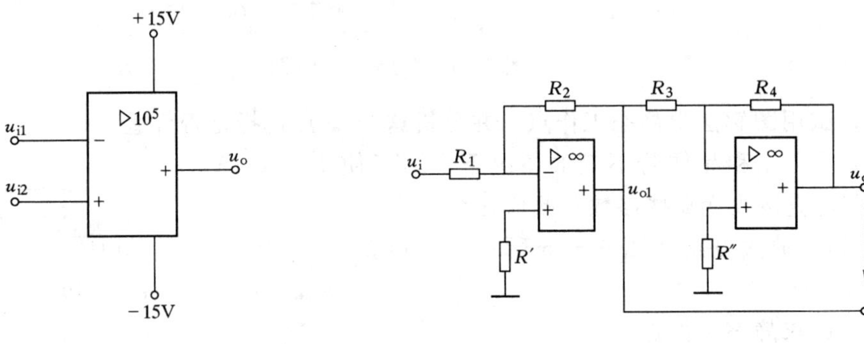

图 9－47　习题 9－14 图　　　　图 9－48　习题 9－15 图

9－16　求图 9－49 电路中的 u_o 和 R'值。

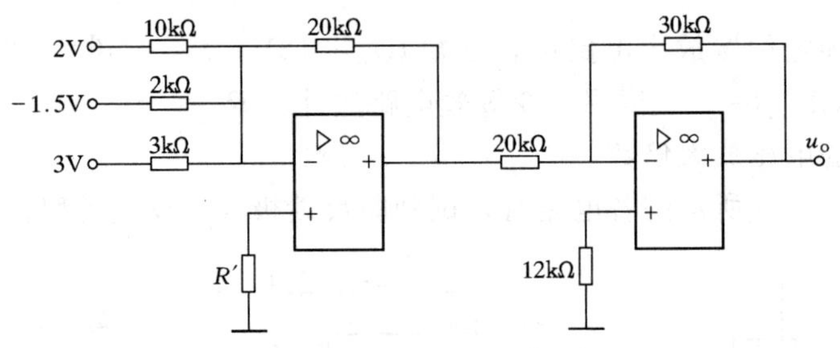

图 9－49　习题 9－16 图

9－17　在图 9－50 电路中，已知 $R_1=20k\Omega$，$R_2=100k\Omega$，$R_3=150k\Omega$，$u_i=30mV$，求输出电压 u_o。

9－18　图 9－51 所示电路是运算放大器的串级应用。试求该电路输出电压 u_o 的表达式，并说明这种应用的特点。

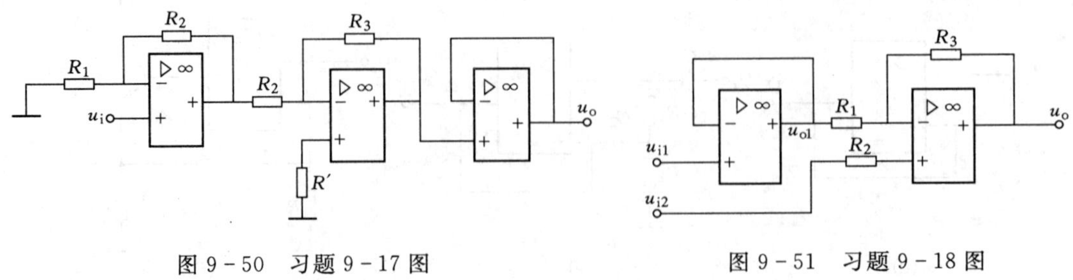

图 9－50　习题 9－17 图　　　　图 9－51　习题 9－18 图

9－19　电路如图 9－52 所示，求 u_o。

9－20　在图 9－53 的电路中，计算 u_{o1}、u_{o2}、u_{o3} 的值。

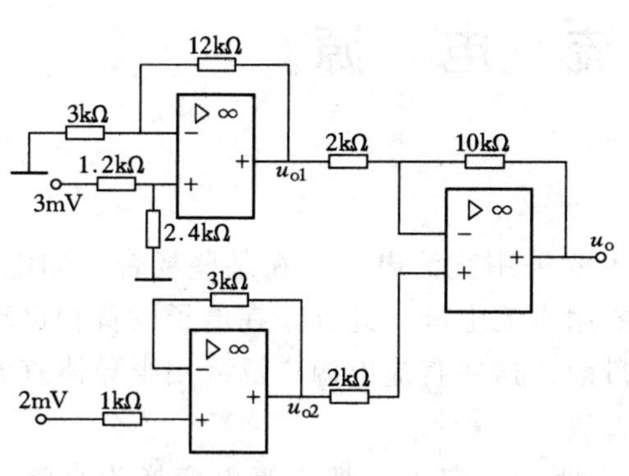

图 9－52　习题 9－19 图

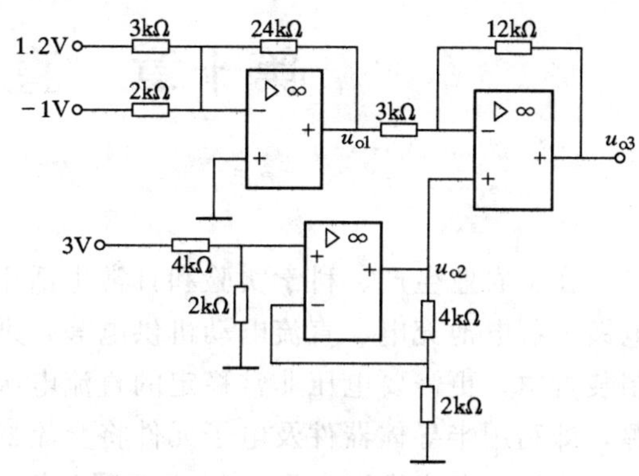

图 9－53　习题 9－20 图

第十章　直　流　电　源

在工农业生产、科学实验和日常生活中，主要采用交流电，但在某些场合，如电解、电镀、蓄电池充电、直流电动机供电等，则需要用直流电源。此外，在电子设备和自动控制装置中，更需要电压非常稳定的直流电源。目前，这些直流电源广泛采用半导体直流电源，即利用半导体器件及电子元件将交流变成直流。

半导体直流稳压电源的组成框图如图 10－1 所示，它表示把交流电变换为直流电的过程。

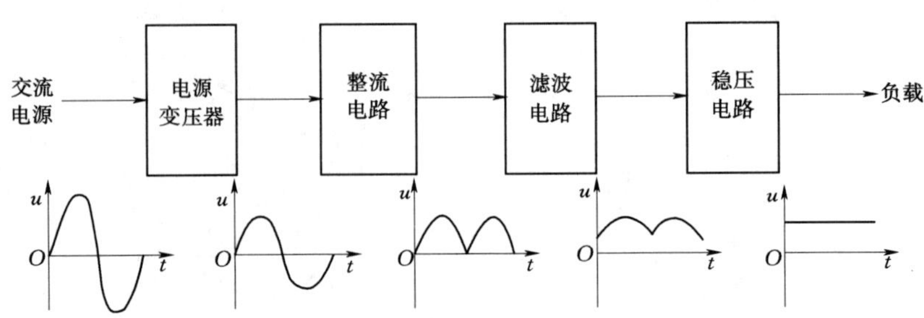

图 10－1　直流稳压电源的组成框图

各部分的作用如下：

(1) 电源变压器。它能将交流电压变换为符合整流需要的交流电压，同时起隔离作用，有利于安全。

(2) 整流电路。它能将交流电压变换为单向脉动直流电压。

(3) 滤波电路。它能减小整流输出电压的脉动程度，以便得到较平滑的直流电压，以适合负载的需要。

(4) 稳压电路。它能在交流电源电压波动或负载变化时均使输出电压稳定。在对直流电压的稳定程度要求较低的电路中，稳压电路部分可以省略。

第一节　单相桥式整流电路

整流电路一般分为单相桥式整流电路和三相桥式整流电路，前者应用于电子仪器中，后者主要用于要求整流功率较高的场合，这里不做介绍。

一、电路

如图 10－2 (a) 所示为单相桥式整流电路，它是由四个二极管接成电桥的形式构成的，其中 $VD_1 \sim VD_4$ 为 4 个整流二极管。该电路的简略画法如图 10－2 (b) 所示。

二、工作原理

设变压器二次测电压为 $u_2=\sqrt{2}U_2\sin\omega t$ 波形如图 10-3（a）所示。

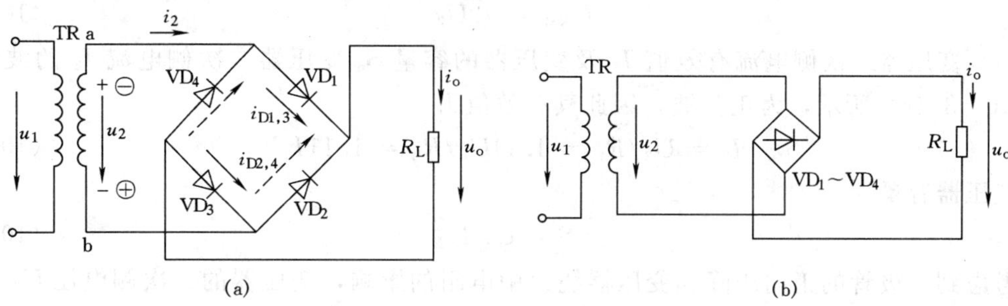

图 10-2 单相桥式整流电路

(a) 电路图；(b) 简略画法

u_2 正半周时，其极性为上正下负［图 10-2（a）］。a 点电位高于 b 点，二极管 VD_1、VD_3 导通，VD_2、VD_4 截止，若二极管的正向导通压降不计，则负载电压 u_o 等于变压器二次侧电压 u_2，极性为上正下负；负载电流 i_o 等于流过二极管 VD_1 和 VD_3 的电流 $i_{D1,3}$，其流通路径为 a→VD_1→R_L→VD_3→b。

u_2 为负半周时，其极性为上负下正，b 点电位高于 a 点，因此 VD_2、VD_4 导通，VD_1、VD_3 截止，u_o 极性仍为上正下负，即负半周 u_2 经 VD_2、VD_4 的导引，将其正极接到了 R_L 的上端，而其负极则接到了 R_L 的下端；i_o 等于流过 VD_2、VD_4 的电流 $i_{D2,4}$，其流通路径为 b→VD_2→R_L→VD_4→a。

负载电压 u_o、负载电流 i_o 的波形如图 10-3（b）所示可见，负载电压为电源一周期内有两个半波的单向脉动直流电压。

整流二极管的电流、电压波形分别如图 10-3（c）、（d）所示。

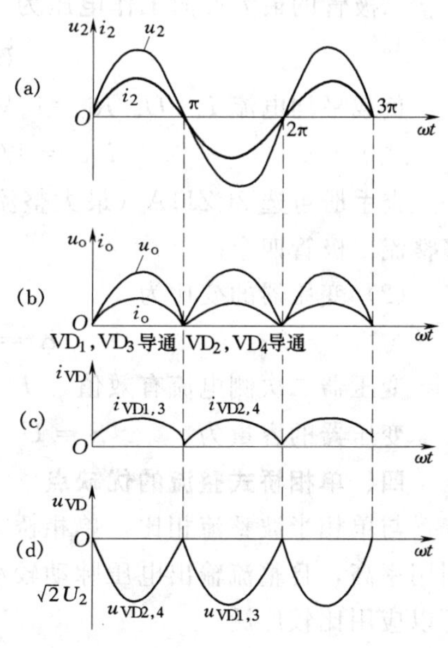

图 10-3 单相桥式整流电路工作波形

三、基本计算

（1）负载电压平均值 U_o 是单相半波整流的两倍

$$U_o=2\sqrt{2}U_2/\pi=2\times0.45U_2=0.9U_2 \quad (10-1)$$

式（10-1）也可以改写成

$$U_2=U_o/0.9=1.11U_o \quad (10-2)$$

（2）负载电流平均值

$$I_o=U_o/R_L \quad (10-3)$$

（3）整流二极管的平均电流 I_{AV} 和最大反向工作电压 U_{RM}，因为每两个二极管串联导电半周，所以每个二极管中流过的平均电流应为负载平均电流的一半，即

$$I_{AV}=1/2I_o \quad (10-4)$$

由图 10-3（d）所示二极管的电压波形可知，二极管截止时所承受的最大反向工作电压仍然是变压二次侧电压的峰值，即

$$U_{RM}=\sqrt{2}U_2 \tag{10-5}$$

（4）变压器二次侧电流有效值 I_2 及变压器的容量 S。变压器二次侧电流 I_2 的波形图如图 10-3（a）所示，为正弦波，因此其有效值为

$$I_2=U_2/R_L=1.11U_o/R_L=1.11I_o \tag{10-6}$$

变压器容量为

$$S=U_2\ I_2 \tag{10-7}$$

考虑到二极管的正向压降和变压器绕组中电阻的影响，变压器的二次侧电压 U_2 大约要比按式（10-2）的计算值高出 10%。

【例 10-1】 有一额定电压为 18V，阻值为 10Ω 的直流负载，采用单相桥式整流电路供电，交流电源电压为 220V，不考虑二极管的正向压降及变压器二次侧绕阻电阻的影响，（1）试选整流二极管；（2）求电源变压器的变比和容量。

解 （1）依题意，采用如图 10-2 所示的整流电路，且已知 $U_o=18V$，$R_L=10$，$U_1=220V$，所以变压器二次侧电压有效值为

$$U_2=U_o/0.9=18/0.9U=20\ (V)$$

二极管的最大反向工作电压为

$$U_{RM}=\sqrt{2}U_2=28\ V$$

负载平均电流 $I_o=U_o/R_L=18V/10\Omega=1.8A$，所以二极管的平均电流为

$$I_{AV}=1/2I_o=1/2\times1.8A=0.9\ A$$

查手册可选 2CZ11A（最大整流电流 $I_{FM}=1A$，最大反向工作电压 $U_{RM}=100V$）大功率整流二极管四个。

（2）变压器的变比为

$$K=U_1/U_2=220/20=11$$

变压器二次侧电流有效值　$I_2=1.11I_o=1.11\times1.8A=2A$

变压器的容量为　$S=U_2\times I_2=20V\times2A=40VA$

四、单相桥式整流的优缺点

与单相半波整流相比，单相桥式整流的缺点是用的二极管数量较多；优点是变压器的利用率高，且整流输出电压脉动较小，平均值较高。因为单相桥式整流电路的优点较多，所以应用比较广泛。

第二节 滤 波 电 路

整流电路虽然能将交流变成直流，但输出直流电压脉动较大，即整流后的输出电压是单向脉动电压，含有较大的交流部分。如果用于电子设备，会带来严重的不良影响。为此，在整流电路的后面还需加上滤波电路，以改善输出电压的脉动程度。下面介绍几种常用的滤波电路。

一、电容滤波电路（C滤波器）

如图 10－4（a）所示为桥式整流电容滤波电路，也是最简单的滤波器。负载电阻 R_L 两端所并联的电容 C 就是滤波电容，利用 C 的充放电作用，使负载电压、电流趋向平滑。图 10－4（b）所示为负载电压 U_o（也是滤波电容 C 两端电压 U_c）的波形示意图。

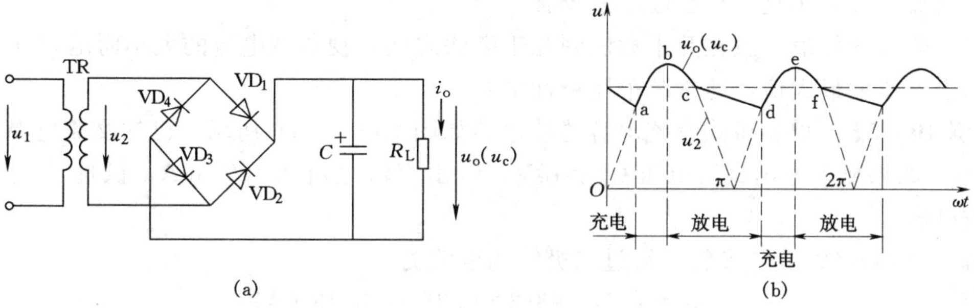

图 10－4　电容 C 滤波电路及其输出电压波形

当 U_2 正半周且 $U_2>U_c$ 时，即图 10－4（b）中 ab 段，VD_1、VD_3 导通，电源 U_2 一方面给负载供电（供电电流为 I_o），同时对电容 C 充电（充电电流为 I_c），使 C 两端电压 U_c 随 U_2 上升，在忽略二极管正向压降的情况下，$U_c=U_2$。当充电到 U_2 的幅值为$\sqrt{2}U_2$，即图 10－4（b）中 b 点后，U_2 按正弦规律下降，C 以时间常数 $\tau=R_LC$ 放电，使 U_c 先跟随 U_2 下降一小段时间，即图 10－4（b）中的 bc 段，以后由于 C 放电速度按指数规律趋缓，U_c 的下降速度小于 U_2 的下降速度，$U_c>U_2$，VD_1、VD_2 反偏截止，C 对 R_L 放电，使 U_o（U_c）按指数规律下降，即图 10－4（b）中的 cd 段。

当 U_2 的负半周变化到 $|U_2|=U_c$ 时，即图 10－4（b）中 d 点，VD_2、VD_4 开始处于正向偏置而导通，C 停止放电。此后，U_2 一方面给负载供电，同时对 C 充电，使 U_c 随 U_2 数值的增大而上升，直到$\sqrt{2}U_2$，如图 10－4（b）中 de 段。这一段的工作情况与 ab 段相同。到达 e 点后，$|U_2|$下降，C 又开始放电，如此重复。

由图 10－4（b）可见，在加了滤波电容 C 以后，输出电压 u_o 的波形变得平滑了，而且输出电压平均值 U_o 也提高了。

采用电容 C 滤波时，输出电压的脉动程度与 C 的放电时间常数 τ 有关，τ 大一些，脉动就小一些。为了得到较好的滤波效果，一般要求

$$\tau = R_LC \geqslant (3 \sim 5)T/2 \qquad (10-8)$$

式（10－8）中，T 为电源电压 U_2 的周期。在满足式（10－8）的条件下，桥式整流电容滤波电路的输出电压平均值可按下式估算

$$U_o \approx 1.2U_2 \qquad (10-9)$$

对于半波整流电容滤波电路，其输出电压平均值可以按 $U_o \approx U_2$ 估算。

由图 10－4（b）还可以看出，整流电路输出端接滤波电容后，二极管只在较短的时间内导通，通过二极管的电流是周期性的脉动电流。因此，流过二极管的瞬时电流可能很大，这就要求二极管应能经受得住一定的电流冲击。

通过二极管的电流虽然是脉冲波形，但由于电容 C 的放电作用，使通过负载电阻 R_L

的电流是较平滑的直流电流。

电容滤波电路的优点是电路简单，轻载时输出电压脉动较小，电压数值也较高。缺点是负载变动时对输出电压影响较大，负载电流增大（即负载电阻 R_L 减小）时脉动变大。另外，二极管必须具有通过冲击电流的能力。因此，电容滤波电路一般用于要求输出电压较高，负载电流较小且变化也较小的场合。

滤波电容的数值一般在几十微法到几千微法之间，视负载电流的大小而定，其耐压应大于输出电压的最大值，通常都采用极性电容。

【例 10－2】 单相桥式整流电容滤波电路如图 10－4（a）所示，已知交流电源频率 $f=50\text{Hz}$，如果要求输出直流电压 $U_o=18\text{V}$，输出直流电流 $I_o=0.36\text{A}$，试选整流二极管及滤波电容。

解 （1）选整流二极管，流过二极管的电流为

$$I_{AV}=1/2I_o=1/2\times0.36\text{A}=0.18\ (\text{A})$$

变压器二次侧电压有效值为

$$U_2\approx U_o/1.2=18/1.2=15\ (\text{V})$$

二极管所承受的最大反向工作电压为

$$U_{RM}=\sqrt{2}U_2=\sqrt{2}\times15=21.3\ (\text{V})$$

可选 2CZ54C 二极管四个，其参数为 $I_{FM}=0.5\text{A}$，$U_{RM}=100\text{V}$。

（2）选滤波电容由题意知 $R_L=U_o/I_o=18\text{V}/0.36\text{A}=50\Omega$

根据式（10－8），取 $\tau=R_LC=5T/2$，则

$$\tau R_LC=5\times1/f/2=5\times1/50/2=0.05\ (\text{s})$$

$$C=0.05/R_L=0.05/50=0.001\text{F}=1000\mu\text{F}$$

可选 $C=1000\mu\text{F}$，耐压 50V 的极性电容器。

二、电感电容滤波电路（*LC* 滤波器）

为了进一步减小输出电压的脉动程度，在图 10－4（a）有滤波电容 C 之前串接一个电感 L，这样就构成了电感电容滤波电路，如图 10－5 所示，图中 u'_o 为整流输出电压。

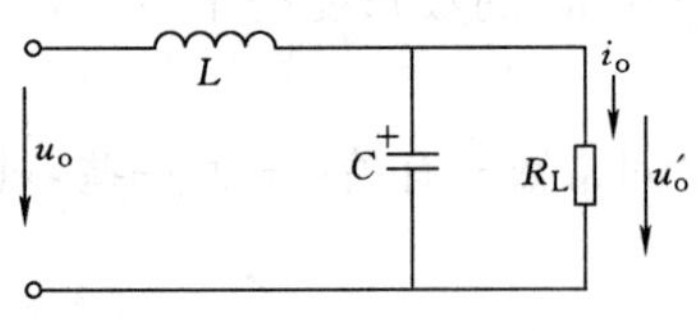

图 10－5 *LC* 滤波电路

整流输出电压 u'_o 为单向脉动电压，含有直流量和交流分量两种成分。因为理想电感对直流相当于零阻抗，而对交流则具有较大的阻抗，谐波频率越高，阻抗越大，所以 L 上无直流压降损失，但却有较大的交流压降，因此它可以减弱滤波输出电压 u_o 中的交流分量。感抗 ωL 比负载 R_L 大得越多，则 L 上交流分量的压降越大，而 R_L 两端的交流分量压降越小，滤波效果越好，经 L 滤波后，又经电容 C 滤波，再一次降低 u_o 中的交流分量。因此，LC 滤波要比单纯电容 C 滤波的效果更好，只是实际上由于电感较大（一般在几亨到几十亨范围），电感线圈的匝数较多，其直流电阻不能忽略，因而会产生一定的直流压降损失，造成输出电压值有所下降。

LC 滤波适用于电流较大，要求输出电压脉动很小的场合，用于高频时更好，在电流较大，负载变动较大，对输出电压脉动程度要求不太高的场合，也可以将电容 C 去掉，这便是电感滤波电路（L 滤波器）。

三、π 形滤波电路

如果要求输出电压的脉动更小，可以在 LC 滤波电路的前面再并联一个电容 C_1，如图 10-6 所示，便构成了 π 形 LC 滤波电路。这种滤波器实际上是 C 滤波器（由 C_1 组成）和 LC 滤波器（由 LC_2 构成）的结合，相当于两级滤波，因此滤波效果更好，但整流二极管冲击电流较大。

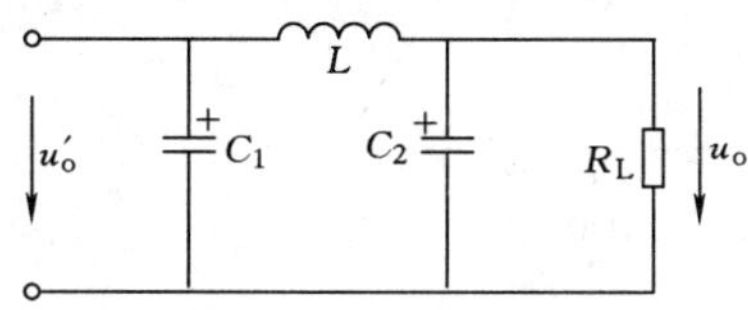

图 10-6　π 形 LC 滤波电路

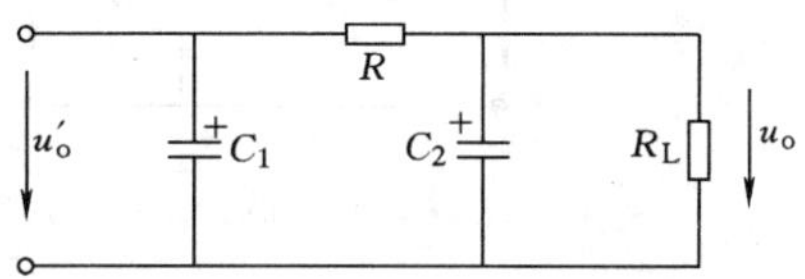

图 10-7　π 形 RC 滤波电路

由于电感线圈的体积大而笨重，成本又高，所以有时用电阻代替 π 形 LC 滤波器中的电感，这样便构成了 π 形 RC 滤波器，也称 CRC 滤波器，如图 10-7 所示。电阻 R 对交、直流分量具有同样的降压作用，但是它和电容 C_2 配合之后，就使整流输出脉动电压的交流分量较多地降在 R 两端（因为 C_2 的交流阻抗很小），而较少地降在负载两端，从而起到了滤波作用。R 和 C_2 较大，滤波效果越好。但 R 过大，会使其上的直流压降损失增大，所以这种电路主要用于负载电流较小，又要求输出电压脉动很小的场合。

四、有源滤波器

有源滤波器，按通过频率范围的不同，可以分为低通、高通、带通、带阻等。

图 10-8 所示为一个最简单的 RC 低通滤波器，只有 RC 电路组成，为无源滤波器。它的输出电压与输入电压的关系为

$$\begin{aligned}\dot{A} &= \dot{U}_o/\dot{U}_i = -jX_C/(R-jX_C) = 1/j\omega C/(R+1/j\omega C)\\ &= 1/(1+j\omega RC) = 1/(1+j\omega/\omega_0)\end{aligned}$$

其幅度为

$$A = 1/\sqrt{1+(\omega/\omega_0)^2} \tag{10-10}$$

式中 $\omega_0=1/RC$，则 $f_0=1/2\pi RC$，称为电路的截止（角）频率。电路的幅频率特性如图 10-8（b）所示，0～f_0 的频率范围称为通频带，大于 f_0 的频率范围称为阻带。

如果将 RC 滤波电路接到集成运算放大器的同相输入端，如图 10-9 所示，因为集成运算放大器是有源元件，所以这种滤波器称为有源滤波器。

图 10-9（a）所示为有源低通滤波器电路。经分析可得出

$$U_+ = U_c = \dot{U}_i/(1+j\omega RC)$$

$$\dot{U}_o = (1+R_F/R_1)U_+$$

所以　$\dot{A}_f = \dot{U}_o/\dot{U}_i = (1+R_F/R_1)/(1+j\omega RC) = (1+R_F/R_1)/(1+j\omega/\omega_0)$

其幅值为　$A_f = (1+R_F/R_1)/\sqrt{1+(\omega/\omega_0)^2} = A_{f0}/\sqrt{1+(\omega/\omega_0)^2}$

当 $\omega=0$ 时，$A_f=A_{f0}=1+R_F/R_1$。图 10-9（b）所示为电路的幅频特性，与 RC 无源滤波器的幅频特性类似。

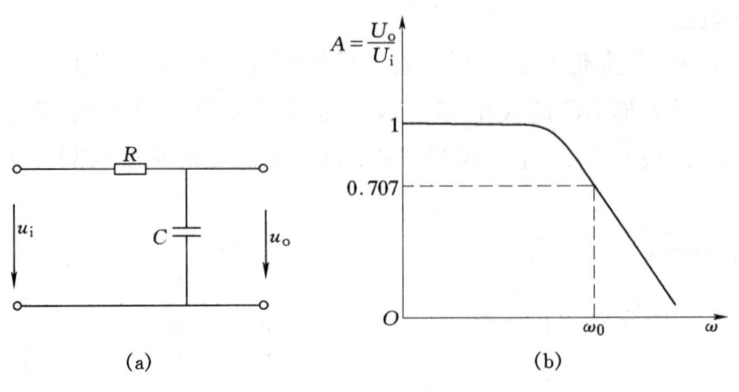

图 10-8　*RC* 无源低通滤波

(a) 电路；(b) 幅频特性

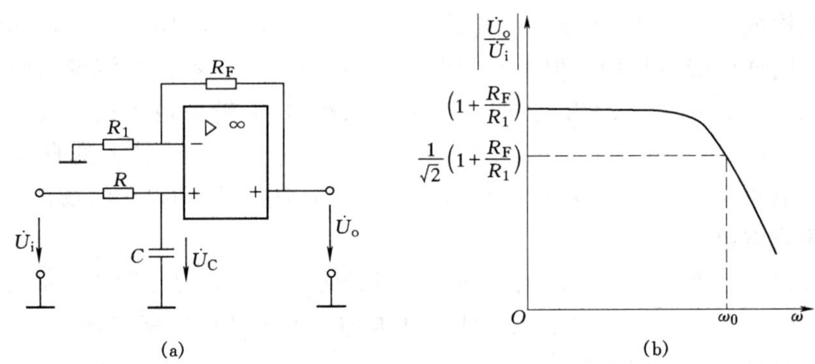

图 10-9　*RC* 有源低通滤波

(a) 电路；(b) 幅频特性

与无源滤波器相比，有源滤波器不仅有较强的带负载能力，而且对输入电压还有放大作用。另外，有源滤波器还具有体积小，效率高、频率特性好等一系列优点，因而得到广泛的应用。

如果将有源低通滤波器中 *RC* 电路的 *R* 和 *C* 对调，则成为有源高通滤波器。

第三节　稳压管稳压及串联型稳压电路

电子设备和控制装置中，需要稳定的直流电压。经整流、滤波后的输出电压，往往会随交流电源电压的波动，负载及环境温度的变化而变化。因此，还需要在整流、滤波电路之后加稳压电路，由稳压电路为负载提供稳定的直流电压。

一、稳压管稳压电路

图 10-10 所示为一种稳压管并联稳压电路，其中点划线框内的电路称作稳压环节（也就是稳压电路），它由限流电阻 *R* 和稳压管 VS 组成。交流电源经桥式整流，电容滤波后所得到的直流电压 U_i 是稳压电路的输入电压，负载 R_L 上的电压 U_o 是稳压电路的输出

电压，也是稳压管 VS 两端的电压。

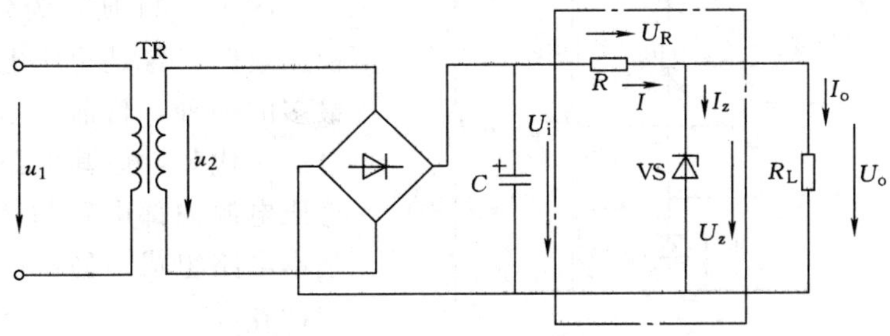

图 10-10 稳压管稳压电路

引起输出电压不稳定的原因主要是两个：一是电源电压的波动，二是负载电流的变化。稳压管稳压电路对这两种情况都有抑制作用。

当交流电源电压变化引起 U_i 升高时，起初 U_o 随着升高，由稳压管的特性曲线可知，随着 U_o（即 U_z）的上升，稳压管的电流 I_z 将显著增加，使得 R 上的电流 I 增大，因而 R 上的压降 U_R 增大。只要参数选取得适当，U_R 的增大可以基本抵消 U_i 的升高，使输出电压 U_o 基本保持不变。这种调节过程可以表达为

$$U_i \uparrow \rightarrow U_o(U_z) \uparrow \rightarrow I_z \uparrow \rightarrow I \uparrow \rightarrow U_R \uparrow \xrightarrow{\text{（因为 } U_o = U_i - U_R \text{）}} U_o \downarrow$$

反之，当 U_i 下降引起 U_o 降低时，调节过程与上相反。

当负载电流 I_o 在一定范围内变化而引起输出电压变化时，同样会由于稳压管电流 I_z 的补偿作用，使 U_o 基本保持不变。例如，I_o 增大引起 U_o 下降时，由于 U_o 下降，即 U_z 下降将引起 I_z 急剧减小，因而使 I 基本不变，U_R 基本不变，从而使 U_o 基本不变。相反，I_o 减小引起 U_o 上升时，则 I_z 急剧增大，同样使 I 和 U_R 基本不变，从而使 U_o 基本不变。

可见，在这种稳压电路中，起自动调节作用的主要是稳压管 VS，当 U_o 有较小变化时，将引起稳压管电流 I_z 的较大变化，通过限流电阻 R 起到补偿作用，使 U_o 基本不变。选择稳压管时，一般取

$$U_z = U_o$$

$$I_{zmax} = (1.5 \sim 3) I_{omax}$$

$$U_i = (2 \sim 3) U_o \tag{10-11}$$

稳压管稳压电路的优点是结构简单，成本低。缺点是受稳压管参数限制，输出电压较小，输出电压不可调，且稳定程度不高。一般用于负载电流较小且变化不大的场合。

【例 10-3】 稳压管稳压电路如图 10-10 所示，已知 U_i=45V，要求 R_L 在 3kΩ～∞ 之间变化时，U_o 等于 15V，试选择稳压管。

解 依题意，负载电流最大值为

$$I_{omax} = U_o / R_{Lmin} = 15\text{V}/3\text{k}\Omega = 5\text{mA}$$

取

$$I_{zmax} = 2.5\ I_{omax} = 2.5 \times 5\text{mA} = 12.5\text{mA}$$

$$U_z = U_o = 15\text{V}$$

查手册选 2CW61，其稳定电压 U_z=13.5～17V，稳定电流 I_z=5mA，最大稳定电流 I_{zmax}=15mA。

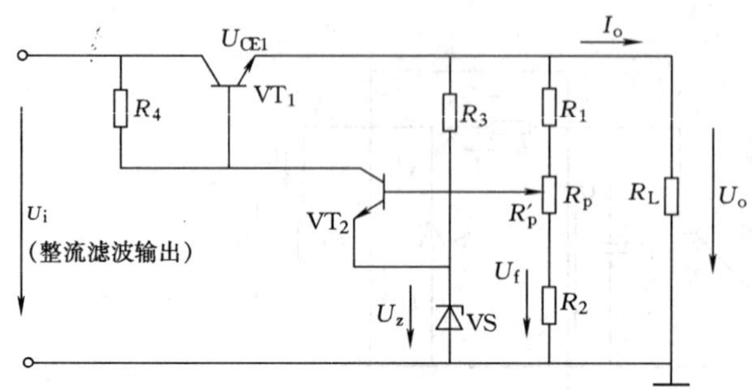

图 10-11　分立元件串联型稳压电路

二、串联型稳压电路

图 10-11 所示为分立元件串联型稳压电路，曾是稳压电源领域中使用最多的一种，目前基本上由集成稳压电源所代替，但其电路原理仍是集成稳压电源内部电路的基础。下面分析基本电路组成、稳压原理及输出电压的计算。

(1) 电路组成。整个电路由四个基本部分组成：

1) 取样电路。由分压电阻 R_1、R_p、R_2 组成。它对输出电压 U_o 进行分压，取样电压，传输给比较放大电路，即

$$U_f=(R'_p+R_2)U_o/(R_1+R_p+R_2) \tag{10-12}$$

分压电阻 R_p 用于调节输出电压 U_o 的大小。

2) 基准电压电路。由稳压管 VS 和限流电阻 R_3 组成，提供一个稳定性较高的直流电压 U_z 作为调整、比较的标准，称作基准电压。

3) 比较放大电路。由三极管 VT_2 构成，是一个共射极直流放大器。VT_2 的基射极电压 U_{BE2} 是取样电压 U_f 和基准电压 U_z 之差，即 $U_{BE2}=U_f-U_z$。

这个电压经放大后加到三极管 VT_1 的基极，以控制 VT_1 的基极电流。R_4 是 VT_2 的集电极负载电阻，同时也是 VT_1 的基极偏置电阻。

4) 电压调整电路。由工作于放大状态的功率管 VT_1 组成，它的基极电流受比较放大电路输出信号的控制，而 VT_1 的基极电流的改变，将使 VT_1 管压降 U_{CE1} 改变，从而达到调节输出电压 U_o 的目的。因此，VT_1 称作电压调整管。

(2) 稳压原理。图 10-11 所示电路，对由于输入电压 U_i 的波动和负载电流 I_o 的变化而引起的输出电压 U_o 的变化，都有较好的自动调节作用，从而使输出电压保持稳定。

假设 U_o 因输入电压波动或负载变化而变大时，则经取样电路所获得的取样电压 U_f 也增大，但基准电压 U_z 不变，所以取样放大管 VT_2 的输入电压 U_{BE1} 增大，VT_2 管基极电流 I_{B2} 增大，经放大后，VT_2 的集电极电流 I_{CZ} 也增大，因而使 VT_2 的集电极电位 U_{C2}（也是 VT_1 的基极电位 U_{B1}）下降，因此 VT_1 的基极电流 I_{B1} 减小，VT_1 的管压降 U_{CE1} 增大，从而使输出电压 U_o 基本不变。这一调节过程可以简单表示如下：

$$U_o\uparrow\rightarrow U_f\uparrow\rightarrow I_{B2}\uparrow\rightarrow I_{C2}\uparrow\rightarrow U_{C2}(U_{B1})\downarrow\rightarrow I_{B1}\downarrow\rightarrow U_{CE1}\uparrow\xrightarrow{\text{因为 } U_o=U_i-U_{CE1}}U_o\downarrow$$

同理当 U_i 和 I_o 变化引 U_o 变小时，调节过程相反，使 U_{CE1} 减小，以保持 U_o 基本不变。

(3) 输出电压 U_o 的计算，即

$$U_o=\frac{R_1+R_p+R_2}{R'_p+R_2}U_f \tag{10-13}$$

而

$$U_f=U_{B2}=U_z+U_{BE2}$$

所以 $$U_o = \frac{R_1 + R_p + R_2}{R'_p + R_2}(U_z + U_{BE2}) \tag{10-14}$$

调节 R_p 的动头位置，可使 U_o 在一定范围内变化：

R_p 动头下调，U_o 增大。当 R_p 动头调至最下端时，$R'_p=0$，U_o 最大，为

$$U_{omax} = \frac{R_1 + R_p + R_2}{R_2}(U_z + U_{BE2}) \tag{10-15}$$

R_p 动头上调，U_o 减小。当 R_p 动头调至最上端时，$R'_p=R_p$，U_o 最小，为

$$U_{omin} = \frac{R_1 + R_p + R_2}{R_p + R_2}(U_z + U_{BE2}) \tag{10-16}$$

当 $U_z \gg U_{BE2}$ 时，以上各式中的（U_z+U_{BE2}）可用 U_z 代替而作近似计算。

串联型稳压电路的比较放大电路也可采用运算放大器，如图 10-12 所示。图中带有以 VT_2、R_5、R_6、VD_1、VD_2 组成的限流保护环节，以保护调整管 VT_1 不因为过电流和过电压面损坏。其中 R_5 为检测电阻，其上电压 U_{R5} 正比于输出电流。VD_1 为发光二极管，作过载指示。

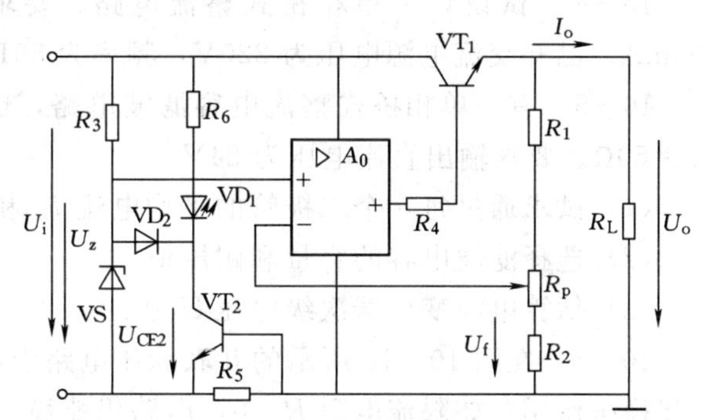

图 10-12 用运算放大器作比较放大的串联型稳压电路

保护环节的工作原理：稳压电路正常工作时，U_{R5} 较小，VT_2 截止，VD_1、VD_2 也都截止，保护环节不起作用，当稳压电路的输出电流超过某规定值时，U_{R5} 增大到足够大，使 VT_2 近于饱和导通，U_{CE2} 大大减小，使 VD_1、VD_2 导通。VD_1 导通后发出报警；VD_2 导通后使运算放大器同相输入端的基准电压下降到接近地电位，因而运算放大器输出接近地电位，调整 VT_1 截止，电路停止工作，当故障排除后，输出电流恢复正常，VT_2 截止，电路恢复正常工作。

小　　结

（1）利用半导体二极管的单向导电性可组成多种形式的整流电路。本章只介绍了应用广泛的单相桥式整流电路。主要用于小功率整流（1kW 以下），在单相桥式整流电路中，整流输出电压 u_o 的平均值 U_o 与电源变压器副边电压有效值 U_2 之间的数量关系为 $U_o=0.9U_2$，整流元件所承受的最高反向电压为 $U_{RM}=\sqrt{2}U_2$。

（2）单相桥式整流电路的整流电压脉动程度较大，为获得尽可能平直的整流电压，需在整流桥和负载之间加滤波器。滤波电路有电容滤波、电感滤波和 LC 组合的复式滤波以及有源滤波等。

（3）稳压管并联稳压电路是最简单的形式，通过选择合适的限流电阻 R 使稳压管工作在稳压区（即稳压管反向可逆击穿区）内，利用调节 R 所流过的电流保持稳定的电压输出。引入调整管后，扩大了负载的电流变化范围，组成串联型稳压电路。

习　题

10-1　在单相桥式整流电路中如有一臂断路，负载电阻上的电压和电流波形将如何？对各整流元件有无损害？如有一臂短路，情况又将怎样？

10-2　在图10-2（a）所示的单相桥式整流电路中，如果VD_1的正负极与连接导线接触不良，形成了较大的接触电阻，负载电阻R_L上的电压波形将如何？

10-3　有一单相桥式整流电路，变压器副边电压$U_2=75V$，负载电阻$R_L=100$。试计算输出整流电压平均值U_o、负载电流平均值I_o以及二极管所承受的最大反向电压。

10-4　试设计一单相桥式整流电路。要求：输出电压$U_o=20V$，输出电流$I_o=600mA$。已知交流电源电压为220V，频率为50Hz。

10-5　有一单相桥式整流电容滤波电路，已知交流电源电压为220V、50Hz，负载$R_L=50\Omega$。要求输出直流电压为24V。

（1）试求通过每一个二极管的平均电流I_D和最大反向电压U_{DRM}。

（2）选择滤波电容的容量和耐压值。

（3）估算电源变压器次级电压U_2。

10-6　在图10-10所示的并联稳压电路中，如把稳压管正、负极的接线对调，是否仍起稳压作用？如限流电阻$R=0$，电路仍能稳压吗？

10-7　图10-10所示的并联稳压电路中，要求输出电压$U_o=10V$，输出电流$I_o=0\sim10mA$。已知电网电压波动范围±10%。试估算稳压电路的输入电压U_i，并选择稳压管及限流电阻。

第十一章 逻辑代数基础

逻辑代数是分析和设计数字电路的基本数学工具，它的基本和常用运算也是数字电路要实现的重要操作。本章主要讲解数制和编码以及逻辑代数的基本概念、公式和定理，逻辑函数的公式化简法和图形化简法。

第一节 数字电路概述

一、数字电路与模拟电路的区别

数字电路和模拟电路是电子电路的两大组成部分。它们的根本区别是由信号的性质所决定的，凡是能够处理在时间和数值上连续变化的信号的电路，称为模拟电路；凡是能够处理在时间和数值上不连续变化的信号的电路，称为数字电路。由于二者的作用不同，因此分析方法、工作状态和用途都不相同，模拟电路与数字电路的比较见表 11－1。

表 11－1　　模拟电路与数字电路的比较

电路类型	信号类别	作用	工作状态	分析方法
模拟电路	在时间上和数值上连续变化的连续量	对输入模拟信号进行线性放大	线性放大状态，对电路的参数要求较高	估算法、图解法、微变等效法
数字电路	在时间上和数值上不连续变化的离散量	对数字信号实现输出和输入的逻辑关系	非线性放大状态，对电路的参数要求不高	布尔代数、卡诺图、真值表法

除了表 11－1 所列的比较内容之外，在其他方面如抗干扰能力、功耗、效率等，数字电路往往优于模拟电路。因此，数字电路的应用已经广泛进入传统使用模拟电路的领域，并且有取而代之的趋势。目前数字电路已广泛应用于数据存储、医疗器械、过程控制、计算机、数字通信以及语言和音调合成等不同领域，而且正在朝着更广泛的领域迅速扩大。

二、脉冲波形及参数

各类脉冲波形是数字电路的信号源，脉冲波形的种类很多，如尖峰波、矩形波、锯齿波、三角波、梯形波等。这些信号源一般可由两种方法获得，一是由脉冲振荡器直接产生；二是利用脉冲整形电路。把已有的波形变换成所需要的脉冲波形，即凡是能产生脉冲信号或对脉冲信号进行整形、变换以及利用脉冲信号进行控制的电路，均称脉冲电路。

在上述各种脉冲波形中，矩形波应用较多，主要用作电位控制信号，其次是尖峰波，又称微分波，主要用来改变触发器的状态以及逻辑门的开闭；再次是锯齿波，又称积分波，主要用作扫描电压。图 11－1 是矩形波的波形图，其参数如下。

脉冲幅度 U_m：脉冲电压变化的最大值。

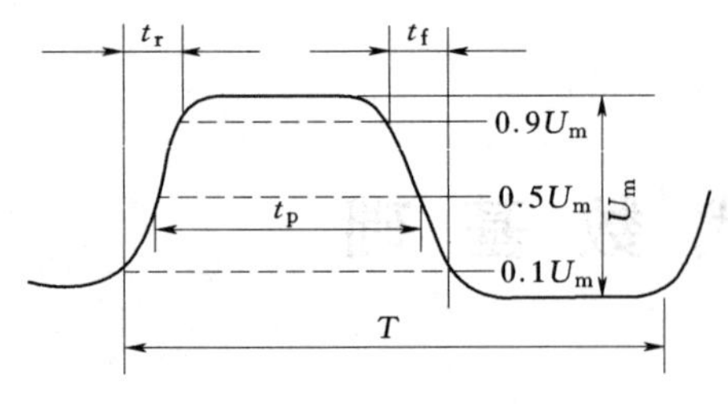

图 11-1　矩形波的主要参数

脉冲前沿 t_r：脉冲电压由 $0.1U_m$ 上升到 $0.9U_m$ 所需的时间。对正脉冲是指前沿上升时间，对负脉冲是指前沿下降时间，它的单位是 ms、μs、ns。

脉冲后沿 t_f：脉冲电压由 $0.9U_m$ 下降到 $0.1U_m$ 所需的时间，对正脉冲为后沿的下降时间，对负脉冲为后沿的上升时间。

脉冲频率 f：单位时间内的脉冲个数。

脉冲周期 T：周期性脉冲前后两次出现的时间间隔，$T=1/f$。

脉冲宽度 t_p：从脉冲前沿的 $0.5U_m$ 处到脉冲后沿的 $0.5U_m$ 处所需的时间。

第二节　数制和编码

日常生活中人们习惯使用十进制数，而在数字系统中常采用二进制、八进制和十六进制数。本节介绍各种不同的进位计数制和编码方式。

一、数制

数值计算是计算机的基本功能，数值表示法是数字系统应用的最基本问题。首先通过十进制介绍按位计数制的概念，然后介绍适用于数字系统的几种按位计数制，其中最重要的是二进制表示法。

1. 十进制

人们熟知的十进制（decimal）表示法中，用一串数码表示一个数，每个数码表示的数值由该数码所处的位置“加权”，整个数的数值就等于每个数码被加权后的数值之和，例如：

$$1734.75=1\times1000+7\times100+3\times10+4\times1+7\times0.1+5\times0.01$$

上式的左边是十进制按位计数法的书写方式，右边称为按位计数法的“按权展开式”。显然，十进制数的权按 10 的幂次变化，幂次以小数点的位置为基准，左边为正，按 0、1、2、…的顺序增加；右边为负，按 −1、−2、…的顺序变化。在十进制中，我们习惯地将小数点左边的位分别称为个位、十位、百位，小数点右边的位称为十分位、百分位，它们实际上就是各位的权值。

一般地，对于形如 $d_2d_1d_0.d_{-1}d_{-2}$ 的十进制数 D，其按权展开式为

$$D=d_2\times10^2+d_1\times10^1+d_0\times10^0+d_{-1}\times10^{-1}+d_{-2}\times10^{-2}$$

十进制的进制数“10”称为该进制的基数，所以十进制数中第 i 位的权为 10^i。一个有着 n 位整数、m 位小数的十进制数可以表示为

$$D_{10}=\sum_{i=-m}^{n-1}d_i\times10^i \tag{11-1}$$

其中 d_i 是第 i 位数码，可以取 0、1、2、…、9 中的任何一个值。至此，可以将十进制按照按位计数法归纳如下：

（1）基数是 10，使用 0、1、2、3、4、5、6、7、8、9 共 10 个数码。

(2) 第 i 位的权是 10^i。

(3) 计数时逢 10 进 1。

2. 二进制

套用十进制表示法中归纳的按位计数法有关概念，二进制（binary）表示法应该具有以下特性：

(1) 基数是 2，只使用 0、1 两个数码。

(2) 第 i 位的权是 2^i。

(3) 计数时逢 2 进 1。

二进制数可以通过按权展开的方法转换为相应的十进制数形式，其表达式：

$$D_2 = \sum_{i=-m}^{n-1} d_{\mathrm{i}} \times 2^i \qquad (11-2)$$

【例 11-1】 分别将二进制数 $(10011)_2$ 和 $(101.101)_2$ 转换为十进制数。

解 $(10011)_2 = 1\times2^4 + 0\times2^3 + 0\times2^2 + 1\times2^1 + 1\times2^0 = (19)_{10}$

$(101.101)_2 = 1\times2^2 + 0\times2^1 + 1\times2^0 + 1\times2^{-1} + 0\times2^{-2} + 1\times2^{-3} = (5.625)_{10}$

二进制数只有两个数码 0 和 1，与数字系统中只有高、低两种电平的数字信号格式相对应，是一种适用于硬件的数值表示法，这也是学习二进制表示法的原因。然而，由于基数太小，二进制数并不适合人们直接使用。为了便于人们读写，在数字系统中也经常使用和二进制数具有简单对应关系的十六进制表示法。

3. 十六进制

十六进制（hexadecimal）表示法具有以下特性：

(1) 基数是 16，使用 0、1、2、3、4、5、6、7、8、9、A、B、C、D、E、F 共 16 个数码，其中数码 A、B、C、D、E、F 分别表示十进制数值 10、11、12、13、14、15。

(2) 第 i 位的权是 16^i。

(3) 计数时逢 16 进 1。

1 位十六进制数和 4 位二进制数之间有着一一对应的关系，见表 11-2。

表 11-2　　1 位十六进制数和 4 位二进制数对照表

D_{16}	D_2	D_{16}	D_2	D_{16}	D_2	D_{16}	D_2
0	0000	4	0100	8	1000	C	1100
1	0001	5	0101	9	1001	D	1101
2	0010	6	0110	A	1010	E	1110
3	0011	7	0111	B	1011	F	1111

【例 11-2】 完成下列二进制数和十六进制数的转换。

解 $(100011001110)_2 = (1000\ 1100\ 1110)_2 = (8CE)_{16}$

$(1110110111.0101001)_2 = (0011\ 1011\ 0111.0101\ 0010)_2 = (3B7.52)_{16}$

$(3AB.C8)_{16} = (0011\ 1010\ 1011.1100\ 1000)_2 = (1110101011.11001)_2$

4. 十进制数转换为二进制数

十进制整数转换为二进制数时，其方法是：把十进制数的整数部分连续除以 2 取余数作为二进制数整数，小数部分连续乘以 2 取整数作为二进制小数。

【例 11－3】 将十进制数 18.625 转换为二进制数。

解

$$\begin{array}{r|l} 2 & 18 \\ 2 & 9 \quad 余\ 0=a_0 \\ 2 & 4 \quad 余\ 1=a_1 \\ 2 & 2 \quad 余\ 0=a_2 \\ 2 & 1 \quad 余\ 0=a_3 \\ & 0 \quad 余\ 1=a_4 \end{array} \qquad \begin{array}{r l} 0.625 & \\ \times\quad 2 & \\ \hline 1.250 & a_{-1}=1 \\ 0.250 & \\ \times\quad 2 & \\ \hline 0.500 & a_{-2}=0 \\ 0.500 & \\ \times\quad 2 & a_{-3}=1 \\ \hline 1.000 & \end{array}$$

则 $(18.625)_{10}=(10010.101)_2$

二、编码

用二进制数表示文字、符号等信息的过程叫做编码。在数字电路中，由于二进制数用电路实现起来比较容易，所以在编码中广泛使用的是二进制数。

1. 二—十进制编码（BCD 码）

十进制数是由十个数码 0～9 组成，可用四位二进制（16 种取值组合）中的 10 种取值组合来表示这十个数码，称为二—十进制编码，也叫 BCD 码。这种编码使用最多的是 8421BCD 码，见表 11－3。8421BCD 码是有权码，其各位的位权便依次（从最高位开始至最低位）是 8、4、2、1，而且每个代码的十进制数值，恰好就是它所表示的十进制数的数字。

表 11－3　　8421BCD 码

十进制数	8421BCD 码	十进制数	8421BCD 码
0	0000	5	0101
1	0001	6	0110
2	0010	7	0111
3	0011	8	1000
4	0100	9	1001

8421BCD 码和对应十进制数的相互转换十分方便，只要按照编码表逐字符转换即可，例如：

$$(179.8)_{10}=(000101111001.1000)_{8421BCD}$$

注意：BCD 码中的每个码字和十进制数中的每个字符是一一对应的，一个 BCD 码表达式中整数部分高位的 0 和小数部分低位的 0 都是不可省略的。

2. 格雷码

格雷码又叫循环码，是一种无权码。3 位循环码如表 11－4 所示。从表中可以看出，相邻两组代码间只有 1 位取值不同，而其他位均相同。循环码的这种特性使之在提高计数器工作可靠性以及提高通信抗干扰能力方面都起着重要作用。

表 11-4 3 位 循 环 码

十进制数	格雷码	十进制数	格雷码
0	000	4	110
1	001	5	111
2	011	6	101
3	010	7	100

第三节 逻 辑 代 数

逻辑代数又称为布尔代数，是英国数学家乔治·布尔（George Boole）于 1847 年提出，用于研究逻辑变量和逻辑运算的代数系统。逻辑代数与普通代数有着不同的概念，逻辑代数研究的不是数量大小的关系，而是逻辑关系。逻辑代数是数字系统分析和设计的基本数学工具。

一、逻辑变量和逻辑函数

数字电路是研究输入输出之间的逻辑关系，这种逻辑关系可用逻辑函数表达式 $F=f(A, B)$ 表示。通常称 F 是 A、B 的逻辑函数，A 和 B 是自变量。逻辑代数中的变量只有两种可能的取值：0、1，而逻辑函数的取值特征和自变量相同，也只能取 0 和 1 两种值。这两个取值称为逻辑值，通常用来表示数字电路中某条信号线上的电平。当用 0 表示低电平，用 1 表示高电平时，称为正逻辑表示法；若用 0 表示高电平，用 1 表示低电平，则称为负逻辑表示法。本书采用正逻辑表示法。由此可以看出，逻辑值不同于前面介绍的二进制数的数值，逻辑值 0 和 1 没有大小之分，只表示两种相对的状态。逻辑值可以用来表示开关的开和关、指示灯的亮和灭、命题的真与假这类只有两种取值的事件。

二、基本的逻辑运算

逻辑代数定义了三种基本的逻辑运算：与运算、或运算和非运算。

1. 与运算（AND）

“所有前提都为真，结论才为真”的逻辑关系称为与逻辑。图 11-2 是与逻辑的电路示意图，只有当开关 A、B 都闭合时，灯 F 才亮。电路中开关和灯的控制与被控制关系，可以抽象表示为自变量和函数关系。定义逻辑变量 A 和 B，分别用来表示开关 A 和 B，当开关打开时，相应的逻辑变量取值为 0，否则为 1。又定义逻辑变量 F 表示灯，当灯灭时，$F=0$，否则 $F=1$。F 是 A 和 B 的函数。

逻辑代数中将符合图 11-2 的函数关系定义为与运算，又叫逻辑乘，其表达式为：

$$F=A\cdot B=AB \tag{11-3}$$

式中与运算符号“·”，在函数表达式中可以省略。由于每个自变量都只有 0、1 两种可能的取值，可以将自变量的各种取值和相应的函数值用表格表示，称为逻辑函数的真值表表示法。与运算对应的真值表如表 11-5 所示。由真值表可以看出，与运算的运算规则是：$0\cdot 0=0$，$0\cdot 1=0$，$1\cdot 0=0$，$1\cdot 1=1$。

实现与运算的逻辑电路称为与门，一个 2 输入与门的逻辑符号如图 11-3 所示。

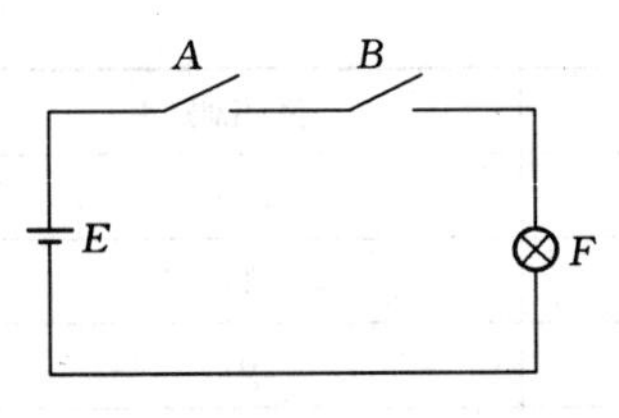

图 11-2　与逻辑电路

表 11-5　与运算真值表

A	B	F
0	0	0
0	1	0
1	0	0
1	1	1

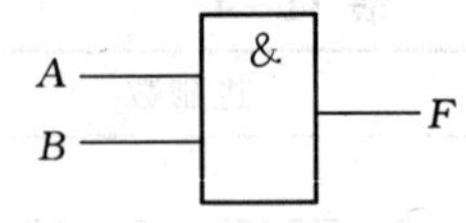

图 11-3　与门符号

2. 或运算（OR）

"只要有一个前提为真，结论就为真"的逻辑关系称为或逻辑。图 11-4 是或逻辑的电路示意图，只要开关 A 或 B 闭合，灯 F 就亮。逻辑代数中将或逻辑定义为或运算，又叫逻辑加，运算符号为"+"，其表达式为：

$$F=A+B \tag{11-4}$$

或运算对应的真值表如表 11-6 所示。由真值表可以看出，或运算的运算规则是 0+0=0，0+1=1，1+0=1，1+1=1。

实现或运算的逻辑电路称为或门，一个 2 输入或门的逻辑符号如图 11-5 所示。

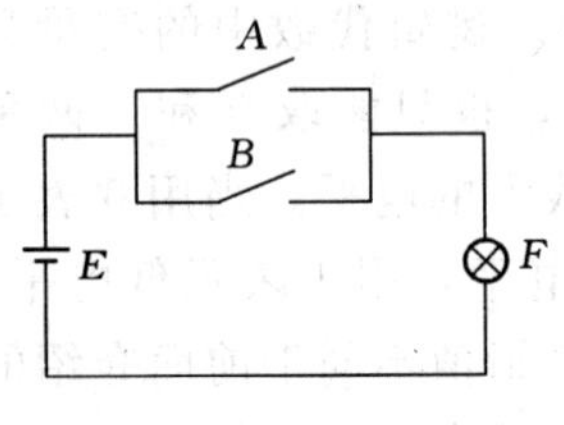

图 11-4　或逻辑电路例

表 11-6　或运算真值表

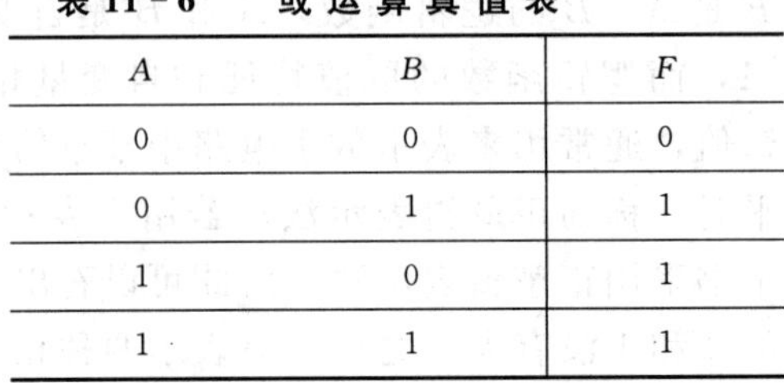

A	B	F
0	0	0
0	1	1
1	0	1
1	1	1

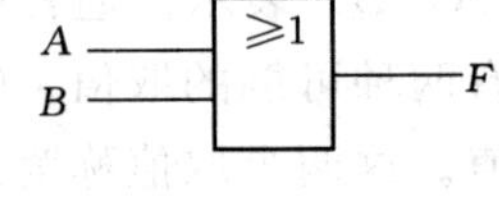

图 11-5　或门符号

3. 非运算（NOT）

"非"就是否定。图 11-6 是非逻辑的电路示意图，开关 A 闭合，灯 F 就灭；开关 A 打开，灯 F 就亮。逻辑代数中将非逻辑定义为非运算，又叫逻辑反，其表达式为

$$F=\overline{A} \tag{11-5}$$

$\overline{A}$ 读作"A 非"，或"A 反"。非运算的真值表如表 11-7 所示，其运算规则为：$\overline{0}=1$，$\overline{1}=0$。

实现非运算的逻辑电路称为非门，其逻辑符号如图 11-7 所示。

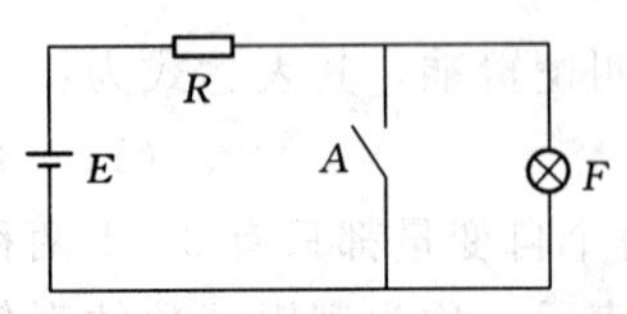

图 11-6　非逻辑电路

表 11-7　非运算真值表

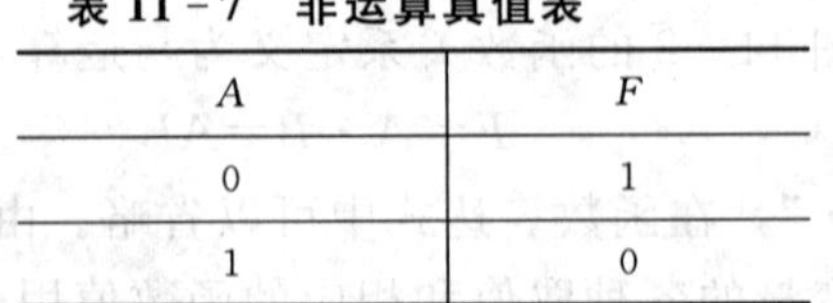
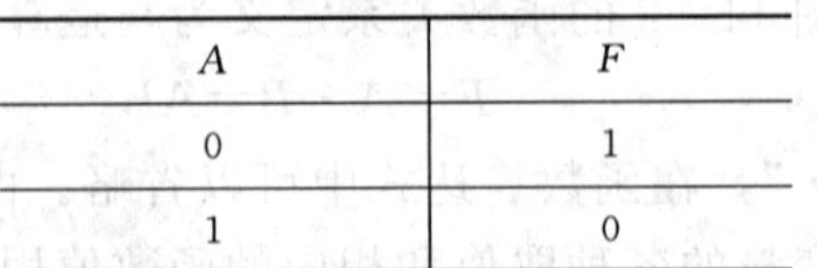

A	F
0	1
1	0

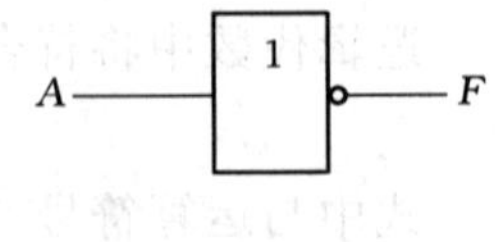

图 11-7　非门符号

三种基本逻辑运算的运算次序由高到低为：非运算、与运算、或运算。例如，在函数 $F=A+\overline{B}C$ 中，首先计算 $\overline{B}$，然后进行与运算求出 $\overline{B}C$，最后用或运算求出 F。若需要更

改运算次序，可以通过加括号实现。例如，函数 $G=(A+\overline{B})C$ 中，计算次序为非运算、或运算、与运算。

三、复合逻辑运算与常用逻辑门

复合逻辑运算是由与、或、非这三种基本逻辑运算组合而成的，经常用到的有与非、或非、与或非、异或和同或等复合逻辑运算。表 11-8 给出了这些逻辑运算的表达式、真值表、逻辑门符号及运算特征。表中每种逻辑门的三种符号从上到下依次为国标符号、美标符号和原部标符号，其中与或非门没有相应的美标符号。

表 11-8　　复合逻辑运算与常用逻辑门

运算名称	逻辑表达式	真值表	逻辑门符号	运算特征
与非	$F=\overline{A\cdot B}$	AB F: 00 1; 01 1; 10 1; 11 0	A, B → & → F; A, B → F; A, B → F	输入全为 1 时，输出 $F=0$
或非	$F=\overline{A+B}$	AB F: 00 1; 01 0; 10 0; 11 0	A, B → ≥1 → F; A, B → F; A, B → + → F	输入全为 0 时，输出 $F=1$
与或非	$F=\overline{AB+CD}$	AB CD F: 0 0 1; 0 1 0; 1 0 0; 1 1 0	A, B, C, D → & ≥1 → F; A, B, C, D → + → F	与项全为 0 时，输出 $F=1$
异或	$F=A\oplus B=\overline{A}B+A\overline{B}$	AB F: 00 0; 01 1; 10 1; 11 0	A, B → =1 → F; A, B → F; A, B → ⊕ → F	输入奇数个 1 时，输出 $F=1$
同或（异或非）	$F=A\odot B=\overline{A\oplus B}=AB+\overline{A}\overline{B}$	AB F: 00 1; 01 0; 10 0; 11 1	A, B → =1 → F; A, B → F; A, B → ⊙ → F	输入偶数个 0 时，输出 $F=1$

在各种逻辑运算中，除了非运算是单变量运算符，其他运算都是多变量运算符，多变量的与运算、或运算、与非运算、或非运算都很容易理解。而异或运算是一种对参与运算的1的个数的奇偶性敏感的运算。多变量做异或运算时，若参与运算的变量中有奇数个取值为1，则结果为1，否则结果为0。同或运算对参与运算的0的个数的奇偶性敏感，多变量做同或运算时，若其中有偶数个0，则运算结果为1，否则为0。

四、公式和定理

1. 基本公式和定理

定理1　交换律

$$A \cdot B = B \cdot A \quad A + B = B + A$$

定理2　结合律

$$A \cdot (B \cdot C) = (A \cdot B) \cdot C \quad A + (B + C) = (A + B) + C$$

定理3　分配律

$$A \cdot (B + C) = A \cdot B + A \cdot C \quad A + B \cdot C = (A + B) \cdot (A + C)$$

定理4　0-1律

$$A \cdot 0 = 0 \quad A + 1 = 1$$

定理5　自等律

$$A \cdot 1 = A \quad A + 0 = A$$

定理6　重叠律

$$A \cdot A = A \quad A + A = A$$

定理7　互补律

$$A \cdot \overline{A} = 0 \quad A + \overline{A} = 1$$

定理8　吸收律

$$A + A \cdot B = A$$

定理9　反演律

$$\overline{A \cdot B} = \overline{A} + \overline{B} \quad \overline{A + B} = \overline{A} \cdot \overline{B}$$

定理10　还原律

$$\overline{A} = A$$

上述的公式和定理都可以借助于真值表、逻辑图等工具来加以证明。

【例11-4】 利用逻辑真值表证明反演律，见表11-9。

表11-9　　**反演律证明**

A	B	$\overline{AB}$	$\overline{A}$	$\overline{B}$	$\overline{A}+\overline{B}$
0	0	1	1	1	1
0	1	1	1	0	1
1	0	1	0	1	1
1	1	0	0	0	0

从真值表可看到等式两边的逻辑值对应相等，说明该公式成立。

【例11-5】 证明吸收律 $A + AB = A$

证明 $A+AB=A(1+B)=A\cdot 1=A$

【例 11-6】 证明分配律 $A+B\cdot C=(A+B)\cdot(A+C)$

证明 $(A+B)\cdot(A+C)=AA+AB+AC+BC=A+AB+AC+BC$

$$=A(1+B+C)+BC=A+BC$$

【例 11-7】 试证明公式 $A+\overline{A}\cdot B=A+B$

证明 利用上面证明的分配律很容易就证明。

$$A+\overline{A}\cdot B=(A+\overline{A})\cdot(A+B)=A+B$$

【例 11-8】 试证明公式 $AB+A\overline{B}=A$

证明 $AB+A\overline{B}=A\ (B+\overline{B})\ =A$

上述各公式和定理，主要用来化简逻辑表达式，使之成为最简表达式，这样可以节省大量的元件。

【例 11-9】 运用摩根定理解$\overline{A+\overline{B}+C+\overline{D}}$

解 $\overline{A+\overline{B}+C+\overline{D}}=\overline{A}\cdot\overline{\overline{B}}\cdot\overline{C}\cdot\overline{\overline{D}}=\overline{A}\cdot B\cdot\overline{C}\cdot D$

【例 11-10】 化简 $F=A\cdot B\cdot(C+\overline{A}\cdot\overline{C})$

解 $F=A\cdot B\cdot(C+\overline{A}\cdot\overline{C})=A\cdot B\cdot C+A\cdot B\cdot\overline{A}\cdot\overline{C}=A\cdot B\cdot C$

2. 代入规则

对于任何逻辑等式，以任意一个逻辑变量或逻辑函数同时取代等式两边的某个变量后，等式仍然成立。

利用代入规则可以方便地将各种逻辑公式和定理推广到多变量。

【例 11-11】 用代入规则将反演律公式$\overline{A+B}=\overline{A}\cdot\overline{B}$推广到三变量的形式。

解 用 $(B+C)$ 取代等式中的变量 B，由代入规则，有

$\overline{A+(B+C)}=\overline{A}\cdot\overline{(B+C)}$，对等式右边的$\overline{B+C}$运用反演律，可得

$\overline{A+B+C}=\overline{A}\cdot\overline{B}\cdot\overline{C}$，显然，这就是反演律的三变量形式。

第四节　逻辑函数的化简方法

一般来说，如果逻辑函数表达式很简单，那么逻辑电路也比较简单，所用的元件也较少，因而既节约了元件又可以提高电路的可靠性。通常，从逻辑命题抽象出来的逻辑函数不一定是最简的，因此要求对逻辑函数进行化简，找到最简表达式。

与或表达式是最常用的一种逻辑表达式，最简与或表达式的标准：式中乘积项（与项）的个数最少；每个与项中的变量个数也最少。常用的与或表达式的化简方法有：公式化简法和卡诺图化简法。

一、逻辑函数的公式化简法

公式化简法，就是在与或表达式的基础上，利用公式和定理，消去表达式中多余的乘积项和每个乘积项中多余的变量，求出函数的最简与或式。经常使用到的方法可以归纳如下：

(1) 并项法。$AB+A\overline{B}=A$

【例 11-12】 化简函数 $Y=ABC+AB\overline{C}+\overline{A}B$

解 $Y=ABC+AB\overline{C}+\overline{A}B=AB+\overline{A}B=B$

（2）吸收法。$A+AB=A$

【例 11－13】 化简函数 $Y=\overline{AB}+\overline{A}D+\overline{B}E$

解 $Y=\overline{AB}+\overline{A}D+\overline{B}E=\overline{A}+\overline{B}+\overline{A}D+\overline{B}E=\overline{A}+\overline{B}$

（3）消去法。$A+\overline{A}B=A+B$

【例 11－14】 化简函数 $Y=\overline{AB}+AC+BD$

解 $Y=\overline{AB}+AC+BD=\overline{A}+\overline{B}+AC+BD=\overline{A}+\overline{B}+C+D$

（4）配项法。为了达到化简目的，有时给某个与项乘以 $(A+\overline{A})$，把一项变为两项再与其他项合并进行化简。

【例 11－15】 证明等式 $AB+\overline{A}C+BC=AB+\overline{A}C$

解 $AB+\overline{A}C+BC=AB+\overline{A}C+(A+\overline{A})BC=AB+\overline{A}C+ABC+\overline{A}BC=AB+\overline{A}C$

二、逻辑函数的卡诺图化简法

用卡诺图化简逻辑函数是一种简便直观、容易掌握、行之有效的方法，在数字逻辑电路的设计中得到广泛的应用。

1. 标准与或式与最小项

$$Y=F(A,B,C)=\overline{A}\,\overline{B}\,\overline{C}+\overline{A}\,\overline{B}C+\overline{A}B\overline{C}+ABC \tag{11-6}$$

式（11－6）给出的就是具有 3 变量逻辑函数 Y 的标准与或表达式。在标准与或表达式中，每一个乘积项都具有标准形式。而且，人们常把这种标准形式的乘积项叫做最小项。

3 个变量可以构成 8 个标准形式的乘积项：

$\overline{A}\,\overline{B}\,\overline{C}$、$\overline{A}\,\overline{B}C$、$\overline{A}B\overline{C}$、$\overline{A}BC$、$A\overline{B}\,\overline{C}$、$A\overline{B}C$、$AB\overline{C}$、$ABC$。

这 8 个乘积项共同的特点是：

（1）每个乘积项都有三个因子。

（2）每一个变量都以原变量或者反变量的形式，作为一个变量在乘积项中出现且仅出现一次。这样的乘积项就叫做最小项。

同样，1 个变量 A 有两个最小项：$\overline{A}$、A。

2 个变量 A、B 有 4 个最小项：$\overline{A}\,\overline{B}$、$\overline{A}B$、$A\overline{B}$、$AB$。

最小项是组成逻辑函数的基本单元，任何逻辑函数都可以表示成为最小项之和的形式——标准与或表达式。

【例 11－16】 写出函数 $Y=AB+BC+AC$ 的标准与或表达式。

解 $Y=AB+BC+AC=AB(\overline{C}+C)+BC(\overline{A}+A)+AC(\overline{B}+B)$

$=AB\overline{C}+ABC+\overline{A}BC+ABC+A\overline{B}C+ABC=\overline{A}BC+A\overline{B}C+AB\overline{C}+ABC$

逻辑函数的标准与或表达式是唯一的，也就是说，一个逻辑函数只有一个最小项之和的表达式。

为了叙述和书写的方便，通常都要对最小项进行编号。编号的方法是：把与最小项对应的变量取值当成二进制数，与之相应的十进制数，就是最小项的编号。

例如，$Y=\overline{A}\,\overline{B}C+\overline{A}B\overline{C}+A\overline{B}C+ABC=m_1+m_2+m_5+m_7=\sum(1,2,5,7)$

2. 卡诺图画法

卡诺图中将 n 个变量分成行变量和列变量两组，行变量和列变量的取值，决定了小方格的编号，也即最小项的编号。行、列变量的取值顺序一定要按格雷码排列。图 11－8 分别列出了二变量、三变量和四变量的卡诺图。

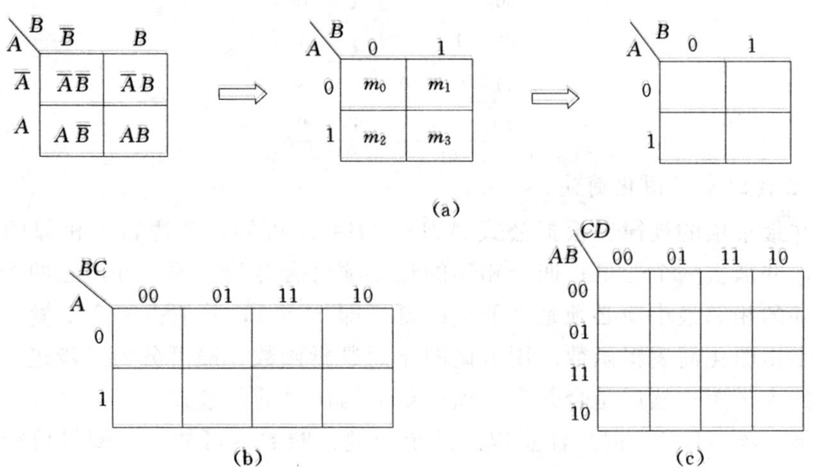

图 11－8　二、三、四变量的卡诺图

(a) 二变量卡诺图；(b) 三变量卡诺图；(c) 四变量卡诺图

卡诺图的特点是形象地表达了各个最小项之间在逻辑上的相邻性。图中任何几何位置相邻的最小项，在逻辑上也是相邻的。

卡诺图的主要缺点是随着变量数目的增加，图形迅速复杂化，当逻辑变量在五个以上时，很少使用卡诺图。

3. 逻辑函数卡诺图

逻辑函数的卡诺图可根据真值表或标准与或式画卡诺图，也可根据一般逻辑表达式画卡诺图。若已知的是一般的逻辑函数表达式，则首先将函数表达式变换成与或表达式，然后利用直接观察法填卡诺图。观察法的原理是：在逻辑函数与或表达式中，凡是乘积项，只要有一个变量因子为 0 时，该乘积项为 0；只有乘积项所有因子都为 1 时，该乘积项为 1。如果乘积项没有包含全部变量，无论所缺变量为 1 或者为 0，只要乘积项现有变量满足乘积项为 1 的条件，该乘积项即为 1。

【例 11－17】　画出逻辑函数 $Y=\overline{(A+D)(B+\overline{C})}$

解　逻辑函数可写成 $Y=\overline{A}\,\overline{D}+\overline{B}C$，则卡诺图为：

AB \ CD	00	01	11	10
00	1	0	1	1
01	1	0	0	1
11	0	0	0	0
10	0	0	1	1

【例 11－18】 画出逻辑函数 $Y(A,B,C,D)=\sum m(1,3,4,6,7,9,11,14,15)$

解 卡诺图为：

AB \ CD	00	01	11	10
00	0	1	1	0
01	1	0	1	1
11	0	0	1	1
10	0	1	1	0

4. 逻辑函数的卡诺图化简法

(1) 合并最小项的规律。根据公式 $A\overline{B}+AB=A$ 可知，两逻辑上相邻的最小项可以合并成一项，并消去一个变量；四个相邻的最小项可合并为一项，并消去两个变量。卡诺图上能够合并的相邻最小项必须是 2 的整次幂（即 2^n 个），并消去 n 个变量。

(2) 用卡诺图化简逻辑函数。用卡诺图化简逻辑函数一般可分为三步进行：首先是画出逻辑函数的卡诺图；然后是合并最小项；最后写出最简与或式。

在合并最小项（圈 1）时应注意以下几个问题：圈数尽可能少；圈尽可能大；卡诺图中所有“1”都要被圈，且每个“1”可以多次被圈，但每个圈中至少要有一个“1”只圈 1 次。注意：一个函数的最简与或表达式不是唯一的。

例如：

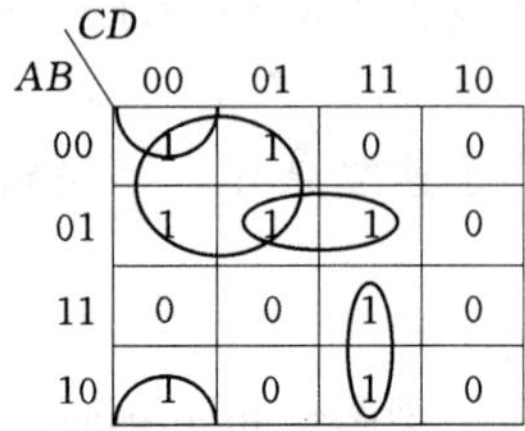

$Y=\overline{A}\,\overline{C}+\overline{B}\,\overline{C}\,\overline{D}+\overline{A}BD+ACD$

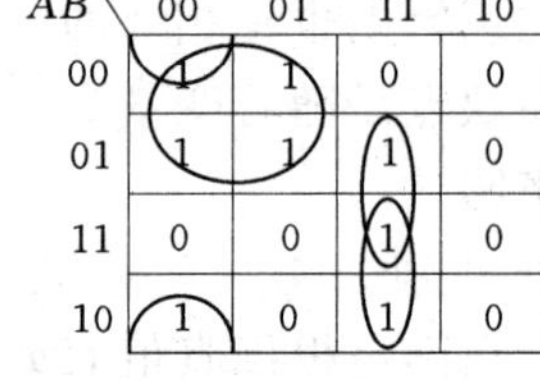

$Y=\overline{A}\,\overline{C}+\overline{B}\,\overline{C}\,\overline{D}+BCD+ACD$

从上面卡诺图化简结果可以看出，两个表达式都符合最简与或式的标准，因此都对。

【例 11－19】 化简下面函数 $Y=\overline{A}\,\overline{B}\,\overline{C}+\overline{A}\,\overline{B}C\,\overline{D}+\overline{A}B\,\overline{C}D+\overline{A}\,C\,\overline{D}+\overline{A}BCD+ABC$

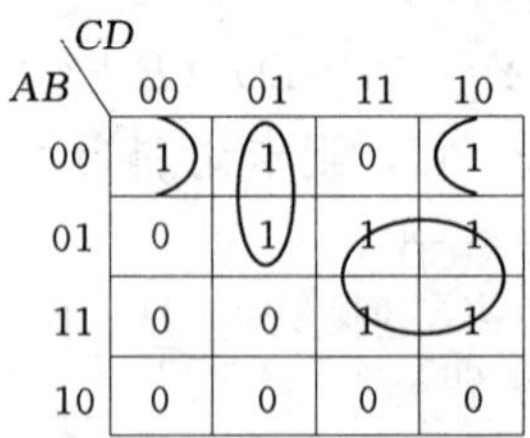

$Y=\overline{A}\,\overline{C}D+\overline{A}\,\overline{B}\,\overline{D}+BC$

小　结

本章主要介绍了逻辑代数的基本公式和定理以及逻辑函数的化简方法。

(1) 与、或、非是三种基本逻辑运算，与非、或非、与或非、异或则是四种常用复合逻辑运算。

(2) 逻辑代数的公式和定理是推演、变换和化简逻辑函数的依据，有些与普通代数相同，有些则完全不一样，例如摩根定理、同一律、还原律等，要特别注意记住这些特殊的公式、定理。

(3) 逻辑函数的公式化简法和卡诺图化简法，是应该熟练掌握的内容。

习　题

11-1　在数字电路中为什么要采用二进制？写出二进制加权系数之和的展开式。

11-2　在逻辑代数中，三种最基本的逻辑运算是什么？

11-3　将下列二进制数变换为十进制数：110101；101010；1001101

11-4　将下列十进制数变换为二进制数：14；25；46

11-5　利用公式法化简下列各式：

(1) $F=A\overline{B}C+A\overline{BC}$

(2) $F=A\overline{B}+\overline{A\overline{B}C}$

(3) $F=A(BC+\overline{B}\overline{C})+A(\overline{B}C+B\overline{C})$

(4) $F=AB+BC+\overline{B}C+A\overline{B}$

(5) $F=A+\overline{A}C+BC+\overline{A}B\overline{C}$

(6) $F=(A+A\overline{B}+A\overline{B}\overline{C})\cdot(A+B+C)$

(7) $F=(AB+A\overline{B}+\overline{A}B)\cdot(\overline{\overline{A}+B}+A\overline{B})$

11-6　用卡诺图化简下列逻辑函数表达式：

(1) $F=AC+\overline{B}\overline{C}+B\overline{C}$

(2) $F=A\overline{B}+BC+A\overline{B}C+\overline{A}\overline{B}C\overline{D}$

(3) $F=\overline{A}\overline{B}C+AD+B\overline{D}+C\overline{D}+A\overline{C}+\overline{A}\overline{D}$

第十二章　门电路和组合逻辑电路

数字电路按逻辑功能可分为组合逻辑电路和时序逻辑电路两大类。门电路是组合电路的基本单元。本章主要讨论分立元件门电路，TTL集成门电路和CMOS集成门电路；各种组合逻辑电路及它们的分析、设计方法。

第一节　基本门电路

门电路是实现各种逻辑运算的电子线路，所以门电路又称为逻辑电路。

基本门电路包括与门、或门、非门三种，可由二极管、三极管和电阻组成，也可采用集成电路。

在逻辑电路中，输入、输出信号通常用高电平和低电平来描述，本章用1表示高电平，用0表示低电平，即采用正逻辑表示。至于高低电平的数值，则随数字电路中元件的类型不同而异。

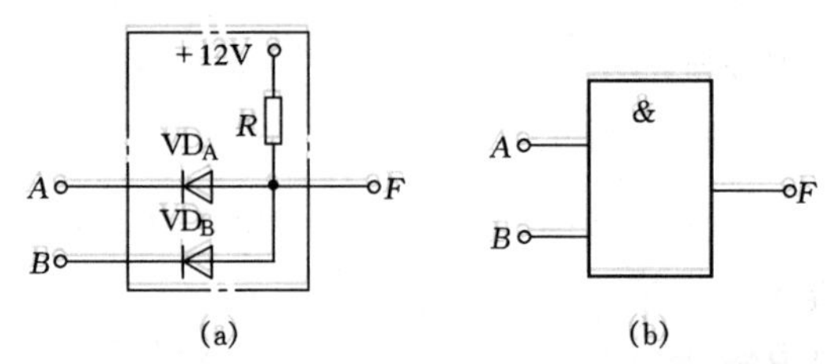

图12-1　二极管与门电路和逻辑符号

一、与门电路

与门电路是一种多输入单输出实现与逻辑关系的电路。所谓与逻辑是指某一事件发生的诸条件全部满足时，事件才能发生的因果关系。例如用两个串联的开关与电灯相连，接通电源后，只有当两个开关全部闭合时，灯才亮。只有一个开关闭合，灯不亮，这样两个开关控制电灯亮灭的因果关系，就是与逻辑。用二极管组成的与门电路如图12-1（a）所示，由二极管 VD_A、VD_B 和电阻 R、+12V电源构成。图12-1（a）中 A、B 是与门电路的输入端，F 是输出端。图12-1（b）是与门的逻辑符号，逻辑符号中输入端的数目均按实有个数画出。

下面分析图12-1（a）二极管与门电路的逻辑功能。为分析方便，设输入低电平为0V，输入高电平为3V，分析时略去二极管的正向压降。

1. 输入端 A、B 均为低电平0

这时 $U_A=U_B=0V$，二极管 VD_A、VD_B 都因正向偏置而导通，$U_F=U_A=U_B=0V$，输出端 F 为低电平0。

2. 输入端 A 为低电平0，B 为高电平1

这时 $U_A=0V$，$U_B=3V$，因 A 点电位低于 B 点，二极管 VD_A 优先导通，使 $U_F=0V$，故二极管 VD_B 处于反向偏置而截止，输出端 F 为低电平0。

3. 输入端 A 为高电平 1，B 为低电平 0

这时 $U_A=3V$，$U_B=0V$，VD_B 优先导通，VD_A 截止，输出端 F 也为低电平 0。

4. 输入端 A、B 均为高电平 1

这时 $U_A=U_B=3V$，VD_A、VD_B 都因正向偏置而导通，$U_F=U_A=U_B=3V$，输出端 F 为高电平 1。

由上面的分析可知，只有全部输入为高电平 1 时，输出才是高电平 1，否则输出均为低电平 0。即有 0 出 0，全 1 出 1，满足与逻辑关系。二极管与门电路输出函数 F 与输入变量 A、B 之间逻辑关系的真值表见表 12－1。

其逻辑函数表达式为

$$F=A\cdot B$$

读作 F 等于 A 与 B。

表 12－1　　与门的逻辑真值表

输入		输出
A	B	F
0	0	0
0	1	0
1	0	0
1	1	1

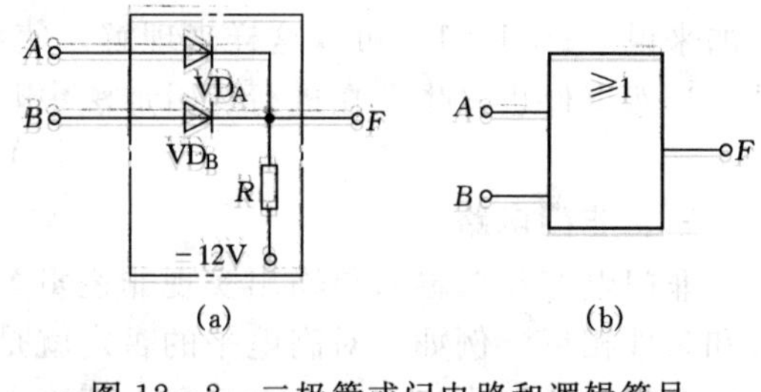

图 12－2　二极管或门电路和逻辑符号

二、或门电路

或门电路是实现或逻辑关系的门电路。所谓或逻辑是指某一事件发生的几个条件中，只要满足任意一个或一个以上条件时，事件就会发生，这样的因果关系叫做或逻辑关系。例如，用两个并联的开关去控制一个电灯的亮灭，接通电源后，只要其中任意一个开关合上，灯就亮。这两个开关的合、断与灯亮灭的因果关系就是或逻辑。

用二极管组成的或门电路如图 12－2 (a) 所示，A、B 是输入端，F 是输出端。将图 12－2 (a) 与图 12－1 (a) 相对照就可看出，两个电路中的二极管 VD_A、VD_B 极性的连接正好相反，所用电源的极性也相反。图 12－2 (b) 是或门的逻辑符号。如果输入端不是两个，则逻辑符号中输入端的数目按实有个数画出。

下面分析或门电路的逻辑功能。分析时仍然假定输入高电平为 3V，输入低电平为 0V，并略去二极管的正向电压降。

1. 输入端 A、B 均为低电平 0

这时二极管 VD_A、VD_B 均因正向偏置而导通，$U_F=U_A=U_B=0V$，输出端 F 为低电平 0。

2. 输入端 A 为低电平 0，B 为高电平 1

这时 VD_B 优先导通，$U_F=U_B=3V$，VD_A 处于反向偏置而截止，输出端 F 为高电平 1。

3. 输入端 A 为高电平 1，B 为低电平 0

这时 VD_A 优先导通，VD_B 截止，输出端 F 也为高电平 1。

4. 输入端 A、B 均为高低电平 1

这时二极管 VD_A、VD_B 均导通，$U_F=U_A=U_B=3V$，输出端 F 为高电平 1。

由以上分析可知，只要输入端 A、B 中有一个为高电平 1，输出端即为高电平 1，只有当输入端均为低电平时，输出端 F 才为低电平。即有 1 出 1，全 0 出 0，满足或逻辑关系。把上面的分析结果列成表格就得到或门电路的逻辑真值表，见表 12-2。

表 12-2　或门的逻辑真值表

输入		输出
A	B	F
0	0	0
0	1	1
1	0	1
1	1	1

由真值表可看出，输入与输出的逻辑关系与算术加法相似，故或门电路又称逻辑加法电路。

其逻辑函数表达式为

$$F=A+B$$

式中符号＋表示逻辑加，而不是普通算术中的加号。通常读作 F 等于 A 或 B。F、A、B 的取值只有两种可能，1 或 0。这里的 1 或 0 只是表示两个不同状态的符号，而不是数量上的意义。与普通算术加法不同，对于逻辑加来说，1＋1＝1。可以这样来理解，使事件发生的两个条件都满足时，按或的逻辑关系，当然事件也发生。在进行逻辑加法中，不管多少个 1 进行逻辑相加，其逻辑和也只能是 1。

三、非门电路

非门电路是单输入单输出实现非逻辑关系的电路。非逻辑是指否定的意思，即它的结果和条件相反。例如，对高电平的否定就是低电平；对低电平的否定就是高电平。图 12-3（a）是三极管非门电路，它只有一个输入端 A 和一个输出端 F，由于三极管的 b、c 两极的信号的极性是相反的，所以它是一个反相器。图 12-3（a）中三极管 V 工作在开关状态，二极管起钳位作用，图 12-3（b）为其逻辑符号。

下面分析非门的逻辑功能：

（1）输入端 A 为高电平 1 时，三极管饱和导通，其饱和压降 $U_{CES}\approx 0.3V$，此时钳位二极管因反向偏置而截止，故输出端 $U_F\approx 0.3V$，F 为低电平 0。

（2）当输入端 A 为低电平 0 时，晶体三极管因发射结反向偏置而截止，此时钳位二极管因正向偏置而导通，输出端 U_F 被钳位在 3V，F 为高电平 1。

综上分析，可得非门的逻辑真值表，见表 12-3。由表可得非门电路的逻辑功能是把逻辑电平倒置，即输入为高电平 1 时，输出为低电平 0，反之输入为低电平 0 时，输出为高电平 1。

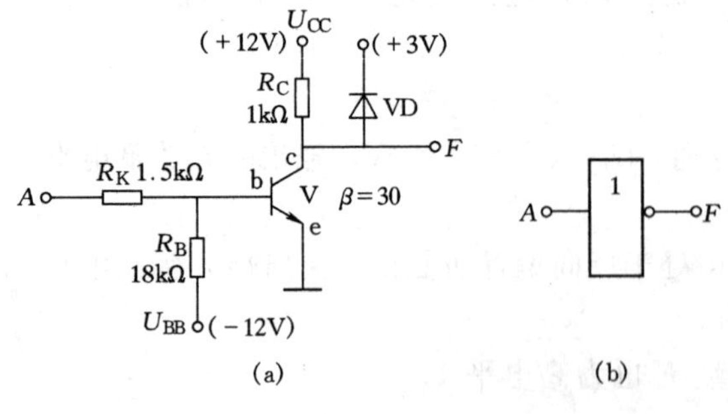

图 12-3　三极管非门电路和逻辑符号

表 12-3　非门逻辑真值表

A	F
1	0
0	1

非门的逻辑函数表达式为

$$F=\overline{A}$$

式中 A 上的短横线表示非逻辑，读作 F 等于 A 非，或 F 等于 A 反。

第二节　CMOS 集成门电路

CMOS 集成门电路是由 P 沟道的 MOS 管和 N 沟道的 MOS 管按互补对称形式连接构成的，并因此而得名。CMOS 集成电路令人注目的优点是低功耗，这个优点与其他优点综合起来就使得 CMOS 的可靠性比其他电路高 10～100 倍。因此得到了愈来愈广泛的应用，几乎在一切电子产品领域内都可以找到 CMOS 器件的足迹，见表 12-4。

表 12-4　　CMOS 的应用领域

民　用	电子钟、电子乐器、电视机、电子秤、汽车电子设备、空调设备
工　业	机床控制、数字化仪器仪表、数据采集系统、测试仪器、交通控制
通　信	电话交换机、数字通信
军　事	卫星、导弹、导航仪器等
计算机	工业控制器、4 位微型控制机、8 位微处理器

CMOS 标准逻辑电路，目前在世界上广为流行的是 4000 系列 CMOS 集成电路，如美国无线电公司的 CD4000 系列，摩托罗拉公司的 MC14000 系列等，目前国内已有仿制系列。

由于 CMOS 器件，输入阻抗极高，静电荷容易在输入端积累，只要有很少的一点电荷，就将使栅极电位升高，可将氧化绝缘层击穿，造成器件损坏。因此输入端不得悬空，对暂时不用的输入端，应根据逻辑需要接电源电压 U_{DD} 或接地。存放时应将器件用铝箔包好，焊接时电烙铁应有良好的接地，调试时应先接电源后接信号，关机时应先撤信号后切断电源。

一、CMOS 非门电路

CMOS 非门电路如图 12-4 所示，图中 VF_1 是 N 沟道的 MOS 管，作为驱动管，其开启电压 $U_{TN}=2V$；VF_2 是 P 沟道的 MOS 管，作为负载管，其开启电压 $U_{TP}=-2V$；两管的栅极 G 连接在一起，作为输入端，两管的漏极 D 连接在一起，作为输出端。由于栅极 G 与源极 S 和漏极 D 之间用 SiO_2 绝缘，因此输入电阻极高可达 1010Ω 以上，对前级几乎不吸取电流，属于电压控制元件。

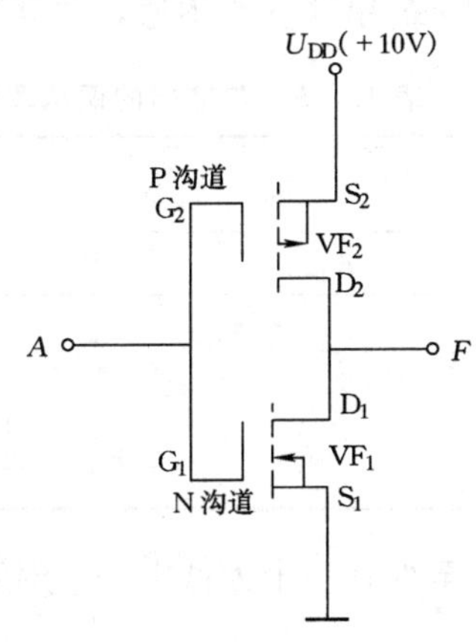

图 12-4　CMOS 非门电路

当输入端 A 为低电平 0 时，VF_1 截止（$U_{GS1}<U_{TN}$），VF_2 导通（$|U_{GS2}|>|U_{TP}|$），输出端 F 为高电平 1；反之，当输入端 A 为高电平 1 时，VF_1 导通（$U_{GS1}>U_{TN}$），VF_2 截止（$|U_{GS2}|<|U_{TP}|$），输出端 F 为低电平 0，故

实现逻辑非的功能。

其逻辑表达式为

$$F = \overline{A}$$

综上分析可知 CMOS 非门电路在工作时，两管总是轮流导通，由于截止管的电阻极高，可以认为电源 U_{DD} 与地之间，基本上无电流通过，所以器件本身的功耗极低。

二、CMOS 与非门电路

CMOS 与非门电路如图 12-5（a）所示，与非门的逻辑符号如图 12-5（b）所示。图 12-5（a）中两只驱动管（N 沟道）VF_1 和 VF_3 串联，两只负载管（P 沟道）VF_2 和 VF_4 并联，VF_3 与 VF_4 的栅极连接在一起，作为输入端 A，VF_1 与 VF_2 的栅极连接在一起作为输入端 B，VF_2 与 VF_3 的漏极相连作为输出端 F。

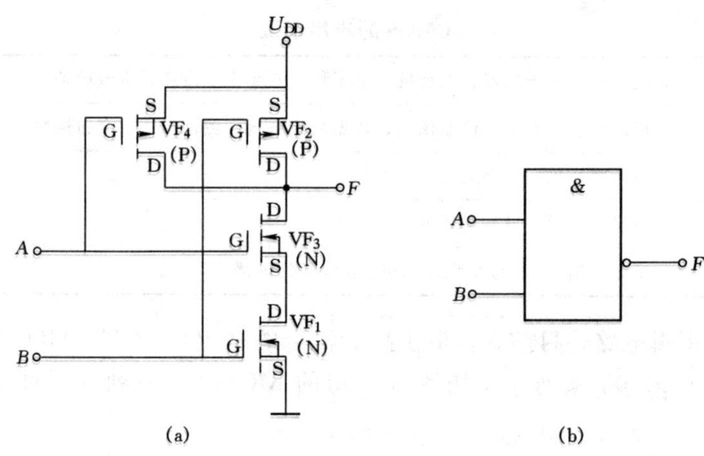

图 12-5　CMOS 与非门电路和逻辑符号

当输入端 A、B 均为高电平 1 时，驱动管 VF_1 和 VF_3 饱和导通，（$U_{GS}>U_T$），VF_2 和 VF_4 截止（$U_{GS}=0$），则输出端 F 为低电平 0。

当输入端 A 为高电平 1，B 为低电平 0 时，VF_2 截止，VF_3 导通，结果使 VF_3 与 VF_1 的串联支路不通，并联支路 VF_2 导通，VF_4 截止，则输出端 F 为高电平 1。

表 12-5　与非门的逻辑真值表

输　　入		输　　出
A	B	F
0	0	1
0	1	1
1	0	1
1	1	0

当输入端 A 为低电平 0，B 为高电平 1 时，VF_3 截止，VF_1 导通，使 VF_3 与 VF_1 的串联支路不通，则输出端 F 为高电平 1。

当输入端 A、B 均为低电平 0 时，VF_1 与 VF_3 同时截止，VF_2 与 VF_4 同时导通，则输出端 F 为高电平 1。由上述分析可知与非门电路的逻辑功能为：当输入全为高电平 1 时，输出为低电平 0；当输入全为低电平，或至少有一个为低电平 0 时，输出为高电平 1，即有 0 出 1，全 1 出 0。其逻辑表达式为

$$F = \overline{A \cdot B}$$

逻辑真值表如表 12-5 所示。

三、CMOS 传输门

传输门是一种可以传送模拟信号的压控开关，当然也可以传送数字信号。把一只 P 沟道增强型 MOS 管和一只 N 沟道增强型 MOS 管并联起来，就可以组成一个传输门，如图 12－6 所示，图 12－6（a）为电路原理图，图 12－6（b）为逻辑符号。

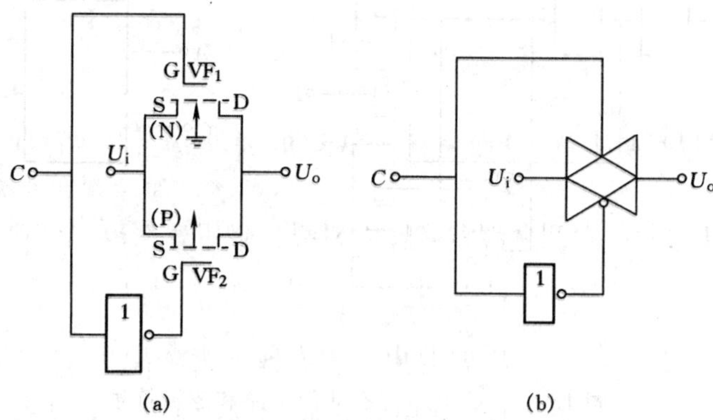

图 12－6　CMOS 传输门电路和逻辑符号

图 12－6 中 P 沟道 MOS 管 VF_2 和 N 沟道 MOS 管 VF_1 的源极 S 连在一起作为传输门的输入端，两管的漏极 D 连在一起作为传输门的输出端，两管的栅极分别加上控制信号 C 和 $\overline{C}$。

当控制信号为高电平 $C=1$（$\overline{C}=0$）时，输入信号 $U_i \approx U_{CH}$（与高电平对应的电位值），则 $U_{GS1} \approx 0$，$U_{GS2} \approx -U_{CH}$，故 VF_2 导通，VF_1 截止；如果 $U_i \approx 0V$，则 VF_1 导通，VF_2 截止；如果 $U_i \approx \frac{1}{2}U_{CH}$，则 VF_1 和 VF_2 同时导通，由此可见，U_i 在 $0 \sim U_{CH}$之间变化时，电路状态总有导通，由于导通电阻很小，开关接通。

反之，当 $C=0$（$\overline{C}=1$）时，只要 U_i 在 $0 \sim U_{CH}$之间，VF_1、VF_2 均截止，这时仅有极小的漏电流流过，相当于开关断开。由于 MOS 管的结构是对称的，即源极和漏极是可以互换的，因此 CMOS 传输门具有双向性，又称为双向开关。

传输门和逻辑门组合在一起，可以构成计数器、移位寄存器、存储器等。传输门和反相器组合在一起可以作模拟开关使用。

四、三态门

一般逻辑门的输出端只有两种状态，即 1 和 0。而三态门的输出除了这两种状态外，还有第三种状态——高阻状态。图 12－7 是一个 CMOS 三态非门电路及其逻辑符号。

图 12－7 中 VF_1、VF_2 是 P 沟道 MOS 管，VF_3、VF_4、VF_5 是 N 沟道 MOS 管。A 为信号输入端，F 为输出端，C 为控制端。

当控制端 C 为 1，A 为任意状态时，VF_2、VF_3 截止，这时输出端 F 处于悬空状态，即 F 对 U_{DD}和地都不连通。因此输出为高阻状态，也叫阻塞状态。记做：$F=Z$。

当控制端 C 为 0，若 A 为 1 时，VF_1 截止，VF_3、VF_5 导通。F 端经 VF_3、VF_5 接地，输出为 0。

当控制端 C 为 0，若 A 为 0 时，VF_1、VF_2 导通，VF_4、VF_5 截止。F 端经 VF_1、

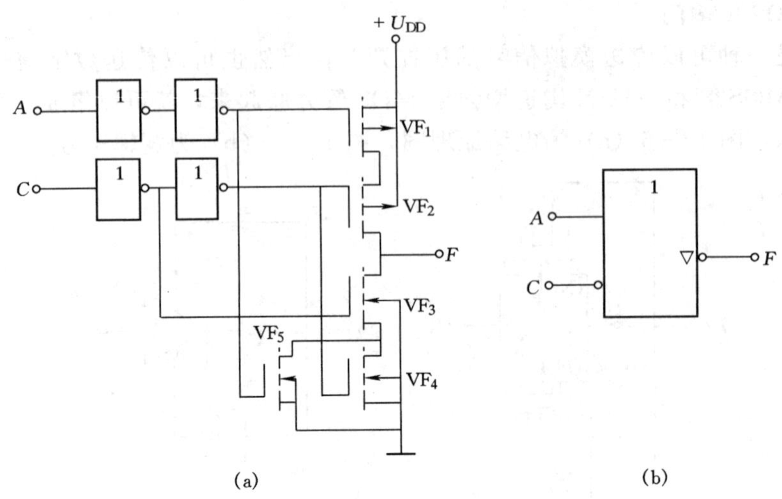

图 12－7　CMOS 三态非门电路和逻辑符号

VF_2 与 U_{DD} 相接，输出为 1。

三态非门的后两种情况称为选通工作状态，上述电路的选通是在控制端 C 为 0 时实现的，而且输出与输入反相，即 $F=\overline{A}$，其逻辑符号如图 12－7（b）所示。图中输出端的小圈表示输出是输入的反相。控制端 C 的小圈，表示低电平选通。如果输出端没有小圈，表示这种三态门的输出和输入同相。如果控制端没有小圈，表示高电平选通。

三态门在计算机和其他控制系统中被广泛采用。它的出现使得来自多方面的数据信息可以用一条共用线来传输，这样的公用线通常称为总线。例如把许多数字器件的输出端都通过三态门和一条共用线相接，当其中某一器件的三态门被选通时，其他器件的三态门都处于阻塞状态，因此只有该器件的输出信号能通过总线传输。这样，各个器件的输出信息就可以在不同时刻用一条共用线进行传输。

第三节　TTL 集成门电路

TTL 集成电路因其输入级和输出级都采用半导体三极管而得名，又称晶体管—晶体管逻辑电路，简称为 TTL。

TTL 集成门电路，具有体积小、质量轻、可靠性高、速度快等优点，在数字电路中，利用它可以组成各种门电路、计数器、译码器、单稳态触发器等多种逻辑部件。广泛应用于计算机、遥测、遥控和数字通信设备中。

实际生产的 TTL 集成电路，品种齐全、种类繁多，主要有 74、74H、74S、74LS 四个系列。其中 74LS（低功耗肖特基系列）具有最佳的综合性能，是 TTL 集成电路的主流，是应用最广泛的系列。

1. 电路结构

TTL 与非门电路如图 12－8 所示，由输入级、中间级和输出级组成。

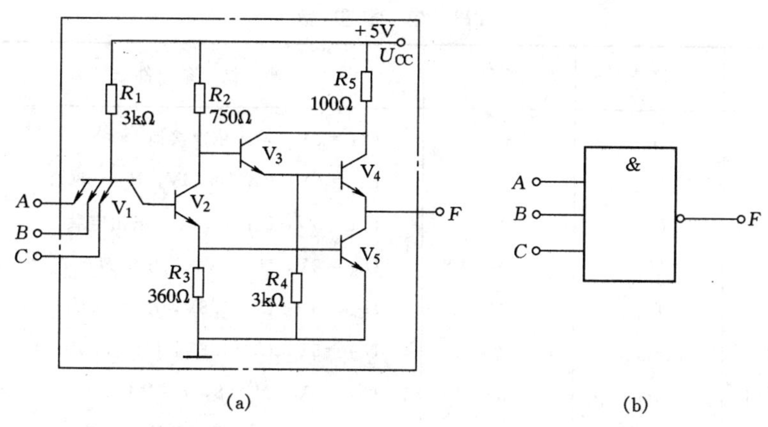

图 12-8 TTL 与非门电路和逻辑符号

(1) 输入级由多发射极晶体管 V_1 和电阻 R_1 组成。多发射极晶体管的每个发射极与基极之间形成一个 PN 结，它们和电阻 R_1 组成与门电路。

(2) 中间级由 V_2、R_2 和 R_3 组成倒相电路。由 V_2 的集电极和发射极分别输出两个相位相反的信号，驱动 V_3 和 V_5。

(3) 输出级由 V_3、V_4、V_5、R_4 和 R_5 组成。其中 V_3、V_4 两管复合与 V_5 构成射极输出形式，用以提高带负载能力。当 V_4 饱和导通时（V_5 截止），输出端 F 为高电平。当 V_5 饱和导通（V_4 截止）时，输出端 F 为低电平。

2. 工作原理

(1) 当所有输入端均为高电平 1 时，与门的输出端是高电平，即有电流注入 V_2 基极，导致 V_2 导通，并相继有基极电流注入 V_5 的基极，使 V_5 饱和导通，输出低电平。

(2) 当输入端有一个或几个为低电平 0 时，与门的输出是低电平，导致 V_2 截止，其集电极电压接近电源电压，使 V_3、V_4 导通，V_5 截止，则输出高电平。

综上分析，可见输入与输出实现了与非的逻辑功能，其逻辑表达式为

$$F=\overline{A \cdot B \cdot C}$$

逻辑真值表见表 12-6。

表 12-6 与非门的真值表

A	B	C	F	A	B	C	F
0	0	0	1	1	0	0	1
0	0	1	1	1	0	1	1
0	1	0	1	1	1	0	1
0	1	1	1	1	1	1	0

3. 电路参数

TTL 电路参数见表 12-7。

表 12-7　　TTL 电路参数

参数名称	符号	单位	测试条件	指标
输入短路电流	I_{is}	mA	$U_{CC}=5V$，输入依次接地	≤2.2
开门电平	U_{on}	V	$U_{CC}=5V$，$U_O \leqslant 0.35V$，$R_L=380\Omega$	≤1.8
关门电平	U_{off}	V	$U_{CC}=5V$，$U_{oh} \geqslant 2.7V$，输出空载	≥0.8
输出高电平	U_{oh}	V	$U_{CC}=5V$，$U_i=0V$，输出空载	≥3.0
输出低电平	U_{ol}	V	$U_{CC}=5V$，$U_i=1.8V$，$R_L=380\Omega$	≤0.35
扇出系数	N_o	个	$U_{CC}=5V$，$U_i=1.8V$，$U_{ol} \leqslant 3.5V$	>8
平均传输延时时间	t_{pd}	ns	$U_{CC}=5V$，$N_o=8$，$f=2MHz$	≤30
空载导通电流	I_{ccl}	mA	$U_{CC}=5V$，输入悬空，输出空载	≤10

（1）输出高电平 U_{oh}：在输出端开路时，输入端接地时的输出端电平值。

（2）输出低电平 U_{ol}：在输入端全部为高电平时，输出的低电平值。

（3）开门电平 U_{on}：在额定负载条件下，输出为额定低电平 0 时，所允许输入高电平的最小值。

（4）关门电平 U_{off}：在空载条件下，输出为额定高电平 1 时，所允许输入低电平的最大值。

（5）扇出系数 N_o：以同一型号的与非门作为负载时，一个与非门能驱动同类与非门的最大数目，称为扇出系数，又称负载能力。

（6）平均传输延时时间 t_{pd}：对于前面所示各种的真值表，一直假定当门的输入端电压改变时，输出端电压立即改变到真值表所给出的对应值。然而事实上由于输出端总是有并联分布电容（或电容），电压不能突变，实际上总是存在传输延时问题。

第四节　组合逻辑电路的分析与设计

组合逻辑电路是一种由常见门电路组合而成的网络，用来完成一定的逻辑功能。该电路的特点是：输出信号仅取决于该时刻的输入信号，与电路原来所处的状态无关。组合逻辑电路包括两个方面的内容：一是组合电路分析，即给定组合逻辑电路，分析其逻辑功能；二是组合电路设计，即给定逻辑功能，设计相应的组合逻辑电路。组合逻辑电路的应用十分广泛，如数字电路中的编码器、译码器、加法器、数选器、奇偶数检验器等。

一、组合逻辑电路分析

一般是指对已知的逻辑电路，利用与、或、非的逻辑表达式，对输入变量进行运算，对其化简后的逻辑表达式分析其逻辑功能。步骤如下：

（1）由逻辑图写出逻辑表达式。

（2）运用布尔代数进行化简，列出真值表。

（3）根据真值表，分析其逻辑功能。

【例 12-1】　试分析图 12-9 的逻辑功能。

解 由逻辑图写出逻辑表达式，并化简，即

$$F=\overline{\overline{AB}\cdot\overline{BC}\cdot\overline{AC}}=AB+BC+AC$$

由表达式列出真值表，可得真值表 12－8。

表 12－8　　真　值　表

A	B	C	F
0	0	0	0
0	0	1	0
0	1	0	0
0	1	1	1
1	0	0	0
1	0	1	1
1	1	0	1
1	1	1	1

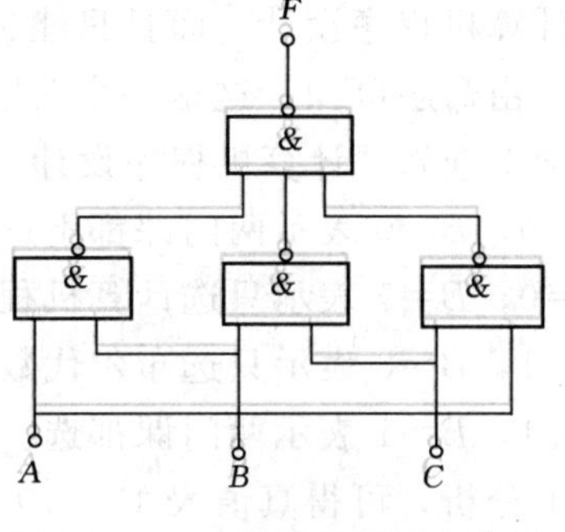

图 12－9　化简后的逻辑电路图

由真值表看出该电路属于表决权电路。输入用 1 表示同意，用 0 表示否决，输出用 1 表示决议通过时，当多数同意时决议通过，未获得多数同意时决议未通过。

【例 12－2】 试分析图 12－10 的逻辑功能。

解 由逻辑图写出逻辑表达式，并化简，即

$$\begin{aligned}S_i&=A_i\oplus B_i\oplus C_{i-1}=(\overline{A}_iB_i+A_i\overline{B}_i)\oplus C_{i-1}\\&=(\overline{A}_iB_i+A_i\overline{B}_i)\overline{C}_{i-1}+\overline{(\overline{A}_iB_i+A_i\overline{B}_i)}C_{i-1}\\&=\overline{A}_iB_i\overline{C}_{i-1}+A_i\overline{B}_i\overline{C}_{i-1}+\overline{A}_i\overline{B}_iC_{i-1}+A_iB_iC_{i-1}\\C_i&=A_iB_i+C_{i-1}(A_i\oplus B_i)\\&=A_iB_i+C_{i-1}\overline{A}_iB_i+C_{i-1}A_i\overline{B}_i\end{aligned}$$

由表达式列出真值表，可得真值表 12－9。

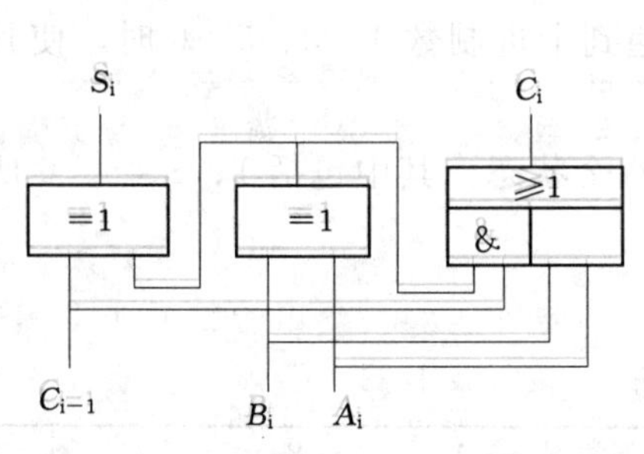

图 12－10　例 12－2 的逻辑电路图

表 12－9　　真　值　表

C_{i-1}	A_i	B_i	C_i	S_i
0	0	0	0	0
0	0	1	0	1
0	1	0	0	1
0	1	1	1	0
1	0	0	0	1
1	0	1	1	0
1	1	0	1	0
1	1	1	1	1

由真值表看出该电路是一位二进制全加器。C_{i-1} 是低位送来的进位，A_i，B_i 为两个加数，S_i 为两个加数的和，C_i 为两个加数的进位。

二、组合逻辑电路的设计

所谓组合逻辑电路的设计是指已知逻辑命题，用逻辑门电路组成适合需要的逻辑电路，以实现命题中的逻辑功能。步骤如下：

(1) 根据题意列出逻辑真值表。

(2) 写表达式，并进行化简。

(3) 画出逻辑电路。

【例 12-3】 设计一个逻辑电路用以实现命题，农业工程专业的学生必须选修布尔代数或计算机程序设计，而且只能选修一科。

解 由命题可知，这是一个两输入变量的问题，用 A 代表学生选修“布尔代数”，用 B 代表学生选修“计算机程序设计”。由于有两个输入变量，故可有四种组合情况：

$A=0$，$B=0$ 表示两门课都不选；

$A=0$，$B=1$ 表示只选计算机程序设计；

$A=1$，$B=0$ 表示只选布尔代数；

$A=1$，$B=1$ 表示两门课都选。

综上分析，可得真值表 12-10。

真值表中第四种情况，表示学生对两门课都选，这与命题要求二者择一不符。故 $F=0$。由真值表可得逻辑表达式如下

$$F=A\overline{B}+\overline{A}B$$

如果应用与门和或门实现上述逻辑功能，可得逻辑电路如图 12-11 所示。

表 12-10　　真　值　表

A	B	F
0	0	0
0	1	1
1	0	1
1	1	0

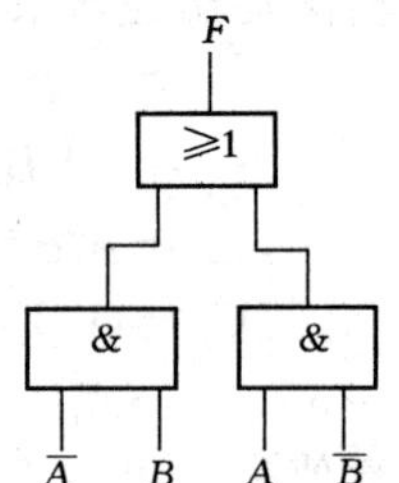

图 12-11　例 12-3 逻辑电路

【例 12-4】 用与非门设计一逻辑装置。当遇到十进制数 1、3、5、6 时，使其对应的输出为高电平 1。

解 由题意可知有三个输入变量，即 2^3 共有八个状态。其中包括 1、3、5、6 所对应的输出用 1 表示，其余状态用 0 表示。

第一步：根据题意列真值表 12-11。

表 12-11　　真　值　表

十进制数	A	B	C	F	十进制数	A	B	C	F
0	0	0	0	0	4	1	0	0	0
1	0	0	1	1	5	1	0	1	1
2	0	1	0	0	6	1	1	0	1
3	0	1	1	1	7	1	1	1	0

第二步：根据其值表写出逻辑表达式。具体方法是将真值表中所有输出为 1 的各项加起来，并对其进行化简，得

$$F=\overline{A}\,\overline{B}C+\overline{A}BC+A\overline{B}C+AB\overline{C}$$

将上式应用布尔代数进行化简

$$F=\overline{A}\,\overline{B}C+\overline{A}BC+A\,\overline{B}C+AB\,\overline{C}=\overline{A}C(\overline{B}+B)+A\,\overline{B}C+AB\,\overline{C}$$

$$=\overline{A}C+A\,\overline{B}C+AB\,\overline{C}=C(\overline{A}+A\,\overline{B})+AB\,\overline{C}$$

$$=C(\overline{A}+\overline{B})+AB\,\overline{C}=\overline{A}C+\overline{B}C+AB\,\overline{C}$$

对上述表达式 F 同样可以应用卡诺图法进行化简，见图 12－12。

卡诺图化简的结果表明与公式法化简所得结果完全相同。综上分析，不难看出，对同一逻辑表达式进行化简，卡诺图法和布尔代数法均可使用，其中卡诺图法具有简单、直观、容易掌握的特点，而布尔代数法则不仅运算显得麻烦，不易灵活掌握，而且要求使用者要具有丰富的实践经验和技巧。对上述化简结果，运用与非门实现其逻辑功能，可根据德·摩根定理进行转换，并对 F 两次取反可得

$$F=\overline{\overline{F}}=\overline{\overline{(\overline{A}+\overline{B})C+AB\,\overline{C}}}=\overline{\overline{\overline{AB}C+AB\,\overline{C}}}=\overline{\overline{\overline{AB}C}\cdot\overline{AB\,\overline{C}}}$$

由表达式可得逻辑图 12－13。

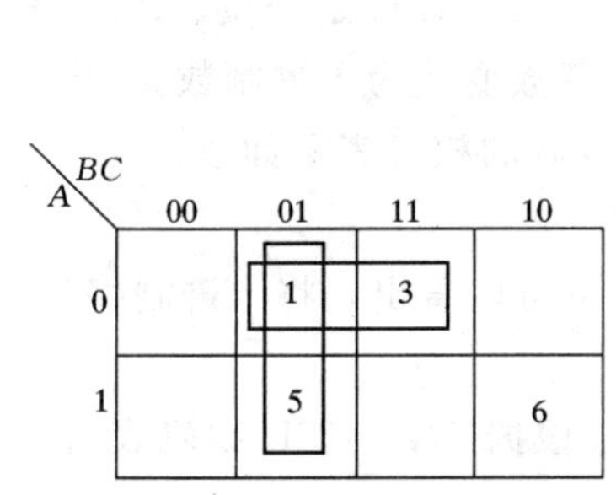

图 12－12　例 12－4 卡诺图

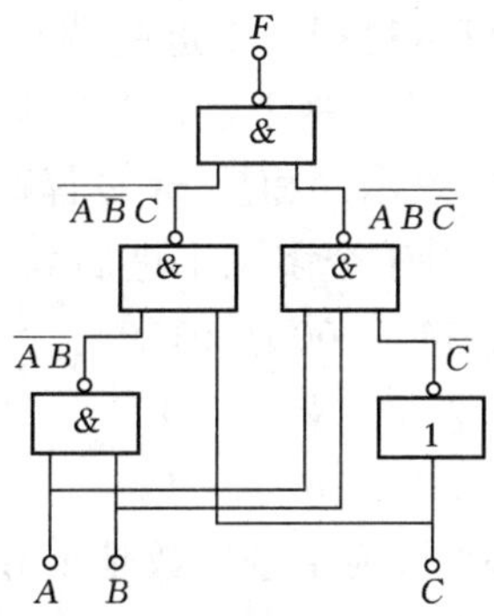

图 12－13　例 12－4 逻辑电路

第五节　编　码　器

一、编码器的概念

编码是指用二进制码表示一个给定的数或字符的过程。具有这种功能的逻辑器件称为编码器。例如计算机的输入键盘，就是由编码器组成的。每按下一个键，编码器就将该键盘的含义转换为一个计算机能够识别的二进制数，用它去控制机器的操作。

由于一位二进制代码有 0 和 1 两个状态，可以用来表示两个信号，两位二进制代码有 00、01、10、11 四个状态，可以用来表示四个信号。那么，如果有 n 位二进制代码，可以用来表示 2^n 个信号，因此，对于 N 个信号进行编码时，可按 $2^n>N$ 的公式来确定二进制代码的位数 n。常用的有二进制编码器、二—十进制编码器等。

二、数的二—十进制编码

将十进制数的十个数字 0～9 编成二进制代码的电路，叫做二—十进制编码器。输入是十个数字（0～9），输出是一组二进制代码即二—十进制码，简称 BCD 码。由于表示十进制数的 0～9 需要四位二进制码，共有 $2^4=16$ 种状态，因而有六种状态是多余的，由十

六种状态选出十种状态用来表示 0～9 的编码方法很多，可分为有权 BCD 码、无权 BCD 码等。在数字电路中有权 BCD 码的应用最为广泛。

二—十进制编码器的工作原理和设计方法与二进制编码器相同，它是一个有权码，其权是 8、4、2、1。这些权是基数 2 的逆升幂。每四位一组，代表一个十进制数，如表 12-12 所示。

表 12-12　　8421 BCD 码

十进制	D	C	B	A	十进制	D	C	B	A
0 Y_0	0	0	0	0	6 Y_6	0	1	1	0
1 Y_1	0	0	0	1	7 Y_7	0	1	1	1
2 Y_2	0	0	1	0	8 Y_8	1	0	0	0
3 Y_3	0	0	1	1	9 Y_9	1	0	0	1
4 Y_4	0	1	0	0	权	8	4	2	1
5 Y_5	0	1	0	1					

【例 12-5】　将十进制数 952 编为 8421 BCD 码。

查表 12-12 可以得到：十进制数 9 对应 BCD 码 1001，在十进制数中的权是百位；5 对应 BCD 码 0101，其权是十位；2 对应 BCD 码 0010，其权是个位。BCD 编码是将十进制数用 BCD 计数法表示。相反 BCD 译码是将 BCD 数变换为十进制数。

【例 12-6】　对于个多位十进制数 8421 BCD 码的权可表示如下：

8421 BCD　0011　1000　0110

对应关系　↓　↓　↓

十进制　3　8　6

由以上两例可以看出，将十进制编为 8421 BCD 码以及将 8421 BCD 码译为十进制数是十分容易的。根据 8421 BCD 编码表可以得到实现编码电路。其表达式为

$$D=Y_8+Y_9=\overline{\overline{Y}_8\cdot\overline{Y}_9}$$

$$C=Y_4+Y_5+Y_6+Y_7=\overline{\overline{Y}_4\cdot\overline{Y}_5\cdot\overline{Y}_6\cdot\overline{Y}_7}$$

$$B=Y_2+Y_3+Y_6+Y_7=\overline{\overline{Y}_2\cdot\overline{Y}_3\cdot\overline{Y}_6\cdot\overline{Y}_7}$$

$$A=Y_1+Y_3+Y_5+Y_7+Y_9=\overline{\overline{Y}_1\cdot\overline{Y}_3\cdot\overline{Y}_5\cdot\overline{Y}_7\cdot\overline{Y}_9}$$

由表达式可画出图 12-14 所示的逻辑图。

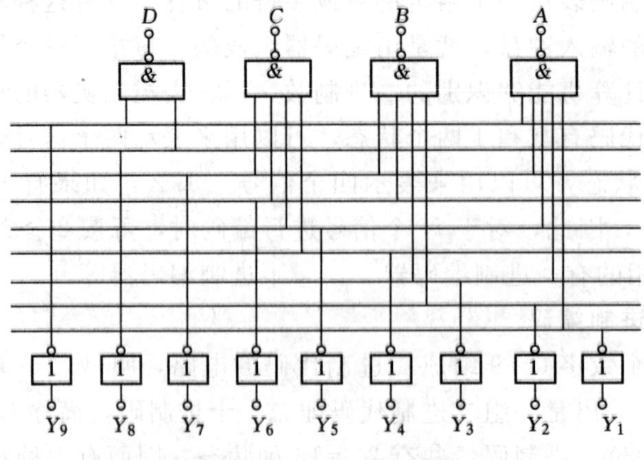

图 12-14　8421 BCD 编码器

三、集成二—十进制优先编码器

前面介绍的编码器，输入信号都是互相排斥的，即每次只允许输入一个信号。而优先编码器则允许几个信号同时输入，但是电路只对其中优先级别最高的进行编码，不理睬级别低的信号。下面介绍一种常用的集成二—十进制优先编码器 74LS147，其逻辑外引脚排列图见图 12-15，逻辑功能见表 12-13。

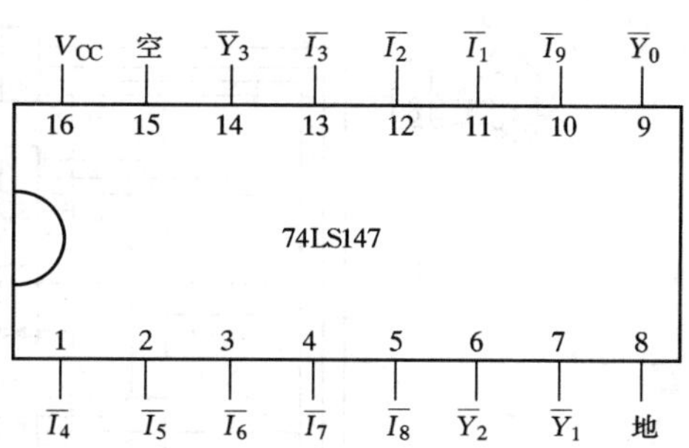

图 12-15 集成二—十进制优先编码器外引脚排列图

图中，$\overline{I}_9 \sim \overline{I}_0$ 是输入端，低电平有效。$\overline{I}_9$ 优先级别最高，$\overline{I}_8$ 次之，$\overline{I}_0$ 优先级别最低。$\overline{Y}_3 \sim \overline{Y}_0$ 是输出端，反码输出。

表 12-13 集成优先编码器 74LS147 的真值表

输入										输出			
$\overline{I}_9$	$\overline{I}_8$	$\overline{I}_7$	$\overline{I}_6$	$\overline{I}_5$	$\overline{I}_4$	$\overline{I}_3$	$\overline{I}_2$	$\overline{I}_1$	$\overline{I}_0$	$\overline{Y}_3$	$\overline{Y}_2$	$\overline{Y}_1$	$\overline{Y}_0$
0	×	×	×	×	×	×	×	×	×	0	1	1	0
1	0	×	×	×	×	×	×	×	×	0	1	1	1
1	1	0	×	×	×	×	×	×	×	1	0	0	0
1	1	1	0	×	×	×	×	×	×	1	0	0	1
1	1	1	1	0	×	×	×	×	×	1	0	1	0
1	1	1	1	1	0	×	×	×	×	1	0	1	1
1	1	1	1	1	1	0	×	×	×	1	1	0	0
1	1	1	1	1	1	1	0	×	×	1	1	0	1
1	1	1	1	1	1	1	1	0	×	1	1	1	0
1	1	1	1	1	1	1	1	1	0	1	1	1	1

第六节 译码器和数码显示

译码就是将代码的特定含义翻译出来，它是编码的逆过程。能实现译码功能的电路称作译码器。译码器在数字系统、控制系统、测量系统和计算机中有广泛的应用。

一、译码器

一般译码器的输入是二进制代码，输出是表示代码特定含义的逻辑信号。当输入为 n 位代码时，则译码器有 2^n 个输出。

目前生产的译码器普遍采用集成门电路构成。下面以 3 线—8 线译码器 74LS138 为例，说明译码器的工作原理。

图 12-16 给出 74LS138 的逻辑图和外引脚排列图。它的输入是三位二进制代码，输出线共八条，因此称 3 线—8 线译码器。

A_2、A_1、A_0 分别为二进制代码输入端，$\overline{Y}_0$、$\overline{Y}_1$、…、$\overline{Y}_7$ 为输出端，低电平有效，即输出为低电平时有译码输出信号。

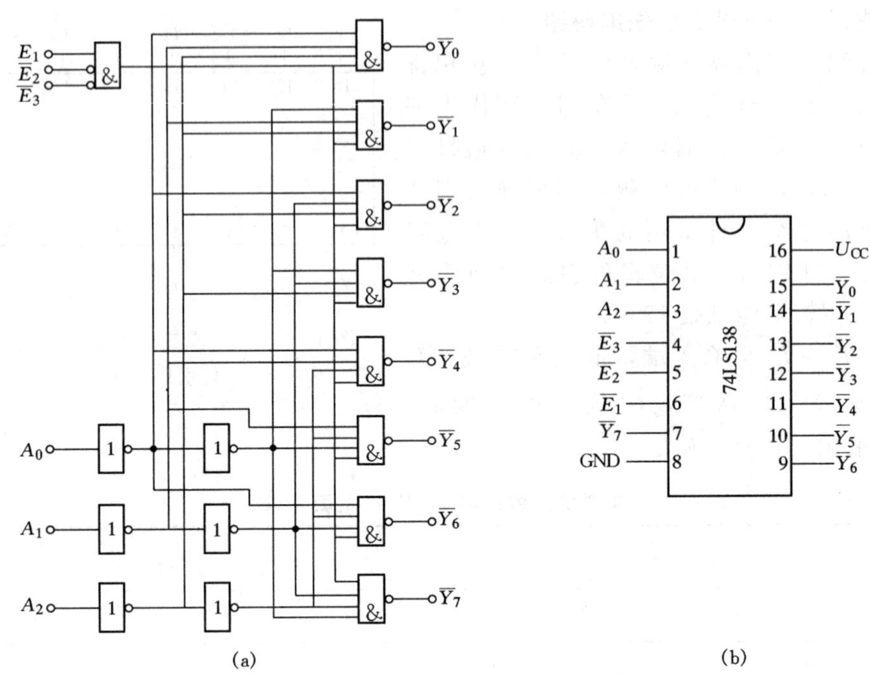

图 12 - 16　74LS138 的逻辑图和外引脚排列图

(a) 逻辑图；(b) 外引脚排列图

根据图 12 - 16 所示，当 $E_1=1$，$\overline{E}_2=\overline{E}_3=0$ 时，各输出逻辑函数表达式为

$$\overline{Y}_0=\overline{\overline{A}_2\cdot\overline{A}_1\cdot\overline{A}_0},\ \overline{Y}_1=\overline{\overline{A}_2\cdot\overline{A}_1\cdot A_0}$$

$$\overline{Y}_2=\overline{\overline{A}_2\cdot A_1\cdot\overline{A}_0},\ \overline{Y}_3=\overline{\overline{A}_2\cdot A_1\cdot A_0}$$

$$\overline{Y}_4=\overline{A_2\cdot\overline{A}_1\cdot\overline{A}_0},\ \overline{Y}_5=\overline{A_2\cdot\overline{A}_1\cdot A_0}$$

$$\overline{Y}_6=\overline{A_2\cdot A_1\cdot\overline{A}_0},\ \overline{Y}_7=\overline{A_2\cdot A_1\cdot A_0}$$

其中 E_1、$\overline{E}_2$、$\overline{E}_3$ 为使能控制信号。只有当 $E_1=1$，$\overline{E}_2=\overline{E}_3=0$ 时译码器才工作，即有译码输出；否则译码器不工作，各译码输出端均为无效的高电平。当单片使用时，E_1 必须接高电平。$\overline{E}_2$ 和 $\overline{E}_3$ 必须接低电平。当两片或两片以上译码器级联扩展使用时，应当充分利用 E_1、$\overline{E}_2$、$\overline{E}_3$ 这 3 个使能控制信号。

二、数码显示器件及显示译码器

为了能直观地显示数字系统的运行状态及其工作数据，在数字系统中普遍地采用数码显示器件（又称数码管）。常用的数码显示器件有半导体数码管、荧光数码管、辉光数码管和液晶数码管等。现简要介绍半导体数码管。

1. 半导体数码管

半导体数码管中，一般用七个作成条形的发光二极管（LED）排列成组合字形［见图 12 - 17 (a)］，来显示不同的数字和字符。

这种数码管常称为七段数码管。其外部结构为双列直插式，其内部结构有共阴极和共阳极两种接法。使用共阴极接法时，所有接高电平 1 的字段亮。使用共阳极接法时，所有接低电平 0 的字段亮。其内部结构与外形见图 12 - 17。

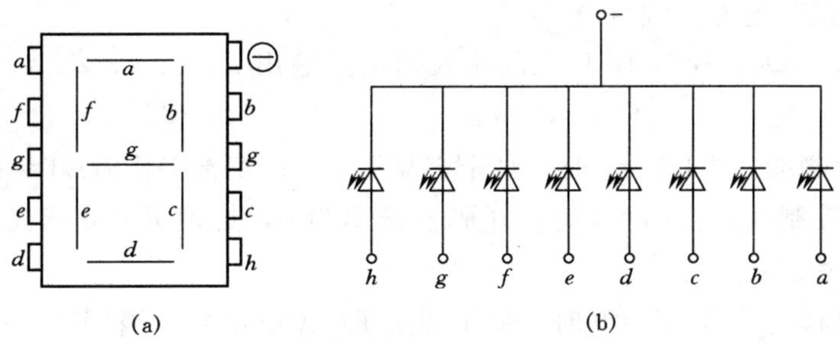

图 12 - 17　共阴极接法数码管

(a) 外部构造；(b) 内部构造

当用高电平 1 表示字段发光，用低电平 0 表示字段不发光，则十进制数 0～9 对应的各发光字段可见真值表 12 - 14。

表 12 - 14　　　　**数 码 管 真 值 表**

十进制数	Q_D	Q_C	Q_B	Q_A	a	b	c	d	e	f	g
0	0	0	0	0	1	1	1	1	1	1	0
1	0	0	0	1	0	1	1	0	0	0	0
2	0	0	1	0	1	1	0	1	1	0	1
3	0	0	1	1	1	1	1	1	0	0	1
4	0	1	0	0	0	1	1	0	0	1	1
5	0	1	0	1	1	0	1	1	0	1	1
6	0	1	1	0	1	0	1	1	1	1	1
7	0	1	1	1	1	1	1	0	0	0	0
8	1	0	0	0	1	1	1	1	1	1	1
9	1	0	0	1	1	1	1	1	0	1	1

2. 译码显示电路

显示译码器用来驱动数字显示器件，它已由分块的译码、驱动、显示等分立功能发展成复合式的集成块。例如 C4511 是由锁存/七段驱动器构成的集成块。与 LED 显示器件构成译码显示电路，如图 12 - 18 所示。

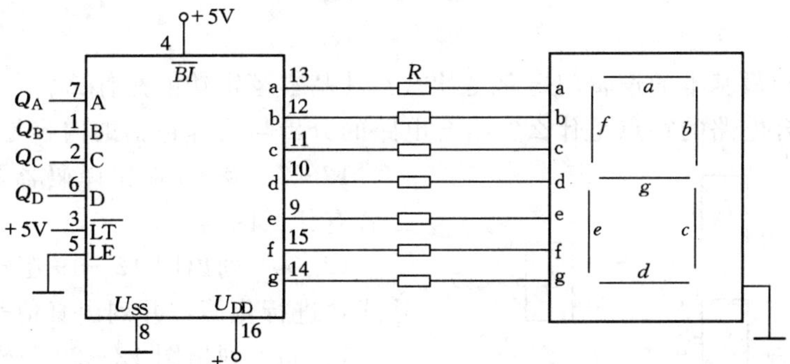

图 12 - 18　译码显示电路

图 12－18 中，各端口作用如下：

U_{DD}、U_{SS}：正负电源接线端。

Q_A、Q_B、Q_C、Q_D：8421 BCD 码的输入端，其输出 a、b、c、d、e、f、g 可驱动七段共阴极 LED。

$\overline{LT}$：试灯检测端。当$\overline{LT}=0$时，灯全亮显示字8；正常工作时$\overline{LT}=1$。

$\overline{BI}$：灯熄灭控制端。当$\overline{BI}=0$时，译码器输出为 0，灯熄灭；正常工作时$\overline{BI}=1$，使用时可与 U_{DD}连接。

$\overline{LE}$：锁定控制端。当$\overline{LE}=0$时，LED 显示即 BCD 信号，当$\overline{LE}=1$时，LED 显示的数被锁定，不随输入 BCD 码变化；故使用时可与 U_{SS}连接。

R：限流电阻。它的阻值大小可根据 U_{DD}的高低来决定，一般在 560Ω～1.5kΩ 之间，只要保证通过每只发光二极管的电流在 5～7mA 即可。

LED：可选用一位共阴极数码块，也可用七只条形发光二极管拼成。

小　　结

（1）几种常见的门电路：与门、或门、非门、与非门、三态门，这些电路是最基本的逻辑单元。主要以 TTL 集成门电路和 CMOS 集成门电路为重点，要求掌握门电路逻辑符号、真值表、逻辑表达式和逻辑功能方面的内容。

（2）组合逻辑电路的分析与设计。这部分内容是数字电路的一大分支也是本章的重点，要求学会根据已知逻辑电路写出表达式并化简，列出真值表最后分析其逻辑功能，以及根据逻辑命题列出真值表并画出逻辑图的基本方法。

（3）编码器、译码器和显示电路。为学习计算机原理、数字式仪表和数字显示技术等知识打下基础。

随着集成电路技术的飞速发展，分立元件的数字电路已被集成电路所取代，所以重点应放在集成门电路上，本章所列举的分立元件电路的目的在于解决基本概念和基本分析方法。

习　　题

12－1　三种最基本的逻辑门电路是什么？其基本逻辑功能是什么？

12－2　组合电路的特点是什么？组合电路的分析与设计包括的内容是什么？

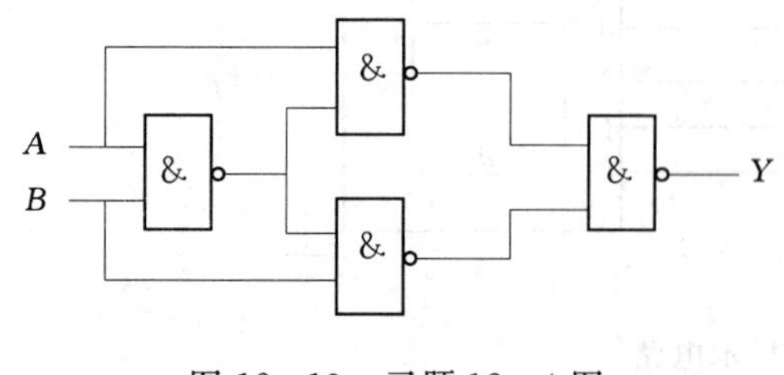

图 12－19　习题 12－4 图

12－3　编码器和译码器的功能是什么？二者有什么区别？

12－4　列出图 12－19 逻辑电路的逻辑表达式，进行化简，并列出真值表。

12－5　列出图 12－20 逻辑电路的逻辑表达式，进行化简，并列出真值表。

12－6　列出图 12－21 逻辑电路的逻辑表达式

达式，进行化简，并列出真值表。

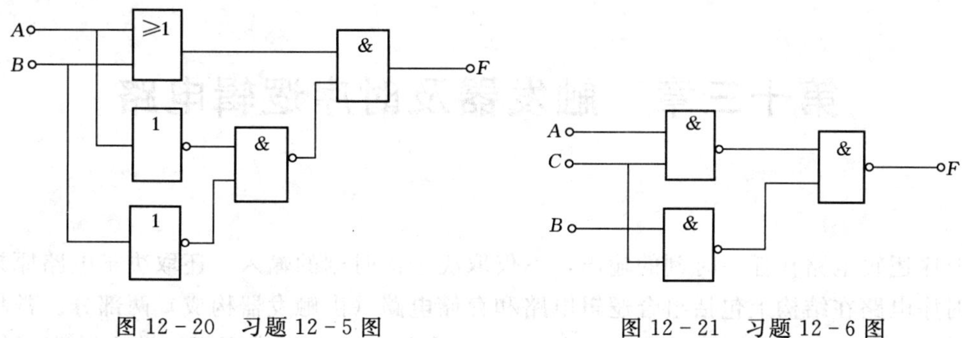

图 12-20　习题 12-5 图　　　　图 12-21　习题 12-6 图

12-7　设计一组合逻辑电路。该电路有两个输入端 A、B 和一个输出端 F。要求当两输入端同时为高电平 1 或同时为低电平 0 时，输出为高电平 1，驱动执行机构动作，其他输入状态对执行机构不起作用。

12-8　设计一个三变量的判奇电路，当三变量中有奇数个 1 时输出为 1，否则输出为 0。

12-9　用与非门设计一逻辑装置，使之能接收 8421 码，并碰到表示十进制数 0、4、5、7 时，该装置输出为高电平 1，指示灯亮。

第十三章　触发器及时序逻辑电路

时序逻辑电路在任一时刻的输出，不仅取决于该时刻的输入，还取决于电路原来的状态。时序电路在结构上包括组合逻辑电路和存储电路（由触发器构成）两部分。常见的时序电路有计数器、寄存器、移位寄存器、读/写存储器等。时序逻辑电路在数字逻辑系统中占有重要地位，它广泛应用于电子计算机、数字式仪表和数字控制系统中。

学完本章后，应达到以下基本要求：

（1）掌握 R－S、J－K、D 和 T 触发器等的逻辑功能。

（2）掌握寄存器和计数器的工作原理和逻辑功能及常见集成芯片。

（3）了解接口电路和数字逻辑系统的简单应用。

第一节　双 稳 态 触 发 器

在数字逻辑系统中，触发器是一种基本逻辑元件，触发器按工作状态，可分为双稳态触发器、单稳态触发器和多谐振荡器等。本节讨论的是双稳态触发器。双稳态触发器具有两个稳定状态，在触发信号作用下，可以从一个稳定状态翻转为另一个稳定状态，触发信号作用过后，仍保持翻转后的稳定状态，所以具有记忆功能。可用于存储和计数。

双稳态触发器按其逻辑功能可分为 R－S 触发器、J－K 触发器、D 触发器、T 触发器等。以下分别讨论。

在分析触发器的逻辑功能时，通常用 Q^n 表示时钟脉冲出现之前触发器的状态（称初态），用 Q^{n+1} 表示时钟脉冲出现之后触发器的状态（称次态）。

一、R－S 触发器

1. 基本 R－S 触发器

如图 13－1（a）所示的基本 R－S 触发器是由两个集成与非门交叉连接而成，它是组成其他双稳态触发器的基础，称为基本 R－S 触发器。

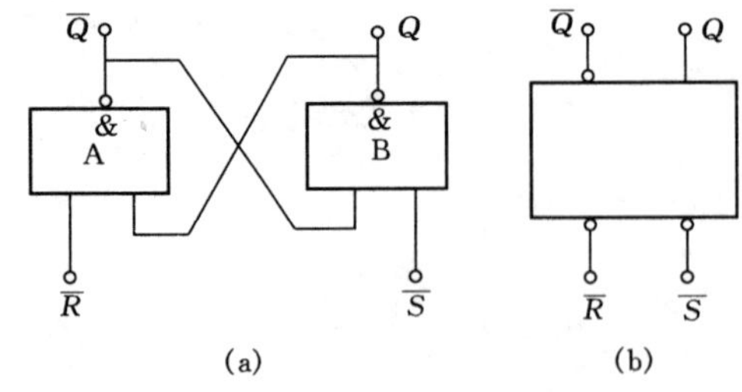

图 13－1　基本 R－S 触发器

（a）逻辑图；（b）逻辑符号

在图 13－1（a）中 A 和 B 是两个集成与非门，Q 和 $\overline{Q}$ 是输出端，$\overline{R}$ 和 $\overline{S}$ 是输入端。基本 R－S 触发器的逻辑符号如图 13－1（b）所示，其中靠近方框下边的小圆圈表示低电平 0 有效，用 $\overline{R}$、$\overline{S}$ 表示。这种触发器有两种稳定状态：一个状态是 $Q=1$，$\overline{Q}=0$，称为置位状态（1 态）；另一个状态是 $Q=0$，$\overline{Q}=1$，称为复位状态（0 态）。相应的输入端 $\overline{S}$ 称为直接置位端或直接置 1 端，而输入端 $\overline{R}$ 称为直接复位端或直接置 0 端。

它的逻辑功能如下：

(1) 当 $\overline{R}=0$，$\overline{S}=1$ 时，与非门 A 的输入 $\overline{R}=0$，输出 $\overline{Q}=1$；与非门 B 的两个输入端都为 1 ($\overline{S}=1$，$\overline{Q}=1$)，所以它的输出端 $Q=0$。此时触发器的状态为 0 态，称复位状态。由于触发器的 0 状态是由 $\overline{R}=0$ 所决定的，所以 $\overline{R}$ 也就被称为复位端，或称为置 0 端。

(2) 当 $\overline{R}=1$，$\overline{S}=0$ 时，与非门 B 的输入端 $\overline{S}=0$，输出 $Q=1$；而与非门 A 的两个输入端均为 1 ($\overline{R}=1$，$Q=1$)，所以输出端 $\overline{Q}=0$。此时触发器的状态称为置位状态（1 态）。由于触发器的 1 状态是由 $\overline{S}=0$ 所决定的，所以 $\overline{S}$ 端就被称为置位端，或称为置 1 端。

(3) 当 $\overline{R}$、$\overline{S}$ 均为 1 时，由于两个与非门交叉连接，使触发器的状态保持原来的状态不变。如触发器原来为 1 态，这时 $Q=1$，$\overline{Q}=0$，则 $\overline{Q}=0$ 反馈到 B 门的输入端，保证了 B 门的输出端 $Q=1$；而 $\overline{Q}=1$ 反馈到 A 门的输入端，A 门的两个输入端均为 1，就保证了其输出端 $\overline{Q}=0$，这就使触发器保持原来的状态不变。

同理，当触发器原来为 0 状态时，也将保持原来的状态不变。

这就说明触发器具有存储或记忆的功能。

(4) 当 $\overline{R}$、$\overline{S}$ 均为 0 时，与非门的输出端 Q 和 $\overline{Q}$ 都为 1，这就破坏了双稳态触发器逻辑功能的要求。而且一旦 $\overline{R}$、$\overline{S}$ 同时由 0 跳变为 1，由于结构的对称性，理想情况时触发器的输出状态将是随机的。这种输入状态，使触发器的输出状态不定，所以，实际应用时必须禁止 $\overline{R}$、$\overline{S}$ 同时输入 0。

表 13-1 基本 R-S 触发器的真值表

输入		输出
$\overline{R}$	$\overline{S}$	Q
0	1	0
1	0	1
1	1	不变
0	0	不定

通过以上分析，可以得到基本 R-S 触发器的真值表如表 13-1 所示。

如忽略与非门的延迟时间，并设触发器的初态为 1，当输入端 $\overline{R}$ 和 $\overline{S}$ 的波形如图 13-2 所示，则得到图 13-2 所示输出端 Q 的波形，而 $\overline{Q}$ 的波形跟 Q 的波形相位相反。

2. 可控 R-S 触发器

可控 R-S 触发器的逻辑图如图 13-3 (a) 所示，它是由基本 R-S 触发器及与非门 C

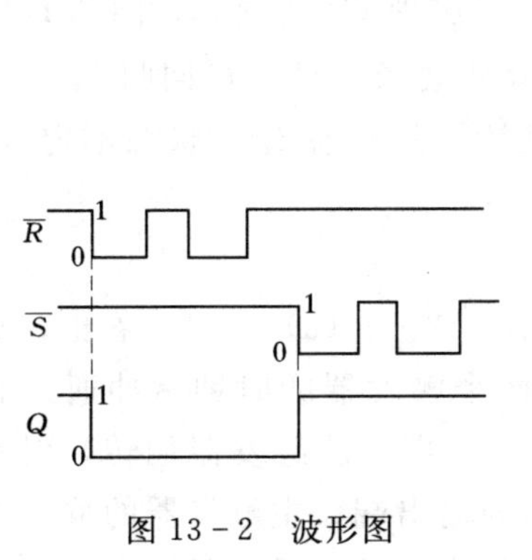

图 13-2 波形图

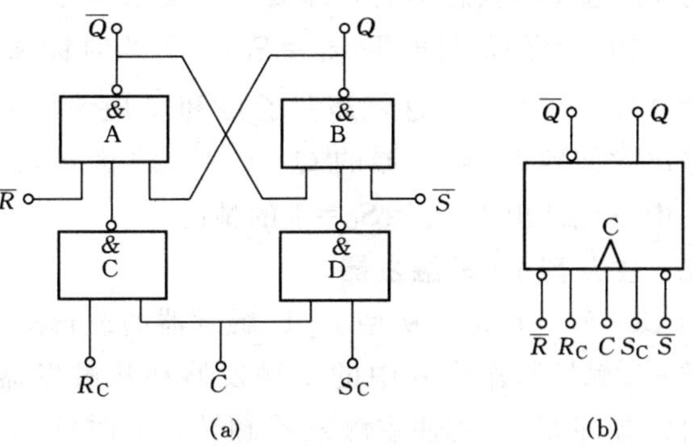

图 13-3 可控 R-S 触发器

(a) 逻辑图；(b) 逻辑符号

和 D 组成的输入控制电路。C 为时钟脉冲输入端。触发器的输出状态取决于 R_C、S_C 端的信号电平。但是，只有当时钟脉冲 C 为 1 时，C、D 门才被打开，R_C、S_C 的信号电平才能起作用，触发器才能做出相应的动作，而时钟脉冲 C 为 0 时，与非门 C 和 D 被关闭，R_C 和 S_C 端的信号不起作用。由于触发器的动作受时钟脉冲的控制，故称为可控 R－S 触发器。

可控 R－S 触发器的逻辑符号见图 13－3（b）所示，$\overline{R}$ 和 $\overline{S}$ 是直接复位和直接置位端，不受时钟脉冲的控制，靠近方框下的小圆圈表示低电平使基本 R－S 触发器直接复位（置 0）或直接置位（置 1）。通常用于信号输入之前使触发器预置在给定的状态，预置完成之后，让它们都呈高电平 1。通常 C 端都标有 ∧ 符号。

根据与非门和基本 R－S 触发器的逻辑功能，很容易得到可控 R－S 触发器的真值表（见表 13－2）和波形图（见图 13－4），其中波形图是设触发器的初始状态为 0。

表 13－2　可控 R－S 触发器的真值表

输　入		输　出
R_C	S_C	Q^{n+1}
0	1	1
1	0	0
0	0	不变
1	1	不定

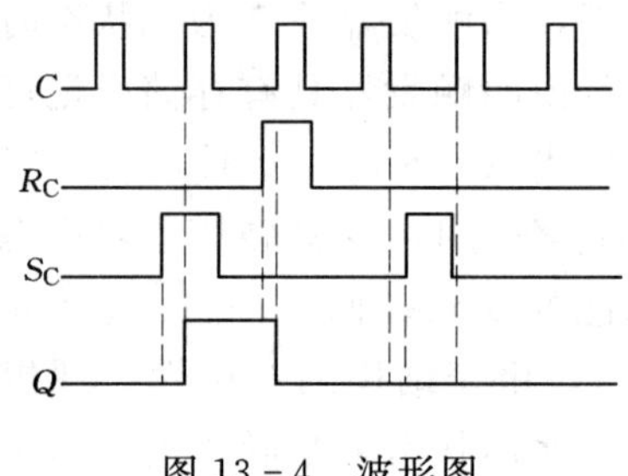

图 13－4　波形图

现分析如下：

（1）输入端的信号电平 $R_C=0$、$S_C=1$，当时钟脉冲信号出现 $C=1$ 时，D 门输出为 0，基本 R－S 触发器置 1，不管触发器初态 Q^n 为何值，次态 $Q^{n+1}=1$。

（2）输入端的信号电平 $R_C=1$、$S_C=0$，当时钟脉冲信号出现 $C=1$ 时，C 门输出为 0，D 门输出为 1，基本 R－S 触发器被置 0，不管触发器的初态为何值，次态 $Q^{n+1}=0$。

（3）输入端的信号电平 $R_C=S_C=0$，当时钟脉冲信号出现 $C=1$ 时，C 门和 D 门的输出均为 1，触发器状态不变，即 $Q^{n+1}=Q^n$。这也表示触发器具有存储和记忆功能。

（4）输入端的信号电平 $R_C=S_C=1$，当时钟脉冲信号出现 $C=1$ 时，C 门和 D 门的输出均为 0，$Q=\overline{Q}=1$，这就违背了 Q 和 $\overline{Q}$ 应该相反的逻辑要求。且当 C 回归 0，C 门和 D 门的输出跳回到 1，触发器的 $Q=\overline{Q}=1$ 的状态无法维持，其次态 Q^{n+1} 状态不定。因此，在使用中不允许出现 $R_C=S_C=1$ 的情况。

二、主从型 J－K 触发器

图 13－5（a）是主从型 J－K 触发器的逻辑图，从图 13－5（a）中可以看出，它是由可控 R－S 触发器作为其中的主触发器和从触发器，两个触发器的时钟脉冲通过非门相连。时钟脉冲 $C=1$ 先使主触发器翻转，而时钟脉冲 $C=0$ 再使从触发器翻转，因此得名为主从型触发器。从触发器的输出端作为 J－K 触发器的输出端；主触发器的输入端作为 J－K 触发器的输入端。有时有多个 J 和 K 输入端，它们之间的关系为逻辑乘：$J=J_1J_2$，

$K=K_1K_2$，在使用中多余的输入端可置高电平 1。其逻辑符号如图 13－5（b）所示，其中直接复位端 R 和直接置位端 S 靠近方框边的小圆圈表示低电平有效。C 引线靠近方框边的小圆圈表示主从型 J－K 触发器是在时钟脉冲的下降沿翻转。

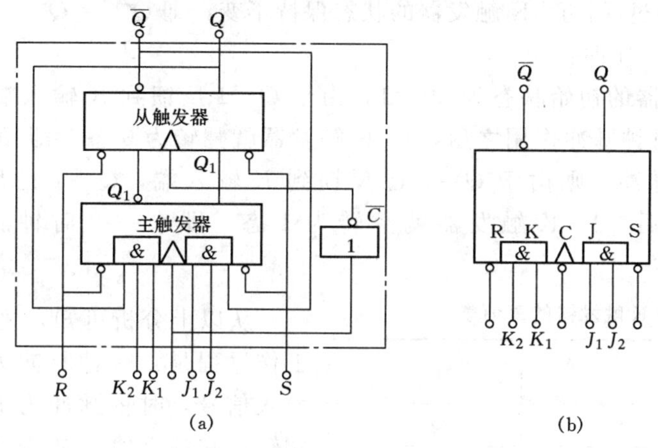

图 13－5　主从型 J－K 触发器

（a）逻辑图；（b）逻辑符号

下面分析 J－K 触发器的逻辑功能：

（1）$J=0$、$K=1$ 时：

设初始状态为 $Q^n=1$，则 $Q=1$ 反馈到 K 输入端，$\overline{Q}=0$ 反馈到 J 输入端。当时钟脉冲到来时 $C=1$，主触发器被打开，并置 0（因主触发器的 K 端相当于可控 R－S 触发器的 R 输入端，而 J 端相当于 S 输入端，从而使主触发器的 $Q_1=0$，$\overline{Q}=1$）；这时因 $\overline{C}=0$ 使从触发器被关闭，由主触发器送来的电平信号不影响从触发器的原状态。当时钟脉冲从 $C=1$ 下跳到 $C=0$，即时钟脉冲的下降沿到来时，主触发器被关闭，保持原 $C=1$ 时的状态不变，而从触发器因 $\overline{C}=1$ 而被打开，即由主触发器送来的信号电平（$Q_1=0$，$\overline{Q}_1=1$）而置 0，即 J－K 触发器的状态为 $Q=0$，$\overline{Q}=1$。

设 J－K 触发器的初态为 $Q^n=0$，则 $Q=0$ 反馈到 K 输入端，$\overline{Q}=1$ 反馈到 J 输入端。此时不论 J 端还是 K 端都有 0 输入端，因此不管时钟脉冲的值如何，主从触发器都被关闭，状态不变。

如上所述，不管触发器的初态如何，当 $J=0$、$K=1$ 时，在一个时钟脉冲作用之后，J－K 触发器的状态都将为 0 状态，即 $Q^{n+1}=0$。

（2）$J=1$、$K=0$ 时：

同理，设 J－K 触发器的初态为 $Q^n=0$ 时，在时钟脉冲 $C=1$ 时，主触发器被打开接受信号电平，这时从触发器被关闭而保持原状态不变；在时钟脉冲下降沿到来时，主触发器被关闭，从触发器被打开，按主触发器送来的信号电平改变状态。这样经过一个时钟脉冲之后，J－K 触发器被置 1，即 $Q^{n+1}=1$。如 J－K 触发器初态为 $Q^n=1$，则时钟脉冲作用时，主、从触发器的状态都不发生改变，即 $Q^{n+1}=Q^n=1$。

总之，当 $J=1$、$K=0$ 时来一个时钟脉冲后，不管触发器原来的初态如何，触发器都为 1 态，即 $Q^{n+1}=1$。

(3) $J=0$、$K=0$ 时：

根据可控 R-S 触发器的逻辑功能可知，主触发器被关闭，主、从触发器的状态都不变，所以时钟脉冲过后，J-K 触发器的状态保持不变，即 $Q^{n+1}=Q^n$。

(4) $J=1$、$K=1$ 时：

设 J-K 触发器的初始状态为 $Q^n=1$，由于 $Q=1$ 反馈到 K 输入端，$Q=0$ 反馈到 J 输入端，来一个时钟脉冲作用之后，J-K 触发器就翻转为 0 态，即 $Q^{n+1}=0$。如这时接着再来一个时钟脉冲，则由于 $Q=0$ 已反馈到 K 输入端，$\overline{Q}=1$ 已反馈到 J 输入端，时钟脉冲作用之后，J-K 触发器就翻转为 1 态。即来一个时钟脉冲就翻转一次，$Q^{n+1}=\overline{Q}^n$。

表 13-3 主从 J-K 触发器的真值表

输入		输出
J	K	Q^{n+1}
0	0	Q^n
0	1	0
1	0	1
1	1	$\overline{Q}_n$

从以上分析可知，主从 J-K 触发器的工作过程是：时钟脉冲为 1 时触发器接受输入信号，时钟脉冲为下降沿时触发器才翻转，它的真值表如表 13-3 所示，其逻辑功能概括起来就是：当 $J\neq K$ 时，时钟脉冲作用之后，触发器的状态跟 J 输入端相同；$J=K=0$ 时，时钟脉冲作用后仍保持原状态不变，即 $Q^{n+1}=Q^n$；$J=K=1$ 时，时钟脉冲作用后，触发器翻转为相反状态，即次态与初态相反 $Q^{n+1}=\overline{Q}^n$，这就表示 $J=K=1$ 时触发器具有计数功能。因此，J-K 触发器的次态方程可以归纳为

$$Q^{n+1}=J\cdot\overline{Q}^n+\overline{K}\cdot Q^n \quad (C\text{ 的下降沿到来有效})$$

图 13-6 是 J-K 触发器的波形图，其中设触发器的初始状态为 1 态。

实际使用中，大都采用集成 J-K 触发器，如图 13-7 所示是集成 J-K 触发器的外引线排列图，外形是扁平形。有些集成 J-K 触发器做成双 J-K 触发器，还有的增加了一些其他逻辑功能。集成 J-K 触发器还有维持阻塞型，它是用时钟脉冲的前沿（上升沿）触发。选用中应加以注意。

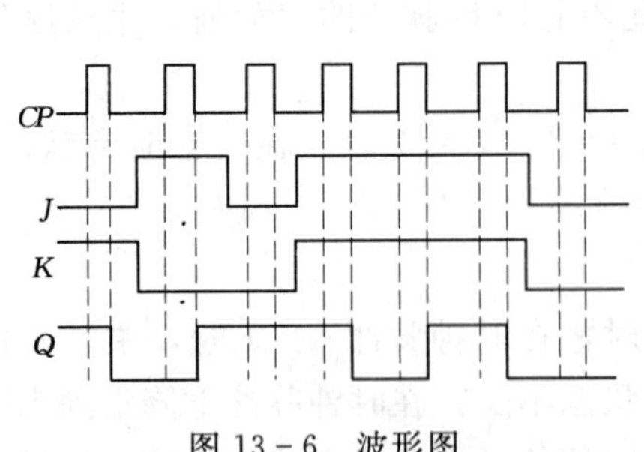

图 13-6 波形图

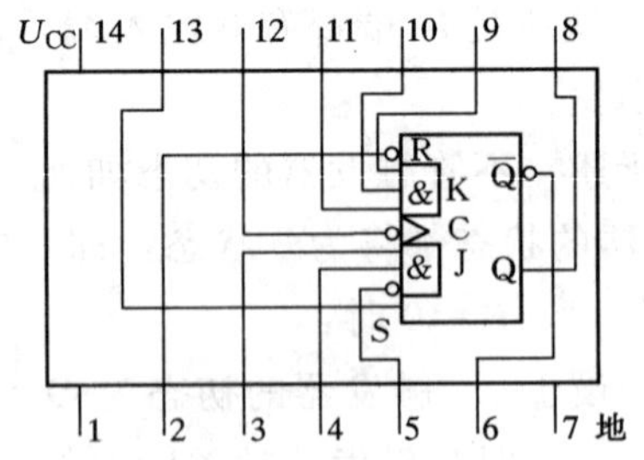

图 13-7 74110 集成 J-K 触发器的外引线排列图

三、D 触发器

图 13-8 是 D 触发器的逻辑符号，表 13-4 为其真值表，此触发器的输出端为 Q 和

$\overline{Q}$；两个输入端，一个是时钟脉冲输入端 C（无圆圈，代表触发器在脉冲的上升沿翻转），一个是 D 输入端。从真值表看出，当输入端 $D=0$ 时，一个时钟脉冲作用后，触发器置 0；当输入端 $D=1$ 时，一个时钟脉冲作用后，触发器置 1，即 D 触发器的次态方程可以归纳为

$$Q^{n+1}=D \quad (C\text{ 的上升沿到来有效})$$

因此，D 触发器又叫作延时跟随触发器。

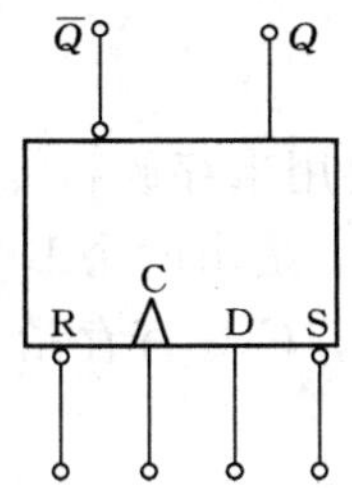

图 13-8　D 触发器的逻辑符号

表 13-4　D 触发器的真值表

D	Q^{n+1}
0	0
1	1

D 触发器的内部结构可以是主从型（时钟脉冲后沿触发），也可以是维持阻塞型（时钟脉冲前沿触发）。维持阻塞型 D 触发器的波形如图 13-9 所示。

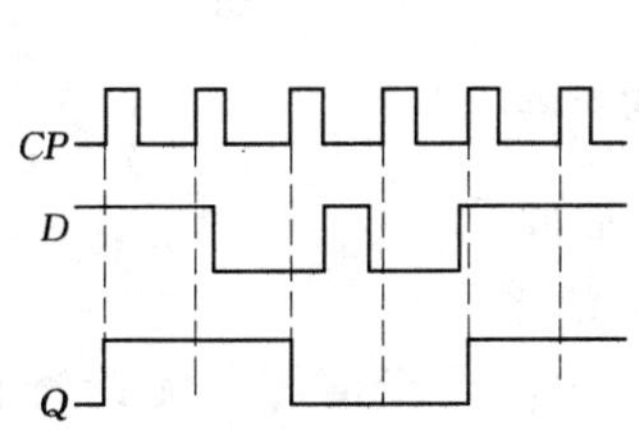

图 13-9　D 触发器的波形图

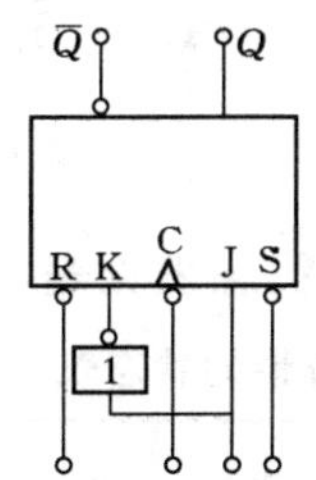

图 13-10　J-K 触发器转换成 D 触发器

四、触发器逻辑功能的转换

根据实际需要，可将触发器改接和附加上一些门电路而转换成为另一种逻辑功能的触发器。

例如 J-K 触发器可转换成 D 触发器，将 J 输入端作为 D 输入端，并将 J 端经一个非门与 K 输入端相连，就转换成 D 触发器，如图 13-10 所示。当 $D=0$，即 $J=0$ 和 $K=1$，时钟脉冲后沿一到，触发器转换为 0 态。当 $D=1$ 时，即 $J=1$ 和 $K=0$，时钟脉冲后沿一到，触发器转换为 1 态，即完成 D 触发器所具有的逻辑功能。

第二节　寄　存　器

寄存器可由逻辑门和触发器组成，是基本时序电路之一，它是用来存放数码的。凡是有记忆功能的触发器都能寄存数码。一个双稳态触发器有两个稳定状态，能寄存一位二进制数码，所以要存多位数码，就需用多个触发器。

寄存器存放数码的方式有并行和串行两种。并行方式就是数码各位从各对应位输入端同时输入到寄存器中；串行方式就是数码从一个输入端逐位输入到寄存器中。

从寄存器取出数码的方式也有并行和串行两种。在并行方式中，被取出的数码各位在对应于各位的输出端上同时出现；而在串行方式中，被取出的数码在一个输出端逐位出现。

寄存器按功能可以分为基本寄存器和移位寄存器。按内部元器件可分为 TTL 寄存器和 CMOS 寄存器。

一、基本寄存器

基本寄存器是一种并行输入、并行输出的寄存器，主要用来存放和传送数码。

图 13－11 是一种四位并行输入和并行输出数码寄存器，是由四个 D 触发器组成。其中 $D_1 \sim D_4$ 是并行数码输入端；R 是清零端（低电平有效）；C 是寄存指令输入端，即时钟脉冲输入端（上升沿触发）；$Q_1 \sim Q_4$ 是并行数码输出端。

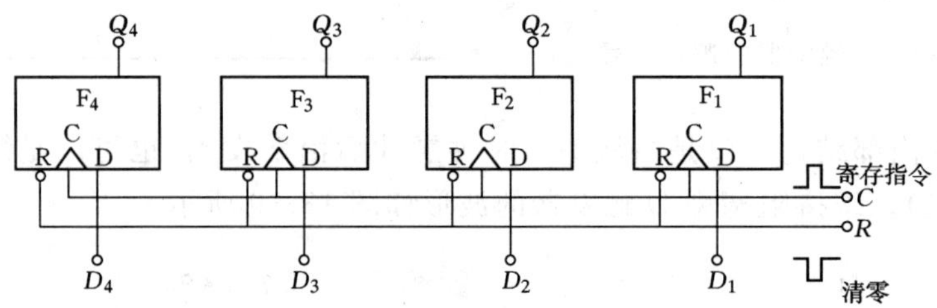

图 13－11　四位数码寄存器

四位数码寄存器的状态表见表 13－5，其工作原理如下。

表 13－5　四位数码寄存器的状态表

输入		输出				
R	C	Q_4^{n+1}	Q_3^{n+1}	Q_2^{n+1}	Q_1^{n+1}	功能
0	×	0	0	0	0	清零
1	↑	D_4	D_3	D_2	D_1	送数

1. 清零

$R=0$，异步清零。无论寄存器原来的内容是什么，只要 $R=0$，立刻通过直接复位端将四个 D 触发器都复位到 0 状态。

2. 送数

当 $R=1$ 时，C 的上升沿送数。无论寄存器原来存储的数码是什么，在 $R=1$ 时，只要寄存指令 C 的上升沿到来，加在并行数码数据输入端的数码 $D_1 \sim D_4$，马上就被送入寄存器中，即

$$\begin{cases} Q_1^{n+1}=D_1 \\ Q_2^{n+1}=D_2 \\ Q_3^{n+1}=D_3 \\ Q_4^{n+1}=D_4 \end{cases} \text{（}C\text{ 的上升沿时刻有效）}$$

3. 保持

当 $R=1$、C 的上升沿以外时间，寄存器保持内容不变，即各个输出端 Q 的状态与输入端 D 无关，都将保持不变。

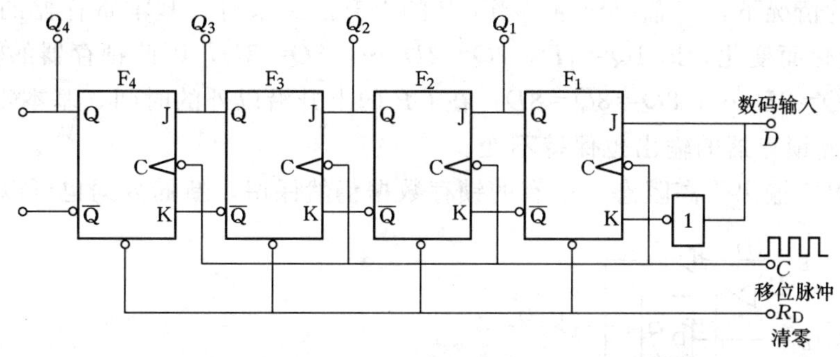

图 13－12　由 J－K 触发器组成的四位移位寄存器

二、移位寄存器

移位寄存器是串行输入、串行输出的寄存器。所谓移位，就是每当来一个移位脉冲时，触发器的状态便向右或向左移一位，也就是指寄存的数码可以在移位脉冲的控制下依次进行移位。

图 13－12 是由 J－K 触发器组成的四位移位寄存器。F_1 接成 D 触发器，数码由 D 端输入。设寄存的数码为 1011，按移位脉冲（即时钟脉冲）的工作节拍从高位到低位依次送到 D 输入端。工作之初先清零，即 $R_D=0$，$Q_4Q_3Q_2Q_1=0000$。首先将最高位的数码 1 输入到 D 端，即 $D=1$，第一个移位脉冲的后沿来到时，使触发器 F_1 翻转，$Q_1=1$，其他触发器仍保持 0 态。接着次高位数码 0 又输入到 D 端，即 $D=0$，第二个移位脉冲的后沿到时使 F_1 和 F_2 同时翻转，由于 F_2 的 J 端为 1，F_1 的 J 端为 0，所以 $Q_2=1$，$Q_1=0$，Q_3 和 Q_4 仍为 0。以后过程如表 13－6 所示，移位一次，存入一个新数码，直到第四个脉冲的后沿来到时，存数结束。

表 13－6　　移位寄存器的状态表

移位脉冲数	寄存器中的数码				移位过程
	Q_4	Q_3	Q_2	Q_1	
0	0	0	0		清零
1	0	0	0	1	左移一位
2	0	0	1	0	左移二位
3	0	1	0	1	左移三位
4	1	0	1	1	左移四位

如果再经过四个移位脉冲，则所存的 1011 逐位从 Q_4 端输出。

三、8 位 D 型锁存器

锁存器又叫自锁电路，是另一暂时存放二进制数码的逻辑部件。

经常使用的 MIS（中规模集成电路）锁存器有双二位锁存器、双四位锁存器、八位锁存器等等。下面介绍常用的 8 位 D 型锁存器 74LS373 的工作原理。

74LS373 的逻辑图和外引脚排列图如图 13－13 所示。

74LS373 内部集成有 8 位 D 型锁存器，即 8 位基本寄存器加上 8 个三态负逻辑非门构成。其中 $1D$、$2D$、…、$8D$ 是 8 个数据输入端，CP 是锁存控制信号（上升沿触发），$\overline{E}$ 为输出使能控制信号端（低电平选通）：当 $\overline{E}$ 为低电平时，输出三态门导通；当 $\overline{E}$ 为高电平时，输出三态门为高阻态。

其工作原理分析如下：

在 $\overline{E}=0$ 的情况下，三态门导通。当 CP 的上升沿到来时，基本寄存器的输出 $\overline{Q}$ 跟随输入数据 D 变化而变化，即 $1\overline{Q}=1\overline{D}$，$2\overline{Q}=2\overline{D}$，…，$8\overline{Q}=8\overline{D}$，因此锁存器的输出 $1Q=1\overline{\overline{Q}}=1D$，$2Q=2\overline{\overline{Q}}=2D$，…，$8Q=8\overline{\overline{Q}}=8D$；在 CP 的上升沿以外的时间，基本寄存器的输出保持不变，因此锁存器的输出也保持不变。

在 $\overline{E}=1$ 时，输出为高阻态，已有的锁存数据仍然保留，新的数据也可以进入。

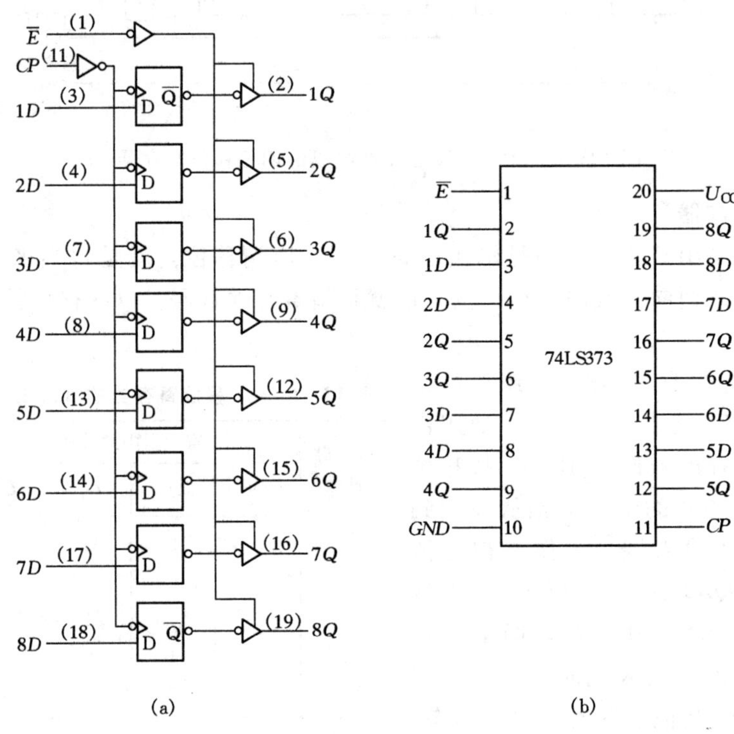

图 13-13　8 位 D 型锁存器的逻辑图和外引脚排列图

(a) 逻辑图；(b) 外引脚排列图

第三节　计　数　器

在电子计算机和各种数字式仪表中，计数器是基本逻辑部件之一。它能累计脉冲的个数，就像数数一样，1，2，3，…，最后给出累计的总数。计数器分为加法计数器、减法计数器和可逆计数器。依进位制分，有二进制计数器、十进制计数器和任意进制计数器等。本节只讨论二进制加法计数器和十进制加法计数器。

一、二进制加法计数器

二进制数只有 0 和 1 两个数码。所谓二进制加法计数就是逢二进一，即 $0+0=0$，$0+1=1$，$1+1=10$。通常用一个触发器的两个状态 0 和 1 表示一位二进制数。如果要表示 n 位二进制数，就需用 n 个触发器。

表 13-7 列出了四位二进制加法计数器的状态表。从表 13-7 中可以看出二进制数与

十进制数的关系。

1. 异步二进制加法计数器

由表 13－7 可见，每来一个计数脉冲，最低位触发器翻转一次；而高位触发器是在相邻的低位触发器从 1 变为 0 进位时翻转的。因此，可用四个 J－K 触发器来组成四位异步二进制加法计数器，如图 13－14 所示。所谓异步就是各触发器的翻转不与时钟脉冲同步。各触发器依次用相邻低位输出的进位脉冲进行触发，而最低位是计数脉冲输入，从低位到高位依次翻转。从图中可见各触发器的 J、K 端都是悬空的，相当于 $J=K=1$，即

表 13－7　二进制加法计数器状态表

移位脉冲数	二进制数				十进制数
	Q_4	Q_3	Q_2	Q_1	
0	0	0	0	0	0
1	0	0	0	1	1
2	0	0	1	0	2
3	0	0	1	1	3
4	0	1	0	0	4
5	0	1	0	1	5
6	0	1	1	0	6
7	0	1	1	1	7
8	1	0	0	0	8
9	1	0	0	1	9
10	1	0	1	0	10
11	1	0	1	1	11
12	1	1	0	0	12
13	1	1	0	1	13
14	1	1	1	0	14
15	1	1	1	1	15
16	0	0	0	0	16

$$Q^{n+1}=J\cdot\overline{Q^n}+\overline{K}\cdot Q^n=1\cdot\overline{Q^n}+\overline{1}\cdot Q^n=\overline{Q^n}$$，所以有计数功能。

开始计数前，计数器首先清零，即从复位端 R 输入一个负脉冲，使所有触发器都置 0。然后计数脉冲从 C 端输入，每输入一个计数脉冲，Q_1 的状态就翻转一次，而且是脉冲后沿触发（因触发器是主从型 J－K 触发器）。其波形图周期是计数脉冲 C 周期的二倍，即重复频率是计数脉冲频率的 1/2。因此，一位二进制计数器具有二分频功能。在分析 Q_2 的波形时，可将 Q_1 的波形看成计数脉冲，依此类推，可分析 Q_3 和 Q_4 的波形。

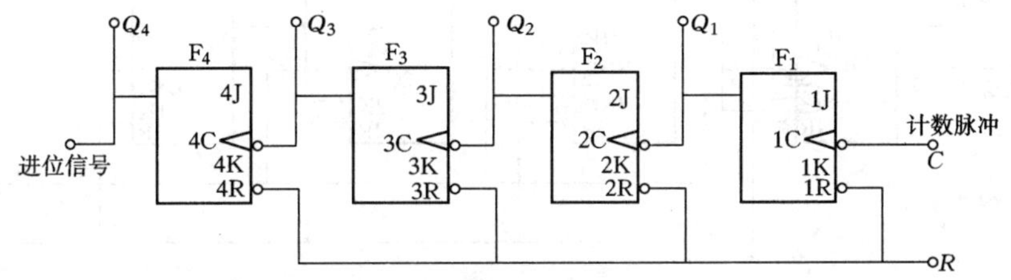

图 13－14　由 J－K 触发器组成的四位异步二进制加法计数器

图 13－15 波形图与表 13－7 的状态相对应。从表 13－7 可以看出，用四个触发器的输出 $Q_4Q_3Q_2Q_1$ 的状态，表示一个四位二进制数。当只有 $Q_1=1$ 时，表示一个计数脉冲，即对应表 13－7 中 0001；当只有 $Q_2=1$ 时，表示两个计数脉冲，对应表中 0010；当

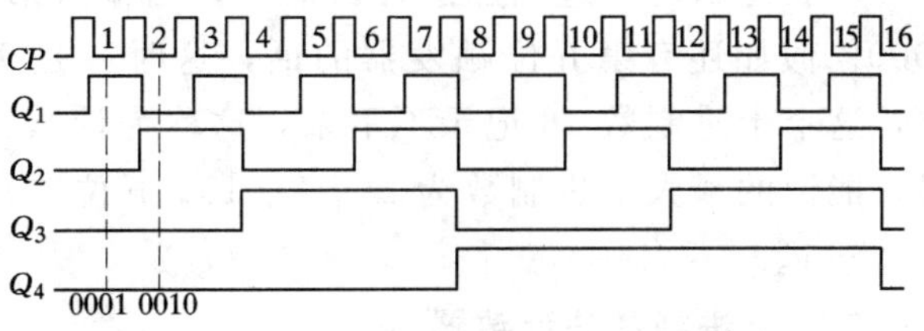

图 13－15　四位二进制加法计数器的波形图

只有 $Q_3=1$ 时，表示四个计数脉冲，对应表中 0100；当只有 $Q_4=1$ 时，表示八个计数脉冲，对应表中 1000。这也称二进制数各位的权，即表示第四位的权是 8，第三位的权是 4 等。当计数器累计到第十五个脉冲时，计数器的状态为 1111，当第十六个脉冲作用之后，计数器的状态变为 0000，并且向相邻高位送出一个进位信号。这样，一个四位二进制计数器共有十六（2^4）个状态。

2. 同步二进制加法计数器

同步计数器是把计数脉冲同时加到各个触发器的 C 输入端，使各个触发器的状态变换与计数脉冲同步。这就是“同步”名称的由来，并与异步相区别。显然，同步计数器的计数速度较异步计数为快（省去了依次翻转时的延时时间）。

如果仍由四个主从型 J－K 触发器组成四位同步十进制加法计数器，由状态表 13－7 可得出此计数器应具有以下的逻辑关系：

（1）第一位触发器 F_1，每来一个计数脉冲就翻转一次，故翻转条件为 $1J=1K=1$。

（2）第二位触发器 F_2，在 $Q_1=1$ 时，再来一个计数脉冲才翻转，故得翻转条件为 $2J=2K=Q_1$。

（3）第三位触发器 F_3，在 $Q_2=Q_1=1$ 时，再来一个计数脉冲才翻转，故得翻转条件为 $3J=3K=Q_2Q_1$。

（4）第四位触发器 F_4，在 $Q_3=Q_2=Q_1=1$ 时，再来一个计数脉冲才翻转，故得翻转条件为 $4J=4K=Q_3Q_2Q_1$。

根据以上的逻辑关系，可得出图 13－16 所示的四位同步二进制加法计数器。图 13－16 中触发器有多个 J 端和 K 端，J 端之间和 K 端之间都是与的逻辑关系。

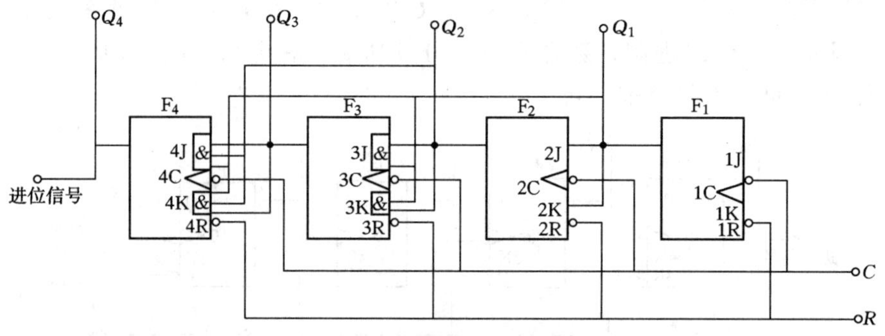

图 13－16　由 J－K 触发器组成的四位同步二进制加法计数器

在上述四位二进制加法计数器中，当输入第十六个计数脉冲后，又将返回起始状态 0000。假如还有第五位触发器的话，这时应是 10000，即十进制数 16。但现在只有四位，这个十进制数 16 记录不下来，这称为计数器的溢出。因此，四位二进制加法计数器，能记的最大十进制数为 $2^4-1=15$。n 位二进制加法计数器，能记的最大十进制数为 2^n-1。

二、十进制加法计数器

二进制计数器结构简单，但是读数不习惯，所以在有些场合采用十进制计数器较为方便。采用 8421 编码的二—十进制计数器基本上与二进制计数器差不多，每一位十进制计数器都是由四个触发器组成。所不同的是在十进制加法计数器中，当计数到 9，即四个触发器的状态为 1001 时，再来一个计数脉冲，这四个触发器不能像二进制加法计数器那样翻转成 1010，而必须翻转成为 0000。这是十进制加法计数器与二进制加法计数器不同之处。

表 13－8 所示为 8421 编码表。

表 13－8　　8421 编码表

移位脉冲数	二进制数				十进制数
	Q_3	Q_2	Q_1	Q_0	
0	0	0	0	0	0
1	0	0	0	1	1
2	0	0	1	0	2
3	0	0	1	1	3
4	0	1	0	0	4
5	0	1	0	1	5
6	0	1	1	0	6
7	0	1	1	1	7
8	1	0	0	0	8
9	1	0	0	1	9
10	0	0	0	0	进位

1. 集成同步十进制加法计数器

图 13－17 给出的是集成同步十进制加法计数器 74LS160 的逻辑符号和外引脚图。其中，CP 是时钟脉冲输入端；$\overline{CR}$是清零端；$\overline{LD}$是置数端；CT_T、CT_P 是工作状态控制端；$D_3 \sim D_0$ 是并行数据输入端；$Q_3 \sim Q_0$ 是计数器状态输出端；CO 是进位输出端。

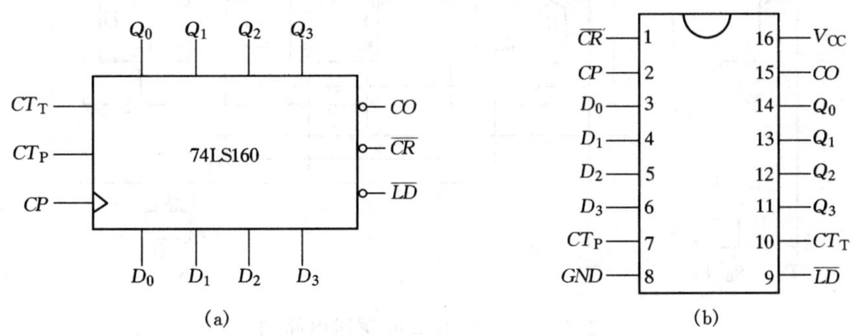

图 13－17　74LS160 的逻辑符号和外引脚图

(a) 逻辑符号；(b) 外引脚图

表 13－9 是集成计数器 74LS160 的状态表，从表中可看出其具有以下功能：

表 13-9　　74LS160 的状态表

输入					输出				
$\overline{CR}$	$\overline{LD}$	CT_T	CT_P	CP	Q_3^{n+1}	Q_2^{n+1}	Q_1^{n+1}	Q_0^{n+1}	功能
0	×	×	×	×	0	0	0	0	异步清零
1	0	×	×	↑	D_3	D_2	D_1	D_0	同步置数
1	1	0	×	×	Q_3^n	Q_2^n	Q_1^n	Q_0^n	保持
1	1	×	0	×	Q_3^n	Q_2^n	Q_1^n	Q_0^n	
1	1	1	1	↑	计数，$CO=Q_3^nQ_0^n$				

（1）异步清零功能。当$\overline{CR}=0$，计数器清零。从表中可看出，当$\overline{CR}=0$，其他输入信号不起作用，即$\overline{CR}$是通过直接复位端起作用的。

（2）同步并行置数功能。当$\overline{CR}=1$，$\overline{LD}=0$ 时，在 CP 的上升沿操作下，并行输入数据进入计数器，使 $Q_3^{n+1}Q_2^{n+1}Q_1^{n+1}Q_0^{n+1}=D_3D_2D_1D_0$。

（3）保持功能。当$\overline{CR}=\overline{LD}=1$，若 $CT_T\cdot CT_P=0$，即 CT_T、CT_P 只要有其一为零，计数器保持原来状态不变。

（4）计数。当$\overline{CR}=\overline{LD}=CT_T=CT_P=1$，则计数器对 CP 信号按照 8421 编码进行加法计数。

2. 集成异步十进制加法计数器

74LS290 是一种较典型的异步计数器，它可实现二—五—十进制计数。其逻辑电路如图 13-18 所示，其逻辑符号图和功能示意图如图 13-19 所示。

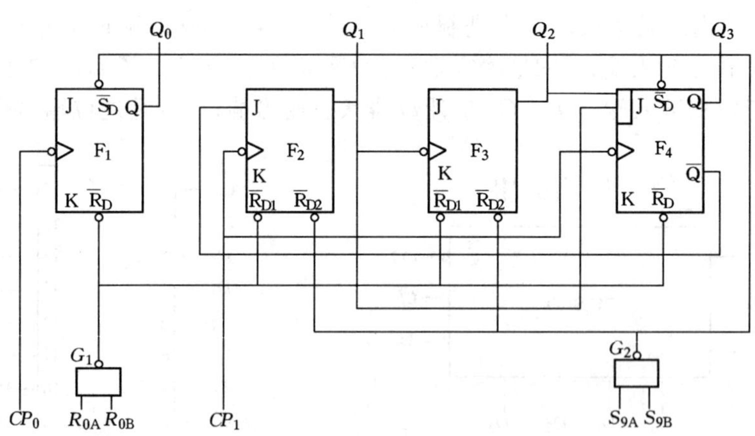

图 13-18　74LS290 逻辑电路图

74LS290 计数器由四个 J-K 触发器构成。其中触发器 F_0 和 F_1、F_2、F_3 除 R 和 S 外无任何逻辑关系，它具有独立的时钟输入端 CP_0，因此 F_0 可单独用来对 CP_0 进行二进制计数（或二分频）。触发器 F_1、F_2、F_3 共同构成一个五进制计数器，其计数脉冲输入端为 CP_1。74LS290 的状态表见表 13-10。

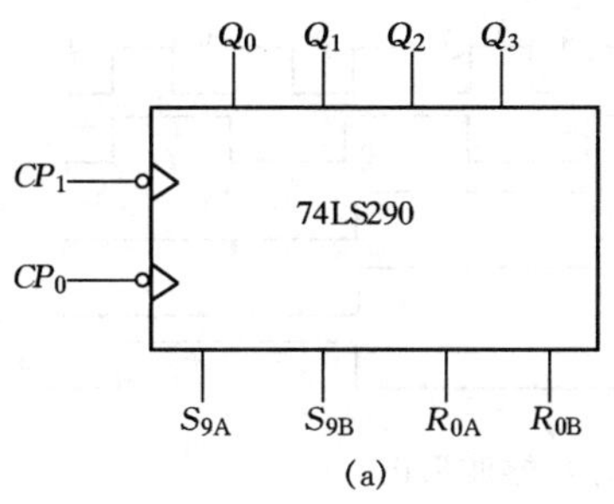

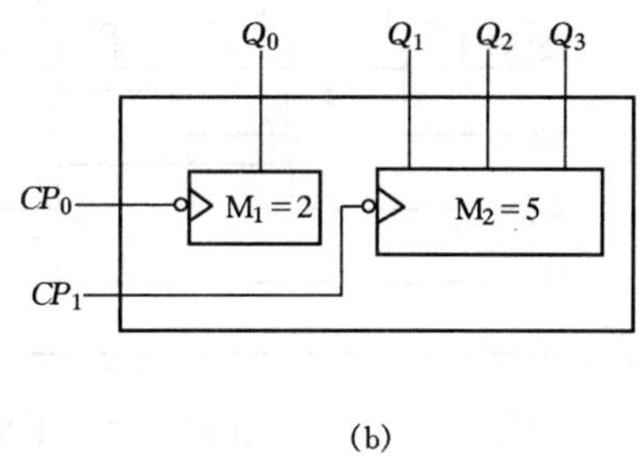

图 13-19　74LS290 的逻辑符号和功能示意图
(a) 逻辑符号；(b) 功能示意图

表 13-10　　74LS290 状 态 表

输入			输出				
$S_{9A}\cdot S_{9B}$	$R_{0A}\cdot R_{0B}$	CP	Q_3^{n+1}	Q_2^{n+1}	Q_1^{n+1}	Q_0^{n+1}	功能
1	×	×	1	0	0	1	异步置 9
0	1	×	0	0	0	0	异步清零
0	0	↓	计数				

表 13-10 表明 74LS290 具有下列功能：

(1) 异步置 9 功能。当 $S_{9A}\cdot S_{9B}=1$ 时计数器置“9”，与 CP 无关，即计数器被置成 1001 状态。

(2) 异步清零功能。当 $S_{9A}\cdot S_{9B}=0$ 时，若 $R_{0A}\cdot R_{0B}=1$，则计数器清零，与 CP 无关，异步清零。

(3) 计数功能。当 $S_{9A}\cdot S_{9B}=0$，$R_{0A}\cdot R_{0B}=0$ 时，加法计数器：

若仅将 CP 加在 CP_0 端，则构成一位二进制计数器 ($M_1=2$)，输出 Q_0。

若仅将 CP 加在 CP_1 端，则构成五进制加法计数器 ($M_2=5$)，输出 $Q_3Q_2Q_1$。

若将 CP 加在 CP_0 端，且把 Q_0 与 CP_1 从外部连接起来，则电路对 CP 按照 8421BCD 码进行加法计数器，输出 $Q_3Q_2Q_1Q_0$，如图 13-20 所示。

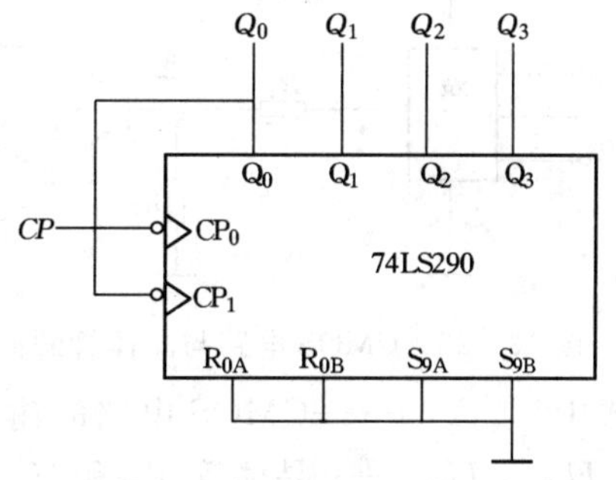

图 13-20　74LS290 构成的十进制计数器

图 13-21 是十进制加法计数器波形图，从图中可看出 Q_0、Q_1、Q_2 的波形，相对于前一级波形都具有二分频的作用，而 Q_3 的波形对计数脉冲 CP 的波形具有十分频的作用，即每输入十个计数脉冲，Q_3 才输出一个进位脉冲。因此是一位十进制计数器，如果将两个这样的计数器相连接，就构成二位十进制加法计数器。这时的个位数计数器输出的进位脉冲就是十位数计数器的输入脉冲。

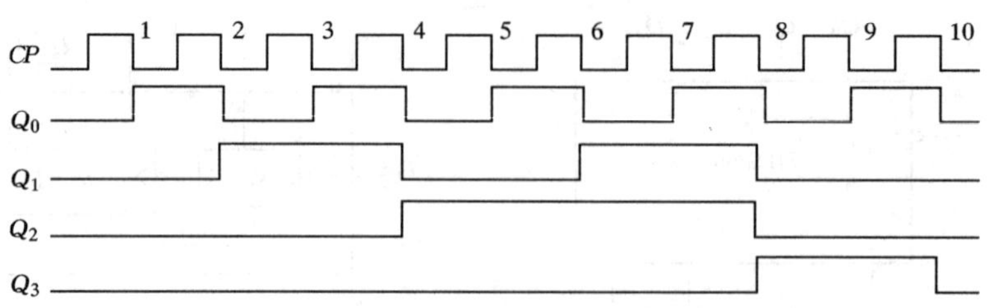

图 13-21　十进制加法计数器波形图

第四节　电 平 转 换 电 路

目前，逻辑集成电路已发展和划分为 TTL、DTL、MOS、CMOS、HTL、ECL 和 I^2L 等多种。随着技术的不断发展，还可能出现其他新的逻辑集成电路。不同种类的逻辑电路有着各自的特点和不同的用处。为了提高整机的性能，有时就需将不同类别的逻辑集成电路用在同一系统中，因此就需将各种不同类型的逻辑集成电路连接起来使用。因不同类型的逻辑集成电路的逻辑电平不一致，所以它们之间往往不能直接连接使用，需要进行电平转换，也即所谓通过接口电路。下面讨论常用的 CMOS 电路与晶体管、CMOS 电路及其他集成电路的接口方法。

一、CMOS 电路与晶体三极管的接口

CMOS 电路要控制继电器、步进电机等大电流负载，就不得不借助于大功率的晶体管。CMOS 电路与晶体管接口的电路种类很多，图 13-22 是较常用的一种。图 13-22 中，晶体管电源 U_{CC} 的值可按负载的需要来决定，并根据负载电流 I_L 的大小选定晶体管 V_1 和 V_2。晶体管选定后，就可以按照管子的参数来计算所需要的基极电流 I_B 为

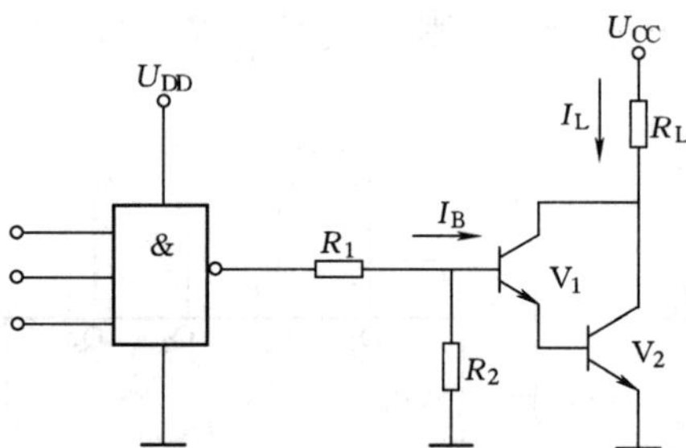

图 13-22　CMOS 电路与晶体管的接口

$$I_B \approx \frac{I_L}{\beta_1 \beta_2}$$

式中　β_1、β_2——晶体管 V_1 和 V_2 的电流放大系数。

再根据基极电流 I_B 计算出电阻 R_1 的值，即

$$R_1 = \frac{U_{OH} - (U_{BE1} + U_{BE2})}{I_B + (U_{BE1} + U_{BE2})/R_2}$$

式中　U_{OH}——CMOS 电路的输出高电平；

U_{BE1}、U_{BE2}——晶体管 V_1 和 V_2 发射结正向压降，通常取 0.7V。

图 13-22 中电阻 R_2 是为了改善电路的开关特性而引入的，其值一般取 4～10MΩ。

二、CMOS 电路与集成运算放大器的接口

为了完成对模拟量的控制，就要解决运算放大器对数字电路的接口。图 13-23 是运算放大器对 CMOS 电路的接口方法。图 13-23（a）是运算放大器和 CMOS 电路分别采用各自典型电源时的接口方法，两个二极管作箝位保护，电阻 R_3 既作 CMOS 电路的限流电阻，又对二极管实行限流保护。如果系统只能提供一种电源，并要求运算放大器也采用

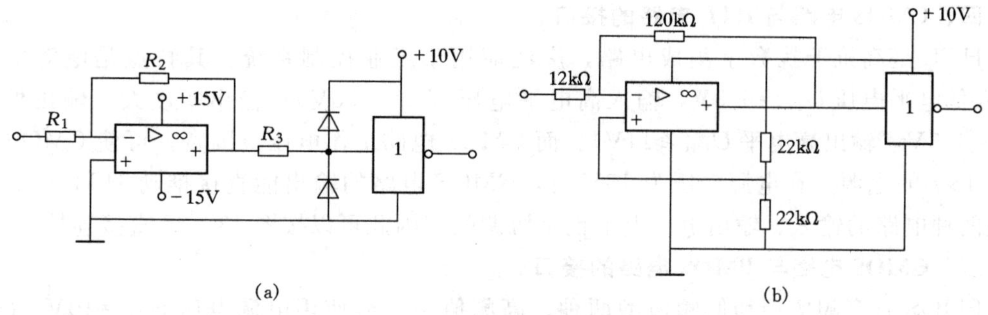

图 13-23　CMOS 电路与集成运算放大器的接口

(a) 采用各自电源；(b) 采用同一电源

这种电源时，则可按图 13-23（b）所示方法连接。

三、CMOS 电路与 TTL 电路的接口

TTL 电路输出高电平 U_{OH} 规范值为 2.4V，在电源电压 U_{DD} 为 5V 时，CMOS 电路的输入高电平高于 3.5V。为了解决电平不一致的问题，在 TTL 电路的输出端与电源之间接一电阻 R_X，以提高 TTL 电路的输出高电平，如图 13-24所示。电阻 R_X 的值由 TTL 输出端为 1 时的漏电流值来决定。不同系列的 TTL 应选取不同的 R_X 值，如表 13-11 所示。

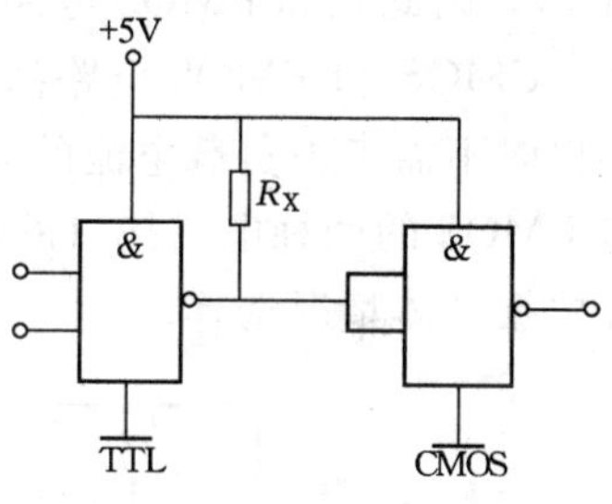

图 13-24　TTL—CMOS 电路的接口

表 13-11　　各种 TTL 系列对应 R_X 值

	74 系列	74H 系列	74S 系列	74L 系列	74LS 系列
R_{Xmin} (Ω)	390	270	270	1.5K	820
R_{Xmax} (kΩ)	4.7	4.7	4.7	27	12

以上是 TTL 对 CMOS 电路的接口。还有另一种情况，就是 CMOS 对 TTL 电路的接口，这时的接口条件有所不同。由于 TTL 电路的输入短路电流较大，就要求 CMOS 电路在输出低电平 U_{OL} 为 0.5V 时能给出足够的驱动电流，因此可选用 CC4049（六反相缓冲器）或 CC4050（六同相缓冲器）作接口，如图 13-25 所示。由于 CC4049 和 CC4050 的输入保护比较特殊，输入端可施加高于电源电压的信号。例如当 CC4049（或 CC4050）的 U_{DD} 取 5V 时，其输入端可施加 15V 的信号。

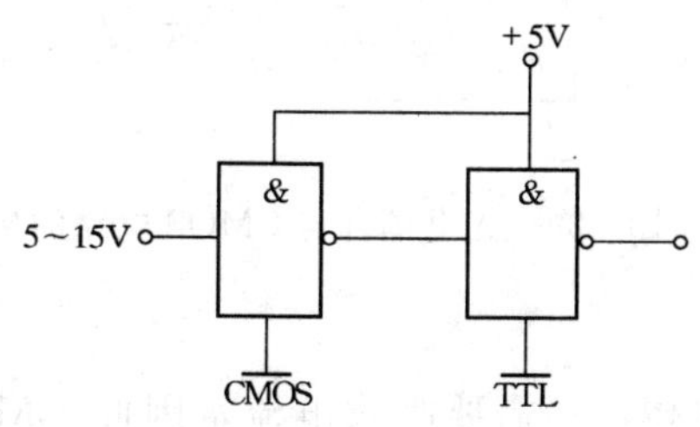

图 13-25　CMOS—TTL 电路的接口

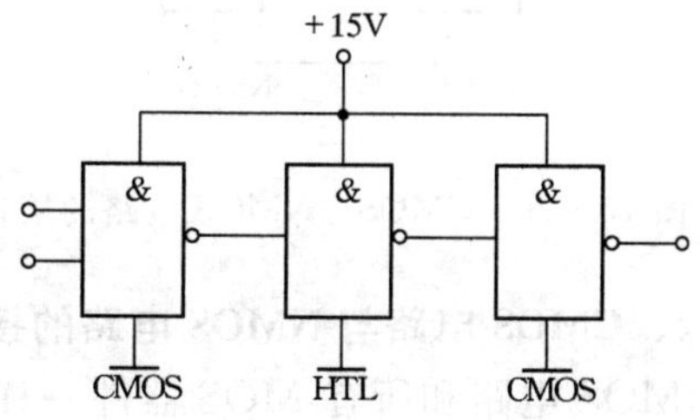

图 13-26　CMOS—HTL 电路的接口

四、CMOS 电路与 HTL 电路的接口

HTL 是高抗干扰数字集成电路，广泛应用于工业控制系统。其特点是电源电压高（输入低电平电压 $U_{IL}=6.5V$，输入高电平电压 $U_{IH}=8.5V$）；输出幅度大（输出低电平 $U_{OL}\leqslant 1.5V$，输出高电平 $U_{OH}\geqslant 14V$）。而 CMOS 电路工作电压范围宽，可使 CMOS 电路采用 15V 的电源。在电源电压为 15V 时，CMOS 电路的输出能直接推动 HTL 电路，并且这两种电路的输入、输出电压电平也是协调的，因此可以按图 13-26 直接连接。

五、CMOS 电路与 PMOS 电路的接口

PMOS 有高阈值型和低阈值型两种。高阈值型一般使用电源电压 $U_{SS}=10V$，$U_{DD}=-13V$，低阈值型一般使用 $U_{SS}=+5V$，$U_{DD}=-5V$。此外，高阈值型多采用负逻辑（正电位是逻辑 0，负电位是逻辑 1），低阈值型多采用正逻辑（负电位是逻辑 0，正电位是逻辑 1），因此在和 PMOS 电路连接时一定要注意逻辑电平的高低。

CMOS 和 PMOS 电路都属于电压控制电路，输入阻抗高，输入电流可以忽略，因此接口时不需考虑负载电流的大小，只需考虑电压匹配就可以了。图 13-27 给出了 CMOS 与 PMOS 的两种电路接口的具体电路。图 13-27（a）中的稳压管可以选用 3～8V，读者可根据具体情况选择。

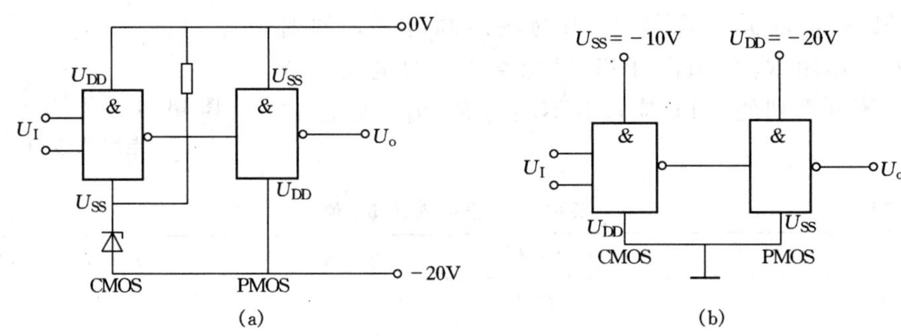

图 13-27　CMOS—PMOS 电路的接口

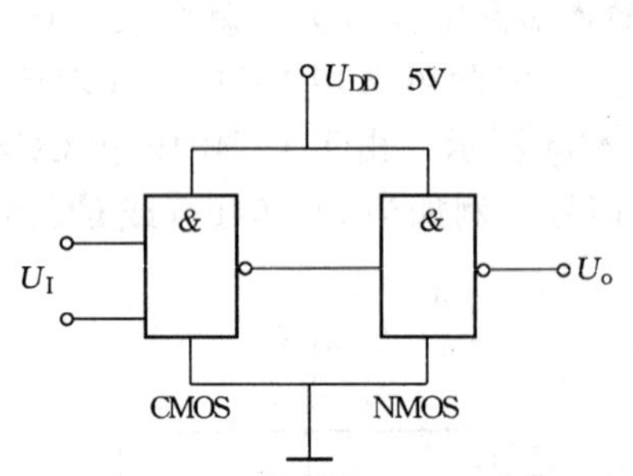

图 13-28　CMOS—NMOS 电路的接口

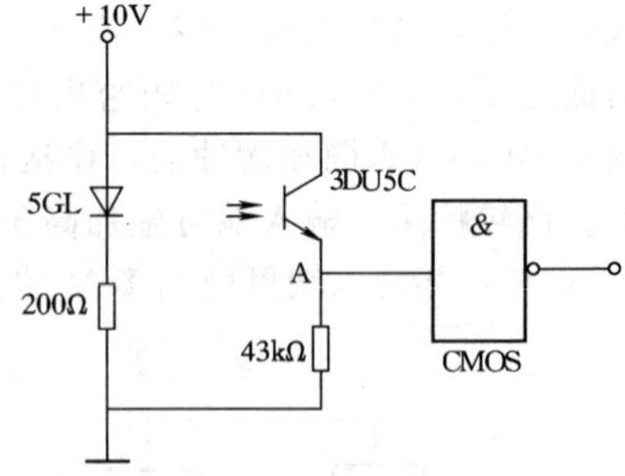

图 13-29　光电耦合与 CMOS 电路的接口

六、CMOS 电路与 NMOS 电路的接口

NMOS 电路和所有 MOS 器件一样，输入阻抗高，不需要吸收电流，因此 CMOS 与 NMOS 电路接口时也不必考虑负载电流的大小。NMOS 电路大都采用单组正电源供电，并且以 +5V 为多。CMOS 电路只要选取和 NMOS 电路相同的电源，就可以直接接口，

如图 13－28 所示。

七、光电耦合电路与 CMOS 电路的接口

前面已提到，由于 CMOS 器件输入阻抗高，所以光电耦合可与 CMOS 电路直接连接，并可共用一个电源，如图 13－29 所示。

第五节 555 定时器

555 定时器电路是一种将模拟功能与逻辑功能巧妙结合在同一硅片上的组合集成电路。它设计新颖，构思巧妙，用途之广几乎遍及电子应用的各个领域，可用作振荡器、脉冲发生器、延时发生器、定时器、单稳态触发器、无稳态触发器、锯齿波产生器、脉宽调制器、脉位调制器等。当 CMOS 型时基电路 ICM555 研制成功后，使其应用从民用，扩展到火箭、导弹、卫星等高科技领域中，所以备受人们的青睐。

图 13－30 是 5G1555 定时器（555 定时器的一种）的原理框图。共有八个引出管脚，其内部包括 A_1、A_2 两个电压比较器，一个基本 R－S 触发器，两个晶体管和三个分压电阻（阻值均为 5kΩ）。由这三个电阻对电源 U_{CC} 分压得到 $2/3U_{CC}$ 和 $1/3U_{CC}$ 电压作为两个电压比较器的参考电压。由图 13－30 可见，当高触发端脚 6 触发电平大于 $2/3U_{CC}$（电压比较器 A_1 的同相输入端的电压）时则 A_1 的输出端 R 为低电平，否则为高电平。当低触发端脚 2 的触发电平低于 $1/3U_{CC}$ 时，A_2 的输出端 S 为高电平（因脚 2 是 A_2 的反相输入端），否则为低电平。

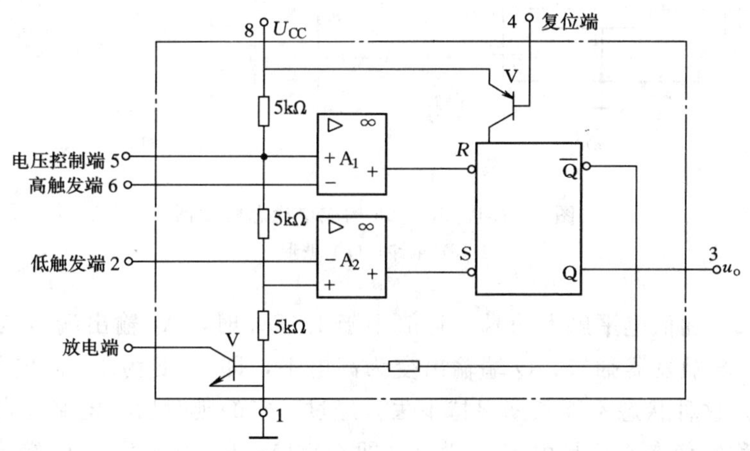

图 13－30 5G1555 定时器方框图

在了解框图的基础上，以下讨论由 5G1555 定时器构成的单稳态触发器，多谐振荡器和施密特触发器。

一、单稳态触发器

我们已经知道，双稳态触发器有两个稳定状态，在触发信号作用下，从一个稳定状态转为另一个稳定状态；而单稳态触发器在没有触发信号作用时处于某种稳定状态，在触发信号作用下，电路将翻转到另一暂稳状态（这种状态只能暂时保持），经过一定时间后自动翻转到原来的稳定状态，即只有一个稳定状态，所以称为单稳态触发器。

图 13-31（a）是由 5G1555 构成的单稳态触发器，实线框内是定时器的原理框图。脚 2 为触发信号输入端（低电平触发），脚 3 为触发器的输出端，电阻 R 和电容 C 为外接元件。

工作原理如下：

电源接通后，在未触发信号时，应使 u_i 为高电平，其值大于 $1/3U_{CC}$，因此电压比较器 A_2 输出端 S 为低电平。此时电源 U_{CC} 经电阻 R 向电容 C 充电。当电容上电压充至 $u_C=2/3U_{CC}$ 时，A_1 的输出端 R 为低电平。根据基本 R-S 触发器的逻辑功能，其输出端 $Q=0$，即脚 3 将输出低电平，这时 $\overline{Q}$ 端为高电平。此高电平经电阻输至晶体管 V 的基极，使晶体管 V 导通，电容则通过晶体管 V 迅速放电，结果使脚 6 为低电平，A_1 输出端 R 变为高电平，即 $R=1$。这种情况下 R-S 触发器的两个输入端均为 1，输出端 Q 保持 0 态。所以在不加触发信号时，这种单稳态触发器处于稳定状态，输出 u_o 为低电平。

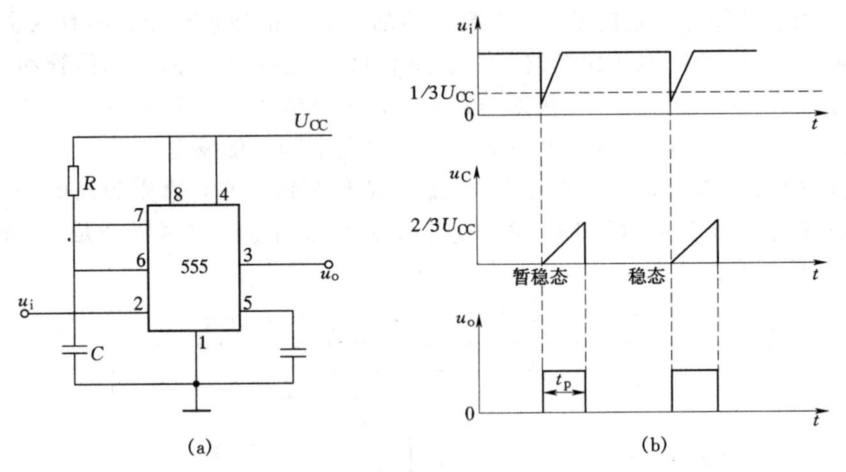

图 13-31　5G1555 构成单稳态触发器

（a）电路；（b）波形

当 u_i（脚 2）加低电平触发信号，且值小于 $1/3U_{CC}$ 时，A_2 输出端 S 为低电平（即 $S=0$），这时 R-S 触发器翻转，Q 端输出变为高电平，即 u_o 变为 1（高电平），这时电路处于暂稳状态。这种状态不能长期保持下去，经过一定的延时后，电路会自动返回原来的稳定状态，故称暂稳态。这是由于 u_o 为 1（即 $Q=1$），R-S 触发器 $\overline{Q}$ 端为 0，使晶体管 V 截止。电源再次通过 R 向电容 C 充电。当电容 C 的电压充电至 $u_C>2/3U_{CC}$ 时，即脚 6 电位高于脚 5 电位，A_1 输出端 R 又变为低电平，使 R-S 触发器又翻转为 0 态，即自动返回至稳态。

图 13-31（b）是上述单稳态触发器的波形图。由图可见，暂稳态持续时间就是电源经电阻 R 给电容 C 充电至 $u_C=2/3U_{CC}$ 所需时间。电容的充电规律为：

$$u_C=U_{CC}(1-e^{-\frac{t}{\tau}})$$

式中，$\tau=RC$。把 $u_C=2/3U_{CC}$ 代入上式就可得出暂稳态持续时间，即输出脉冲宽度为：

$$t_P = RC\ln 13 \approx 1.1RC$$

由上式可见，改变 R 或 C 的值，可改变输出脉冲宽度 t_P。用 5G1555 构成的单稳态触发器的输出脉冲宽度可达十几分钟，其精度为 1%。

二、多谐振荡器

多谐振荡器是一种自激振荡电路，只要加上电源，在其输出端就能获得一定频率的矩形脉冲。由于矩形波包含有丰富的高次谐波，因此叫多谐振荡器。

图 13－32（a）是用 5G1555 构成的多谐振荡器，图 13－32（b）是其工作波形，下面讨论它的工作过程。

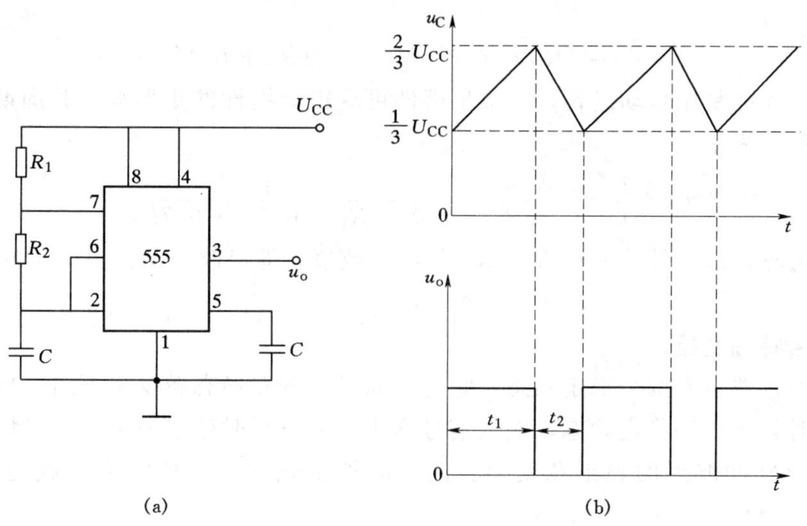

图 13－32　5G1555 构成多谐振动器

（a）电路；（b）波形

开始接通电源时，外接电容 C 来不及充电，此时 $u_C=0$，u_C 接至脚 6 和脚 2，所以 A_1 输出高电平，A_2 输出低电平，即 $R=1$，$S=0$。R－S 触发器输出为 1 态，即 $Q=1$，$\overline{Q}=0$。电路输出端 u_o 为高电平，即 u_o 为 1。接通电源后，电源则经 R_1 和 R_2 给电容 C 充电。当电容 C 充电至 $u_C=2/3U_{CC}$时，A_1 输出低电平（A_2 输出高电平），即 $R=0$，$S=1$。R－S 触发器输出为 0 态，即 $Q=0$，$\overline{Q}=1$，故电路输出 u_o 为低电平。此时由于 $\overline{Q}=1$，所以晶体管 V 的基极为高电平，晶体管 V 饱和导通，电容 C 经 R_2 和晶体管 V 放电，当电容 C 放电至 $u_C<1/3U_{CC}$时，A_2 输出为低电平，A_1 输出为高电平，即 $S=0$，$R=1$，R－S 触发器又翻转为 1 态，即 $Q=1$，$\overline{Q}=0$。输出端 u_o 为高电平。由于 $\overline{Q}=0$，所以晶体管 V 截止。根据电容器 C 经电阻 R_2 放电的暂态方程

$$u_C = \frac{2}{3}U_{CC}e^{-\frac{1}{R_2C}}$$

可求得 u_C 由 $2/3U_{CC}$放电至 $1/3U_{CC}$所需时间 t_2 为

$$\frac{1}{3}U_{CC} = \frac{2}{3}U_{CC}e^{-\frac{t_2}{R_2C}}$$

解得

$$t_2 = R_2 C\ln 2 \approx 0.7 R_2 C$$

由于晶体管 V 截止，U_{CC}将再次经 R_1 和 R_2 给电容 C 充电，当电容 C 由 $1/3U_{CC}$充电至 $2/3U_{CC}$时，A_1 又输出低电平，A_2 输出高电平，即 $R=0$，$S=1$，R-S 触发器翻转为“0”态。u_C 由 $1/3U_{CC}$充电到 $2/3U_{CC}$所需时间 t_1 可由下列方程（由三要素法即可得出）求得

$$\frac{2}{3}U_{CC} = U_{CC} + \left(\frac{1}{3}U_{CC} - U_{CC}\right)e^{-\frac{t_1}{(R_1+R_2)C}}$$

解以上方程可得

$$t_1 = (R_1 + R_2)C\ln 2 \approx 0.7(R_1 + R_2)C$$

以上过程周而复始自动进行。在输出端即可获得周期性的矩形波，其周期为 $T=t_1+t_2$。所以振荡频率为

$$f = \frac{1}{T} =- \frac{1}{t_1 + t_2} \approx \frac{1}{0.7(R_1 + R_2)C + 0.7R_2 C}$$

由上式可见，改变外接元件 R_1、R_2 和 C 的数值，即可改变输出矩形波的重复频率和脉冲宽度。

三、施密特触发器

施密特触发器也有两个稳定状态，它与前面讲过的双稳态触发器不同。当输入信号低于某一电平时处于一种稳定状态，输入信号高于另一电平时处于另一种稳定状态。它常用于信号鉴幅及脉冲波形的整形和变换。例如能把正弦波、三角波变换成边沿很陡的矩形波。

图 13-33（a）是应用 5G1555 构成的施密特触发器。假定输入波形 u_i 如图 13-33（b）所示。当 $u_i=0$ 时，脚 6 和脚 2 都是低电平，A_1 输出端 $R=1$，A_2 输出端 $S=0$，故 R-S 触发器输出端 $Q=1$，$\overline{Q}=0$，即 u_{o1}输出高电平，电路处于第一稳态。当 u_i 上升到 $u_i=2/3U_{CC}$时，A_1 输出端 R 变为 0，而 A_2 输出端 $S=1$，使 R-S 触发器翻转为 0，即 u_{o1}输出翻转为低电平，电路处于第二稳态。u_i 再继续增大，电路也保持此第二稳态。

当 u_i 经过最大值后降低到 $u_i=U_1=2/3U_{CC}$时，虽然输出端 R 变为 1，但由于此时 S 也为 1，所以 R-S 触发器状态不变，电路的输出 u_{o1}保持第二稳态（0 态）。当 u_i 下降到 $u_i=U_2=1/3U_{CC}$，A_2 的输出 S 才变为 0。使 R-S 触发器翻转为 1 态，$Q=1$，$\overline{Q}=0$，即 u_{o1}输出高电平，此时电路返回到第一稳态。由此可见，施密特触发器是依靠输入信号电平的高低来触发翻转的。这一点与双稳态触发器利用脉冲触发是不同的。施密特触发器输入信号达到高电平 U_1 称为上限触发门坎电压，达到低电平 U_2 成为下限触发门坎电压。二者之差称为滞回电压或回差电压。此电路在脚 5 悬空时回差电压为

$$U_1 - U_2 = \frac{2}{3}U_{CC} - \frac{1}{3}U_{CC} = \frac{1}{3}U_{CC}$$

如果通过外接电路适当改变脚 5 的电位，可使电路的触发电平发生变化，从而改变回差电压。也就是说调节脚 5 电位，即可调节回差电压。

如果需要对输出信号进行电平转换，可以利用 u_{o2}作为输出端。由于 u_{o2}（脚 7）是通

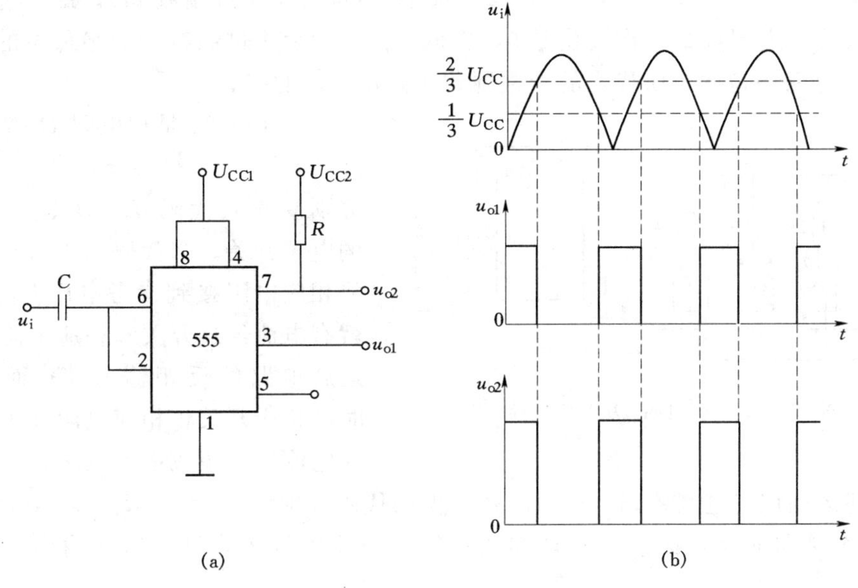

图 13-33　5G1555 构成施密特触发器

(a) 电路；(b) 波形

过电阻 R 与另一电源 U_{CC2} 相接，当 u_{o1} 为高电平时，R-S 触发器的 $\overline{Q}$ 端为低电平，晶体管截止，因而 u_{o2} 输出的高电平为 U_{CC2}，即实现了电平转换的作用。

555 定时器构成的触发器，其电源电压范围为 3～18V，输出电流可达 100～200mA，因此可直接驱动小型继电器。

第六节　D/A 转换和 A/D 转换的基本概念

在数字电路中进行传送和处理的是不连续的数字信号，这种不连续的数字信号只有 1 和 0 两种状态。在模拟电路中的信号是连续变化的模拟信号。随着计算机技术的发展，数字控制应用越来越广泛。必须把代表温度、压力、速度、位移、流量等物理量的模拟信号转换成数字量才能输送到计算机进行运算处理，所以必须先把模拟信号转换成数字信号，同样代表运算和处理结果的数字信号也必须再转换成模拟信号才能实现对被控制量的控制。因此，必须解决数字信号和模拟信号的相互转换问题。从模拟信号到数字信号的转换称为模数转换（即 A/D 转换）；从数字信号到模拟信号的转换称为数模转换（即 D/A 转换）。

一、D/A 转换

实现 D/A 转换的基本思路是将数字量每一位的代码按该数位的权的大小转换成相应的模拟量，然后将代表各位的模拟量相加，所得总模拟量就是与数字量成正比的模拟量，从而实现 D/A 转换。

在一个多位二进制数码中，每一位的 1 所代表的数值是不同的。例如一个四位二进制

数 $1011_{(二)}=1\times2^3+0\times2^2+1\times2^1+1\times2^0=11_{(十)}$（即等于十进制数 11）。此二进制数的最高位的 1 代表十进制数 2^3，次高位是 0，次低位的 1 代表十进制数 2^1，最低位的 1 代表十进制数 2^0。把每一位的 1 所代表的十进制数叫做这一位的权。

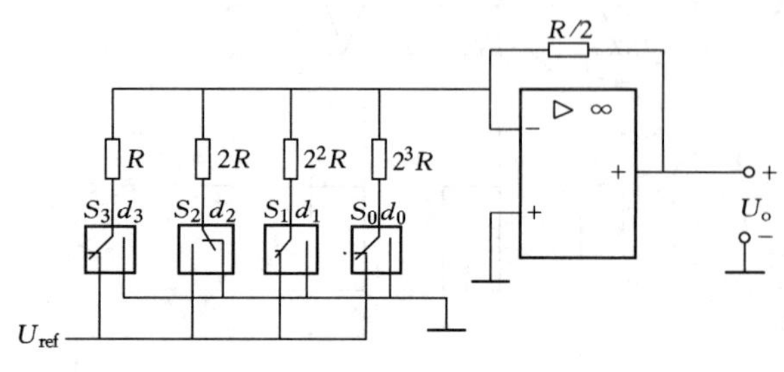

图 13-34　权电阻 D/A 转换器

图 13-34 是权电阻 D/A 转换器原理图。图 13-34 中 S_3、S_2、S_1、S_0 是分别受输入代码 d_3、d_2、d_1、d_0 控制的电子开关。当代码为 1 时，相应开关将相应电阻接到参考电压 U_{ref}上，这样就有电流经过开关和相应电阻进入集成运放电路的反相输入端；而代码为 0 时，相应开关将相应电阻接地，则无输入电流进入集成运放电路，由图 13-34 可知，上述的四位二进制数码（1011）每一位的代码分别为 $d_3=1$，$d_2=0$，$d_1=1$，$d_0=1$，而运算放大器的此种接法是实现加法运算，因此可得运算放大器的输出模拟量电压值 U_o。

$$U_o=-\left[\frac{\frac{R}{2}}{2^0R}d_3U_{ref}+\frac{\frac{R}{2}}{2^1R}d_2U_{ref}+\frac{\frac{R}{2}}{2^2R}d_1U_{ref}+\frac{\frac{R}{2}}{2^3R}d_0U_{ref}\right]$$

$$=-\frac{U_{ref}}{2^4}(2^3d_3+2^2d_2+2^1d_1+2^0d_0)$$

设 $U_{ref}=16V$ 时，则

$$U_o=-\frac{16}{2^4}(2^3\times1+2^2\times0+2^1\times1+2^0\times1)=-11\ (V)$$

如果有 n 位二进制数码，则依此类推，可求得输出模拟量电压值 U_o：

$$U_o=-\frac{U_{ref}}{2^4}(2^{n-1}d_{n-1}+2^{n-2}d_{n-2}+\cdots+2^1d_1+2^0d_0)$$

上式表明输出的模拟量电压 U_o 正比于输入的二进制数字信号 D_n

$$D_n=d_{n-1}d_{n-2}\cdots d_1d_0$$

从而实现了 D/A 转换。

例如有一个 12 位二进制数码 $D_{12}=111111111111$，取 $U_{ref}=10V$，实现 D/A 转换后输出模拟量电压 U_o 值为

$$U_o=-\frac{10}{2^{12}}(2^{11}+2^{10}+\cdots+2^1+2^0)=-9.99975\ (V)$$

这时转换电路的电子开关需 12 个，即 $S_{11}S_{10}\cdots S_0$。

上述的权电阻 D/A 转换电路，优点是简单、直观。但在电阻网络中，若位数很多，则最高位和最低位电阻阻值相差就会太大。如果是 10 位二进制数码，若最小电阻 R 取 10kΩ，则最大电阻将达 $2^9R=5.12$MΩ，这样大阻值的电阻的精度很难达到要求，所以对位数多的数字量转换就不甚精确。只是用权电阻 D/A 转换器来讲解 D/A 转换的原理。实际 D/A 转换器有 T 形电阻 D/A 转换器、倒 T 形电阻 D/A 转换器、权电流 D/A 转换器和

电容型 D/A 转换器。

下面介绍一个集成单元 D/A 转换器（AD7541 单片集成 D/A 转换器），其内部结构采用倒 T 形电阻网络，电子开关用 CMOS 电路。图 13 - 35 是 AD7541 的引线排列和应用举例。AD7541 有 18 个脚外接引线：其中脚 4～脚 15 接二进制数码，脚 16 接电源，脚 3 接地，脚 1、脚 2 分别接集成运放的反相和同相输入端，脚 17 接参考电压 U_{ref}（即基准电压），脚 18 接集成运算放大器反馈电阻 R_f。若脚 17 接电压 $U_{ref}=10V$，输入数字代码为

$$D_n=101000000000$$

即 12 位时，则输出模拟量 U_o 的值为

$$U_o=-\frac{10}{2^{12}}(2^{11}+0+2^9+0\cdots+0)=-6.25\text{ (V)}$$

即将数字量代码转换成输出电压模拟量。

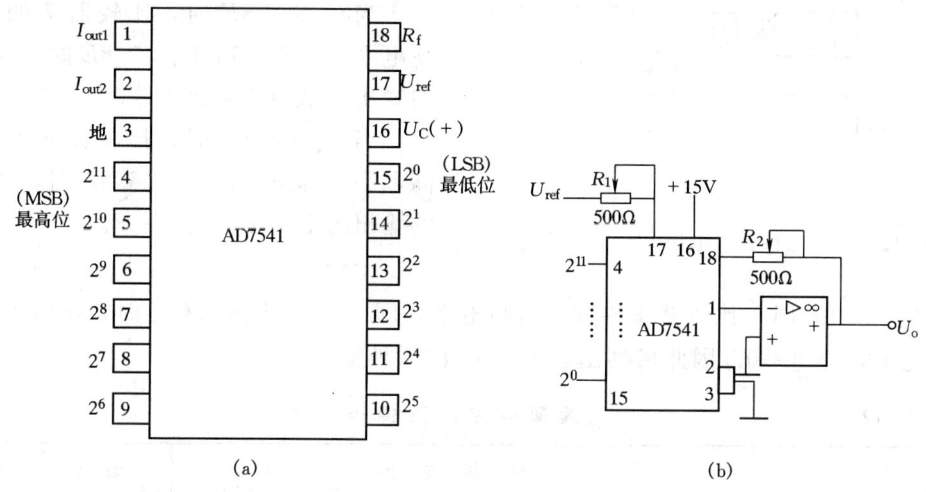

图 13 - 35　AD7541 的引线排列和应用举例

（a）引线排列；（b）应用举例

二、A/D 转换

在一般自动控制和测量系统中，若被控或被测量是非电模拟量（如温度、湿度、转速等），首先要经传感器把这些非电模拟量转换为电压信号，然后将其转换为数字量，即进行模数（A/D）转换。

图 13 - 36 所示是一个三位并行电压一数字转换器，它由基准电压源、分压电路、电压比较器和编码电路等几部分组成。

1. 分压电路

由八个阻值相等的电阻 R 相串联，接基准电压源 E。将基准电压源 E 分成 $1/8E$、$2/8E$、$3/8E$、$4/8E$、$5/8E$、$6/8E$、$7/8E$ 七个数值。这种分压方式叫量化。为了将模拟量转换成数字量，必须用一定的量化单位将模拟量进行量化，才能得到近似的数字量。显然量化单位越小，转换后所得数字量越准确。这就像天平上的最小砝码，最小砝码越小，称量越准确。图 13 - 36 中最小量化单位是 $1/8E$。

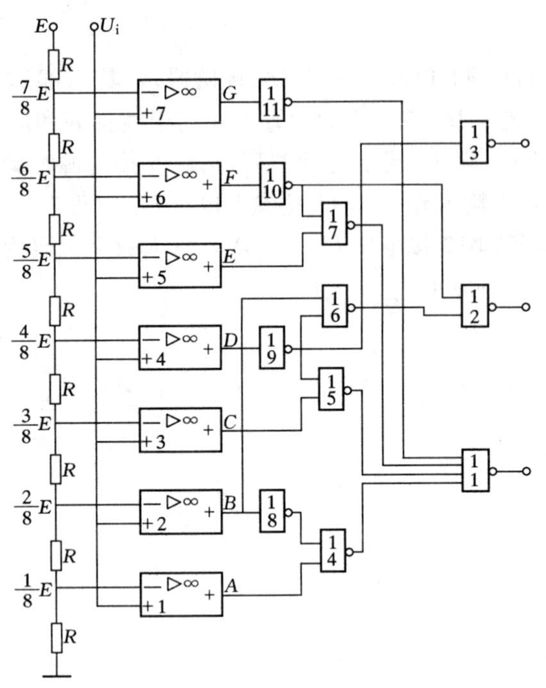

图 13-36　三位并行电压一数字转换器

2. 电压比较器

电压比较器是由七个运算放大器组成，由图 13-36 可见，运算放大器的反相输入端接分压电路，同相输入端接需要转换成数字信号的输入电压 u_i（u_i 的最大值应小于基准电压 E，否则不能比较。就像重量超过天平所能称量的最大值一样不能称量）。当加到运算放大器同相输入端的电压高于反相输入端的电压时，相应运算放大器（即比较器）输出高电平；反之，相应比较器输出低电平。例如：

当 $U_i > 7/8E$ 时，比较器 7 的输出为高电平，即 $G=1$；$U_i < 7/8E$ 时，比较器 7 的输出为低电平，即 $G=0$。

当 $U_i > 6/8E$ 时，比较器 6 的输出为高电平，即 $F=1$；$U_i < 6/8E$ 时，比较器 6 的输出为低电平，即 $F=0$。

……

当 $U_i > 1/8E$ 时，比较器 1 的输出为高电平，即 $A=1$；$U_i < 1/8E$ 时，比较器 1 的输出为低电平，即 $A=0$。因此可列出表 13-12 的八种情况。

表 13-12　　编码电路的真值表

输入电压	比较器输出							编码电路输出		
	A	B	C	D	E	F	G	F_3	F_2	F_1
$E \geqslant U_i > \frac{7}{8}E$	1	1	1	1	1	1	1	1	1	1
$\frac{7}{8}E \geqslant U_i > \frac{6}{8}E$	1	1	1	1	1	1	0	1	1	0
$\frac{6}{8}E \geqslant U_i > \frac{5}{8}E$	1	1	1	1	1	0	0	1	0	1
$\frac{5}{8}E \geqslant U_i > \frac{4}{8}E$	1	1	1	1	0	0	0	1	0	0
$\frac{4}{8}E \geqslant U_i > \frac{3}{8}E$	1	1	1	0	0	0	0	0	1	1
$\frac{3}{8}E \geqslant U_i > \frac{2}{8}E$	1	1	0	0	0	0	0	0	1	0
$\frac{2}{8}E \geqslant U_i > \frac{1}{8}E$	1	0	0	0	0	0	0	0	0	1
$\frac{1}{8}E \geqslant U_i > 0$	0	0	0	0	0	0	0	0	0	0

3. 编码电路

编码电路就是将以上代表输入电压 U_i 七个比较器输出的电平信号转换成数码，在此三位电压一数字转换器中转换成相应的三位二进制数。

根据表 13－12 可写出编码电路的逻辑式如下：

（1）编码电路的输出 $F_1=1$ 有四种情况：

当 $G=1$ 时，$F_1=1$；

当 $E=1$ 而 $F=0$，即 $E\overline{F}=1$ 时，$F_1=1$；

当 $C=1$ 而 $D=0$，即 $C\overline{D}=1$ 时，$F_1=1$；

当 $A=1$ 而 $B=0$，即 $A\overline{B}=1$ 时，$F_1=1$。

只要以上四种情况中有一种情况出现时，F_1 都是 1，所以 F_1 的逻辑式应为

$$F_1 = A\overline{B} + C\overline{D} + E\overline{F} + G$$

若用与非门实现以上逻辑关系可将上式变换如下

$$F_1 = \overline{\overline{A\overline{B} + C\overline{D} + E\overline{F} + G}} = \overline{\overline{A\overline{B}} \cdot \overline{C\overline{D}} \cdot \overline{E\overline{F}} \cdot \overline{G}}$$

（2）编码电路 $F_2=1$ 的情况可归纳为两种：

当 $F=1$ 时，$F_2=1$；

当 $B=1$ 而 $D=0$，即 $B\overline{D}=1$ 时，$F_2=1$。

所以 F_2 的逻辑式为

$$F_2 = F + B\overline{D} = \overline{\overline{F + B\overline{D}}} = \overline{\overline{F} \cdot \overline{B\overline{D}}}$$

（3）编码电路 $F_3=1$ 的情况可归并为 $D=1$ 一种，所以 F_3 的逻辑式为

$$F_3 = D = \overline{\overline{D}}$$

根据上述 F_1、F_2、F_3 的三个逻辑式可画出如图 13－36 用与非门组成的编码电路。

经以上分析，可见图 13－36 的电压一数字转换器能将电压信号 U_i 转换成三位二进制数字信号，即实现了 A/D 转换。

对于上述的电压一数字转换器，如果希望数字信号的位数更多一些，所用的比较器就更多，编码电路也更加复杂。一般来说，n 位的转换器，需要（2^n-1）个比较器。

测量电压的数字电压表，就是将被测电压经电压一数字转换器转换成数字信号，再由数码显示装置将测量结果用数字显示出来。和指针式仪表相比较，它可以消除人眼的读数误差。

小　结

（1）双稳态触发器。双稳态触发器具有两个稳态，在触发脉冲作用下可以从一个稳定状态翻转为另一个稳定状态，它具有存储和记忆功能。R－S 触发器、J－K 触发器、D 触发器、T 触发器等。要求掌握触发器的逻辑符号和逻辑功能。

（2）掌握寄存器、计数器的工作原理和常用的集成芯片。

（3）各种接口电路，并简单介绍了 A/D、D/A 转换器的原理及目前应用很广的 555 定时器。

习　题

13-1　当基本 R-S 触发器的 R 和 S 端加上如图 13-37 所示的波形时，试画出 Q 端的输出波形。设初始状态为 0 和 1 两种情况。

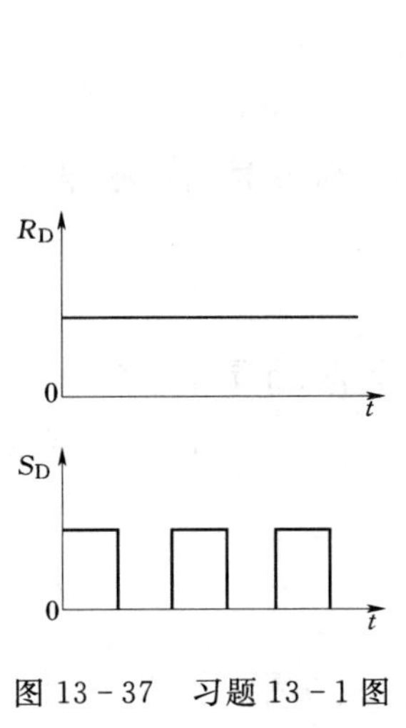

图 13-37　习题 13-1 图

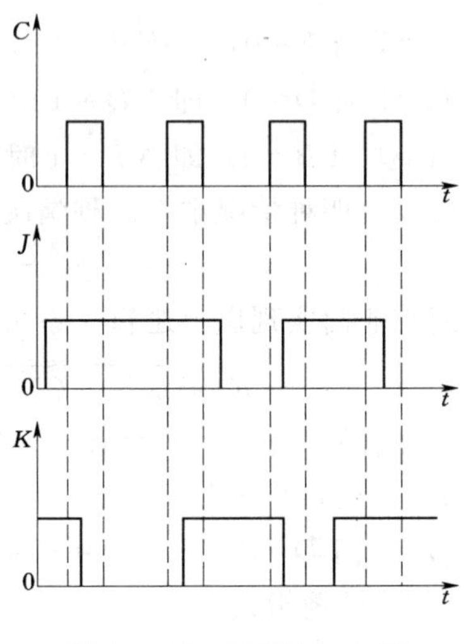

图 13-38　习题 13-2 图

13-2　当主从型 J-K 触发器（脉冲后沿触发）的 C、J、K 端分别加上图 13-38 所示的波形时，试画出 Q 端的输出波形，设初始状态为 0。

13-3　根据图 13-39 的逻辑图及相应的 C、R 和 D 的波形，试画出 Q_1 和 Q_2 端的输出波形。设初始状态 $Q_1=Q_2=0$。图 13-39 中 D 触发器是维持阻塞型（脉冲前沿触发），J-K 触发器是主从型（脉冲后沿触发）。

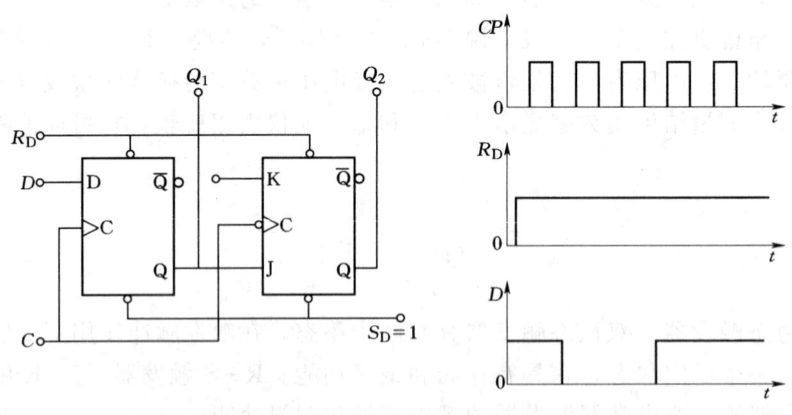

图 13-39　习题 13-3 图

13-4　试用四个 D 触发器组成一个四位右移移位寄存器。设原存数为 1101，待输入数为 1001 时，试说明移位寄存器的工作原理。

13－5　试用四个D触发器组成一个四位异步二进制加法计数器。

13－6　试用四个J－K触发器组成一个四位异步二进制加法计数器。

13－7　试用主从型J－K触发器组成两位二进制减法计数器，即其状态为11、10、01、00。

13－8　试用维持阻塞型（脉冲前沿触发）D触发器组成两位二进制减法计数器。

13－9　图13－40是一个由J－K触发器和两个与非门组成的计数器，试列出它的状态表，从状态表说明它是几进制计数器。设初始状态为000。所谓N进制计数器就是指计数器的状态每经N个脉冲循环一次。

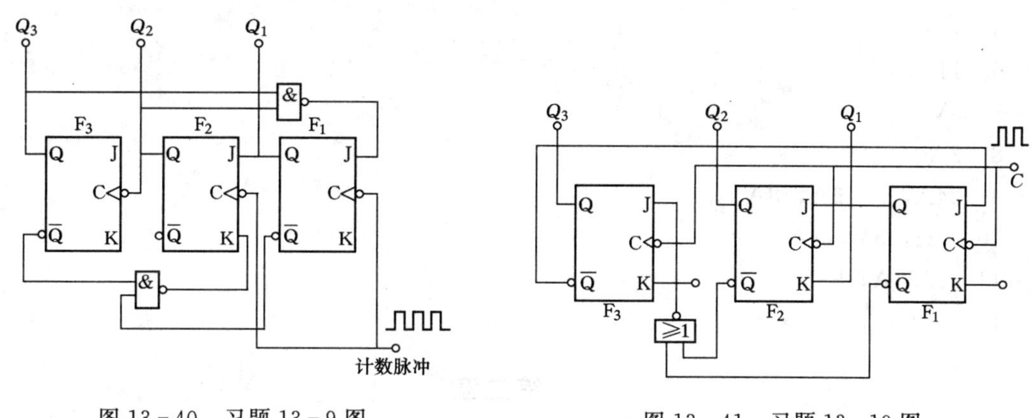

图13－40　习题13－9图　　　图13－41　习题13－10图

13－10　试列出图13－41逻辑电路的状态表。由状态表说明其逻辑功能。设初始状态为000。

13－11　在图13－34所示权电阻D/A转换器中，若参考电压$U_{ref}=32V$，输入数字量1101和0101时，分别求输出电压U_o。

13－12　在图13－36所示电压—数字转换器中，如果基准电压$E=8V$，当输入电压为$U_i=3.6V$时，输出的二进制数是多少？

部分习题答案

第一章

1-4　5A，130V

1-5　11V

1-6　11.3Ω

1-7　3V

1-8　2A

1-9　24A，−16A，8A

1-10　4Ω，8V，2A

1-11　1.55A，93V

1-12　−1A

第二章

2-5　31Ω，0.47H

2-6　216Ω，1.5H，0.42

2-7　(a) 14.14A，(b) 80V，(c) 2A，(d) 14.14V，(e) 10A，141.4V

2-9　$\dot{I}=2.12\angle -77.3^\circ$ A，$P=112.36$W，$\cos\varphi=0.22$

2-10　10A，17Ω，8.5Ω，8.5Ω

2-13　10Ω，10Ω，3.2Ω，4.8Ω

2-15　$\dot{U}=2.24\angle 63.4^\circ$ V

第三章

3-4　(1) $\dot{I}_A=22\angle -36.9^\circ$ A，$\dot{I}_N=0$A

(1) $\dot{I}_C=11\angle 120^\circ$ A，$\dot{I}_N=14.8\angle -123.5^\circ$ A

3-5　$Z=30.5+j20.2$

3-6　220V，103A，103A，61KW。

第四章

4－2 （1）$\Delta U=4.34\%$；（2）$I_{1N}=5A$，$I_{2N}=217.4A$；（3）0.25A；$\cos\varphi=0.2$；

（4）$\eta=\dfrac{P_2}{P_2+\Delta P_{cu}+\Delta P_{Fe}}=96.11\%$；（5）$\eta=92.5\%$；

（6）接白炽灯 $\cos\varphi_1=\dfrac{P_1}{U_{1N}I_{1N}}=\dfrac{P_2+\Delta P_{cu}+\Delta P_{Fe}}{S}=0.996$；接荧光灯 $\cos\varphi_1=0.517$

4－3 （1）833（盏）；（2）520（盏）

4－4 （1）$k=25$；（2）$N_1=2000$，$N_2=80$；（3）$\Phi_m=\dfrac{U_1}{4.44fN_1}=0.0225Wb$

（4）$I_{1N}=32.3A$，$I_{2N}=808.3A$；（5）8 台

第五章

5－1 1000r/min，3 对，$s=0.02$

5－3 （1）$s=0.027$；（2）65.41N·m；（3）98.115N·m；（4）150.443N·m；

（5）129.285A

5－5 （1）不可以；（2）可以；（3）不可以

5－6 （1）不能；（2）能；25.9A

5－7 （1）75.03A；$s=0.02$；259.86N·m；519.72N·m；311.83N·m；

（2）能，不能；（3）不能，能

5－8 （1）1425r/min；（2）1462.5r/min；（3）2.5Hz

5－9 由 1440r/min 上升至 1491r/min

5－10 73.53A，0.088；10.53A，0.316

5－11 $P_N\geqslant 10.88kW$

5－14 $\tan\theta=\dfrac{3000}{24-1.2}=\dfrac{3000}{22.8}=\dfrac{n}{36-1.2}\Rightarrow n=4578.947\approx 4579$（r/min）

5－15 $m=3$，$\theta=2.4^\circ$，$m=6$，$\theta=1.2^\circ$

5－16 $n=\beta f60/2\pi=1.5\times 3000\times 60/(2\times 3.14)=42993.6$（r/min）

第六章

6－1 （a）不能，只能点动起动；（b）能；（c）能，但是起动之后不能停止；（d）不能，而且按 SB1 会出现短路

6-2

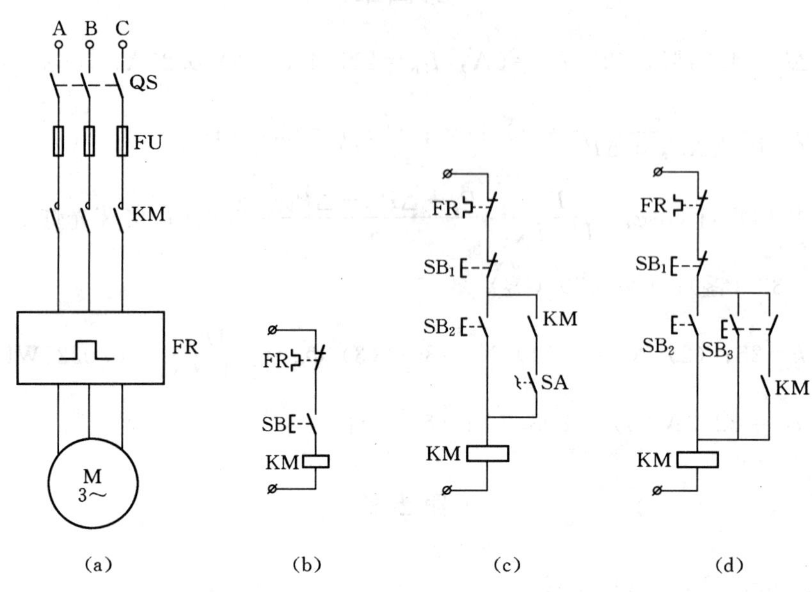

题 6-2 解图

(a) 主电路；(b) 最简单的点动控制线路；(c) 带手动开关 SA 的点动控制线路；

(d) 增加了一个复合按钮来实现点动控制

6-3

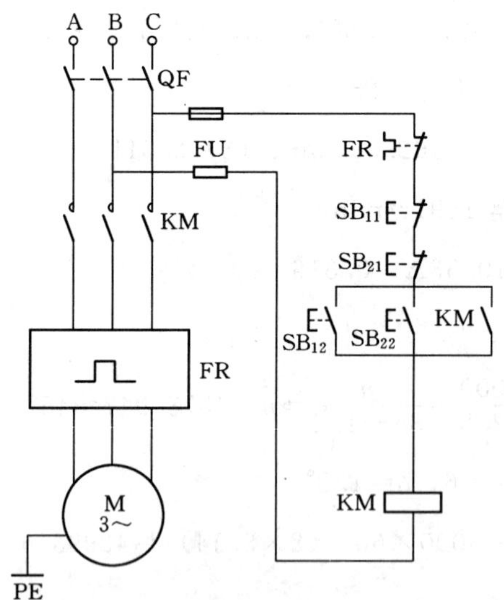

题 6-3 解图

6-4 顺序启动、停止控制电路是在一个设备启动之后另一个设备才能启动运行的一种控制方法，常用于主、辅设备之间的控制。如题 6-4 解图所示，当辅助设备（左侧）的接触器启动之后，主要设备（右侧）的接触器才能启动，主设备不停止，辅助设备也不能停止工作。但辅助设备在运行中因某种情况停止运行（如保护动作），主要设备也随之停止运行。

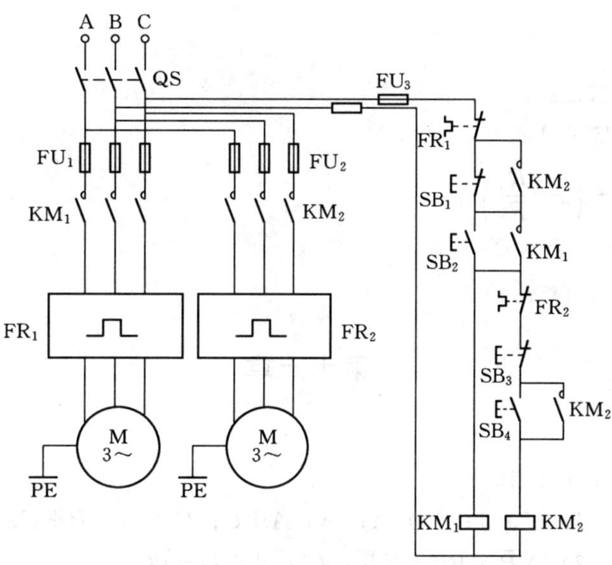

题 6－4 解图

第八章

8－3 八种；同向并联；反向串联

8－4 (a) 1.7V；(b) 3.3V

8－5 (1) VD1 截止，其余导通；(2) VD1 导通，其余截止。

8－6 (a) $U_i \geqslant 6V$ 二极管导通，$U_o = 6V$；$U_i < 6V$ 二极管截止，$U_o = U_i$

(b) $U_i \leqslant 6V$ 二极管导通，$U_o = 6V$；$U_i > 6V$ 二极管截止，$U_o = U_i$

8－10 (1) 正常；(2) 不正常；(3) 不正常

第九章

9－6 (1) 40μA，2mA，6V；(2) 3.33kΩ，380kΩ

9－7 (1) $U_{BE} = -0.3V$；(2) 58.5kΩ

9－8 (1) 55μA，2.2mA，5.4V；(2) 4.4mA，－1.2V，集电结正偏；

(3) 静态工作点及 R_{B2} 不变，$R_{B1} = 3.8\ k\Omega$

9－9 36kΩ；12kΩ；R_{B2} 烧断，$U_{CE} = -10V < 0$；增加 R_{B1}，有

9－10 (1) $I_C = 4.1mA$，$U_{CE} = 7.6V$，$u_{0m} = 3V$

9－11 (1) $R_F = 0$，$I_C = 1.2mA$，$U_{CE} = 4.92V$；$R_F = 300\Omega$，$I_C = 1.04mA$，$U_{CE} = 5.6V$；

(2) $A_u = -11$；(3) $A_u = -3.7$

9－12 $A_u = -36$；$A_u = -144$

9-13　(a) 电流并联负反馈；(b) 电压并联负反馈；(c) 电流串联负反馈；
(d) 电压串联负反馈；(e) 电压串联负反馈；(f) 电压串联负反馈

9-14　(1) －15V；(2) 15V；(3) －10V

9-15　$u_o=\frac{2R_2}{R_1}u_i$

9-16　13.5V，1.017kΩ

9-17　$u_o=-270\text{mV}$

9-18　$u_o=-\frac{R_3}{R_1}u_{i1}+\left(1+\frac{R_3}{R_1}\right)u_{i2}$

9-19　$u_o=-38\text{mV}$

9-20　2.4V；3V；5.4V

第十一章

11-3　53；42；77

11-4　1110；11001；101110

11-5　(1) $A\overline{B}+A\overline{C}$；(2) 1；(3) A；(4) $A+C$；(5) $A+B+C$；(6) A；(7) $A\overline{B}$

11-6　(1) $A+\overline{C}$；(2) $A\overline{B}+BC+C\overline{D}$；(3) $A+\overline{D}+\overline{B}C$

第十二章

12-4　$F=\overline{A}B+A\overline{B}$

12-5　$F=A+B$

12-6　$F=AC+BC$

第十三章

13-9　$N=7$

题 13-9　　状　态　表

输入脉冲数	Q_3	Q_2	Q_0
0（初态）	0	0	0
1	0	0	1
2	0	1	0
3	0	1	1
4	1	0	0
5	1	0	1
6	1	1	0
7	0	0	0

13-10　$N=5$

题 13-10　　　　　　　　　　　　**状　态　表**

输入脉冲数	Q_3	Q_2	Q_0
0（初态）	0	0	0
1	0	0	1
2	0	1	0
3	0	1	1
4	1	0	0
5	0	0	0

13-11　输入为 1101 时，$U_o=-26V$；输入为 0101 时，$U_o=-10V$

13-12　输出二进制为 011

参 考 文 献

[1] 丁文彦．电子与电气技术．北京：中国水利水电出版社，2009.
[2] 张秀然．电工技术．北京：中国水利水电出版社，2001.
[3] 王居荣．电工技术理论纲要与典型题精解．哈尔滨：哈尔滨工业大学出版社，2005.
[4] 王居荣．电子技术理论纲要与典型题精解．哈尔滨：哈尔滨工业大学出版社，2005.
[5] 侯树文．电工学及电气设备（第四版）．北京：中国水利水电出版社，2008.
[6] 齐占庆．机床电器控制技术（第四版）．北京：机械工业出版社，2008.
[7] 杨方．电子技术．北京：中国水利水电出版社，2002.
[8] 李承．电路原理与电机控制．北京：清华大学出版社，2008.
[9] 秦曾煌．电工学（第六版）．北京：高等教育出版社，2003.
[10] 张南．电工学（第三版）．北京：高等教育出版社，2007.
[11] 吕砚山．电子技术例题与习题集．北京：高等教育出版社，1990.
[12] 杨素行．模拟电子技术基础简明教程（第三版）．北京：高等教育出版社，2006.
[13] 童诗白．模拟电子技术（第四版）．北京：高等教育出版社，2006.
[14] 刘常澍．数字逻辑电路．北京：高等教育出版社，2008.
[15] 王永军．数字逻辑与数字系统（第三版）．北京：电子工业出版社，2008.